零基础Java从入门到精通

零壹快学 编著

SPM 南方传媒 | 广东人民出版社
·广州·

图书在版编目（CIP）数据

零基础Java从入门到精通 / 零壹快学编著. —广州：广东人民出版社，2019.8（2024.7重印）

ISBN 978-7-218-13614-1

Ⅰ. ①零…　Ⅱ. ①零…　Ⅲ. ①JAVA语言—程序设计　Ⅳ. ①TP312.8

中国版本图书馆CIP数据核字（2019）第111490号

Ling Jichu Java Cong Rumen Dao Jingtong

零 基 础 Java 从 入 门 到 精 通

零壹快学　编著

出 版 人：肖风华

责任编辑：陈泽洪

责任技编：吴彦斌

封面设计：画画鸭工作室

内文设计：奔流文化

出版发行：广东人民出版社

地　　址：广州市越秀区大沙头四马路10号（邮政编码：510199）

电　　话：（020）85716809（总编室）

传　　真：（020）83289585

网　　址：http://www.gdpph.com

印　　刷：东莞市翔盈印务有限公司

开　　本：889毫米×1194毫米　1/16

印　　张：35.5　　　**字　　数**：400千

版　　次：2019年8月第1版

印　　次：2024年7月第7次印刷

定　　价：85.00元

如发现印装质量问题，影响阅读，请与出版社（020-87712513）联系调换。

售书热线：020-87717307

零壹快学
《零基础 Java 从入门到精通》编委会

前言

历经七十多年的发展，无论是对于国内数以十万计的学习者而言，还是在有着多年培训经验的编者们看来，学习编程语言，仍存在不小的难度，甚至有不少学习者因编程语言的复杂多变、难度太大而选择了中途放弃。实际上，只要掌握了其变化规律，即使再晦涩难懂的计算机专业词汇也无法阻挡学习者们的脚步。对于初学者来说，若有一本能看得懂，甚至可以用于自学的编程入门书是十分难得的。为初学者提供这样一本书，正是我们编写本套丛书的初衷。

零壹快学以“零基础，一起学”为主旨，针对零基础编程学习者的需求和学习特点，由专业团队量身打造了本套计算机编程入门教程。本套丛书的作者都从事编程教育和培训工作多年，拥有丰富的一线教学经验，对于学习者常遇到的问题十分熟悉，在编写过程中针对这些问题花费了大量的时间和精力来加以阐释，对书中的每个示例反复推敲，加以取舍，按照学习者的接受程度雕琢示例涉及的技术点，力求成就一套真正适合初学者的编程书籍。

本套丛书涵盖了Java、PHP、Python、JavaScript、HTML、CSS、Linux、iOS、Go语言、C++、C#等计算机语言，同时借助大数据和云计算等技术，为广大编程学习者提供计算机各学科的视频课程、在线题库、测评系统、互动社区等学习资源。

◆ **课程全面，聚焦实战**

本套丛书涵盖多门计算机语言，内容全面、示例丰富、图文并茂，通过通俗易懂的语言讲解相关计算机语言的特性，以点带面，突出开发技能的培养，既方便学习者了解基础知识点，也能帮助他们快速掌握开发技能，为编程开发设计积累实战经验。

◆ **专业团队，紧贴前沿**

本套丛书作者由一线互联网公司高级工程师、知名高校教师和研究所技术人员等组成，线上线下同步进行专业讲解及点评分析，为学习者扫除学习障碍。与此同时，团队在内容研发方向上紧跟当前技术领域热点，及时更新，直击痛点和难点。

◆ **全网覆盖，应用面广**

本套丛书已全网覆盖Web、APP和微信小程序等客户端，为广大学习者提供包括计算机编程、人工智能、大数据、云计算、区块链、计算机等级考试等在内的多门视频课程，配有相关测评系统和技术交流社区，互动即时性强，可实现在线教育随时随地轻松学。

Java是全球最流行的编程语言之一，被全世界各大软件公司广泛使用。与其他编程语言相比，Java语言几乎是所有联网应用的基础，因此Java拥有庞大且成熟的生态环境，从PC端到移动端，都可以看到Java语言的身影。

本书基于最新的Java 8编写而成，摒弃了一些低版本中不常用的知识，循序渐进地对Java进行讲解。读者在学习完本书之后，可以根据教程搭建知名的Spring框架，对本书的学习做一个总结。对于零基础或者基础比较薄弱的读者，本书可以作为Java的快速入门教材。我们衷心希望本书能为各位读者提供切实的帮助。

• 本书内容

◆ **基础知识**：第1～3章，主要介绍了Java的概况、安装以及常见配置、Java的基础语法，帮助读者打好基础，快速进入Java的学习之中。

◆ **核心技术**：第4～12章，主要介绍Java的核心应用，包括函数方法、流程控制和语言结构、字符串、数组、正则表达式、面向对象编程、Java常用类、Java集合类和反射与注解，帮助读者掌握Java的核心操作。

◆ **高级应用**：第13～20章，主要介绍Java日期和时间、Java I/O、异常处理、多线程与并发、MySQL数据库、JDBC操作、加密技术和Spring框架，帮助读者向更高层次的Java应用操作迈进。

• 本书特点

◆ **由浅入深，过程完善**。本书结合实际学习经验，对Windows、Linux和Mac三种环境下的Java安装都进行了详细的讲解，先介绍基本操作，帮助读者尽快入门，再逐步展开Java的每个知识点，配合完整的操作步骤，提升读者的学习成就感。

◆ **示例丰富，贴近场景**。本书提供了丰富的操作示例，而且每个操作均有文字解释，便于读者清晰理解操作命令的含义。这些示例大多选自工作中的各类场景，让读者可以感受日常工作中Java的运用，提高分析排查问题的能力，增加实战操作经验。

◆ **视频教学，动手操作**。本书每一章都配有教学视频，直观展示了Java编程的运行效果，并配有通俗易懂的解释。

◆ **知识拓展，难度提升**。本书非常全面地讲解了Java实用的知识点，同时在每一章末尾设有“小结”和“知识拓展”。通过在“知识拓展”部分中列举一些重要或有一定难度的知识点，为有能力的读者提供更多的拓展类学习内容，多维度强化自身的学习，加深对Java的理解。

◆ **线上问答，及时解惑**。本书为确保广大读者的学习能够顺利进行，提供了在线答疑服务，希望通过这种方式及时解决读者在学习Java的过程中所遇到的困难和疑惑。

• 本书配套资源（可扫下方二维码获取）

◆ **大量的代码示例**。通过运行这些代码，读者可以进一步巩固所学的知识。

◆ **零壹快学官方视频教程**。力求让读者学以致用，加强实战能力。

◆ **在线答疑**。为读者解惑，帮助读者解决学习中的困难，快速掌握要点。

• 本书适用对象

◆ 编程的初学者、爱好者与自学者

◆ 高等院校和培训学校的师生

◆ 职场新人

◆ 准备进入互联网行业的再就业人群

◆ “菜鸟”程序员

◆ 初、中级程序开发人员

零壹快学微信公众号

《零基础Java从入门到精通》从初学者角度出发，详细讲述了Java编程语言所有的基础知识点和开发实战中需要的必备技能。全书内容通俗易懂，示例丰富，步骤清晰，图文并茂，可以使读者轻松掌握Java的精髓，活学活用，是一本实用的Java入门书，也是在开发实战中必备的Java参考手册。

编　者

2019年7月

目 录

CONTENTS

第 18 章 JDBC 操作 MySQL 数据库 …………………… 491

第 19 章 Java 中的加密技术 ……… 514

第 20 章 Spring 实战 ……………… 540

第 1 章

走进Java

1.1 Java编程语言概述

当今社会，软件的应用已经渗透到生活的方方面面。我们所使用的在线服务，比如打车、交友、聊天、办公、学习、游戏等，其应用都是通过各种各样的编程语言开发来完成的。

如今每一种被广泛使用的编程语言，都在某一些场景下有不可替代的长处或者突出的优势。比如，C语言在性能方面非常好，R语言擅长大量数据的统计分析，HTML和JavaScript语言在浏览器场景中有不可忽视的优势。而在众多编程语言中，Java是最受欢迎的编程语言之一，同时享有最高的市场占有率，被全世界各大软件公司广泛使用。其原因在于，Java语言几乎是所有类型的联网应用的基础，拥有庞大且成熟的生态环境，从PC端到移动端，都可以看到Java语言的身影。

本章将带你走进Java语言，体会不一样的编程世界。

1.1.1 Java的历史

Java是由Sun Microsystems公司（又称SUN公司）于1995年5月推出的Java程序设计语言和Java平台的总称。它是由詹姆斯·高斯林（James Gosling）和他的同事们共同研发，并在1995年正式推出的。

图1.1.1 Java图标

Java得名于该项目成员组在讨论这个新语言的取名时所喝的Java（爪哇）咖啡，从Java的图标（图1.1.1）也可以窥见其由来。不过也有人声称这一名字是开发人员名字的组合：James Gosling、Arthur Van Hoff（阿瑟·凡·霍夫）、Andy Bechtolsheim（安迪·贝克托克姆），或者是“Just Another Vague Acronym”（意思是“只是另一个含糊的首字母缩略词”）的缩写。

Java语言的前身其实是最早诞生于1991年的Oak语言，是SUN公司为一些消费性电子产品而设计的一个通用环境。而Oak语言最初的目的只是为了开发一种独立于平台的软件技术。这项技术自成一格，但是在网络出现之前，它的优势并没有被人们重视，它甚至差点被SUN公司放弃，直到后来网络技术的普及改变了它的命运。

最开始，Internet上的信息内容大多是乏味死板的HTML文档。这对于那些迷恋于Web浏览的技术人员来说，意味着低效和重复的工作。对于能在Web中看到一些交互式的内容的市场需求日渐迫切，开发人员开始寻求能够在Web上创建一类无须考虑软硬件平台就可以执行的应用程序，以及性能更加优秀且极大保障程序安全的编程语言。SUN的工程师敏锐地察觉到了这一点，从1994年起，他们开始将Oak技术应用于Web上，并且开发出了HotJava的第一个版本。

当SUN公司于1995年正式以“Java”这个名字推出Java时，几乎所有的Web开发人员都立马折服于Java的魅力：跨平台、动态的Web、Internet计算。从此，Java被广泛接受并推动了Web的迅速发展，常用的浏览器现在均支持Java Applet。另一方面，Java技术也不断更新。1996年1月，SUN公司成立了Java业务集团，专门开发Java技术，并发布了Java历史上第一个开发工具包——JDK 1.0，标志着Java成为一种独立的开发工具。

1.1.2 Java的发展历程

本节列举了Java编程语言这些年的发展历程，感兴趣的读者可以通过拓展资料做深入了解，本书内容不做展开：

1995年5月，Java语言诞生。

1996年1月，JDK 1.0发布。

1996年5月，首届Java One大会在美国圣弗朗西斯科召开。

1996年9月，Java语言已普及约8.3万个网页应用。

1997年2月，JDK 1.1发布，引入JDBC、JavaBeans、内部类等。

1997年9月，Java Developer Connection社区壮大，会员超过10万。

1998年2月，JDK 1.1被下载超过200万次。

1998年12月，企业平台J2EE发布。

1999年6月，SUN公司发布Java的三个版本：标准版（J2SE）、企业版（J2EE）和微型版（J2ME）。

2000年5月，JDK 1.3和1.4版本发布，对Java性能进行了大量优化和增强。

2001年9月，J2EE 1.3版本发布。

2002年2月，J2SE 1.4发布，引入了XML处理、断言、正则表达式等多种特性。

2003年6月，Java One大会上发布JDO（Java对象持久化的新规范）。

2004年9月，研发三年的J2SE 1.5发布，并更名为Java SE 5.0。

2005年6月，Java技术诞生十周年，SUN公司在Java One大会上发布了Java SE 6。J2EE更名为Java EE，J2SE更名为Java SE，J2ME更名为Java ME。

2006年12月，SUN公司发布JRE 6.0。

2009年4月，谷歌公司App引擎支持Java，Oracle公司收购SUN公司，取得Java版权。

2011年7月，Java SE 7正式版发布，增加了简单闭包功能。

2014年3月，Java SE 8正式版发布，引入Lambda表达式。

2017年9月，Java SE 9正式版发布，引入了模块系统、JShell，支持HTTP2。

2018年3月，Java SE 10正式版发布，推出“局部变量类型推断”功能，改进垃圾回收。

2018年9月，Java SE 11正式版发布。

2019年3月，Java SE 12正式版发布。

1.1.3　使用场景和优势

Java是一种跨平台、适合于分布式计算环境的面向对象编程语言。在刚提出之时（1995年），它跟当时的主流语言C和C++相比，有如下优势：

◇ 面向对象，提出接口，不支持多重继承，避免歧义。

◇ 跨平台。那时C/C++编写的程序只适用于一个操作系统上，为了实现跨平台，需要针对编译器不同、类库不同等进行大量的移植工作。

◇ 语言质朴，可以快速被C/C++开发人员掌握。

◇ 不支持指针操作、宏等，减少出现bug的机会。

◇ 通过实现垃圾自动收集，大大简化了程序设计人员的资源释放管理工作。

除了语言优势，不得不提的是Java推出了一系列API文档和第三方开发包，直接增加了各大厂商自行研发的数据库和消息中间件，大尺度地实现了跨平台语言开发。当时在Windows平台上，没有一项编程语言可以与Java相媲美，实现这种程度的跨平台。

由于这些优势，在Java提出之时，很多应用程序开发人员都开始改用Java，Java同时也获得了众多大厂商的支持，比如Oracle、Microsoft、IBM等。

在发展的过程中，Java推出了Servlet，采用线程模型编写Web服务端程序，更是推出了企业分布式开发的技术J2EE。此外，它还有更多的API文档，并开源了大量基于Java的开源项目。

发展到今天，Java的应用场景变得更加多元和庞大。相比于其他各大主流编程语言，Java的优势体现在：比C/C++更简单和高效，适合用于开发操作系统和应用程序；比Python/Ruby更适合上规模的开发，其静态类型本身就可以作为文档，方便快捷，并且运行性能更好；比C#拥有更大的社区和开源软件资源。

目前，Java编程语言在全世界被大范围地使用，应用于各类场景中：

◇ 电子商务软件。

◇ Web应用系统开发。

◇ 互联网业务后台系统。

◇ 企业级网站开发。

◇ 教育平台。

◇ 办公系统。

◇ 移动互联网开发等。

◇ 大型分布式系统后台开发。

Java已经深入到开发者身边的各种应用场景中，如他们经常使用的开发工具NetBeans、JBuilder等，还有Azureus、CyberDuck、OpenOffice等常用的软件都是通过Java语言编程实现的。

1.1.4 Java 6和Java 8

Java语言自诞生之日起，就一直在不停地更新和升级。目前，Java推出了最新的Java 12版本，并推出了一系列最新的特性，这些特性有的令人欣喜，有的暂时没有办法知道是否实用，有的则需要待时间考证。不过Java生态的强大生命力已经毋庸置疑。

目前应用最广泛且最成熟的版本，依然是Oracle在2014年3月发布的Java 8正式版（又称为JDK 1.8），它的发布时间与Java 7相隔了近三年。在此之前发布时间间隔最长的版本是Java 7，它与Java 6相隔了五年，这是因为在当时两个版本发布中间发生了Oracle收购SUN公司的大事件。因此，Java 6曾是使用率最高的版本。

Java 8在原来Java 6和Java 7的基础上做了大量的改进和提升，新增了不少新特性。比如：

◇ Streams：集合（Collections）的改进也是Java 8的一大亮点，而让集合越来越好的核心组件则是“Stream”。它与java.io包里的InputStream和OutputStream是完全不同的全新概念，不要混淆了。

◇ 函数式接口：可以在接口里面添加默认方法，并且这些方法可以直接从接口中运行。

◇ Lambda：使用它设计的代码会更加简洁。当开发者在编写Lambda表达式时，也会随之被编译成一个函数式接口。

◇ Java time：拥有各种各样的时间API，可以处理一些时空连续体方面的特性，比如距离、质量、重量等。

◇ Nashorn：Nashorn是Rhino的接替者，该项目的目的是基于Java实现一个轻量级高性能的JavaScript运行环境。

◇ Accumulators：通过加法器（Adders）和累加器（Accumulators）基于原来的Java.util.concurrent令该性能得到了进一步的发展。

◇ HashMap修复：修复了在String.hashCode()使用中大家熟知的bug，通过采用平衡tree算法来降低复杂度。

Java 8包含了一系列非常实用的特性，本节只是列举了一部分。截至目前为止，Java最新版本为2019年3月发布的Java 12。至于该如何取舍，各位开发者应该根据自己的实际需求去研究和使用。本书的编程环境将使用Java 8。

1.2 如何学好Java

1.2.1　Java语言特性

Java的优势显而易见，如简单性、面向对象、分布式、解释型、结构中立、安全、可移植、高性能、多线程、动态性等。

◇ Java语言是简单的。Java语言的语法与C语言和C++语言很接近，对大多数程序员来说易学易用。另一方面，Java丢弃了C++中那些很少使用的、很难理解的、令人迷惑的特性，如操作符重载、多继承、自动的强制类型转换。特别是，Java语言不使用指针，并提供了自动的废料收集，使程序员不必为内存管理而担忧。

◇ Java语言是一种面向对象语言。Java语言提供类、接口和继承等原语，为了简单起见，只支持类之间的单继承，但支持接口之间的多继承，并支持类与接口之间的实现机制（关键字为implements）。Java语言全面支持动态绑定，而C++语言只对虚函数使用动态绑定。总之，Java语言是一种纯面向对象的程序设计语言。

◇ Java语言是分布式的。Java语言支持Internet应用的开发，在基本的Java应用编程接口中有一个网络应用编程接口（java.net），它提供了用于网络应用编程的类库，包括URL、URL Connection、Socket、Server Socket等。Java的RMI（远程方法激活）机制也是开发分布式应用的重要手段。

◇ Java语言是健壮的。Java的强类型机制、异常处理、废料的自动收集等是Java程序健壮性的重要保证。对指针的丢弃是Java的明智选择。Java的安全检查机制使Java更具健壮性。

◇ Java语言是安全的。Java通常被用于网络环境中，为此，Java提供了一个安全机制以防恶意代码的攻击。除了Java语言具有的许多安全特性以外，Java对通过网络下载的类具有一个安全防范机制（类ClassLoader），如分配不同的名字空间以防替代本地的同名类、字节代码检查，并提供安全管理机制（类SecurityManager）让Java应用设置安全哨兵。

◇ Java语言是体系结构中立的。Java程序（后缀为java的文件）在Java平台上被编译为体系结构中立的字节码格式（后缀为class的文件），然后可以在实现这个Java平台的任何系统中运行。这种途径适合于异构的网络环境和软件的分发。

◇ Java语言是可移植的。这种可移植性来源于体系结构中立性。另外，Java还严格规定了各个基本数据类型的长度。Java系统本身也具有很强的可移植性，Java编译器是用Java实现的，Java的运行环境是用ANSI C实现的。

◇ Java语言是解释型的。如前所述，Java程序在Java平台上被编译为字节码格式，然后可以在实现这个Java平台的任何系统中运行。在运行时，Java平台中的Java解释器对这些字节码进行解释执行，执行过程中需要的类在联接阶段被载入到运行环境中。

◇ Java是高性能的。与那些解释型的高级脚本语言相比，Java的确是高性能的。事实上，Java

的运行速度随着JIT（Just-In-Time）编译器技术的发展越来越接近于C++。

◇ Java语言是多线程的。在Java语言中，线程是一种特殊的对象，它必须由Thread类或其子（孙）类来创建。通常有两种方法来创建线程：其一，使用型构为Thread(Runnable)的构造子将一个实现了Runnable接口的对象包装成一个线程；其二，从Thread类派生出子类并重写run方法，使用该子类创建的对象即为线程。值得注意的是Thread类已经实现了Runnable接口，因此，任何一个线程均有它的run方法，而run方法中包含了线程所要运行的代码。线程的活动由一组方法来控制。Java语言支持多个线程的同时执行，并提供多线程之间的同步机制（关键字为synchronized）。

◇ Java语言是动态的。Java语言的设计目标之一是适应动态变化的环境。Java程序需要的类能够动态地被载入到运行环境，也可以通过网络来载入所需要的类。这也有利于软件的升级。另外，Java中的类有一个运行时刻的表示，能进行运行时刻的类型检查。

Java语言的优良特性使Java应用具有无比的健壮性和可靠性，这也减少了应用系统的维护费用。Java对对象技术的全面支持和Java平台内嵌的API能缩短应用系统的开发时间并降低成本。Java的“一次编译，到处运行”的特性使它能够提供一个随处可用的开放结构和在多平台之间传递信息的低成本方式。特别是Java企业应用编程接口（Java Enterprise APIs）为企业计算及电子商务应用系统提供了有关技术和丰富的类库。

Java最大的一个特点就是面向对象，开发者在开发软件的时候可以使用自定义的类型和关联操作。对象可以看作是代码和数据的集合体，上面绑定了各种行为和状态，建议初学者重点学习面向对象的思想。

1.2.2 第一个Java程序

Java环境具体的安装配置会在第2章进行讲述，下面先看一个简单的Java程序，它将打印字符串“Hello 零壹快学”。

动手写1.2.1

```
public class MyFirstJavaProgram {
  /*第一个Java程序.
   * 它将打印字符串 Hello 零壹快学
   */
  public static void main(String []args) {
    System.out.println("Hello 零壹快学"); // 打印 Hello 零壹快学
  }
}
```

下面将逐步介绍如何保存、编译以及运行这个程序：

◇ 打开Notepad或TXT文本编辑器，把上面的代码添加进去；

◇ 把文件名保存为：MyFirstJavaProgram.java，注意文件后缀名；

◇ 打开cmd命令窗口，进入目标文件所在的位置，假设是C:\目录；

◇ 在命令行窗口键入“javac MyFirstJavaProgram.java”，按下Enter（回车键）编译代码；如果代码没有错误，cmd命令提示符会进入下一行（假设环境变量都设置好了）；

◇ 再键入“java MyFirstJavaProgram”，按下Enter键就可以运行程序了。

你将会在窗口看到“Hello 零壹快学”。

```
C : > javac MyFirstJavaProgram.java
C : > java MyFirstJavaProgram
Hello 零壹快学
```

1.2.3 学好Java的建议

在没有编程基础的情况下，初学者从零开始学习任何一门编程语言都会比较困难，经常会有不知道从哪里开始学起、即使看懂了也写不出代码的情况发生，甚至因此中途放弃。希望本小节的建议可以帮助大家更好地学习Java。

学习Java编程语言，一开始最重要的就是学习Java的语法，语法是Java的词汇表。不断地学习Java语法，查阅相关代码，自己动手写一写简短的程序，有助于你加深理解Java的语法。除此之外，在学习过程中你还需要学会熟练使用Java IDE开发程序。对于任何新的语法，我们都建议你要尝试在IDE上面编写并运行调试程序。你可以建立一个学习文件夹，根据章节进行目录划分，将每章学到的语法都进行编程，并把代码保存起来，这样不仅能锻炼自己的编码能力，还能在忘记语法的使用时，快速查阅自己写过的代码。

本书中有大量的代码示例，前期你可以照着这些代码示例进行拷贝，达到一定熟练度之后，就要尝试自己去编写代码。不用担心自己写错了代码或者无法发现错误代码，因为IDE有代码报错功能，在代码格式有问题时会有明显的错误提示。

在经过不断地重复练习和对很多语法有了一定认识后，你要开始学会举一反三。比如在学习Java文件操作时，书中会讲到用Java写文件，这里你就可以问自己，Java有几种写文件的方式，这几种写文件方式的执行结果是什么，如果两个Java程序同时向一个文件写内容会怎么样。学习新知识的时候，你要不断地提出这类问题，通过编写代码进行测试并最终找到答案，久而久之，知识的覆盖面也会更全。

可以熟练编写简单的代码后，接下来要学习的是如何使用它来创建小程序。此时，你可以从小项目中继续加深对Java语法的理解。编写一个小项目，我们要用到以前学到的各种知识。因此，开发各种小型项目和场景，是一种很好的学习方式。继续以Java文件操作为例子，比如你想做一个简易的日志系统，就会用到Java文件函数、字符串处理函数以及时间相关函数，一个小的项目就可以把你所学到的知识关联起来。当然，本书也会提供很多小项目给大家练手。小项目还有很多优点，它易于调试，可以作为自己的开发例子，以获得小小的成就感。

之后你可以逐步尝试编写更高级的程序，但不用尝试立马写出一个非常庞大复杂的项目，因为学习代码就像学习一种新语言一样，需要一步一步来。

找一些正在学习Java的初学者或者有经验的Java开发者一起合作编写，你会在合作过程中学到一些之前没有注意到的知识点。逛Java技术社区，查看大家提交的各种Java问题，并尝试去回答，这种做法也非常有助于你学习Java，因为那些问题都是大家在学习或工作中遇到的真实问题，尝试解决它们会令你的能力提升得更快。

最后一点建议就是，学习一些Java中间件和框架的相关知识，这将有助于你理解一个完整的Java生态环境。Java框架可以帮助你用更少的代码创建更多的功能，可以让你创建交互式Web应用程序，这些成果可以成为期末的课程设计和简历中的项目经验。

1.3 Java API文档

API为英文“Application Programming Interface”的缩写，即应用程序编程接口。它是一些预先定义的函数，目的是提供应用程序与开发人员基于某软件或硬件得以访问一组例程的能力，而又无须访问源码或理解内部工作机制的细节。

Java API文档记录了大量Java语言的API，并详细写明了Java中各个类和方法的使用场景和参数含义，方便开发者在开发过程中查阅相关类和接口的用法。Java API可以在官网https://docs.oracle.com/javase/8/docs/api/index.html中找到，图1.3.1为官方页面示例。

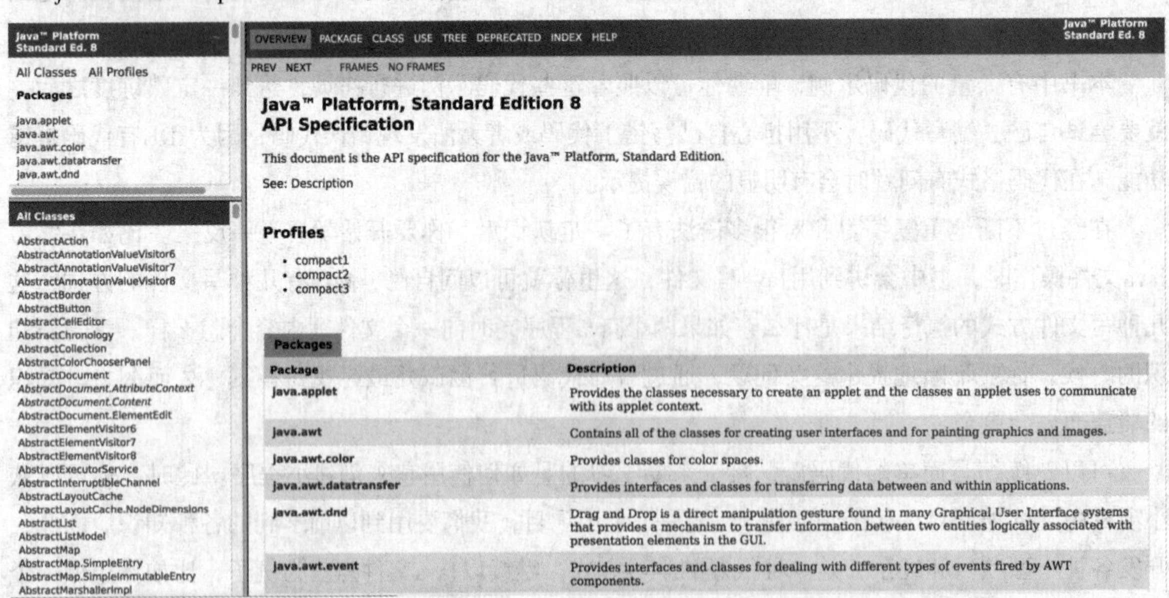

图1.3.1 Java API官方文档

1.4 Web项目介绍

Web（全称World Wide Web）是指全球广域网，也叫作万维网，它是一种基于超文本和HTTP的、全球性的、动态交互的、跨平台的分布式图形信息系统，是建立在互联网上的一种网络服务，提供图形化的、易于访问的直观界面。我们在浏览器输入一个网址，打开的就是一个Web页面。一般情况下，一个Web网站会由很多Web页面组成，这些Web页面和数据交互接口共同实现了完整的项目。

近些年，随着移动互联网的兴起，Web页面不只局限于传统PC网页，同时还包括移动端网页、APP内嵌的Web页、微信Web页等，Web所覆盖的产品也变得更广泛。

在计算机的世界里，提供服务的一方通常被称为服务端（Server），而接受服务的另一方被称作客户端（Client）。这种关系应用在互联网上，就变成使用者和网站的关系了，Java是服务端，而浏览器是客户端。

图1.4.1是常见的Java Web框架图，服务端对外提供网络服务，由服务器、Java后台集群和各类底层服务组成，为客户端提供了数据查询、API服务和浏览器网页等。

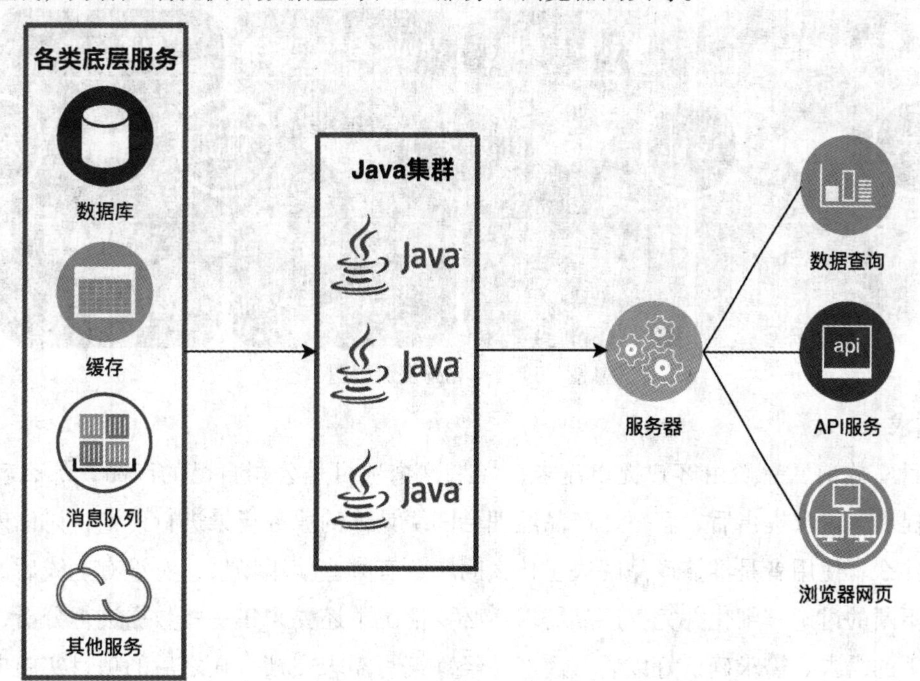

图1.4.1 Java Web框架图

1. 服务器

常见的服务器有Nginx、Apache、IIS。用户发起的请求首先会经过服务器，服务器再将请求发给Java进行数据处理，并将处理的结果返回给用户。

2. Java集群

Java是后台语言，可以通过服务器接收来自用户的各种数据，并将处理后的数据或者结果传回给服务器。在Web框架中，Java用来处理各种业务需求，通过编写Java代码可以实现登录注册、订单管理、网页渲染，甚至是图像识别等。为了应对大规模的请求，一般都是由多个Java机器组成集群，将网络流量分散到各个Java服务器上面。

3. 各类底层服务

底层服务有很多种，比如数据库MySQL用来存储各种Web数据，缓存服务可以加速一些数据的获取和页面的展示，对于用户流量较大的操作，可以通过消息队列进行流量管控等。除了这些，底层服务还包括搜索引擎、第三方插件、日志系统、文件存储服务等，这些底层服务为Web提供了最基本、最重要的各种服务，方便被Java程序调用。

1.5 网站开发基本流程

一个网站从开始策划到最终上线运行，一般会经过需求、设计、开发、测试和发布等阶段。网站开发整体流程如图1.5.1所示。

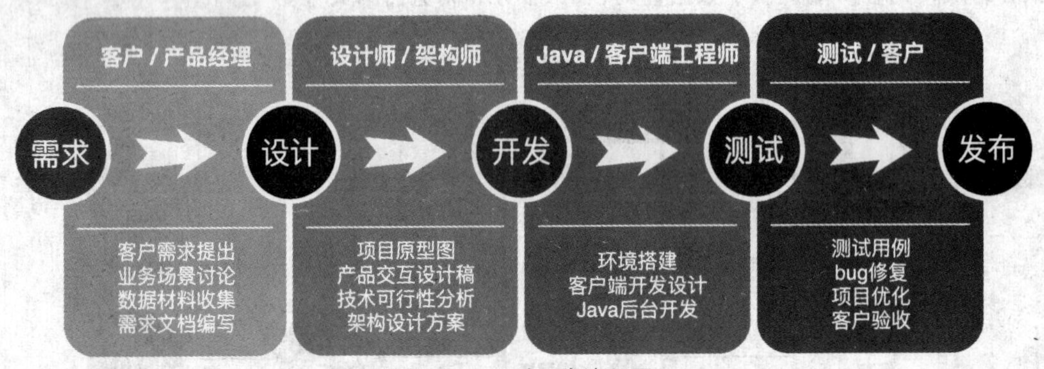

图1.5.1　网站开发流程图

1. 需求

在项目实施前，一般由客户提出需求，如果这个项目是公司自己的产品，那么就由公司的产品经理提出。需求提出后，客户、产品经理会围绕具体的业务场景进行讨论，讨论内容包括这个需求是什么、使用者是谁、产品解决了什么问题、有哪些使用场景、有没有上线后的预期效果等。通过不断的讨论，细化并完善产品需求，必要情况下还要采集一些数据进行分析，最终明确出一个合理的需求。需求确认好以后，由产品经理编写需求文档，在之后的项目实施中，所有参与人员都会根据需求文档确认工作内容。

产品功能较多、需求量较大时，若是全部都实现的话，时间开销较大。产品经理和客户会一起梳理需求，讨论哪个可以不做、哪个可以放到后面的版本再做，定制多个版本的开发，保证第一个版本能够快速实现，看到效果。

2. 设计

需求确认后，设计师根据需求和场景描述，给出项目的原型图和产品交互设计稿等，产品经理和客户也会根据设计稿提出建议。架构师会根据需求文档和设计稿确认技术方案的可行性，对于技术上无法实现的功能，建议取消或者寻找可替代的产品方案。

设计环节至关重要，一个不好的设计会导致后续的项目与业务变得复杂，使项目排期不可控，因此架构师要进行业务逻辑分析和设计、系统设计、技术详细设计。而设计师要从使用者角度出发，进行产品流程设计和优化以及页面设计等。

3. 开发

开发环节由客户端工程师（通常指Web前端工程师或手机移动端工程师）和Java后台工程师共同完成。客户端工程师根据设计稿实现页面布局和网页内容，Java后台工程师首先进行环境搭建，包括服务器配置、Java框架选择、开发环境部署等，然后进行数据库设计、API接口设计，并对相关功能进行开发，将Java数据渲染到网页上。

4. 测试

由于网站与用户直接相关，通常又需要承受长时间的大量操作，因此Web项目的功能和性能都必须经过可靠的验证，这就要经过Web项目的全面测试。除了网站测试，还有移动端（如iOS和Android等）测试。网站测试与其他任何一种类型的应用程序测试相比没有太大差别，测试一般包括黑盒测试、白盒测试、单元测试、集成测试，不同的测试方法有不同的侧重点。

5. 发布

经过客户、产品经理、测试人员确认后，网站对外发布。由技术人员进行服务器的部署和实施，以及发布后的信息搜集，持续改善和优化网站，并且定期维护网站功能。

1.6 小结

本章主要介绍了Java语言的历史和相关特性，另外还提出了如何学好Java语言的若干建议，同时简单介绍了Java API文档；最后，介绍了Web开发基本概念和网站开发基本流程，为初学者拓宽视野。

1.7 知识拓展

1.7.1 常用软件资源

1. Java开发工具（Java IDE）

Java开发工具，也叫Java IDE。Java工程师通过IDE进行代码开发，一般IDE都会提供代码提示、文件和目录管理、代码搜索和替换、查找函数等功能。

◇ Eclipse：基于Java的可扩展开发平台，是开源工具。Eclipse最大的特点是，它本身只是一个框架和一组服务，用于通过插件组件构建开发环境。Eclipse支持Java、PHP、C++等多种语言，通过一款开发工具就可以进行多种语言开发，软件免费。

◇ IntelliJ IDEA（又称IDEA）：由JetBrains公司出品的IDE工具，集成了一系列开发功能，如J2EE、Ant、Maven、JUnit和Git等。IDEA节省了很多的程序开发时间，它运行更快速，代码可以自动更新格式，且支持多个操作系统。IDEA并不是开源工具，使用需要付费。

2. 代码管理工具

一个网站通常由多个开发人员共同完成，代码管理工具可以记录一个项目从开始到结束的整个过程，追踪项目中所有内容的变化情况，如增加了什么内容、删除了什么内容、修改了什么内容等，还可以管理网站的版本，可以清楚地知道每个版本之间的异同点，如版本2.0相比较版本1.0多了什么内容、功能等。开发人员通过代码管理工具进行权限控制，防止代码混乱，提高安全性，避免一些不必要的损失和麻烦。

◇ SVN（全称Subversion）：是一个开源的集中式版本控制系统，管理随时间改变的数据，所有数据集中存放在中央仓库（Repository）。Repository就好比一个普通的文件服务器，不过它会记住每一次文件的变动，这样你就可以把Java文件恢复到旧的版本，或是浏览Java文件的变动历史。

◇ Git：是一个开源的分布式版本控制系统，和SVN功能类似，但Git的每台电脑都相当于一个服务器，代码是最新的，比较灵活，可以有效、高速地处理项目版本管理。全球最大的代码托管平台GitHub网站采用的也是Git技术。

3. 其他工具

◇ JIRA：Atlassian公司出品的项目与事务跟踪工具，可以用来进行网站bug管理、缺陷跟踪、任务跟踪和敏捷管理等。

◇ Redmine：用Ruby编程语言开发的一套跨平台项目管理系统，通过“项目（Project）”的形式把成员、任务（问题）、文档、讨论以及各种形式的资源组织在一起，大家参与更新任务、文档等内容来推动项目的进度，同时系统利用时间线索和各种动态的报表形式来自动给成员汇报项目进度，并提供wiki、新闻台等，还可以集成其他版本管理系统和bug跟踪系统。

◇ XMind：一款实用的思维导图软件，可以用来设计产品架构图、项目流程图、功能分解图等，简单易用、美观、功能强大，拥有高效的可视化思维模式，具备可扩展性、跨平台性和稳定性，真正帮助用户提高生产率，促进有效沟通及协作。

◇ TeamCola：由国内团队开发的时间管理工具，能较好地解决时间问题，而其时间颗粒度为半小时，也不会过多地增加管理成本。

1.7.2 Java开发社区

国外比较知名的Java学习平台有GitHub（https://github.com/）、Stack Overflow（https://stackoverflow.com/）、Apache（http://www.apache.org/）等。

国内比较知名的Java社区有InfoQ（https://www.infoq.cn/）、零壹快学（https://www.01kuaixue.

com/#/）、CSDN（https://www.csdn.net/）、开源中国（https://www.oschina.net/）等。

1.7.3 Java 10

1. 局部变量类型推断

局部变量类型推断可以说是Java 10中最值得注意的特性，这是Java语言开发人员为了简化Java应用程序的编写而采取的又一步改进，这个新功能大大简化了变量声明烦琐度并改善了开发者体验。

Java 10在局部变量类型推断引入了var关键字，在不指定变量类型前提下随意定义变量，例如下面一个示例：

```
List <String> list = new ArrayList <String>();
Stream <String> stream = getStream();
```

将被下面这个新语法所取代：

```
var list = new ArrayList<String>();
var stream = getStream();
```

上面的定义变量方式非常接近JavaScript代码风格，虽然类型推断在Java中不是一个新概念，但在局部变量中的确是很大的一个改进。

2. GC改进和内存管理

Java 10中有两个JEP专门用于改进当前的垃圾收集元素。第一个JEP是引入一个纯净的垃圾收集器接口（JEP 304），以帮助改进不同垃圾收集器的源代码隔离。第二个JEP是针对G1的并行完全GC（JEP 307），其重点在于通过完全GC并行来改善G1最坏情况的等待时间。G1是Java 9中的默认GC，并且此JEP的目标是使G1平行。

3. 线程本地握手（JEP 312）

Java 10引入一种在线程上执行回调的新方法，可以很方便地停止单个线程而不是停止全部线程或者一个都不停，提高开发效率。

4. 删除工具javah（JEP 313）

Java 10从JDK中移除了javah工具。

第2章 Java配置安装和IDE介绍

第1章介绍了Java的背景和基本工作过程，本章将介绍Java语言开发的环境是如何搭建的。以Windows系统为例，需要安装JDK和Java IDE，并配置系统环境变量。不同操作系统的安装有些区别，本章将对几种常见操作系统中的JDK和IDE安装进行介绍。

2.1 Windows下搭建Java环境

2.1.1 JDK下载与安装

编译和开发运行Java程序需要下载JDK（Java Development Kit），可以在Oracle公司的官方网站下载。本书以安装JDK 1.8（即Java 8）为例，操作系统为Windows 10，具体步骤如下：

1. 打开浏览器，输入网址http://www.oracle.com/index.html。找到Java SE并单击，单击工具栏的Downloads菜单项，如图2.1.1所示。

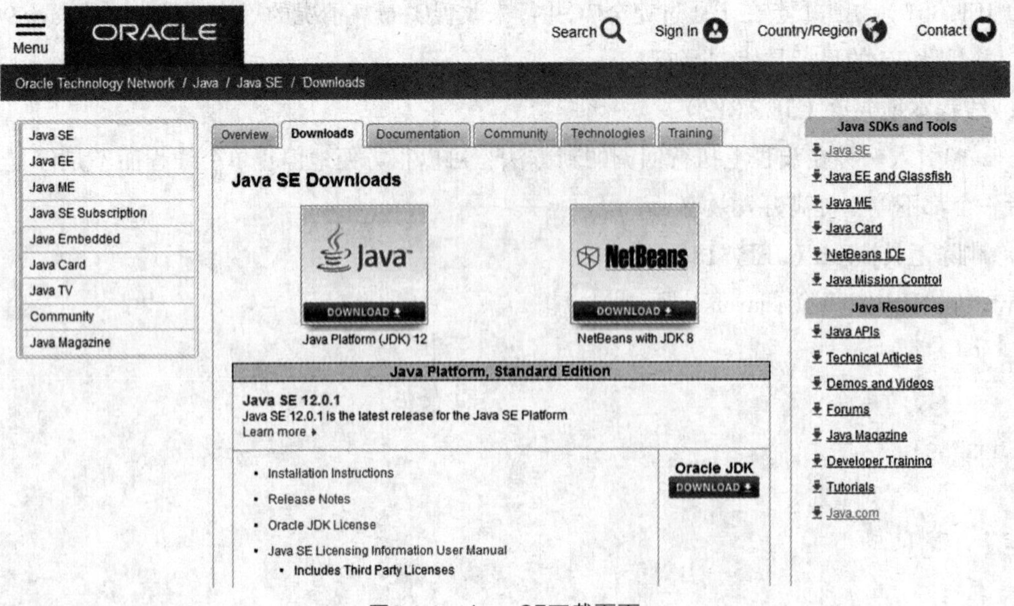

图2.1.1 Java SE下载页面

2．将网页往下拖拽，找到合适的JDK版本（本书使用Java 8），如图2.1.2所示。JDK版本更新较快，读者也可以直接选择当前的最新版本进行使用。

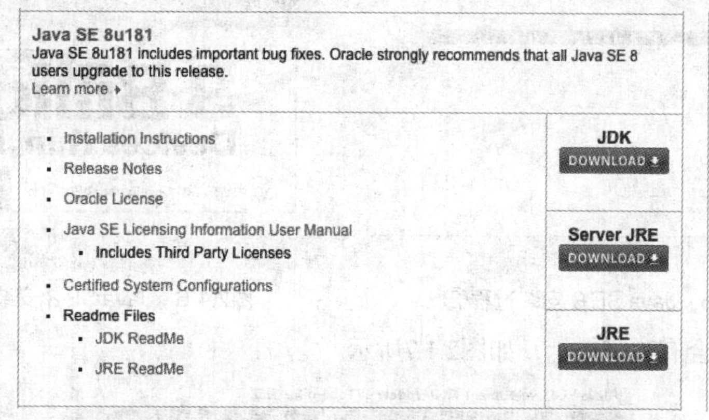

图2.1.2　Java SE 8版本

3．在进入的新页面中，选择“Accept License Agreement”，如图2.1.3所示。

Java SE Development Kit 8u181

You must accept the Oracle Binary Code License Agreement for Java SE to download this software.

○ Accept License Agreement　○ Decline License Agreement

Product / File Description	File Size	Download
Linux ARM 32 Hard Float ABI	72.95 MB	jdk-8u181-linux-arm32-vfp-hflt.tar.gz
Linux ARM 64 Hard Float ABI	69.89 MB	jdk-8u181-linux-arm64-vfp-hflt.tar.gz
Linux x86	165.06 MB	jdk-8u181-linux-i586.rpm
Linux x86	179.87 MB	jdk-8u181-linux-i586.tar.gz
Linux x64	162.15 MB	jdk-8u181-linux-x64.rpm
Linux x64	177.05 MB	jdk-8u181-linux-x64.tar.gz
Mac OS X x64	242.83 MB	jdk-8u181-macosx-x64.dmg
Solaris SPARC 64-bit (SVR4 package)	133.17 MB	jdk-8u181-solaris-sparcv9.tar.Z
Solaris SPARC 64-bit	94.34 MB	jdk-8u181-solaris-sparcv9.tar.gz
Solaris x64 (SVR4 package)	133.83 MB	jdk-8u181-solaris-x64.tar.Z
Solaris x64	92.11 MB	jdk-8u181-solaris-x64.tar.gz
Windows x86	194.41 MB	jdk-8u181-windows-i586.exe
Windows x64	202.73 MB	jdk-8u181-windows-x64.exe

图2.1.3　Java SE 8不同操作系统下载链接

4．在下载列表中，根据电脑硬件和系统选择合适的版本下载。例如，32位的Windows操作系统，需要选择jdk–8u65–windows–i586.exe文件单击超链接下载。下载完成后打开exe格式安装软件，点击“下一步”直到安装成功，如图2.1.4～2.1.6所示。

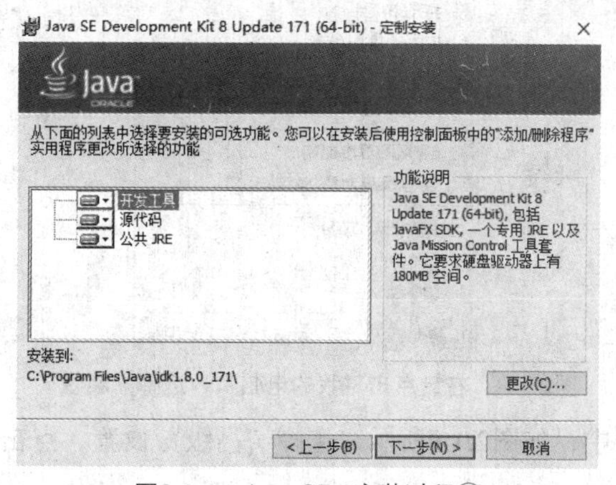

图2.1.4　Java SE 8安装过程①

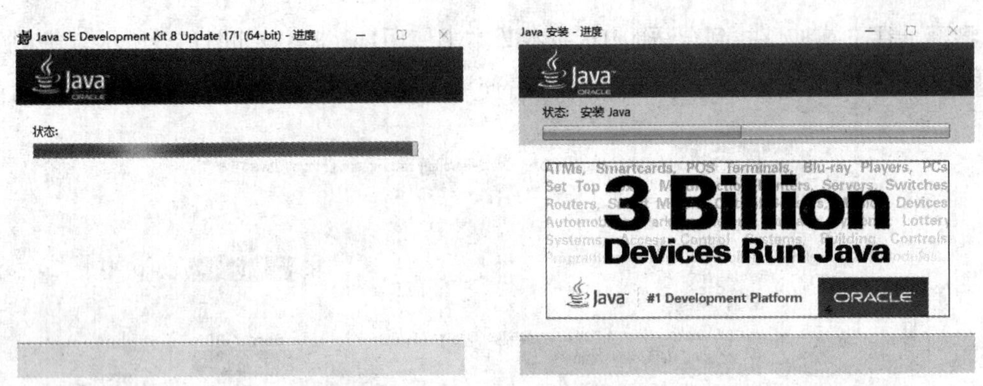

图2.1.5　Java SE 8 安装过程②　　图2.1.6　Java SE 8 安装过程③

5. 安装完成后会有弹窗提示，如图2.1.7所示。

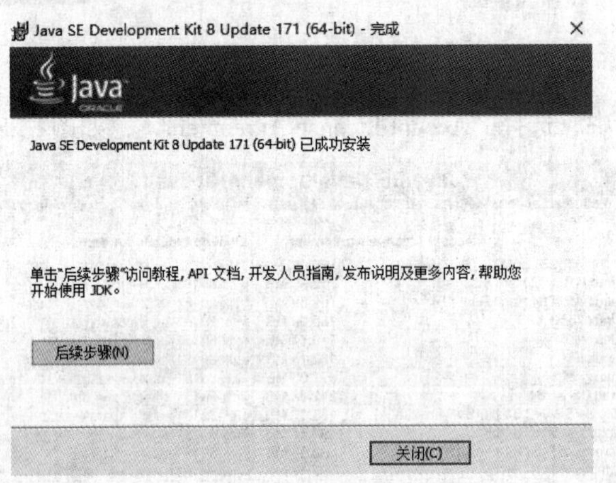

图2.1.7　Java SE 8 安装完成

2.1.2　配置JDK环境

安装完JDK后需要在Windows系统环境变量中配置JDK环境变量，首先右键单击“我的电脑”，选择“属性”，如图2.1.8所示。

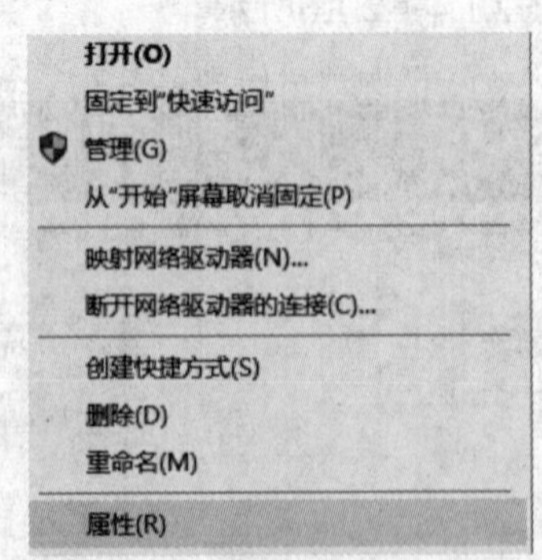

图2.1.8　右键点击“我的电脑”，选择“属性”

在“系统属性”窗口中，如图2.1.9所示，选择“高级”设置，点击“环境变量”弹出配置界面，如图2.1.10所示。

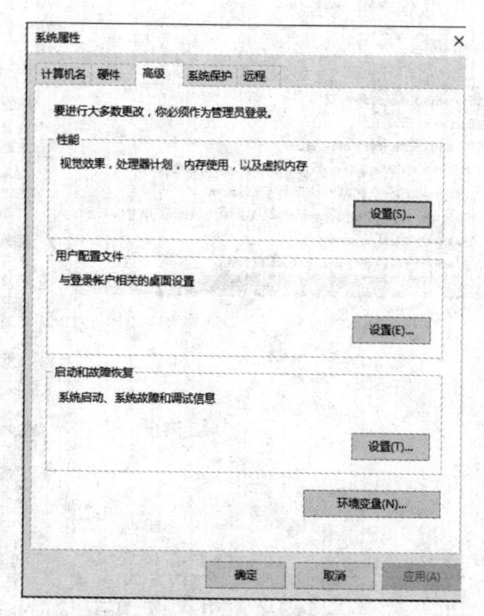

2.1.9　系统属性弹窗

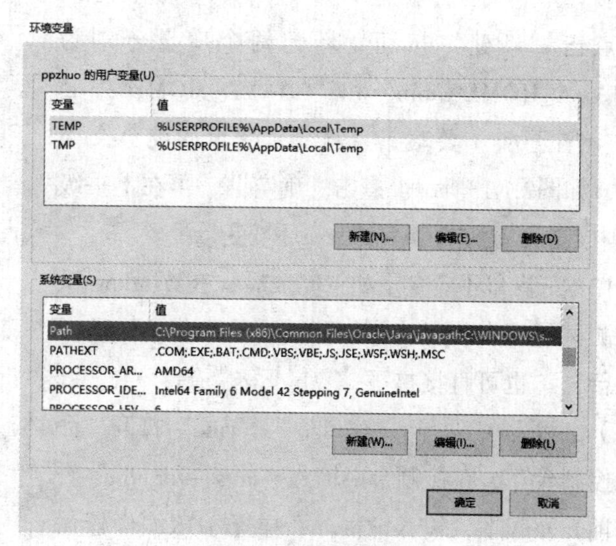

图2.1.10　环境变量配置

在下方“系统变量”处单击“新建”按钮，打开“新建系统变量”对话框，如图2.1.11所示。分别输入变量名“JAVA_HOME”和变量值（JDK在电脑中的安装位置，例如本书示例安装位置为“C:\Program Files\Java\jdk1.8.0_171”），单击“确定”关闭“新建系统变量”对话框。

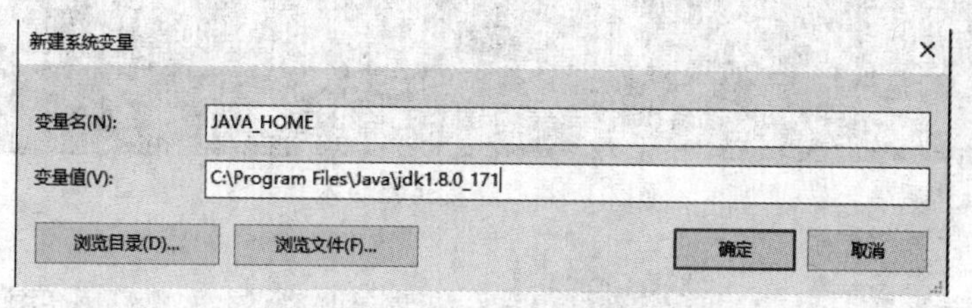

图2.1.11　新建系统变量

单击图2.1.10所示的系统变量“Path”，点击“编辑”按钮，弹出“编辑环境变量”对话框，如图2.1.12所示。

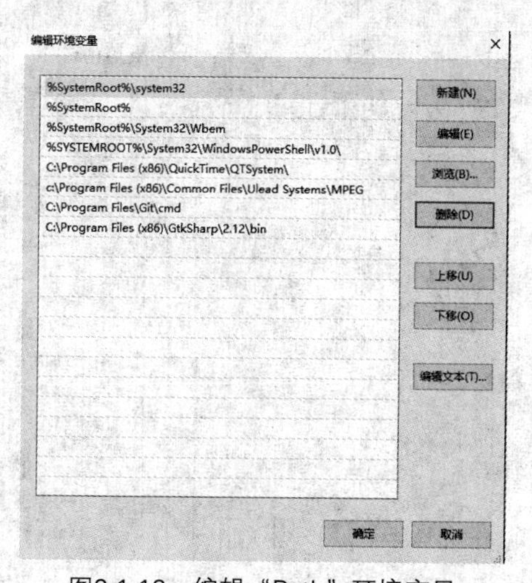

图2.1.12　编辑“Path”环境变量

点击“新建”按钮，新建两个变量分别为“%JAVA_HOME%\bin”和“%JAVA_HOME%\jre\bin”（注意：不要写错反斜线，变量为纯英文格式），如图2.1.13所示。点击“确定”，再在上一级菜单中点击“确定”，完成Java环境变量配置。

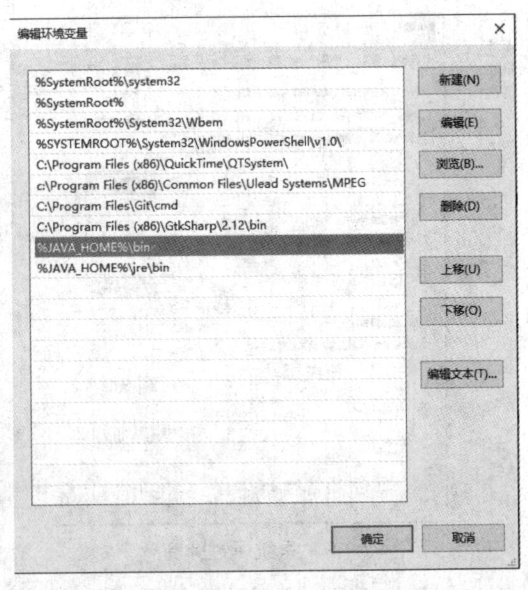

图2.1.13　新建Java编译环境变量

JDK安装和环境变量配置完成后，在Windows系统中测试是否安装正确。打开“开始”菜单，选择“运行”（也可直接按下“Windows”键+“R”键打开），然后在“运行”窗口输入“cmd”打开“命令行控制台”，在控制台中输入“java -version”查看当前Java版本，输入“javac”查看JDK编译器信息和语法、参数、使用方法等信息，如图2.1.14和2.1.15所示。

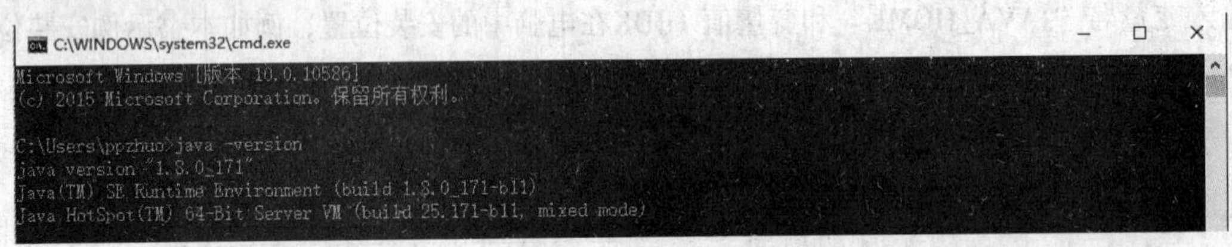

图2.1.14　查看Java版本

```
C:\WINDOWS\system32\cmd.exe
C:\Users\ppzhuo>javac
用法: javac <options> <source files>
其中, 可能的选项包括:
  -g                         生成所有调试信息
  -g:none                    不生成任何调试信息
  -g:{lines,vars,source}     只生成某些调试信息
  -nowarn                    不生成任何警告
  -verbose                   输出有关编译器正在执行的操作的消息
  -deprecation               输出使用已过时的 API 的源位置
  -classpath <路径>            指定查找用户类文件和注释处理程序的位置
  -cp <路径>                   指定查找用户类文件和注释处理程序的位置
  -sourcepath <路径>           指定查找输入源文件的位置
  -bootclasspath <路径>        覆盖引导类文件的位置
  -extdirs <目录>              覆盖所安装扩展的位置
  -endorseddirs <目录>         覆盖签名的标准路径的位置
  -proc:{none,only}          控制是否执行注释处理和/或编译。
  -processor <class1>[,<class2>,<class3>...] 要运行的注释处理程序的名称; 绕过默认的搜索进程
  -processorpath <路径>        指定查找注释处理程序的位置
  -parameters                生成元数据以用于方法参数的反射
  -d <目录>                    指定放置生成的类文件的位置
  -s <目录>                    指定放置生成的源文件的位置
  -h <目录>                    指定放置生成的本机标头文件的位置
  -implicit:{none,class}     指定是否为隐式引用文件生成类文件
  -encoding <编码>             指定源文件使用的字符编码
  -source <发行版>              提供与指定发行版的源兼容性
  -target <发行版>              生成特定 VM 版本的类文件
  -profile <配置文件>            请确保使用的 API 在指定的配置文件中可用
  -version                   版本信息
  -help                      输出标准选项的提要
  -A关键字[=值]                  传递给注释处理程序的选项
  -X                         输出非标准选项的提要
  -J<标记>                     直接将 <标记> 传递给运行时系统
  -Werror                    出现警告时终止编译
  @<文件名>                     从文件读取选项和文件名
```

图2.1.15　查看JDK编译器信息

2.2 Mac下搭建Java环境

Mac环境下搭建Java环境同Windows一样，可以到官网下载指定的Mac JDK安装包进行安装。安装完成后在终端命令行输入“java -version”命令查看，如图2.2.1所示。

```
java -version
java version "1.8.0_161"
Java(TM) SE Runtime Environment (build 1.8.0_161-b12)
Java HotSpot(TM) 64-Bit Server VM (build 25.161-b12, mixed mode)
```

图2.2.1　Mac安装JDK后查看版本

安装好JDK后需要配置环境变量，首先在终端输入指令“sudo vim /etc/profile”，若电脑设置了密码则需要输入密码（即开机密码），如图2.2.2所示。

```
$ sudo vim /etc/profile
Password:

# System-wide .profile for sh(1)

if [ -x /usr/libexec/path_helper ]; then
        eval `/usr/libexec/path_helper -s`
fi

if [ "${BASH-no}" != "no" ]; then
        [ -r /etc/bashrc ] && . /etc/bashrc
fi
~
```

图2.2.2　配置环境变量

接着按下“i”进入insert模式，输入以下配置：

```
JAVA_HOME="/Library/Java/JavaVirtualMachines/jdk1.8.0_161.jdk/Contents/Home"
export JAVA_HOME
CLASS_PATH="$JAVA_HOME/lib"
PATH=".$PATH:$JAVA_HOME/bin"
```

需要注意的是，/Java/JavaVirtualMachines后面的路径需为本地安装的JDK路径和对应的JDK版本。在终端输入“/usr/libexec/java_home”可以得到JAVA_HOME的路径，然后按Esc键退出insert模式，输入“:wq!”保存。配置如图2.2.3所示。

```
$ /usr/libexec/java_home
/Library/Java/JavaVirtualMachines/jdk1.8.0_171.jdk/Contents/Home
```

图2.2.3　JAVA_HOME配置

再接着，输入“source /etc/profile”命令运行profile配置。最后在终端输入“echo $JAVA_HOME”检查配置是否生效。

2.3 Java IDE——Eclipse

互联网有很多可用的开发工具（IDE），对于Java开发者来说，选一款好用的工具，可以帮助自己更高效地编码和构建项目。Eclipse是目前世界上最流行的开源Java IDE工具之一。Eclipse具备安装即用的可视化调试器和可靠的IDE功能，能自动执行常规任务，包含多种前沿技术，支持远程部署等工具，可随时随地轻松调试，非常适合初学者，本书推荐使用Eclipse。

2.3.1 Eclipse下载与安装

Windows和Mac都可以安装Eclipse，访问Eclipse官网http://www.eclipse.org/，点击右上角“Download”下载按钮，如图2.3.1所示。

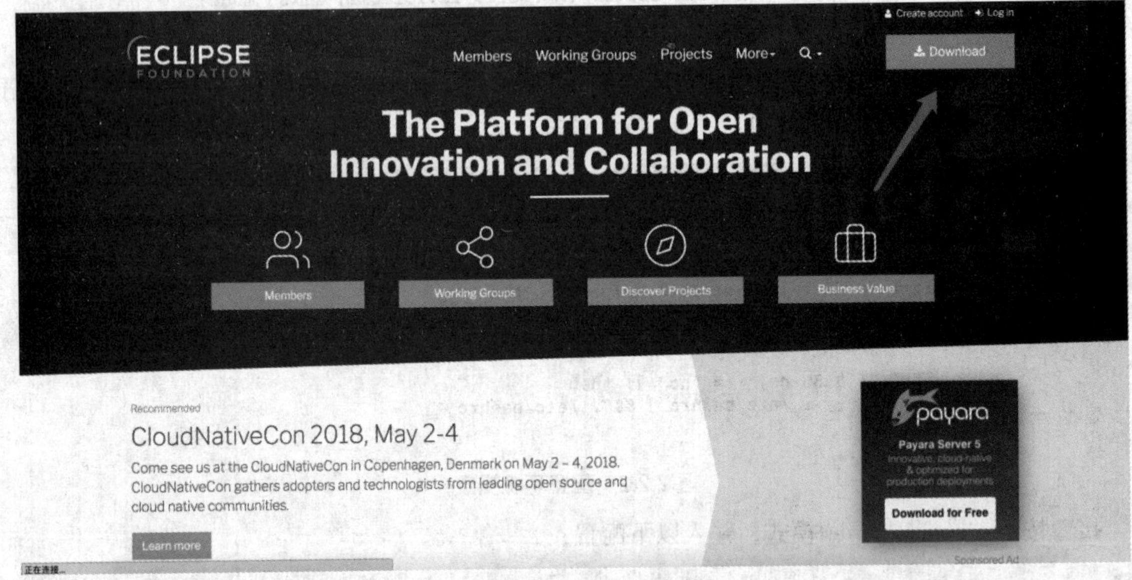

图2.3.1　Eclipse官网首页

网页会跳转到Eclipse软件下载页面，页面会自动识别用户本机操作系统，点击“Download”下载按钮，系统会自动下载软件，如图2.3.2和图2.3.3所示。

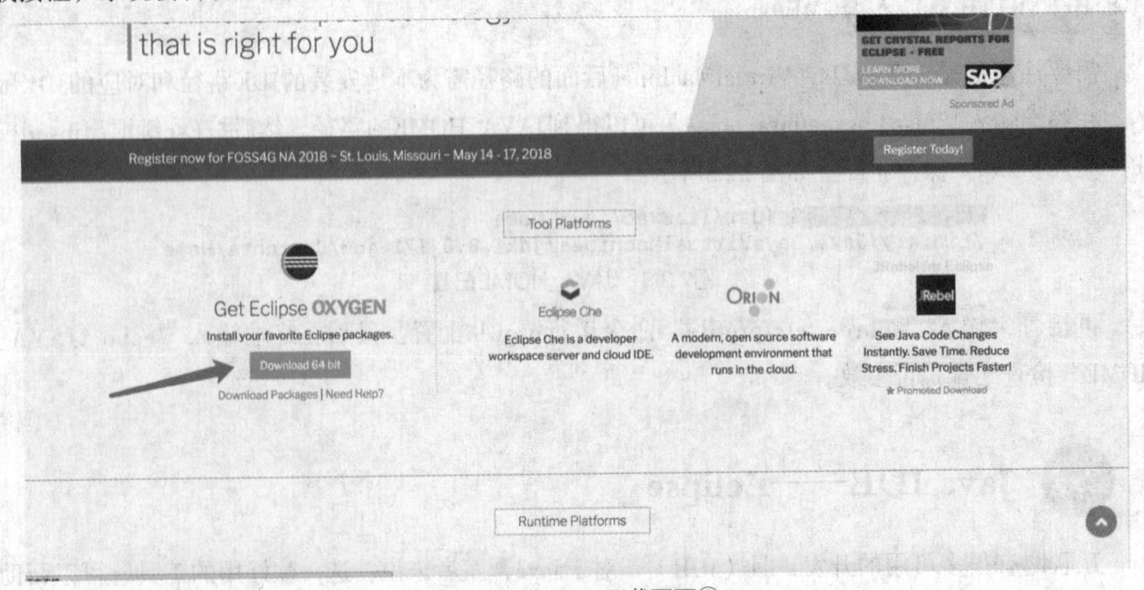

图2.3.2　Eclipse下载页面①

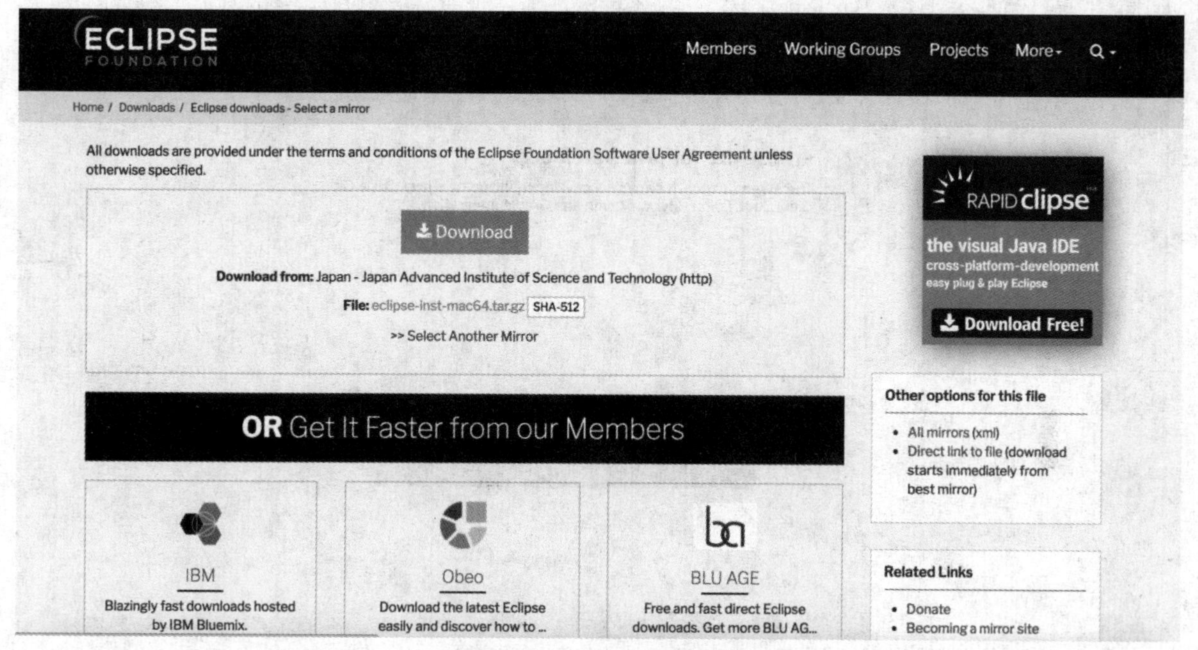

图2.3.3　Eclipse下载页面②

下载Eclipse安装程序后，双击Eclipse安装包，进入欢迎安装界面（图2.3.4），然后点击“下一步”按钮继续安装。

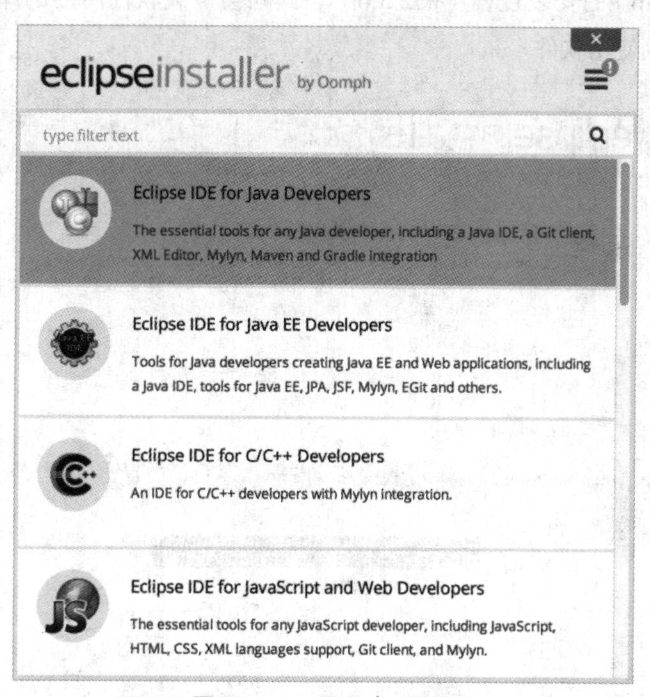

图2.3.4　Eclipse欢迎界面

进入“选择安装目录”界面，选择安装的目录，然后点击“INSTALL”，继续安装，如图2.3.5所示。

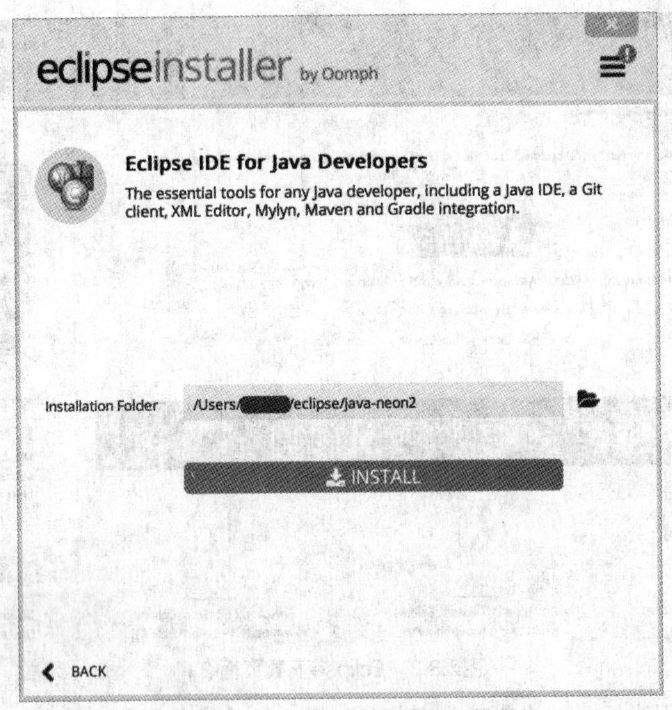

图2.3.5　Eclipse选择目录界面

接下来会进入Eclipse的安装过程（图2.3.6），其间会下载软件所需的库文件，须保持网络通畅，安装完成后即可以使用软件。

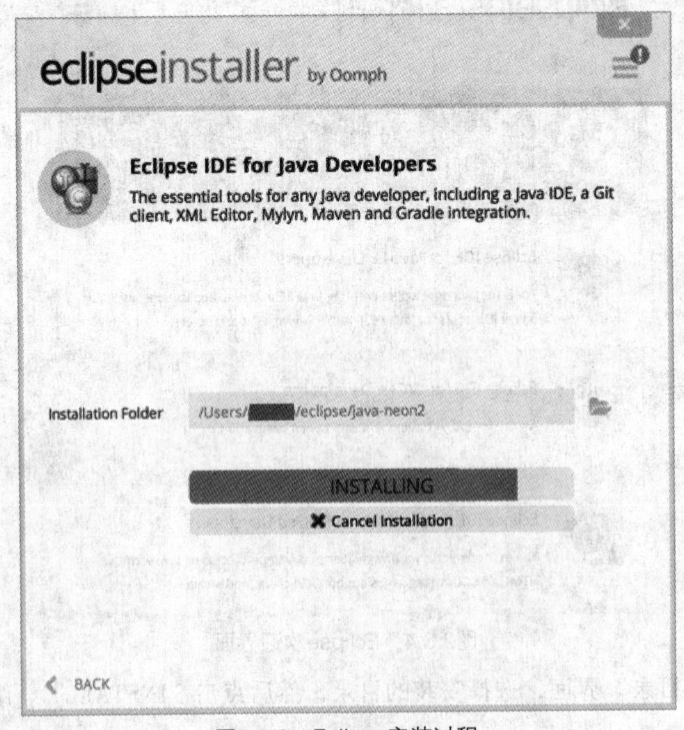

图2.3.6　Eclipse安装过程

软件安装完成后，Eclipse界面会更换为图2.3.7所示，此时可以直接运行软件。

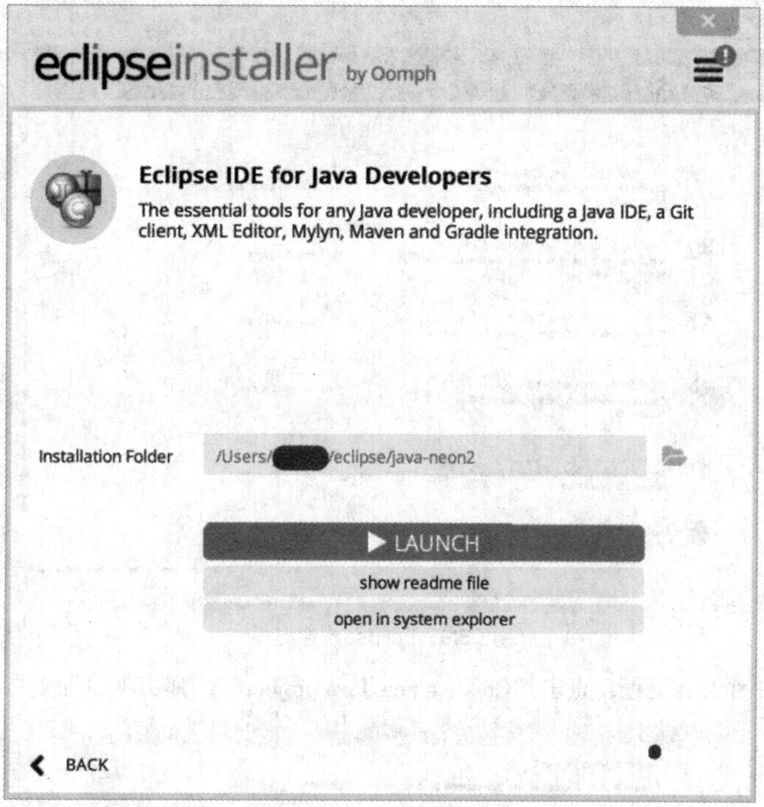

eclipseinstaller by Oomph

Eclipse IDE for Java Developers

The essential tools for any Java developer, including a Java IDE, a Git client, XML Editor, Mylyn, Maven and Gradle integration.

Installation Folder /Users/ /eclipse/java-neon2

LAUNCH

show readme file

open in system explorer

BACK

图2.3.7　Eclipse安装结束

2.3.2　Eclipse使用

第一次打开Eclipse时，会提示选择一个地方存储开发工作空间，可以选择系统默认路径，点击“OK”，如图2.3.8所示。

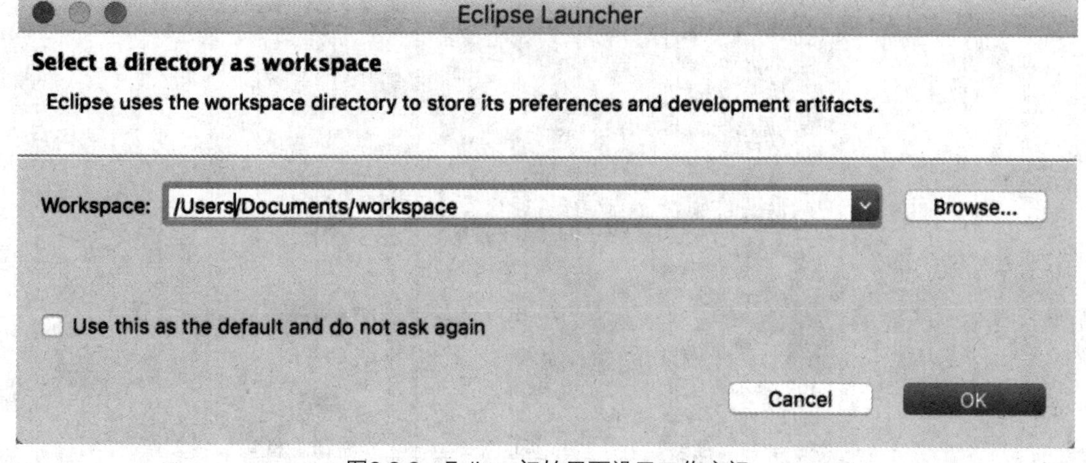

图2.3.8　Eclipse初始界面设置工作空间

选择好工作空间后，会出现Eclipse欢迎界面，如图2.3.9所示。

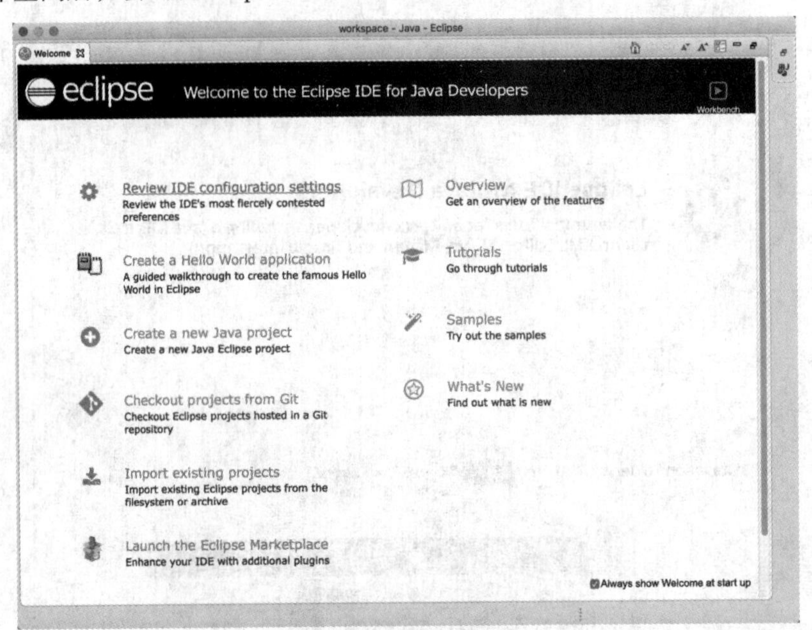

图2.3.9　Eclipse欢迎界面

首先，新建一个Java工程，点击“Create a new Java project”，弹出项目配置页面（图2.3.10）。

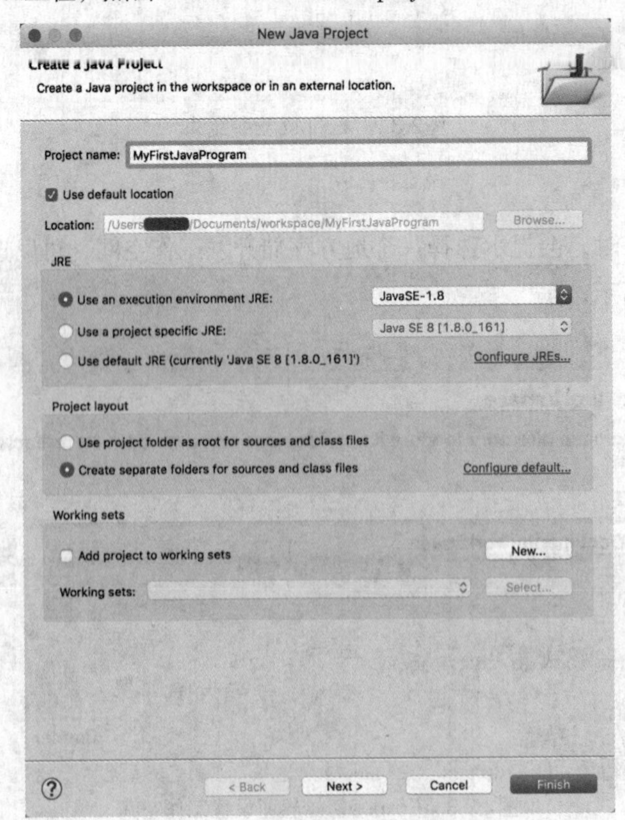

图2.3.10　Eclipse新项目配置页面

Eclipse会自动添加系统匹配上的JDK，其他选项可默认，填写项目名称（必须是英文名）后，点击“Finish”，会进入Eclipse开发页面并打开工程编辑页面，如图2.3.11所示。

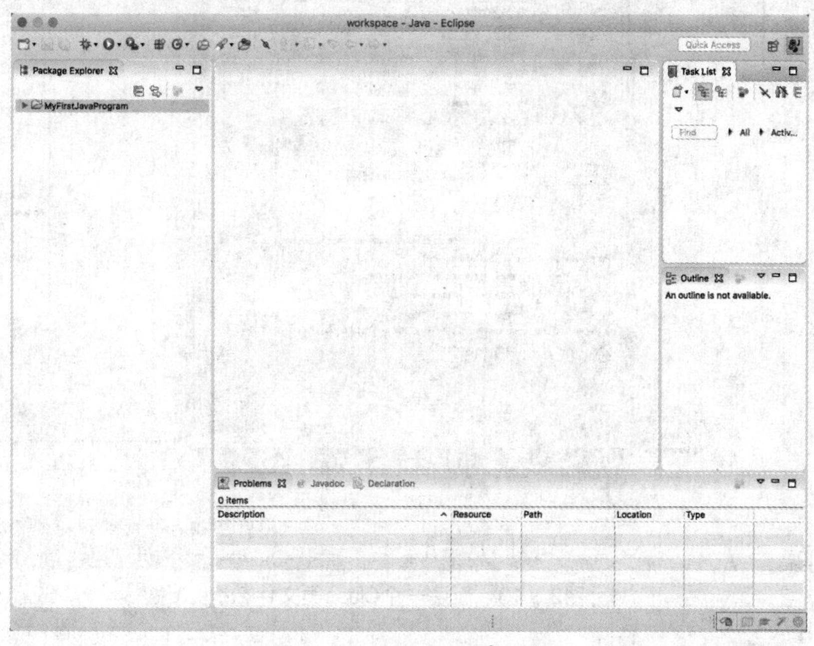

图2.3.11　Eclipse开发页面

Eclipse新建工程后会在工作空间内建一个以该项目名命名的文件夹和src文件夹，Java中的工程都是在src目录下的。右键点击src目录，新建一个“Package”包名称为“com.hello01kuaixue”，在这个包下新建一个类名为“MyFirstJavaProgram”，如图2.3.12和图2.3.13所示。

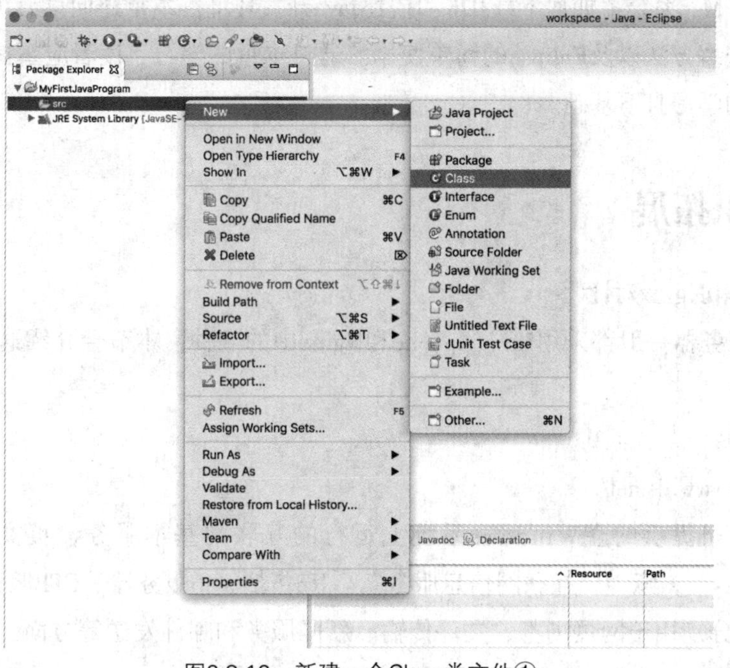

图2.3.12　新建一个Class类文件①

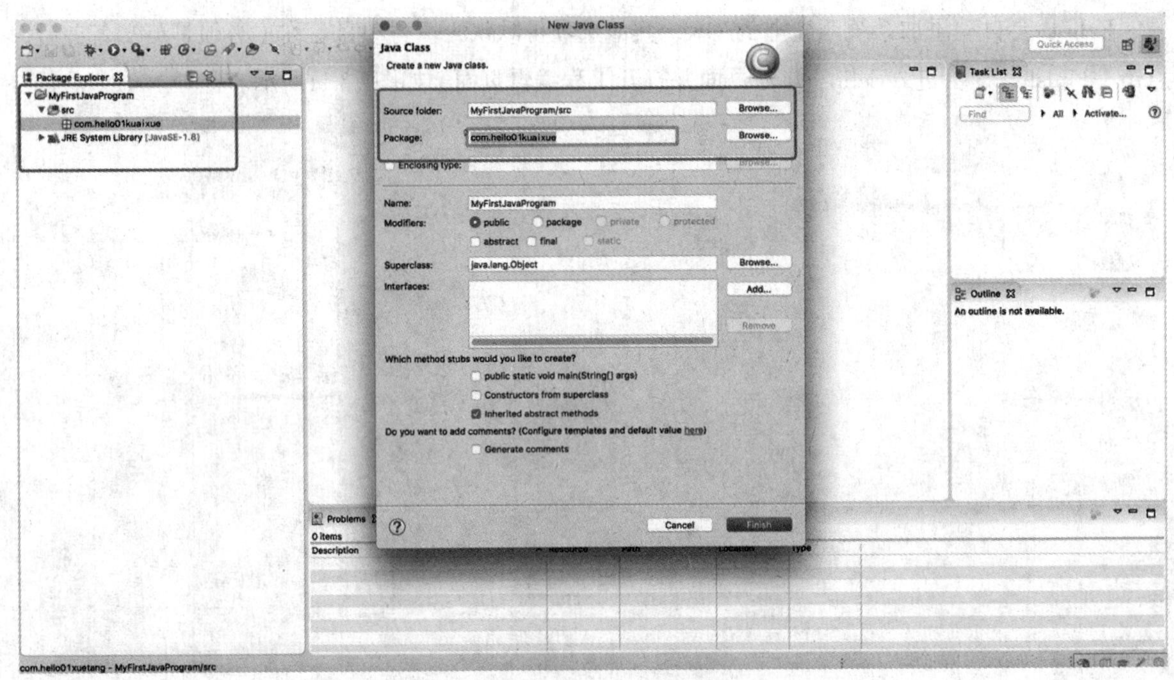

图2.3.13　新建一个Class类文件②

2.4 小结

本章向读者介绍了在Windows系统下如何下载JDK、搭建Java开发环境，手把手教读者配置JDK环境；同时介绍了Mac系统下如何下载JDK和搭建Java开发环境。本章还向读者讲解了Java开发工具Eclipse的下载和安装方法以及Eclipse的简单使用。通过本章的学习，读者应掌握Java开发环境的搭建，为后续章节的学习打下基础。

2.5 知识拓展

IIS、Apache和Nginx对比

Java网站的服务器一般都采用IIS、Apache和Nginx中的一种，本节会介绍这三种服务器及其各自的优缺点。

◇ IIS

网址：https://www.iis.net/

IIS是微软公司提供的在Windows系统上运行的互联网基本服务，英文全称为“Internet Information Services”，意为“互联网信息服务”。IIS包括Web服务器、FTP服务器、NNTP服务器和SMTP服务器，分别用于网页浏览、文件传输、新闻服务和邮件发送等方面。开发人员可以很容

易地在IIS上部署网站，并能发布网页，它支持PHP、ASP、Java、VBScript等编程语言。

◇ Apache

网址：https://httpd.apache.org/

Apache HTTP Server（简称Apache）是Apache软件基金会的一个开源网页服务器软件，可以在大多数电脑操作系统中运行，由于其跨平台的优势和安全性而被广泛使用，是最流行的Web服务器软件之一。Apache是一个开源项目，其目标是提供一个安全、高效和可扩展的服务器，并提供与当前HTTP标准同步的HTTP服务。Apache服务器也叫作httpd，于1995年推出，它快速、可靠，并且可通过简单的API扩充，自1996年4月以来一直是互联网上最受欢迎的网络服务器。

◇ Nginx

网址：https://nginx.org/

Nginx是最初由伊戈尔·塞索耶夫（Igor Sysoev）编写的HTTP和反向代理服务器、邮件代理服务器和通用TCP/UDP代理服务器，使用异步事件驱动的方法来处理请求。Nginx是一款面向性能设计的HTTP服务器，Nginx的编写有一个明确目标，就是超越Apache Web服务器的性能，所以和Apache等其他服务器相比，它具有占用内存少、稳定性高等优势。

全球有大量的服务器使用IIS、Apache和Nginx，它们各自又有哪些优点和缺点呢？

1. 开源和收费

IIS不具备跨平台的特点，只支持在Windows上运行，想要合法使用IIS就要购买正版Windows操作系统。而Apache和Nginx都是完全免费的，不需要支付任何费用就可以下载并使用。大部分科技公司由于服务器采用Linux操作系统，因此使用Apache和Nginx较多，而那些服务器都采用Windows系统的大型企业，则一般会选用IIS作为服务器。

2. 稳定性

由于Windows操作系统的缘故，IIS的稳定性会比Linux下的Apache和Nginx弱。IIS在实际使用中会偶尔出现500错误，用户需要不定期地重新启动以确保IIS网站正常运行。Apache和Nginx配置更为灵活，也更为复杂，不过一经设置完毕就可以长期地工作，一般情况下一台配置好的服务器运行一年也不会出现服务问题。

3. 性能

三者之中，Nginx性能最高，适合高可用性的HTTP服务，而Apache更适合通用的Web网站推广，IIS则与.net网站配合最佳。例如PHP语言，自PHP 5.3.3起，PHP-FPM加入到了PHP核心，编译时加上“--enable-fpm”即可提供支持。PHP-FPM以守护进程在后台运行，Nginx响应请求后，自行处理静态请求，PHP请求则经过fastcgi_pass交由PHP-FPM处理，处理完毕后返回。Nginx和PHP-FPM的组合，是一种稳定、高效的PHP运行方式，效率要比传统的Apache和IIS高很多。

4. 复杂度

IIS使用起来比较简单，很容易部署并对外发布网站。Nginx和Apache的使用要比IIS难，要求用户需具备一定的计算机及网络基础；它们的配置也不是图形化的，需要用户通过编辑配置文件来实现。从配置本身来说，Apache提供了丰富的模块，因此配置最为复杂。

5. 使用范围

如图2.5.1所示，从目前全球网站使用这三种服务器的百分比来看，排在第一的是Apache。

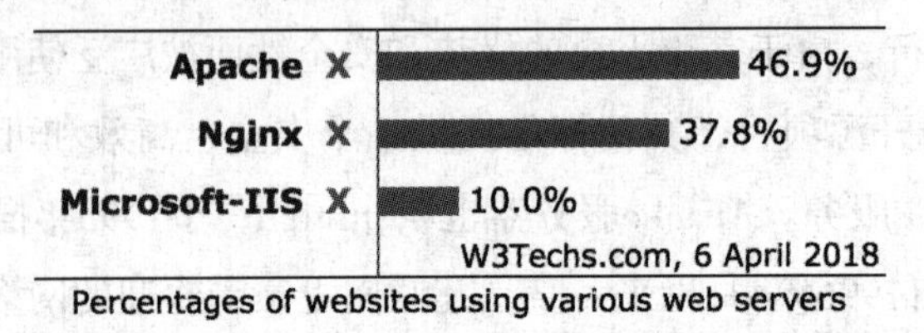

图2.5.1 服务器全球比例①

因为Nginx的发布比Apache晚，所以最初Apache占据了主要的市场份额。这些年，Nginx越来越普及。如图2.5.2所示，从这三种服务器百分比的历史趋势来看，Nginx还处于持续增长的阶段。

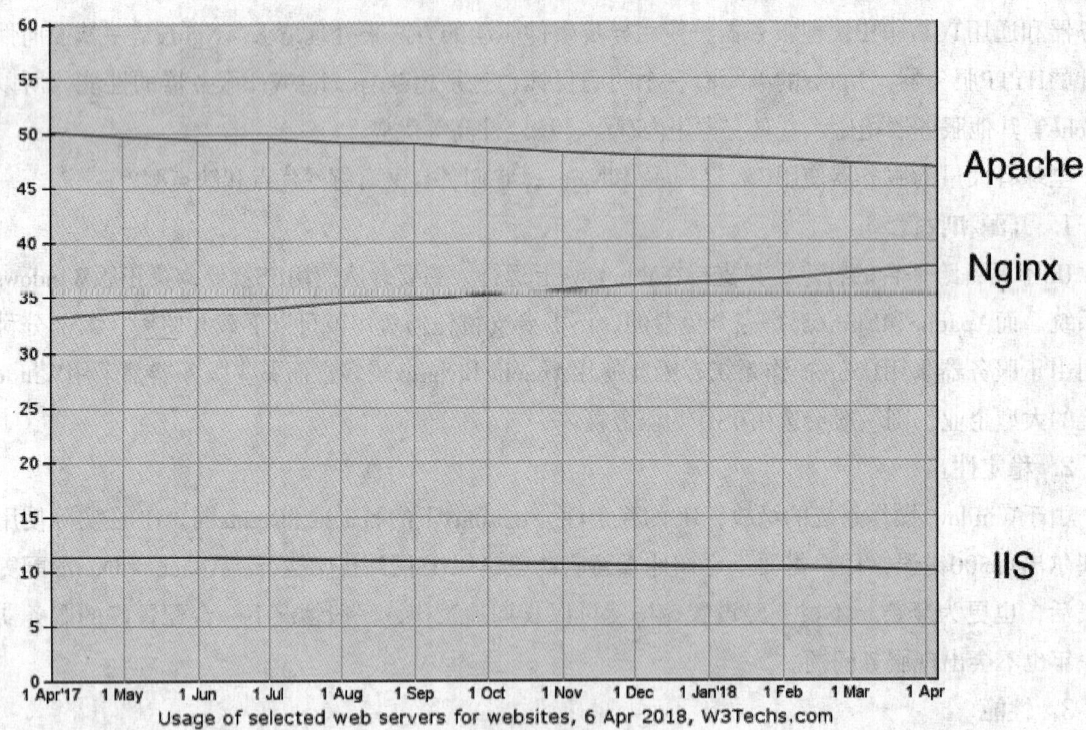

图2.5.2 服务器全球比例②

第 3 章 Java基础语法

学习每一门语言知识，都要从最基础的语法开始。Java是一门面向对象的程序设计语言，Java里每个操作与运算都离不开最基础的类型和语法。本章将对Java基础类型和语法进行详细介绍，同时也为后面的章节打下牢固的基础。

3.1 Java主类结构

Java是一门面向对象的程序设计语言（后续章节将详细介绍什么是对象），在Java中是用类——关键字class来定义对象的类型的，大多数面向对象的程序设计语言都习惯使用关键字class来表示并描述“这类对象是长成什么样子”的。

下面举一个例子：创建一个包含了color和desc两个信息的类。

动手写3.1.1

```
package com._01kuaixue.java;

// 这是一个类
public class FirstClass {
   // 下面则是这个类的内容
   private String color;
   private String desc;
}
```

如果要使这个类成为一个能够独立运行的程序，那这个类必须包含一个名为main()的方法（后续章节将详细介绍什么是方法），此时这个类也被称作主类。一个类只能有一个主方法，但是可以定义多个方法。

动手写3.1.2

```
package com._01kuaixue.java;
```

```
import com._01kuaixue.java.MainClass;

//这是一个主类
public class MainClass {
    private String desc;
    //这是一个主方法
    public static void main(String[] args) {
        System.out.print("Hello,零壹快学!");
    }
    private void oneMethod() {
        System.out.print("这是一个方法");
    }
    private void twoMethod() {
        System.out.print("这也是一个方法");
    }
}
```

提示

Java是对大小写敏感的，即“MainClass”与“mainClass”是不同的，“class”与“Class”也是不同的；在命名主类名称时，须注意大小写，第一个字母须大写，同时主类名称要与文件名称保持一致。

3.1.1 Java包

在实际编写程序语言时，不止一个Java类文件会被使用。当class类文件数量繁多时，编程人员很难去管理和查找特定的文件，同时也会存在部分文件名或类名称相同，而它们的功能并不相同的情况，这时就需要一种层次化的文件结构来解决这一问题。Java提供了包管理机制——package关键字。

下面举一个包（package）的简单示例：

```
package com._01kuaixue.java;
```

这一示例中“package”作为包的声明关键字，声明后面段落为包的路径，“com._01kuaixue.java”对应路径为com/_01kuaixue/java，也就是被这个包声明的文件在操作系统中的保存路径。实际的开发中，会把功能相同或相近的类文件放在同一个包下，使用不同的包声明对各个程序文件进行保存、管理和隔离。包的声明应该在文件的第一行，而且每个Java文件只能有一个包声明。

提示

Java包命名都是以小写命名，多数开发人员会采用互联网域名作为自己程序包的唯一前缀。Java的包命名不允许以数字开头，但可以以下划线“_”作为开头，如上述示例“com._01kuaixue.java”。

为了使用某一个特定包的内容，Java提供了另一个引入包的关键字——import关键字。

下面举一个引入import的简单示例：

```
import com._01kuaixue.java.MainClass; // 指定某一个类文件
import com._01kuaixue.java.*; // 指定这个包下的所有类文件
```

这一示例中，“import”作为引入包的声明关键字，声明后面段落为引入的具体内容，如指定某一个类文件则写明具体的类文件名，例如“com._01kuaixue.java”包下的MainClass类；也可以不指定具体的类名，使用“*”来指定这个包下面的所有类文件。

提示

类文件中可以引入任意数量的import声明，同时也可以使用IDE自动导入引用包。import声明必须在package包声明后面，类声明之前。

3.1.2 类的成员变量和局部变量

一个Java类文件中，会有两个组成部分——成员变量（全局变量）和局部变量。成员变量是指类中直接声明的属性，局部变量则是指在方法中声明的属性。成员变量能够在类中各个地方调用，而局部变量只能在声明的方法中使用。

动手写3.1.3

```
package com._01kuaixue.java;
public class Food {
    // 成员变量，在Food类中各处可调用，也可被其他类文件调用
    public static String name;
    // 成员变量，在Food类中各处可调用，但不可被其他类文件调用
    private static String size;
    // 私有方法，仅可在Food类中被调用
    private void eat() {
```

```
        System.out.println("eat");
    }
    public static void main(String[] args) {
        String variable = "局部变量";
        System.out.println("这个是局部变量" + variable);
        System.out.println("这个是全局变量" + size);
    }
}
```

3.1.3 访问权限修饰词

Java提供了public、private、protected三种访问权限修饰词，在类文件中每个成员定义之前，每个修饰词都定义了成员不同的访问权限。

包访问权限。当不写以上三种修饰词时，Java会默认该类的访问权限为包访问权限，即这个包路径下的其他类文件都可以访问该类。

公开访问权限——public。public标识该类或成员变量、成员函数对其他所有类文件都是开放的，其他类文件（不论是否在该文件的包目录下）都可以直接进行调用，调用时只需用import关键字引入即可。

私有访问权限——private。private标识该成员变量、成员函数只可以在自己的类文件内使用，其他任何的类文件都无法访问和使用这个变量或函数。这也意味着，即使是同一个包下的其他文件，也是无法访问的。

继承访问权限——protected。继承是一种派生类的概念（后面章节会进行详细介绍），这里我们引入父类和子类的概念，如果一个类A继承了另一个类B，那么B类是A类的父类，A类是B类的子类，此时B类如果定义了一个protected的变量，这个变量可以在A类中使用，也可以被B类所在的包使用，但这个变量无法被其他类使用。

3.1.4 编写主方法

每个Java应用程序都必须有且仅有一个main主方法，程序从“{”开始运行，到“}”结束运行。动手写3.1.2和动手写3.1.3中都使用了main()主方法。main()主方法必须被声明为public static void，并且入参（后续章节会详细介绍什么是方法的入参），必须是String[] args或String args[]。

main()方法之所以是public，是因为每个Java程序在运行时都要创建一个Java虚拟机（全称Java Virtual Machine，简称JVM）实例，由JVM从外部调用main()方法就需要公开访问权限，所以必须要用public声明。

void表示main()方法没有具体返回值。

static关键字可修饰类的属性和方法，被static修饰的成员被称作“静态成员”（或静态属性、静态方法）。静态成员不会创建对象，只作为类的共享属性进行管理，所有使用了静态成员的地方都共享同一个静态成员（这部分会在第9章进行详细介绍）。

String[] args是主方法的参数列表，是一个数组类型的参数。这里使用字符串类型String，也是因为任何数据都可以转换成字符串形式（这部分会在第6章进行详细介绍）。

3.2 注释及使用场景

在程序设计语言中，注释是用来提高程序的可读性的，好的注释和文档在很长时间后仍能清楚地告诉他人程序的使用方法和作用。

Java有两种注释风格，分别是多行注释和单行注释。多行注释一般用于大段文本，以“/*”为开头，中间是注释内容，以“*/”为结尾，内容可跨越多行，中间跨越的行以“*”为开头。单行注释以“//”开头，直到本行结束，使用起来更方便，因而更为常用。

动手写3.2.1

```
// 这是单行注释
/*
* 这是多行
* 注释
*/
/* 这也是
多行注释 */
```

很多IDE都支持快捷键直接创建注释或消除注释，如Eclipse中多行注释创建或消除的快捷键为“Ctrl+Shift+/”，单行注释快捷键为“Ctrl+/”。

3.2.1 注释文档

注释文档以“/**”为开头，以“*/”为结尾。和多行注释不同的是，注释文档一般在类声明、类的方法声明前。Java提供了javadoc将这些注释提取出来，自动生成相当好的程序文档以供参考，输出的文档为HTML文件，可以用Web浏览器查看。这样，javadoc就将代码和文档一同维护起来，大大降低了程序的维护成本。

动手写3.2.2

```
/**
* 这是注释文档
* @author 零壹快学 www.01kuaixue.com
```

```
* @version 0.0.1
* @since jdk 1.8
*/
```

3.2.2 嵌入HTML语言和标签

由于Java使用注释编译器javadoc生成HTML文档进行管理，注释里也可以加入HTML代码，使代码格式变得更加清晰明了。代码中类、方法等类型的注释文档都支持嵌入HTML语言。

动手写3.2.3

```
/**
 * 这是一个嵌入了HTML语言的注释文档
 * <pre>
 * System.out.print("这里可以写代码");
 * </pre>
 * <ol>
 * <li> 零壹快学系列课程
 * <li> 零壹快学系列课程
 * </ol>
 */
```

HTML语法具体可以参考本系列丛书中的《零基础HTML+CSS从入门到精通》。除了HTML语言的嵌入，Java还提供了一些便于代码阅读的javadoc标签，如表3.2.1所示。

表3.2.1 常见的javadoc标签

标签	说明
@see	引用其他类的文档
{@link}	使用标签作为超链接到其他类的文档
{@docRoot}	文档根目录的相对路径
{@inheritDoc}	从该类最接近的基类中继承相关的文档
@version	版本说明相关信息
@author	作者信息
@since	程序最早使用的JDK版本

（续上表）

标签	说明
@param	用于方法文档，标识方法参数
@return	用于方法文档，标识返回值内容
@throws	用于方法文档，标识抛出的异常说明
@Deprecated	标识一些旧的特性或已不再维护的代码

提示

Java进行编译时，注释的所有内容都会被忽略，同时，在多行注释中也可以嵌入单行注释。好的注释能够方便阅读和理解，但是需要注意，不好的注释会造成不必要的困扰，加大代码维护成本，所以要在适当的地方使用正确的注释和语义，这对于初学者帮助很大。

3.3 基本数据类型

在程序语言设计中，通常使用一系列的基本数据类型来处理我们所需要的信息。本节将对几种基本数据类型进行介绍。

3.3.1 整数类型

Java提供了四种整数类型，用来存储整数数值（即没有小数位数的数值），分别是byte、short、int和long。这些类型既可以存储正数数值，也可以存储负数数值，负数可以在前面加上“-”符号表示。

不同的类型取值范围是不同的，在系统中所占内存大小也是不同的。下面分别对这几种基本整数类型进行介绍。

1. byte类型

byte数据类型占用内存8位，有符号，并以二进制补码表示整数，占1字节内存。

◇ 最小值是-128（即-2^7）。

◇ 最大值是127（即2^7-1）。

◇ 默认值是0。

◇ byte类型占用的空间只有int类型的四分之一。

动手写3.3.1

```
/**
 * byte类型定义
 * @author 零壹快学
 */
public class ByteIntro {
    public static void main(String[] args) {
        byte number = 55; // 定义byte类型变量
        byte x = 10 + 15; // 将10+15=25赋值给x
        System.out.println("byte类型变量number为： " + number);
        System.out.println("byte类型变量x为： " + x);
    }
}
```

动手写3.3.1的运行结果为：

```
byte类型变量number为： 55
byte类型变量x为： 25
```

图3.3.1　byte类型示例

2. short类型

short数据类型占用内存16位，有符号，并以二进制补码表示整数，占2字节内存。

◇ 最小值是-32768（即-2^{15}）。

◇ 最大值是32767（即$2^{15}-1$）。

◇ 默认值是0。

◇ short类型占用的空间只有int类型的二分之一。

动手写3.3.2

```
/**
 * short类型介绍
 * @author 零壹快学
 */
public class ShortIntro {
    public static void main(String[] args) {
        short number = 12345; // short类型定义
        short x = 12345 + 54321;// 数值溢出short类型最大值
        System.out.println("short类型变量number为： " + number);
        System.out.println("short类型变量x溢出结果为： " + x);
    }
}
```

动手写3.3.2中，x赋值的数值由于超过了short类型的存储最大值，造成数据的溢出编译失败，其运行结果为：

```
ShortIntro.java:8: 错误: 不兼容的类型: 从int转换到short可能会有损失
        short x = 12345 + 54321;// 数值溢出short类型最大值
                        ^
1 个错误
```

图3.3.2 short类型溢出示例

3. int类型

int数据类型占用内存32位，有符号，并以二进制补码表示整数，占4字节内存。

◇ 最小值是–2147483648（-2^{31}）。

◇ 最大值是2147483647（$2^{31}-1$）。

◇ 默认值是0。

动手写3.3.3

```
/**
 * int类型定义
 * @author 零壹快学
 */
public class IntIntro {
    public static void main(String[] args) {
        int number = 12345 + 54321;
        int negativeNumber = -54321;
        System.out.println("int类型变量number为：" + number);
        System.out.println("int类型变量negativeNumber为：" + negativeNumber);
    }
}
```

动手写3.3.3的运行结果为：

```
int类型变量number为： 66666
int类型变量negativeNumber为： -54321
```

图3.3.3 int类型示例

int类型为Java中整数类型的默认数据类型，代码中可以直接使用数字，此时Java都会认为是int类型的数值。

动手写3.3.4

```
/**
 * int类型定义
 * @author 零壹快学
```

```
*/
public class IntIntro {
    public static void main(String[] args) {
        System.out.println("int类型数值直接使用：" + 12345);
        System.out.println("int类型数值直接使用：" + -1111);
    }
}
```

动手写3.3.4的运行结果为：

```
int类型数值直接使用： 12345
int类型数值直接使用： -1111
```

图3.3.4　整数类型默认为int类型

4. long类型

long数据类型占用内存64位，有符号，并以二进制补码表示整数，占8字节内存。long类型的数值需要在数字结尾加上“L”（大小写并不区分，但是因为小写l与数字1很像，容易混淆，建议使用大写字母L）。

◇ 最小值是-9223372036854775808（-2^{63}）。

◇ 最大值是9223372036854775807（$2^{63}-1$）。

◇ 默认值是0L。

动手写3.3.5

```
/**
 * long类型定义
 * @author 零壹快学
 */
public class LongIntro {
    public static void main(String[] args) {
        long number = 12345L;
            long x = 123456789 * 987654321; //数字会默认为int进行相乘，数值溢出后类型强制转换为
long
        long y = 123456789L * 987654321L; //数字被认为是long进行相乘
        System.out.println("long类型变量number为：" + number);
        System.out.println("long类型计算错误值：" + x);
        System.out.println("long类型计算正确值：" + y);
    }
}
```

动手写3.3.5中，定义了long类型的变量number、x和y。x的数值计算中没有写“L”来标识是long类型，则Java会默认将两个数值认为是int类型来进行相乘计算，这会造成数值溢出int最大值，结果为一个负数，然后将这个负数强制转换为long类型。而y的计算因为数值加上了“L”，没有发生溢出和强制转换的过程。其运行结果为：

```
long类型变量number为： 12345
long类型计算错误值： -67153019
long类型计算正确值： 121932631112635269
```

图3.3.5 long类型定义和错误赋值方式

在使用以上四种整型类型时，要注意存储的数值的取值范围，如果超出范围（大于类型的最大值或是小于类型的最小值），都会造成类型存储的溢出，感兴趣的读者可以尝试给byte类型赋值-129看会导致什么样的结果。另外，对于程序来说内存是很宝贵的，合理使用不同的类型来存储数值是一个健壮程序的基础。

整型数据的值一般都使用十进制，前面的示例中都是十进制数值，而且十进制不能以“0”为开头。数值还可以使用二进制、八进制和十六进制，都可以在前面加上负号表示负数。

◇ 默认十进制为表示方法。

◇ 在数字前面加上数字0，表示八进制。

◇ 在数字前面加上0x，表示十六进制。

◇ 在数字前面加上0b，表示二进制。

动手写3.3.6

```
/**
 * 多种进制使用
 * @author 零壹快学
 */
public class NumberIntro {
    public static void main(String[] args) {
        int a = 0b0000_0011; //二进制
        int b = 1010; // 十进制
        int c = 01234; // 八进制
        int d = 0xF1E3; // 十六进制
        System.out.println("二进制数值输出：" + a);
        System.out.println("十进制数值输出：" + b);
```

```
        System.out.println("八进制数值输出： " + c);
        System.out.println("十六进制数值输出： " + d);
        //保留进制格式输出成字符串
        System.out.println("二进制数值输出： " + Integer.toBinaryString(a));
        System.out.println("八进制数值输出： " + Integer.toOctalString(c));
        System.out.println("十六进制数值输出： " + Integer.toHexString(d));
    }
}
```

动手写3.3.6表明，非十进制的数值在系统输出时都会被默认转换成十进制，如果想要保留原来的格式，可以将这些数值转换成字符串输出，其运行结果为：

```
二进制数值输出： 3
十进制数值输出： 1010
八进制数值输出： 668
十六进制数值输出： 61923
二进制数值输出： 11
八进制数值输出： 1234
十六进制数值输出： f1e3
```

图3.3.6　多种进制整数的使用

要使用八进制表达，数字前必须加上0（零）。要使用十六进制表达，数字前必须加上0x。要使用二进制表达，数字前必须加上0b。

对Java来说，不同位数的操作系统，整型、长整型的长度一致，Integer总是为4字节，可表示的范围是-2147483648 ~ 2147483647；Long总是为8字节，可表示的范围是-9223372036854775808 ~ 9223372036854775807。与此不同的是，C语言的int根据系统位数、编译器的不同，可能会有2字节、4字节的区分。在Java中，整型的最大值和最小值已经定义在对象的包装类中（后续章节将对常用类进行介绍），可以被直接使用。

动手写3.3.7

```
/**
 * 整型数值最大值与最小值
 * @author 零壹快学
 */
public class NumberLimit {
    public static void main(String[] args) {
        System.out.println("包装类：java.lang.Byte");
        System.out.println("基本类型：byte 二进制位数： " + Byte.SIZE);
        System.out.println("byte最小值： " + Byte.MIN_VALUE);
        System.out.println("byte最大值： " + Byte.MAX_VALUE);
        System.out.println("包装类：java.lang.Short");
```

```
        System.out.println("基本类型：short 二进制位数：" + Short.SIZE);
        System.out.println("short最小值：" + Short.MIN_VALUE);
        System.out.println("short最大值：" + Short.MAX_VALUE);
        System.out.println("包装类：java.lang.Integer");
        System.out.println("基本类型：int 二进制位数：" + Integer.SIZE);
        System.out.println("int最小值：" + Integer.MIN_VALUE);
        System.out.println("int最大值：" + Integer.MAX_VALUE);
        System.out.println("包装类：java.lang.Long");
        System.out.println("基本类型：long 二进制位数：" + Long.SIZE);
        System.out.println("long最小值：" + Long.MIN_VALUE);
        System.out.println("long最大值：" + Long.MAX_VALUE);
    }
}
```

其运行结果为：

```
包装类：java.lang.Byte
基本类型：byte 二进制位数：8
byte最小值：-128
byte最大值：127
包装类：java.lang.Short
基本类型：short 二进制位数：16
short最小值：-32768
short最大值：32767
包装类：java.lang.Integer
基本类型：int 二进制位数：32
int最小值：-2147483648
int最大值：2147483647
包装类：java.lang.Long
基本类型：long 二进制位数：64
long最小值：-9223372036854775808
long最大值：9223372036854775807
```

图3.3.7 整型包装类中的常量

二进制的表示是在JDK 1.7中引入的，早期版本并不支持。

3.3.2 浮点类型

浮点数据类型，一般叫浮点数float，也叫作双精度数double或实数real，有两种表示方法。

◇ 普通浮点数

例如：3.1415926、-200.188

◇ 科学计数法

例如：32.34e6、-1.35E-4

普通浮点数不难理解，就是我们平时用到的带小数的数字。科学计数法表示方法中，小写字母e或者大写字母E含义相同，代表的都是数字10的次方，e6代表10的6次方，E-4代表10的-4次方。

Java提供了两种浮点类型float和double，用来存储浮点数值，即拥有小数位数的数值。

1. float类型

float类型是单精度数值类型，占用内存32位，4字节。

◇ float相比double类型占用内存空间少。

◇ float类型小数后必须加F或f，不加会被默认为double类型。

◇ 默认值是0.0F。

◇ float类型是不能用来表示精确的值的，因为计算机中数值都是舍入误差的。

动手写3.3.8

```
/**
 * float单精度浮点型
 * @author 零壹快学
 */
public class FloatIntro {
    public static void main(String[] args) {
        float number = 10.001F;
        float negativeNumber = -54321.12345F;
        System.out.println("float类型变量number为： " + number);
        System.out.println("float类型变量negativeNumber为： " + negativeNumber);
    }
}
```

其运行结果为：

```
float类型变量number为： 10.001
float类型变量negativeNumber为： -54321.125
```

图3.3.8　float类型定义

float的包装类Float中定义的一些常量也可以直接被使用。

动手写3.3.9

```
/**
 * float类型数值最大值与最小值
 * @author 零壹快学
```

```
 */
public class NumberLimit {
    public static void main(String[] args) {
        System.out.println("包装类：java.lang.Float");
        System.out.println("基本类型：float 二进制位数：" + Float.SIZE);
        System.out.println("float最小值：" + Float.MIN_VALUE);
        System.out.println("float最大值：" + Float.MAX_VALUE);
    }
}
```

其运行结果为：

```
包装类：java.lang.Float
基本类型：float 二进制位数：32
float最小值：1.4E-45
float最大值：3.4028235E38
```

图3.3.9 float包装类Float中常量的使用

2. double类型

double类型是双精度数值类型，占用内存64位，8字节。

◇ Java中浮点数的默认类型为double类型。

◇ double类型小数后可加D或d，也可以不加。

◇ 默认值是0.0D。

◇ double类型同样不能表示精确的值，例如金融货币。

动手写3.3.10

```
/**
 * double双精度浮点型
 * @author 零壹快学
 */
public class DoubleIntro {
    public static void main(String[] args) {
        double number = 10.001;
        double negativeNumber = -54321.12345;
        System.out.println("double类型变量number为：" + number);
        System.out.println("double类型变量negativeNumber为：" + negativeNumber);
    }
}
```

其运行结果为：

```
double类型变量number为： 10.001
double类型变量negativeNumber为： -54321.12345
```

图3.3.10　double类型定义

double的包装类Double也定义了一些常量，可以直接使用。

动手写3.3.11

```
/**
 * double类型数值最大值与最小值
 * @author 零壹快学
 */
public class NumberLimit {
    public static void main(String[] args) {
        System.out.println("包装类：java.lang.Double");
        System.out.println("基本类型：double 二进制位数：" + Double.SIZE);
        System.out.println("double最小值：" + Double.MIN_VALUE);
        System.out.println("double最大值：" + Double.MAX_VALUE);
    }
}
```

其运行结果为：

```
包装类： java.lang.Double
基本类型： double 二进制位数： 64
double最小值： 4.9E-324
double最大值： 1.7976931348623157E308
```

图3.3.11　double包装类Double中常量的使用

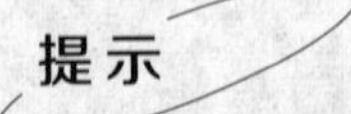

浮点数的精度是有限的，一般情况下只是一个近似值，永远不要相信浮点数结果精确到了最后一位，也永远不要比较两个浮点数是否相等。在财务系统中，一般会在Java中使用BigDecimal类来计算财务报表。

3.3.3　字符类型

Java提供了char类型，用来存储任何单一的16位Unicode字符。char类型可以存储任何字符，但是数量只能为一个。

◇ char类型是一个单一的16位Unicode字符。

◇ 使用单引号（''）表示一个字符。

◇ 最小值是'\u0000'（即为0）。

◇ 最大值是'\uffff'（即为65535）。

◇ char类型可以当整数来用，它的每一个字符都对应一个数字。

动手写3.3.12

```
/**
 * char字符类型定义
 * @author 零壹快学
 */
public class CharIntro {
  public static void main(String[] args) {
    char character1 = 'a';
    char character2 = '零';
    char character3 = ' ';
    System.out.println("字符类型数值为：" + character1);
    System.out.println("字符类型数值为：" + character2);
    System.out.println("字符类型数值为：" + character3);
    System.out.println("字符类型当作数字使用：" + (int) character1);
  }
}
```

其运行结果为：

```
字符类型数值为：a
字符类型数值为：零
字符类型数值为：
字符类型当作数字使用：97
```

图3.3.12 char类型定义

char类型的包装类为Character，其中定义了一些常量，可以使用。

动手写3.3.13

```
/**
 * char类型数值最大值与最小值
 * @author 零壹快学
 */
public class NumberLimit {
  public static void main(String[] args) {
    System.out.println("包装类：java.lang.Character");
    System.out.println("基本类型：char 二进制位数：" + Character.SIZE);
```

```
        System.out.println("char最小值：" + (int)Character.MIN_VALUE);
        System.out.println("char最大值：" + (int)Character.MAX_VALUE);
    }
}
```

其运行结果为：

```
包装类：java.lang.Character
基本类型：char 二进制位数：16
char最小值：0
char最大值：65535
```

图3.3.13 char包装类Character中常量的使用

转义符是一种特殊的字符，比如表达一个反斜线自身，则用两个反斜线“\\”。转义符是以反斜线“\”为开头，后面跟一个或多个字符来表示一类特殊意义的内容。Java中的转义符见表3.3.1所示。

表3.3.1 转义符

转义符	说明
\n	换行符号，ASCII字符集中的LF
\r	回车，ASCII字符集中的CR
\t	制表符，对应键盘Tab按键
\f	换页
\'	单引号
\"	双引号
\\	反斜线
\ddd	符合该正则表达式序列的是一个以八进制方式来表达的字符
\uxxxx	符合该正则表达式序列的是一个以十六进制方式来表达的Unicode字符

动手写3.3.14

```
/**
 * 转义符使用
 * @author 零壹快学
 */
public class EscapeChar {
    public static void main(String[] args) {
        char character1 = '\\';
        char character2 = '\t';
```

```
        char character3 = '\u2501';
        char character4 = '\'';
        System.out.println("转义符：{" + character1 + "}");
        System.out.println("转义符：{" + character2 + "}");
        System.out.println("转义符：{" + character3 + "}");
        System.out.println("转义符：{" + character4 + "}");
    }
}
```

其运行结果为：

```
转义符：{\}
转义符：{        }
转义符：{━}
转义符：{'}
```

图3.3.14　转义符的使用

浏览器是根据HTML标签进行页面渲染的，虽然一个字符中含有换行，但在浏览器中是不会换行的。

3.3.4　布尔类型

布尔类型boolean是最简单的数据类型，在Java中占1个字节。它只有false（假）和true（真）两个值；false和true都是Java内部的关键字。Java中boolean变量默认值为false。

动手写3.3.15

```
/**
 * boolean类型定义
 * @author 零壹快学
 */
public class BooleanIntro {
    public static void main(String[] args) {
        boolean isTrue = true;
        boolean isFalse = false;
        boolean isEqual = isTrue == isFalse;
        System.out.println("布尔类型：" + isTrue);
        System.out.println("布尔类型：" + isFalse);
```

```
        System.out.println("布尔类型：" + isEqual);
    }
}
```

其运行结果为：

```
布尔类型： true
布尔类型： false
布尔类型： false
```

图3.3.15 boolean类型定义

boolean的包装类Boolean提供了常量，可以使用。

动手写3.3.16

```
/**
 * boolean类型包装类Boolean
 * @author 零壹快学
 */
public class NumberLimit {
    public static void main(String[] args) {
        System.out.println("包装类：java.lang.Boolean");
        System.out.println("boolean中真：" + Boolean.TRUE);
        System.out.println("boolean中假：" + Boolean.FALSE);
    }
}
```

其运行结果为：

```
包装类： java.lang.Boolean
boolean中真： true
boolean中假： false
```

图3.3.16 boolean包装类Boolean中常量的使用

提示

开发中经常会判断真假，除了false值代表假，在很多情况下会使用和false类似的值，比如数字0、字符串'0'、' '（空字符串）、null这些变量。布尔值命名一般会以“is”或“has”开头以保持语义清晰。

3.3.5 引用类型对象

Java支持面向对象技术，面向对象能够将构成问题的事务分解成各个对象，更利于项目的实现和理解。在Java中，对象的类型也被称为“引用类型”，因为对象的赋值和使用都是通过引用底层固定内存地址进行的。在本书第9章面向对象编程中将对Java面向对象技术进行深入介绍。

3.3.6　特殊值null

Java中有一种特殊的关键字——null，正如它的名字所示（意为“等于零的”“无价值的”），它表示一个变量没有任何值。null可以认为是任何引用类型（这里指对象，后续章节会详细介绍）的默认值，而上面的八种基本类型因为有默认值，所以是不允许赋值为null的。

null既不是对象，也不是一种基本数据类型，它只是一种特殊值，并且可以赋值为任何引用类型的对象。

动手写3.3.17

```
/**
 * 空值null
 * @author 零壹快学
 */
public class NullIntro {
    public static void main(String[] args) {
        Integer number = null;
        System.out.println("整型类变量number为：" + number);
    }
}
```

其运行结果为：

```
整型类变量number为： null
```

图3.3.17　null值示例

3.4 数据类型之间的转换

数据类型转换，是指将一种数据类型转换成另一种数据类型。简单类型数据间的转换有两种方式——自动转换和强制转换，通常发生在表达式中或方法的参数传递时。本节将对Java中两种转换方式进行介绍。

3.4.1　自动转换

自动转换是指低位数的数据类型向高位数的数据类型转换，系统是默认自动执行的，无须其他操作。这也是因为低位数（即低精度）的数据类型转换为高位数（即高精度）的数据类型不会存在精度丢失和数据丢失的情况，在Java中是可以默认转换的。

基本数据类型从低到高自动转换的顺序见图3.4.1所示。

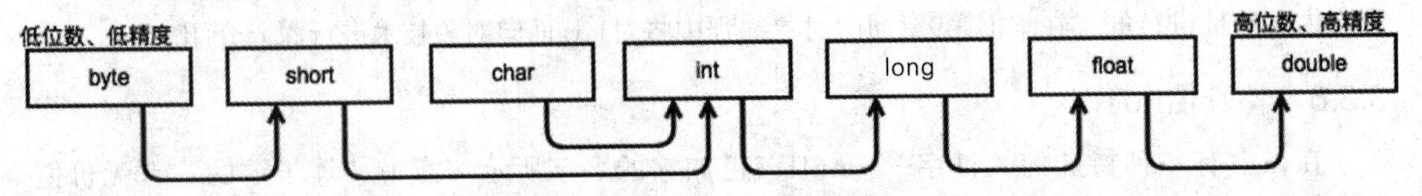

图3.4.1　自动转换类型由低到高的顺序

需要注意的是，布尔类型boolean不能和其他基本数据类型转换。自动转换方式总结如下：

1. 布尔型和其他基本数据类型之间不能相互转换；
2. byte型可以转换为short、int、long、float和double；
3. short可转换为int、long、float和double；
4. char可转换为int、long、float和double；
5. int可转换为long、float和double；
6. long可转换为float和double；
7. float可转换为double。

动手写3.4.1

```
/**
 * 自动转换
 * @author 零壹快学
 */
public class AutoConvert {
    public static void main(String[] args) {
        byte byteNumber = 8;
        int intNumber = byteNumber;
        int intNumber1 = 12345;
        long longNumber = intNumber1;
        float floatNumber = longNumber;
        double doubleNumber = intNumber1;
        System.out.println("byte转为int：" + intNumber);
        System.out.println("int转为long：" + longNumber);
        System.out.println("long转为float：" + floatNumber);
        System.out.println("int转为double：" + doubleNumber);
    }
}
```

动手写3.4.1中列举了多个自动转换示例，其运行结果为：

```
..
byte转为int: 8
int转为long: 12345
long转为float: 12345.0
int转为double: 12345.0
```

图3.4.2 基本数据类型自动转换

如果从高位数数据类型向低位数数据类型自动转换，在编译时会发生错误。

动手写3.4.2

```
/**
 * 自动转换：由高位数数据类型向低位数数据类型转换
 * 编译报错
 * @author 零壹快学
 */
public class AutoConvert {
    public static void main(String[] args) {
        long longNumber = 12345;
        int intNumber = longNumber; // 编译报错
        double doubleNumber = 12.345;
        byte byteNumber = doubleNumber; // 编译报错
    }
}
```

动手写3.4.2在编译时会报错：

```
AutoConvert.java:9: 错误: 不兼容的类型: 从long转换到int可能会有损失
        int intNumber = longNumber; // 编译报错
                        ^
AutoConvert.java:11: 错误: 不兼容的类型: 从double转换到byte可能会有损失
        byte byteNumber = doubleNumber; // 编译报错
                          ^
2 个错误
```

图3.4.3 高位数向低位数自动转换在编译时报错

在Java编程中，从高位数向低位数数据类型转换需要使用强制转换。

3.4.2 强制转换

强制转换是指高位数的数据类型向低位数的数据类型转换。强制转换必须显式地在要转换的变量前面加上用括号括起来的目标类型。

动手写3.4.3

```
/**
 * 强制转换
```

```
 * @author 零壹快学
 */
public class HardConvert {
    public static void main(String[] args) {
        int intNumber = 8;
        byte byteNumber = (byte) intNumber;
        char charNumber= (char) 95.123;
        System.out.println("由int强制转换为byte：" + byteNumber);
        System.out.println("将95.123强制转换为字符char：" + charNumber);
    }
}
```

其运行结果为：

```
由int强制转换为byte: 8
将95.123强制转换为字符char: _
```

图3.4.4　强制转换示例

强制转换有可能会带来精度的丢失，使得数组不准确，因此在使用时需要特别注意。

动手写3.4.4

```
/**
 * 强制转换
 * @author 零壹快学
 */
public class HardConvert {
    public static void main(String[] args) {
        int intNumber = 8888;
        byte byteNumber = (byte) intNumber; // 超出byte最大值127
        char charNumber= (char) 987654321.123; // 超出char最大值65535
        System.out.println("由int强制转换为byte：" + byteNumber);
        System.out.println("将987654321.123强制转换为字符char：" + charNumber);
    }
}
```

动手写3.4.4中强制转换的数值都超过了要转换类型的取值范围，此时系统会自动截取，导致精度丢失，其运行结果为：

```
由int强制转换为byte: -72
将987654321.123强制转换为字符char: 棡
```

图3.4.5　强制转换导致精度丢失

在Java编程的实际开发中，需要使用正确的基本数据类型来定义变量，否则会造成无法预估的错误。

3.5 常量与变量

3.5.1 常量

常量是一种预先定义、不可以在后期运行时再做修改的固定值。常量一旦被定义后，就不能再随意改变或者取消定义。项目开发中会使用到一些固定值，比如圆周率、每天有86400秒、网站的域名等，这些固定值都可以被赋值为常量。

常量命名一般由大写字母加下划线组成。常量可以是全局的（可以在一个类文件中随处使用，也可以在其他类文件中引用），也可以是局部的（只在一个方法中定义使用）。

Java中的常量一般会使用final关键字来定义，有时也会同时使用static关键字定义一个静态的常量（static关键字会在第9章面向对象编程中进行介绍），但static不是必需的。Java中常量定义格式为：

```
(static) final [数据类型] 常量名称;
(static) final [数据类型] 常量名称 = [数值];
```

除了开发者自行定义常量使用外，Java中自带的类文件也有大量的常量可以使用，比如前面基本数据类型中讲到的Boolean.TRUE、Integer.MAX_VALUE等，都是系统类文件自带的常量。

动手写3.5.1

```
/**
 * 常量定义
 * @author 零壹快学
 */
public class ConstantDefination {
    // 全局int类型常量定义，可以在本类中任何地方使用
    private static final int DAY_SECOND = 24 * 60 * 60;
    public static void main(String[] args) {
        final char CHAR_CONSTANT = 'x'; // char类型常量定义，只能在本代码块中使用
        System.out.println("全局常量DAY_SECOND：" + DAY_SECOND);
        System.out.println("局部常量CHAR_CONSTANT：" + CHAR_CONSTANT);
        System.out.println("使用其他类中的常量，PI为" + Math.PI);
    }
}
```

其运行结果为：

```
全局常量DAY_SECOND: 86400
局部常量CHAR_CONSTANT: x
使用其他类中的常量，PI为3.141592653589793
```

图3.5.1　常量定义

常量一旦被定义，在同一作用域下不能再次修改或者被重新定义，重复的定义也不会在程序中生效。

动手写3.5.2

```
/**
 * 常量定义
 * @author 零壹快学
 */
public class ConstantDefination {
  // 常量名定义重复，编译报错
  private static final int DAY_SECOND = 24 * 60 * 60;
  private static final int DAY_SECOND = 24 * 60 * 60;
  public static void main(String[] args) {
    System.out.println("全局常量DAY_SECOND：" + DAY_SECOND);
  }
}
```

动手写3.5.2中，由于同一作用域重复定义常量，会提示编译出错。编译失败结果为：

```
ConstantDefination.java:8: 错误: 已在类 ConstantDefination中定义了变量 DAY_SECOND
    private static final int DAY_SECOND = 24 * 60 * 60;
                             ^
1 个错误
```

图3.5.2　重复定义常量编译失败

不同作用域定义重名常量在Java中并不会报错，是因为JVM在调用该常量时，查找顺序是先找同一作用域中的常量，再找上一层作用域的常量，直到找到为止。

动手写3.5.3

```
/**
 * 常量定义
 * @author 零壹快学
 */
public class ConstantDefination {
  // 全局int类型常量定义，可以在本类中任何地方使用
  private static final int DAY_SECOND = 24 * 60 * 60;
```

```
    private static void printConstant() {
        System.out.println("全局常量DAY_SECOND：" + DAY_SECOND);
    }
    public static void main(String[] args) {
        final char DAY_SECOND = 'x';
        System.out.println("局部常量DAY_SECOND：" + DAY_SECOND);
        printConstant(); //上一层作用域中的常量
    }
}
```

动手写3.5.3中，虽然DAY_SECOND常量在类作用域和方法内定义发生重名，但是并不会报错，其运行结果为：

```
局部常量DAY_SECOND: x
全局常量DAY_SECOND: 86400
```

图3.5.3　不同作用域常量重名定义

常量重名定义的规则也同样适用于变量。

Java中凡是合法的数据类型都可以定义常量，如基本数据类型、引用类型、集合类、数组等。

动手写3.5.4

```
/**
 * Person类
 * @author 零壹快学
 */
public class Person {
    public String name;
    Person(String name) {
        this.name = name;
    }
}
/**
 * 常量定义
 * @author 零壹快学
 */
```

```
public class ConstantDefination {
   private static final Person PERSON = new Person("零壹快学");
   public static void main(String[] args) {
      System.out.println("定义常量：" + PERSON.name);
   }
}
```

动手写3.5.4中自定义了一个Person类，在另一个类文件中定义了一个类型为Person、名称为PERSON的常量，代码运行结果为：

定义常量：零壹快学

图3.5.4　自定义引用类型常量

3.5.2　变量

编程语言都有变量，变量可以存储不同的数据内容。当程序开始运行时，会先给这个变量分配内存空间；运行过程中，这个变量的值是可以变化的，比如我们可以给变量name赋值为“零壹快学”，也可以将它重新赋值为“www.01kuaixue.com”。变量就像是一个唯一的标签，我们可以给这个标签打上很复杂的内容，下次再想获取内容时，只需要找到这个标签就可以了。

在Java语言中，所有的变量在使用前必须声明，但是变量值并不需要一开始就定义好，可以使用逗号隔开来声明多个同类型变量。声明变量的基本格式如下：

```
[数据类型] 变量名 (= 数值)(, 变量名 (= 数值) ...) ;
```

动手写3.5.5

```
/**
 * 变量定义
 * @author 零壹快学
 */
public class VariableDefination {
   private static int count = 1; // 类变量
   public String name = "零壹快学"; // 类中实例变量
   public static void main(String[] args) {
      boolean isTrue; // 方法中变量，可以不赋值，但在使用前必须赋值
      String passWord; // 方法中变量，可以不赋值，但在使用前必须赋值
      passWord = "www.01kuaixue.com";
      count++;
      isTrue = false;
```

```
        VariableDefination varible = new VariableDefination();
        System.out.println("类静态变量count=" + count);
        System.out.println("类实例变量name=" + varible.name);
        System.out.println("方法变量isTrue=" + isTrue);
        System.out.println("方法变量passWord=" + passWord);
    }
}
```

其运行结果为：

```
类静态变量count=2
类实例变量name=零壹快学
方法变量isTrue=false
方法变量passWord=www.01kuaixue.com
```

图3.5.5 变量定义

Java语言支持的合法变量类型有：

◇ 类静态变量：在方法之外的变量，须使用static修饰。

◇ 类实例变量：在方法之外的变量，不需要static修饰。

◇ 局部变量：类的方法中的变量。

Java的变量名有以下几个特点：

◇ 区分大小写。

◇ 由字母、数字，以及下划线“_”或美元符号“$”构成。

◇ 数字不能放在第一位。

◇ 不可以使用Java关键字，如Java关键字this不能使用“=”直接赋值。

其中this关键字将会在第9章面向对象编程详细讲述，合法的变量名有：name、userName、_Class、boy1、boy2、VALUE等。

非法变量名有：

◇ 1_boy，变量不能以数字字符开头。

◇ %age，变量不能以其他字符开头。

◇ card-number，变量不能含有其他字符（如减号）。

和PHP等弱类型语言不同，Java属于强类型语言，在声明变量时需要明确变量的声明类型。

Java中凡是合法的数据类型都可以定义变量，如基本数据类型、引用类型、集合类、数组等。Java中的变量一般采用驼峰式命名规范，首字母小写，如userName、createTime等。

3.6 操作运算符

Java数据是通过使用操作运算符来进行操作的。和数学运算符类似，操作运算符接受一个或多个参数，并生成一个新的值。所有的操作运算符几乎只能操作Java基本数据类型。本节将详细介绍这些操作运算符。

3.6.1 算术运算符

在数学表达式中，算术运算符的作用和在数学中的作用一样。表3.6.1列出的是Java中常用的算术运算符。

表3.6.1 Java常用的算术运算符

运算符	说明
+	加法，相加运算符两侧的值
–	减法，左操作数减去右操作数
*	乘法，相乘运算符两侧的值
/	除法，左操作数除以右操作数
%	取模，左操作数除以右操作数的余数

需要注意的是，“+”和“–”也可以作为数值的正负符号。

动手写3.6.1

```
/**
 * 算术运算符
 * @author 零壹快学
 */
public class MathOperation {
    public static void main(String[] args) {
        int a = 100;
        int b = 10;
        int c = 1010;
        System.out.println("算术运算+：a + b = " + (a + b));
        System.out.println("算术运算–：a – b = " + (a – b));
        System.out.println("算术运算*：a * b = " + (a * b));
        System.out.println("算术运算/：b / a = " + (b / a));
        System.out.println("算术运算%：b % a = " + (b % a));
        System.out.println("算术运算%：c % a = " + (c % a));
    }
}
```

其运行结果为：

```
算术运算+: a + b = 110
算术运算-: a - b = 90
算术运算*: a * b = 1000
算术运算/: b / a = 0
算术运算%: b % a = 10
算术运算%: c % a = 10
```

图3.6.1 算术运算符的使用

3.6.2 比较运算符

比较运算符用于对符号两边的变量进行比较，包括大小、相等、真假等；如果比较结果是对的，那么返回true（真），否则返回false（假）。表3.6.2列出的是Java中常用的比较运算符。

表3.6.2 Java常用的比较运算符

运算符	说明
==	检查两个操作数的值是否相等，如果相等则条件为真
!=	检查两个操作数的值是否不相等，如果不相等则条件为真
>	检查左操作数的值是否大于右操作数的值，如果是，那么条件为真
<	检查左操作数的值是否小于右操作数的值，如果是，那么条件为真
>=	检查左操作数的值是否大于或等于右操作数的值，如果是，那么条件为真
<=	检查左操作数的值是否小于或等于右操作数的值，如果是，那么条件为真

动手写3.6.2

```
/**
 * 比较运算符使用
 * @author 零壹快学
 */
public class CompareOperation {
    public static void main(String[] args) {
        int a = 123;
        System.out.println("变量a的值为：" + a);
        System.out.println("使用不同比较运算符进行演示，如果成立返回true，不成立返回false");
        System.out.println("a<100的结果是：" + (a < 100));
        System.out.println("a>100的结果是：" + (a > 100));
        System.out.println("a<=200的结果是：" + (a <= 200));
        System.out.println("a>=200的结果是：" + (a >= 200));
        System.out.println("a==123的结果是：" + (a == 123));
        System.out.println("a!=123的结果是：" + (a != 123));
    }
}
```

其运行结果为：

```
变量a的值为： 123
使用不同比较运算符进行演示，如果成立返回true，不成立返回false
a<100的结果是： false
a>100的结果是： true
a<=200的结果是： true
a>=200的结果是： false
a==123的结果是： true
a!=123的结果是： false
```

图3.6.2　比较运算符的使用

3.6.3　赋值运算符

最常用的赋值运算符是等号“=”，表示把右边的结果值赋值给左边的变量或者常量。表3.6.3列出的是Java中常用的赋值运算符。

表3.6.3　Java中常用的赋值运算符

运算符	说明
=	简单的赋值运算符，将右操作数的值赋给左操作数
+=	加和赋值运算符，它把左操作数和右操作数相加赋值给左操作数
-=	减和赋值运算符，它把左操作数和右操作数相减赋值给左操作数
*=	乘和赋值运算符，它把左操作数和右操作数相乘赋值给左操作数
/=	除和赋值运算符，它把左操作数和右操作数相除赋值给左操作数
%=	取模和赋值运算符，它把左操作数和右操作数取模后赋值给左操作数
<<=	左移位赋值运算符
>>=	右移位赋值运算符
&=	按位与赋值运算符
^=	按位异或赋值运算符
|=	按位或赋值运算符

动手写3.6.3

```
/**
 * 赋值运算符使用
 * @author 零壹快学
 */
public class EvaluateOperation {
    public static void main(String[] args) {
        int a = 1010;
        int b = 33;
        int c = a + b;
```

```
        System.out.println("赋值运算符c = a + b结果为" + c);
        c += a;
        System.out.println("赋值运算符c += a结果为" + c);
        c -= a;
        System.out.println("赋值运算符c -= a结果为" + c);
        c *= a;
        System.out.println("赋值运算符c *= a结果为" + c);
        c /= a;
        System.out.println("赋值运算符c /= a结果为" + c);
        c %= a;
        System.out.println("赋值运算符c %= a结果为" + c);
        c <<= 2;
        System.out.println("赋值运算符c <<= 2结果为" + c);
        c >>= 2;
        System.out.println("赋值运算符c >>= 2结果为" + c);
        c >>= 2;
        System.out.println("赋值运算符c >>= a结果为" + c);
        c &= a;
        System.out.println("赋值运算符c &= 2结果为" + c);
        c ^= a;
        System.out.println("赋值运算符c ^= a结果为" + c);
        c |= a;
        System.out.println("赋值运算符c |= a结果为" + c);
    }
}
```

其运行结果为：

```
赋值运算符c = a + b结果为1043
赋值运算符c += a结果为2053
赋值运算符c -= a结果为1043
赋值运算符c *= a结果为1053430
赋值运算符c /= a结果为1043
赋值运算符c %= a结果为33
赋值运算符c <<= 2结果为132
赋值运算符c >>= 2结果为33
赋值运算符c >>= a结果为8
赋值运算符c &= 2结果为0
赋值运算符c ^= a结果为1010
赋值运算符c |= a结果为1010
```

图3.6.3　赋值运算符的使用

3.6.4 递增运算符和递减运算符

Java的两个特殊运算符——递增运算符“++”和递减运算符“--”，主要是对单独一个变量来操作的。递增/递减运算符有以下两种使用方法：

1. “++a”和“--a”

这种是先将变量增加或者减少1，然后再将值赋给原变量，称为前置递增或递减运算。

2. “a++”和“a--”

这种是将运算符放在变量后面，即先返回变量的当前值，然后再将变量的当前值增加或者减少1，称为后置递增或递减运算。

表3.6.4 Java中的递增和递减运算符

运算符	说明
++	自增，操作数的值增加1
--	自减，操作数的值减少1

递增和递减运算符使用的场景比较多，例如在很多循环语句中以及程序需要计数统计之处均有使用。下面示例分别使用前置、后置两种方式进行操作，并输出结果。

动手写3.6.4

```
/**
 * 递增和递减运算符
 * @author 零壹快学
 */
public class SelfOperation {
    public static void main(String[] args) {
        // 递增运算符
        int a = 5;
        System.out.println("a的值为：" + a);
        int a1 = ++a;
        System.out.println("前置递增运算后，a的值是" + a + ",a1的值是" + a1);
        int a2 = a++;
        System.out.println("后置递增运算后，a的值是" + a + ",a2的值是" + a2);
        // 递减运算符
        int b = 5;
        System.out.println("b的值为：" + b);
        int b1 = --b;
        System.out.println("前置递减运算后，b的值是" + b + ",b1的值是" + b1);
```

```
        int b2 = b--;
        System.out.println("后置递减运算后，b的值是" + b + ",b2的值是" + b2);
    }
}
```

其运行结果为：

```
a的值为：5
前置递增运算后，a的值是6,a1的值是6
后置递增运算后，a的值是7,a2的值是6
b的值为：5
前置递减运算后，b的值是4,b1的值是4
后置递减运算后，b的值是3,b2的值是4
```

图3.6.4　递增和递减运算符的使用

3.6.5　逻辑运算符

逻辑运算符在Java中非常重要，被广泛应用于逻辑判断。表3.6.5列出的是Java中使用的逻辑运算符。

表3.6.5　Java中的逻辑运算符

运算符	说明
&&	逻辑与运算符，当且仅当两个操作数都为真，条件才为真
||	逻辑或运算符，如果两个操作数中任何一个为真，条件为真
!	逻辑非运算符，用来反转操作数的逻辑状态。如果条件为true，则逻辑非运算符将得到false

动手写3.6.5

```
/**
 * 逻辑运算符使用
 * @author 零壹快学
 */
public class LogicOpertion {
    public static void main(String[] args) {
        boolean isTrue = true;
        boolean isFalse = false;
        System.out.println("isTrue && isFalse = " + (isTrue && isFalse));
        System.out.println("isTrue || isFalse = " + (isTrue || isFalse));
        System.out.println("!(isTrue && isFalse) = " + !(isTrue && isFalse));
    }
}
```

其运行结果为：

```
isTrue && isFalse = false
isTrue || isFalse = true
!(isTrue && isFalse) = true
```

图3.6.5 逻辑运算符的使用

3.6.6 三元运算符

Java运算符可以按照其所能接受的值的数量来进行分组分类。一元运算符只能接受一个值，例如逻辑非“！”或递增运算符“++”。而二元运算符可接受两个值，例如我们熟悉的算术运算符加“+”和减“-”，大多数Java运算符都是这种类型。最后是唯一的三元运算符——问号和冒号“?:”，可接受三个值，也叫作条件运算符。

三元运算符的使用规则为：

result ? a : b

如果result为true，则值为a；如果result为false，则值为b。

动手写3.6.6

```
/**
 * 三元运算符使用
 * @author 零壹快学
 */
public class TreeMeshOperation {
    public static void main(String[] args) {
        int money = 200;
        int apple = 100;
        String result = money > apple ? "我的钱可以买苹果" : "我的钱不够买苹果";
        System.out.println(result);
    }
}
```

其运行结果为：

```
我的钱可以买苹果
```

图3.6.6 三元运算符的使用

实际上，三元运算符和if…else条件语句等价，只是形式不同而已。

3.6.7 位运算符

按位运算是指对二进制数值进行位操作，整型数值在计算机中都是以二进制形式进行存储的。

Java定义了位运算符，应用于整数类型（int）、长整型（long）、短整型（short）、字符型（char）和字节型（byte）等类型。位运算符作用在所有的位上，并且按位运算。表3.6.6列出了Java中所有的位运算符。

表3.6.6 Java中的位运算符

运算符	说明
&	按位与运算符，如果相对应位都是1，则结果为1，否则为0
|	按位或运算符，如果相对应位都是0，则结果为0，否则为1
^	按位异或运算符，如果相对应位值相同，则结果为0，否则为1
~	按位补运算符，翻转操作数的每一位，即0变成1，1变成0
<<	按位左移运算符，左操作数按位左移右操作数所指定的位数
>>	按位右移运算符，左操作数按位右移右操作数所指定的位数
>>>	按位右移补零操作符，左操作数的值按右操作数所指定的位数右移，移动得到的空位以0填充

动手写3.6.7

```
/**
 * 按位操作符
 * @author 零壹快学
 */
public class BitOperation {
    public static void main(String[] args) {
        int a = 9; //二进制1001
        int b = 13; //二进制1101
        System.out.println("按位操作a&b结果为：" + (a & b));
        System.out.println("按位操作a|b结果为：" + (a | b));
        System.out.println("按位操作a^b结果为：" + (a ^ b));
        System.out.println("按位操作~a结果为：" + (~a));
    }
}
```

其运行结果为：

```
按位操作a&b结果为：9
按位操作a|b结果为：13
按位操作a^b结果为：4
按位操作~a结果为：-10
```

图3.6.7　位运算符的使用

3.6.8　instanceof运算符

instanceof是一种特殊运算符，也是Java中的关键字，用于检查一个对象是否由指定类定义的，这里的类包括抽象类、接口等（类和对象等概念会在第9章面向对象编程中详细介绍）。如果该运算符左侧的变量当前时刻所引用对象的真正类型是操作符右侧类所定义的，则结果为true。

动手写3.6.8

```
/**
 * instanceof运算符使用
 * @author 零壹快学
 */
public class InstanceOfSample {
    public static void main(String[] args) {
        String name = "零壹快学";
        Integer number = 1010;
        System.out.println("name变量的类型是String吗？ " + (name instanceof String));
        System.out.println("name变量的类型是Object吗？ " + (name instanceof Object));
        System.out.println("number变量的类型是Integer吗？ " + (number instanceof Integer));
    }
}
```

其运行结果为：

```
name变量的类型是String吗？ true
name变量的类型是Object吗？ true
number变量的类型是Integer吗？ true
```

图3.6.8　instanceof判断对象是否由指定类定义

3.6.9　运算符优先级

在Java开发中，一个表达式中经常会含有多个不同的运算符，这些运算符连接了具有不同数据类型的数据对象。由于表达式有多种运算，那么不同的运算顺序可能会得出不同的结果，甚至出现运算错误，这是因为当表达式中含有多种运算时，我们必须按一定顺序进行结合，这样才能保证运算的合理性和结果的正确性、唯一性。因此，先计算哪一个，后计算哪一个，是非常重要的。

Java对所有运算符做了优先级排序，优先级高的运算先执行，优先级低的后执行。在Java中，括号的优先级最高，括号内的运算最先执行。表3.6.7列出了所有运算符的优先级，优先级最高的在上面，优先级最低的在下面。

表3.6.7 Java中的运算符优先级

<table>
<tr><th>优先级</th><th>运算符</th><th>方向</th></tr>
<tr><td>1</td><td>[ ] . ( )（方法调用）</td><td>从左向右</td></tr>
<tr><td>2</td><td>!、~、++、--、+（一元运算）、-（一元运算）</td><td>从右向左</td></tr>
<tr><td>3</td><td>*、/、%</td><td>从左向右</td></tr>
<tr><td>4</td><td>+、-</td><td>从左向右</td></tr>
<tr><td>5</td><td><<、>>、>>></td><td>从左向右</td></tr>
<tr><td>6</td><td><、<=、>、>=、instanceof</td><td>从左向右</td></tr>
<tr><td>7</td><td>==、!=</td><td>从左向右</td></tr>
<tr><td>8</td><td>&</td><td>从左向右</td></tr>
<tr><td>9</td><td>^</td><td>从左向右</td></tr>
<tr><td>10</td><td>|</td><td>从左向右</td></tr>
<tr><td>11</td><td>&&</td><td>从左向右</td></tr>
<tr><td>12</td><td>||</td><td>从左向右</td></tr>
<tr><td>13</td><td>?:</td><td>从右向左</td></tr>
<tr><td>14</td><td>=</td><td>从右向左</td></tr>
</table>

3.7 表达式

表达式是Java最重要、最基础的组成元素。在Java中，绝大部分代码都是表达式。对于表达式的定义，简单来说可以解释为“任何有值的东西”。例如，常量和变量就是一个表达式，int num = 123，该表达式表示的是将123赋值给整型变量num。

下面这段代码就是由两个表达式组成的：

```
String name = “java”；
String language = “零壹快学”；
```

表达式的赋值顺序是从右到左，使用分号区分表达式。为了使代码可读性强，一个表达式要占据一行。

3.8 小结

本章介绍了Java语言中的基础语法，重点介绍了Java基本数据类型、常量与变量以及运算符操作。另外，读者需要对数据类型之间的转换方式有一定的了解，避免在实际开发工作中造成困惑。在使用基本类型变量时，需要关注每个类型的有效范围，尤其是对数字类的基本类型，需要注意精度的控制。Java基础语法是Java开发的奠基石，需要重点掌握。

3.9 知识拓展

3.9.1 编码规范的建议

1. 命名规范：

◇ 不要中文拼音和英文混用；

◇ DTO（Data Transfer Object）、DAO（Data Access Object）等领域名词全部大写；

◇ 包名全部小写，尽量不要出现复数；

◇ 英文单词需要写完整，避免出现缩写语义不清晰，例如将“condition”写成“condi”会给其他开发者造成困扰。

2. 变量定义：

◇ long类型数值必须以大写的L结尾；

◇ float类型数值必须以大写的F结尾。

3. 面向对象编程：

◇ 所有覆盖的方法都要加上@Override；

◇ 不要使用已经被废弃的方法，尤其是老版本JDK中废弃的方法或属性；

◇ 尽量使用基本类型，如果使用包装类Integer就不能使用“==”去判断数值相等；

◇ 序列化serialVersionUID的值不能够随意修改。

4. 集合类：

◇ Array.asList是不可变list，若原先Array的值发生修改，list内的值也会被修改；

◇ Map遍历尽量不要使用keySet进行遍历，而应使用Map.Entry<K,V>；

◇ 尽量不要使用list的contains()方法，而应使用set的contains()。

5. 多线程：

◇ 每个线程需命名，表明其作用；

◇ 禁止使用Executors创建线程池；

◇ SimpleDateFormat线程是不安全的，建议使用lang3-3.4中的DateFormatUtils，或者每次使用时都新建一个SimpleDateFormat对象。JDK 1.8的应用中，可以使用Instant代替Date，LocalDateTime

代替Calendar，DateTimeFormatter代替SimpleDateFormatter；

◇ 能用无锁数据结构，就不要用锁；能锁代码块，就不要锁整个方法体；能用对象锁，就不要用类锁；

◇ Random尽量不要线程共享，虽然线程是安全的。可以使用ThreadLocalRandom。

6. 控制语句：

◇ 在一个switch块内，每个case要么通过break/return等来终止，要么注释说明程序将继续执行到哪一个case为止；在一个switch块内，都必须包含一个default语句；

◇ 在if/else/for/while/do语句中必须使用大括号，即使只有一行代码；

◇ 尽量少用else，减少分支逻辑复杂度，不合适就提前return。

7. 其他：

◇ Pattern支持的单例不要在方法体里面定义；

◇ 不能在finally块中使用return，因为finally块中的return返回后方法会结束执行，不会再执行try块中的return语句。

3.9.2 Java关键字

表3.9.1中列出了Java关键字，这些关键字不能用于常量、变量和任何标识符的名称。

表3.9.1 Java关键字列表

关键字	说明
abstract	表明类或者成员方法具有抽象属性
assert	断言，用来进行程序调试
boolean	布尔类型，基本数据类型之一
break	提前跳出一个块
byte	字节类型，基本数据类型之一
case	用于switch语句之中，表示其中的一个分支
catch	用于异常处理中，用来捕获异常
char	字符类型，基本数据类型之一
class	声明一个类
const	保留关键字，没有具体含义
continue	回到一个块的开始处
default	默认。例如，用于switch语句中，表明一个默认的分支
do	用于do-while循环结构中

（续上表）

关键字	说明
double	双精度浮点数类型，基本数据类型之一
else	用于条件语句中，表明当条件不成立时的分支
enum	枚举类型
extends	表明一个类型是另一个类型的子类型，这里常见的类型有类和接口
final	用来说明最终属性，表明一个类不能派生出子类，或者成员方法不能被覆盖，或者成员域的值不能被改变，用来定义常量
finally	用于处理异常情况，用来声明一个基本肯定会被执行的语句块
float	单精度浮点数类型，基本数据类型之一
for	用于循环体中，表示循环初始条件和判断条件
goto	保留关键字，没有具体含义
if	条件语句的引导词
implements	表明一个类实现了给定的接口
import	表明要访问指定的类或包
instanceof	用来测试一个对象是否是指定类型的实例对象
int	整数类型，基本数据类型之一
interface	接口
long	长整数类型，基本数据类型之一
native	用来声明一个方法是由与计算机相关的语言实现的
new	声明新的实例对象
package	包声明
private	私有访问模式
protected	继承访问模式
public	公开访问模式
return	从成员方法中返回数据
short	短整数类型，基本数据类型之一
static	表明具有静态属性
strictfp	用来声明单精度或双精度浮点数表达式遵循IEEE 754算术规范

（续上表）

关键字	说明
super	表明当前对象的父类型的引用或者父类型的构造方法
switch	分支语句结构的引导词
synchronized	表明一段代码需要同步执行
this	指向当前实例对象的引用
throw	抛出一个异常
throws	声明在当前定义的成员方法中所有需要抛出的异常
transient	声明不用序列化的成员域
try	尝试一个可能抛出异常的程序块
void	声明当前成员方法没有返回值
volatile	表明两个或者多个变量必须同步地发生变化
while	用于循环结构中，表示循环条件

第 4 章

Java方法

4.1 方法的概念

在编程中我们经常会调用相同或者类似的操作，这些相同或者类似的操作是由同一段代码完成的。函数方法的出现，可以避免重复编写这些代码。函数方法的作用是把相对独立的某个功能抽象出来，使之成为一个独立的实体。C++、PHP、C等编程语言中使用函数（function）来称呼这些实体，Java中则使用“方法”（method）来替代。尽管名字不同，但它们指代的内容是一样的。

例如，开发一个支持人与人之间对话的社交网站，对话这个功能比较复杂，可以将对话这个功能封装为一个方法，每次调用方法就可以发起对话；大型网站都有日志功能，对于所有重要操作都会记录日志，而日志处理需要由多行Java文件操作相关代码组成，将这些代码组装为方法，每次写日志调用此方法即可。Java在全世界范围得以广泛使用的一个原因，就是Java有大量的内置方法，这些内置方法可以帮助我们快速构建各种场景的网站。下面将详细讲解Java方法。

提示

Java拥有超过1200个自带的函数方法。

4.2 方法定义和使用

Java定义一个方法的格式如下：

```
[修饰符] [返回类型] 方法名([参数类型] 参数名 …){
    //方法体执行语句
}
```

修饰符为可选项，它告诉编译器如何调用该方法，定义了该方法被访问的权限。

方法名为必填项，命名规则和Java中的其他标识符相同，有效的方法名以字母或下划线开头，后面跟字母、数字或下划线。方法名应该能够反映方法所执行的任务，一般以小写字母开头定义规范。

方法参数，也称为入参，为可选项，是指调用一个方法时可以传递的参数，可以是多个入参，也可以不存在任何参数。每个参数都需要定义参数类型，如基本数据类型或对象。

方法体执行语句，是指任何可以出现在方法内部的有效代码。

返回类型，是指声明定义的方法执行完成后返回值的类型。

动手写4.2.1

```
/**
 * 方法定义和使用
 * @author 零壹快学
 */
public class MethodDefination {
    static void printMethod(String name, int age, String wish) {
        System.out.println("大家好，我叫" + name + " ,我今年 " + age + " 岁啦,我的愿望是 " + wish);
    }
    public static void main(String[] args) {
        printMethod("零壹快学", 2, "Java语言发展越来越好");
        printMethod("小零", 22, "做最专业的Java工程师");
    }
}
```

动手写4.2.1中，方法名为printMethod()，接受三个参数——name、age和wish，没有返回值。示例一共调用了两次方法，显示两行文字。示例中调用了Java自带的System.out.println()方法，作用是在控制台打印文字并换行。程序执行结果为：

```
大家好，我叫零壹快学 ,我今年 2 岁啦，我的愿望是 Java语言发展越来越好
大家好，我叫小零 ,我今年 22 岁啦，我的愿望是 做最专业的Java工程师
```

图4.2.1 方法的声明和调用

需要注意的是，Java中提供了main()方法，编译后程序会优先从main()方法开始执行。

Java是一门语法要求很严格的语言，方法名对大小写是敏感的，即创建的方法abc()和方法aBC()不是同一个方法。方法参数和方法返回值为可选项，因此创建方法时可以不包括参数和返回值，但没有返回值时需要定义为void。

Java中定义的方法不能独立出现，必须定义在类中，这也是Java和PHP等弱语言的区别之

一。直接通过名称调用的方式也只能在该类中调用，如动手写4.2.1中printMethod()方法定义在MethodDefination类中，其他类要调用该类的方法，就需要指明调用方法是在哪个类中。下面给出了调用其他类中方法的示例。

动手写4.2.2

```
/**
 * 方法定义和使用
 * @author 零壹快学
 */
public class MethodDefination {
    static void printMethod(String name, int age, String wish) {
        System.out.println("大家好，我叫" + name + " ,我今年 " + age + " 岁啦，我的愿望是 " + wish);
    }
    static int getMethod(int i) {
        return i + 2;
    }
}
/**
 * 调用其他类中的方法
 * @author 零壹快学
 */
public class CallMethodClass {
    public static void main(String[] args) {
        MethodDefination.printMethod("零壹", 2, "Java语言发展越来越好");
        // 返回数值加2
        System.out.println(MethodDefination.getMethod(20)); // 22
    }
}
```

动手写4.2.2中，在CallMethodClass类的main()方法中调用了MethodDefination类中的printMethod()方法，调用方式为“类名.方法”（在第9章会对类的方法调用方式进行详细介绍）。其运行结果为：

```
大家好，我叫零壹 ,我今年 2 岁啦，我的愿望是 Java语言发展越来越好
22
```

图4.2.2　调用其他类中的方法

4.2.1　方法参数

为了便于理解方法参数传递，需要先介绍下Java中的变量的两种底层存储形式。Java中的变量分为基本类型和引用类型，基本类型变量保存数值本身，引用类型变量保存引用内存空间的地

址。基本类型包括前面提到的byte、short、int、long、float、double、char和boolean；引用类型有类、String字符串、数组、接口和集合类等（后面章节会分别介绍各种引用类型）。

基本类型在定义变量时就分配了空间，这也是为什么定义一个基本类型的变量时必须初始化赋值的原因；而引用类型在定义时，只给变量定义了引用空间，而不分配数据空间，所以在定义引用类型时并不需要初始化赋值。

在创建方法时，可以设置参数，也可以不设置参数。对于设置参数的方法，当调用方法时需要向方法传递参数，被传入的参数成为实参，而方法定义时的参数为形参。方法间的参数传递共有两种方式：按值传递和按引用传递。

1. 按值传递

按值传递会将实参的值赋值给对应的形参，在函数内部的操作针对形参进行，操作的结果不会影响到实参。因为方法接收到的是原始值的副本，此时内存中存在两个相等的基本类型。

动手写4.2.3

```
/**
 * 基本类型按值传递参数
 * @author 零壹快学
 */
public class ParameterInMethod {
    private static void calculate(int number) {
        System.out.println("计算前，函数内部的number变量值为：" + number);
        number = number * 2 + 3;
        System.out.println("计算后，函数内部的number变量值为：" + number);
    }
    public static void main(String[] args) {
        int number = 5;
        System.out.println("调用函数前，外部的number变量值为：" + number);
        calculate(number);
        System.out.println("调用函数后，外部的number变量值为：" + number);
    }
}
```

其运行结果为：

```
调用函数前，外部的number变量值为： 5
计算前，函数内部的number变量值为： 5
计算后，函数内部的number变量值为： 13
调用函数后，外部的number变量值为： 5
```

图4.2.3 按值传递程序运行结果

根据动手写4.2.3的运行结果可以看出，方法外部的实参number初始值为5，方法内部形参number虽然被赋予和实参相同的值5，但是形参number只是实参的一个副本。按值传递的特点是，被调用方法对形参的任何操作都是作为局部变量进行，不会影响主调方法的实参变量的值。因此计算后，方法内部的形参值number变成了13，而外部的实参值number依旧是5。

2. 按引用传递

按引用传递就是将实参的内存地址传递给形参，方法中实参和形参都指向同一个内存地址，在方法内部所有对形参的操作都会影响到实参的值。

动手写4.2.4

```
/**
 * 引用类型Person类
 * @author 零壹快学
 */
public class Person {
    public int number;
}
/**
 * 引用类型按引用传递参数
 * @author 零壹快学
 */
public class ParameterInMethod {
    private static void calculate(Person person) {
        System.out.println("计算前，函数内部的number变量值为：" + person.number);
        person.number = person.number * 2 + 3;
        System.out.println("计算后，函数内部的number变量值为：" + person.number);
    }
    public static void main(String[] args) {
        Person person = new Person();
        person.number = 5;
        System.out.println("调用函数前，外部的number变量值为：" + person.number);
        calculate(person);
        System.out.println("调用函数后，外部的number变量值为：" + person.number);
    }
}
```

动手写4.2.4和动手写4.2.3类似，只是方法参数处入参变成了Person类定义对象，其最终的运行结果为：

```
调用函数前，外部的number变量值为：5
计算前，函数内部的number变量值为：5
计算后，函数内部的number变量值为：13
调用函数后，外部的number变量值为：13
```

图4.2.4　按引用传递程序运行结果

引用传递（pass-by-reference）过程中，形参和实参都指向同一个内存地址。方法内部形参经过计算后，值由最初的5变成了13，方法调用结束后，外部的实参值和方法内部形参保持一致，因此最终外部person对象中number值也是13。

这里需要特殊考虑String、Integer、Double、Float等基本类型的包装类，因为它们都是immutable类型，没有提供自身修改的函数，所以每次操作时都是新生成一个对象，可以理解为与基本类型相似，也是按值传递。

动手写4.2.5

```
/**
 * 基本类型包装类也是按值传递
 * @author 零壹快学
 */
public class ParameterInMethod {
   private static void calculate(Integer number) {
      System.out.println("计算前，函数内部的number变量值为：" + number);
      number = number * 2 + 3;
      System.out.println("计算后，函数内部的number变量值为：" + number);
   }
   public static void main(String[] args) {
      Integer number = 5;
      System.out.println("调用函数前，外部的number变量值为：" + number);
      calculate(number);
      System.out.println("调用函数后，外部的number变量值为：" + number);
   }
}
```

动手写4.2.5与动手写4.2.3类似，只是将number的类型由基本类型int变为包装类型Integer，其运行结果如下：

```
调用函数前，外部的number变量值为：5
计算前，函数内部的number变量值为：5
计算后，函数内部的number变量值为：13
调用函数后，外部的number变量值为：5
```

图4.2.5　基本类型包装类为按值传递

Java并不支持默认值传参的形式（这种情况在PHP等语言中很常见），因为Java中引入了方法重载的概念，默认值传参会造成相同方法名调用时发生歧义，所以Java不支持方法默认值传参。

4.2.2 方法返回值

4.2.1小节介绍了方法参数的两种传递方式，本小节将讲述方法的返回值。方法返回值使用return关键字。方法返回值通过使用可选的返回语句返回，可以返回包括数组和对象的任意类型。返回语句会立即中止函数的运行，并且将控制权交回调用该方法的代码行。

当方法返回值类型定义为除void之外的其他类型时，必须使用return返回数值，而且返回数据的类型必须和方法定义的返回值类型相一致，否则程序编译会失败。

动手写4.2.6

```
/**
 * 方法返回值
 * @author 零壹快学
 */
public class Square {
    private static double square(double number) {
        return number * number;
    }
    public static void main(String[] args) {
        System.out.println("边长为4的正方形面积是:" + square(4));
    }
}
```

动手写4.2.6中，square()方法结果会返回16，return返回的值可以直接被外部所使用。

方法中，可以在执行语句中间插入return语句，表示代码执行到此处时会直接跳出该方法，该条return语句下面的语句并不会被执行。但是，方法最后必须强制有return语句（这在返回类型定义为void的方法中并不强制），否则编译会失败。下面示例中使用了第5章将介绍的条件语句——if语句，展示了return语句下面的代码不会被执行（动手写4.2.7超出了本小节的知识点范畴，感兴趣的读者可以提前阅读本书第5章）。

动手写4.2.7

```
/**
 * 返回return语句示例
 * @author 零壹快学
 */
public class ReturnMethod {
    private static void voidMethod(int i) {
        if (i == 0) {
            System.out.println("入参为0会执行该条语句");
            return;
        }
        System.out.println("入参不为0时会执行到的语句");
    }
    public static void main(String[] args) {
        voidMethod(0);
        voidMethod(1);
    }
}
```

其执行结果为：

```
入参为0会执行该条语句
入参不为0时会执行到的语句
```

图4.2.6 返回return语句示例

4.2.3 方法类型声明

Java是一门强语言，对于变量类型不支持自动转换。Java中明确了对方法参数类型和返回类型的定义。参数类型声明指定了方法参数值的类型，返回类型声明指定了将从方法返回的值的类型。类型声明强调方法在调用时要求参数为特定类型，如果给出的值类型不对，那么将会产生编译错误。

动手写4.2.8

```
/**
 * 方法返回值
 * @author 零壹快学
 */
public class Square {
```

```
    private static int square(double number) {
        return number * number;
    }
    public static void main(String[] args) {
        System.out.println("边长为4的正方形面积是:" + square(4));
    }
}
```

使用命令行运行上面示例可以得到下面的报错内容：

```
Square.java:7: 错误: 不兼容的类型: 从double转换到int可能会有损失
        return number * number;
                      ^
1 个错误
```

图4.2.7　类型声明错误

4.2.4　命令行参数使用

前面提到Java会优先从main()方法开始执行程序，这是JVM中特殊定义的方法，除此之外，main()方法和其他方法没有什么区别。main()方法前面的修饰符是固定的，为"public static"，返回值类型为void，方法名为main，入参必须为一个字符串数组类型的参数，一般为String[] args，入参名并不是固定的，可以为任意有效命名的变量名。

当使用命令行javac编译Java类文件，使用Java运行程序时，可以直接在Java命令行后添加字符串入参，每个参数用空格隔开。

动手写4.2.9

```
/**
 * 命令行入参
 * @author 零壹快学
 */
public class MainMethod {
    public static void main(String[] args) {
        for (int i = 0; i < args.length; i++) {
            System.out.println("命令行入参args[" + i + "]为: " + args[i]);
        }
    }
}
```

在命令行中，使用javac运行动手写4.2.9，运行过程和结果如下：

```
$ java MainMethod 零壹快学 Java语言 零基础入门
命令行入参args[0]为：零壹快学
命令行入参args[1]为：Java语言
命令行入参args[2]为：零基础入门
```

图4.2.8 命令行入参

4.3 可变参数方法

从JDK 1.5开始，Java支持在一个方法中传递数量不定的同类型参数，即可变参数传递。在方法声明时，在指定的入参类型后面加一个英文省略号“...”。可变参数方法定义格式如下：

```
[修饰符] [返回类型] 方法名([参数类型]... 参数名){
    //方法体执行语句
}
```

一个方法中可以定义多个参数，但是可变参数只能定义一个，并且位置必须为方法入参中的最后一个参数，任何其他普通的参数定义必须在可变入参之前。可变参数在Java编译时会被处理为一个相应类型的数组。

动手写4.3.1

```
/**
 * 可变入参方法定义和使用
 * @author 零壹快学
 */
public class VariableMethod {
  public static void test(String... args) {
    System.out.println("这是可变入参方法");
    for (String arg : args) {
      System.out.println("入参为：" + arg);
    }
  }
  public static void main(String[] args) {
    test();
    test("A");
    test("A", "B", "C");
  }
}
```

调用可变入参方法时，入参个数也可以为零。动手写4.3.1的运行结果为：

这是可变入参方法
这是可变入参方法
入参为：A
这是可变入参方法
入参为：A
入参为：B
入参为：C

图4.3.1 可变入参方法定义和使用

方法可以重载，即存在两个名称相同但是入参不同的方法（重载将在第9章中详细介绍）。当调用这样的方法时，固定参数的方法会被优先调用。

动手写4.3.2

```
/**
 * 固定参数方法被优先调用
 * @author 零壹快学
 */
public class VariableMethod {
    public static void test(int number, String arg) {
        System.out.println("这是固定参数方法");
    }
    public static void test(int number, String... args) {
        System.out.println("这是可变参数方法");
    }
    public static void main(String[] args) {
        test(0, "入参1");
        test(0, "入参1", "入参2");
    }
}
```

main()方法中，在第一条test语句优先执行固定入参的方法后，第二条语句才会找到可变参数的方法进行执行，运行结果如下：

这是固定参数方法
这是可变参数方法

图4.3.2 优先执行固定参数方法

提示

如果在调用一个重载方法时，同时存在两个都是可变参数的同名方法，并且这两个方法通过入参都可以有效单独调用，如test(String... args)和test(String arg1, String... args)，那么系统会找不到对应的方法，程序编译将会报错。

动手写4.3.3

```
/**
 * 存在两个可变参数入参的同名方法，编译报错
 * @author 零壹快学
 */
public class VariableMethod {
    public static void test(String... args) {
        System.out.println("这是test方法");
    }
    public static void test(String arg1, String... args) {
        System.out.println("这是test方法");
    }
    public static void main(String[] args) {
        test("入参1", "入参2");
    }
}
```

上述代码中，对于两个入参“入参1”和“入参2”，系统没有办法通过重载的方式找到具体调用哪个方法，编译报错如下：

```
VariableMethod.java:15: 错误: 对test的引用不明确
        test("入参1", "入参2");
        ^
  VariableMethod 中的方法 test(String...) 和 VariableMethod 中的方法 test(String,String...) 都匹配
1 个错误
```

图4.3.3 两个相同可变参数同名方法编译报错

4.4 小结

本章介绍了Java中函数方法的基本概念，讲述了Java函数方法调用和使用方法，包括方法参数、方法返回值、方法定义格式和命令行传参的使用，同时介绍了如何定义一个参数可变的函数方法。函数方法是Java基础语法中比较重要的内容，掌握该部分内容将为后面Java的高阶应用打下基础。

4.5 知识拓展

4.5.1 Java内置类和内置方法介绍

Java有大量的标准方法和结构，以及丰富的扩展模块，比如基础图像javax.imageio库、网络请

求java.net库等。这些扩展模块库同样包含了很多类和方法，它们都属于Java内置类和方法。

在使用Java的内置方法时，有很多核心方法已包含在每个版本的Java中，如字符串和数组相关处理方法，这些方法我们在程序中直接使用即可；而对于扩展模块提供的函数，则需要确保Java在编译时加入了这些扩展模块，否则这些方法是无法调用的，程序会报错。对于常见的扩展库配置和使用，我们会在后续章节进行详细讲解。本节会介绍一系列常见内置方法的使用。

在学习每一个方法时，读者需要关注方法的功能是什么、有多少参数、每个参数的定义、方法是否有返回值以及返回值的意义。了解这些重要的差别是编写正确的Java代码的关键。

在学习Java的过程中，读者要学会自己列举并汇总Java内置方法，可以制作一张图表，方便定期查阅，这将有助于自己更熟练地掌握相应模块。例如，对于Java I/O文件操作，你可以将常见的内置类和内置方法做成一张图表，如表4.5.1所示。

表4.5.1 Java文件操作常见内置方法

方法	功能描述
String getName()	获取该抽象路径名表示的文件或目录的名称
String getParent()	获取该抽象路径名父目录的路径名字符串，若没有指定父目录则返回null
File getParentFile()	获取该抽象路径名父目录的抽象路径名，若没有指定父目录则返回null
String getPath()	将该抽象路径名转换为字符串
boolean isAbsolute()	判断该抽象路径名是否为绝对路径名
String getAbsolutePath()	获取该抽象路径名的绝对路径名字符串
boolean canRead()	判断程序是否可以读取该抽象路径名表示的文件
boolean canWrite()	判断程序是否有权限可以修改该抽象路径名表示的文件
boolean exists()	判断该抽象路径名表示的文件或目录是否存在
boolean isDirectory()	判断该抽象路径名表示的文件是否是一个目录
boolean isFile()	判断该抽象路径名表示的文件是否是标准文件
long lastModified()	获取该抽象路径名表示的文件最后一次被修改的时间，返回格式为整型，单位为毫秒
long length()	获取该抽象路径名表示的文件的长度
boolean createNewFile() throws IOException	创建一个新的空文件
boolean delete()	删除该抽象路径名表示的文件或目录
public void deleteOnExit()	当程序终止时删除文件或目录

（续上表）

方法	功能描述
public String[] list()	返回目录中文件或目录名称所组成的字符串数组
boolean mkdir()	创建该抽象路径名指定的目录
boolean renameTo(File dest)	重命名该抽象路径名表示的文件
boolean setLastModified(long time)	设置该抽象路径名指定的文件的最后一次修改时间

除了上面列举的JDK内置文件方法外，像Apache、GitHub等社区还提供了大量的开源工具类和开源方法，如有名的Commons库、Gson解析JSON工具类等。正是由于Java自身强大的方法库和开源工具的不断壮大，才令Java成为全世界最流行、最健壮的编程语言之一。

4.5.2 有趣的方法自身调用

Java编程语言支持方法调用自己本身，大致的形式就是：

```
void method()
{
  method();
}
```

拥有这一特性的方法也叫作递归方法（递归函数）。在方法体内部直接或者间接地自己调用自己，叫作递归调用，即方法的嵌套调用是方法本身。递归方法如果没有加入任何流程控制，那么在执行过程中就会出现“方法调用方法的自己，方法的自己继续调用方法的自己的自己，一直循环下去”的情况，最终导致程序发生死循环。建议读者谨慎执行动手写4.5.1，因为它可能会造成电脑死机或者长时间无响应。

动手写4.5.1

```
/**
 * 无限循环程序
 * @author 零壹快学
 */
public class RecursionMethod {
  private static void test() {
    System.out.println("方法仍在调用");
    test();
  }
  public static void main(String[] args) {
```

```
    test();
  }
}
```

动手写4.5.1将会无限循环输出“方法仍在调用”，直到Java程序超时或者内存耗尽，运行结果如下：

```
方法仍在调用
方法仍在调用
方法仍在调用
方法仍在调用
方法仍在调用
方法仍在调用
Exception in thread "main" java.lang.StackOverflowError
        at sun.nio.cs.UTF_8$Encoder.encodeLoop(UTF_8.java:691)
        at java.nio.charset.CharsetEncoder.encode(CharsetEncoder.java:579)
        at sun.nio.cs.StreamEncoder.implWrite(StreamEncoder.java:271)
        at sun.nio.cs.StreamEncoder.write(StreamEncoder.java:125)
```

图4.5.1　无限循环程序运行

当某个执行递归调用的方法没有附加条件判断时，可能会造成无限循环的错误情况。因此，当我们编写递归方法时，需要加入一些判断条件，用于判断是否需要执行递归调用，并且在一定条件下终止方法的递归调用。

递归代码的好处是，和非递归方法相比，递归方法代码逻辑更清晰，代码可读性更高；其缺点是由于层层的方法嵌套，会有额外的内存开销，以及可能发生的无限循环灾难。这些年计算机硬件性能不断升级，大部分情况下递归程序的效率问题已经得到解决，因此鼓励用递归方法实现程序思想。

除了方法递归调用容易出现无限循环的问题外，方法之间互相调用也可能会出现无限循环。

动手写4.5.2

```
/**
 * 无限循环程序
 * @author 零壹快学
 */
public class RecursionMethod {
  private static void Jim() {
    System.out.println("Hello! I am Jim.");
    Jack();
  }
  private static void Jack() {
    System.out.println("Hello! I am Jack.");
```

```
        Jim();
    }
    public static void main(String[] args) {
        Jim();
    }
}
```

动手写4.5.2的运行结果为：

```
Hello! I am Jim.
Hello! I am Jack.
Hello! I am Jim.
Hello! I am Jack.
Hello! I am Jim.
Hello! I am Jack.
Exception in thread "main" java.lang.StackOverflowError
        at sun.nio.cs.UTF_8$Encoder.encodeLoop(UTF_8.java:691)
        at java.nio.charset.CharsetEncoder.encode(CharsetEncoder.java:579)
        at sun.nio.cs.StreamEncoder.implWrite(StreamEncoder.java:271)
        at sun.nio.cs.StreamEncoder.write(StreamEncoder.java:125)
        at java.io.OutputStreamWriter.write(OutputStreamWriter.java:207)
        at java.io.BufferedWriter.flushBuffer(BufferedWriter.java:129)
```

图4.5.2　方法间互相调用出现无限循环

动手写4.5.2中，Jim()方法会调用Jack()方法，而Jack()方法执行中又会调用Jim()方法，因此导致出现无限循环。在编程中，需要尽量避免两个方法互相调用的情况发生，以防止出现无限循环，从而导致系统内存泄漏。

》 第 5 章

流程控制和语言结构 《

所有编程语言在编写时都要遵照语言结构和流程控制，它们控制了整个程序运行的步骤。流程控制包括顺序控制、条件控制和循环控制。所谓顺序控制，就是正常的代码执行顺序，从上到下、从文件头到文件尾依次指定每条语句。本章将对Java程序中的流程控制和语言结构进行详细介绍。

5.1 条件控制语句

顺序结构只能按顺序执行，不能进行判断和选择，因此需要条件控制语句。条件控制语句可以使程序根据某个或某些条件进行判断，然后有选择性地执行或不执行某些代码语句。所有条件控制语句都是通过判断条件表达式的结果来选择执行哪个分支语句的，条件表达式返回true或false。

编程语言中的一些脚本语言是允许条件表达式使用数字来代替布尔值的，如C语言中非零的数值可以认为是true，零认为是false。但是Java中的条件表达式不允许出现数字，必须使用布尔值，若要使用数字可以使用“a!=0”这类的表达式。

编程语言中一般有两种条件分支结构——if语句和switch语句，下面将对这两种分支结构进行介绍。

5.1.1 if和else语句

if…else语句是流程控制中最基本的语句，其中else是非必需的，下面将分几种使用情况介绍if…else语句。

1. if 语句

可以只使用if关键字来表达一个条件语句，一个if语句包含一个布尔表达式（布尔表达式是由一个或多个布尔值计算而来，结果只有true或false）和一条或多条执行语句。if语句定义格式如下：

```
if (布尔表达式) {
//如果布尔表达式为true将执行的语句
}
```

如果布尔表达式的值为true，则会执行if语句中的代码块，否则跳过if语句执行if语句块后面的代码。布尔表达式中可以是一个公式，如a!=0，也可以是一个布尔变量。

动手写5.1.1

```
/**
 * if语句示例
 * @author 零壹快学
 */
public class ConditionSample {
    public static void main(String[] args) {
        int number = 101;
        System.out.println(number + "大于100吗？ ");
        if (number > 100) {
            System.out.println(number + "大于100");
        }
    }
}
```

上面示例中，会先判断number数值是否大于100，如果大于100就会执行if代码块中的println语句，执行结果为：

```
101大于100吗？
101大于100
```

图5.1.1　if单条件表达式语句

条件表达式可以由多组表达式构成（复合表达式），只要结果返回的是布尔值即可。下面看一个复合表达式的例子。

动手写5.1.2

```
/**
 * 复合表达式if语句示例
 * @author 零壹快学
 */
public class MultipleCondition {
    public static void main(String[] args) {
        int number = 101;
        if (number > 100 && number < 200) {
            System.out.println(number + "大于100并且小于200");
        }
```

```
    if (number % 2 > 0 || number % 3 > 0) {
      System.out.println(number + "不能被2整除或者不能被3整除");
    }
    if (number % 2 > 0 && (number - 100) > 0 && number % 3 > 0) {
      System.out.println("多条复合条件语句被判断执行");
    }
  }
}
```

其执行结果为：

```
101大于100并且小于200
101不能被2整除或者不能被3整除
多条复合条件语句被判断执行
```

图5.1.2　复合条件语句

if语句后面可以省略大括号“{}”，但是只会执行一条紧跟着的语句。这样的代码可读性差，有可能因为少写了“}”号导致条件语句执行逻辑错误，而且不易被发现，建议编程时遵守Java代码编写规范，为条件语句补全“{}”符号。

动手写5.1.3

```
/**
 * if语句后面大括号可以省略，但是可读性变差
 * @author 零壹快学
 */
public class ConditionSample {
  public static void main(String[] args) {
    int number = 101;
    System.out.println(number + "大于100吗？");
    if (number > 100) {
      System.out.println(number + "加大括号条件语句");
    }
    if (number > 100)
      System.out.println(number + "不加大括号条件语句");
    if (number < 100)
      System.out.println("不加大括号条件语句，该条语句不会被执行");
     System.out.println("不加大括号条件语句只会对紧跟着的一条语句负责，该条语句仍然会被执行");
  }
}
```

上面示例中，最后一条println语句仍然会被执行，执行结果为：

```
101大于100吗？
101加大括号条件语句
101不加大括号条件语句
不加大括号条件语句只会对紧跟着的一条语句负责，该条语句仍然会被执行
```

图5.1.3 条件语句省略大括号

2. if…else语句

if语句后面可以跟着else语句，当if语句的布尔表达式值为false时，else语句块内的语句会被执行。if…else语句定义格式如下：

```
if (布尔表达式) {
//如果布尔表达式为true将执行的语句
} else {
//如果布尔表达式为false将执行的语句
}
```

需要注意的是，else语句并不能单独出现，它与if语句必须成对出现。

动手写5.1.4

```
/**
 * if…else语句示例
 * @author 零壹快学
 */
public class ConditionSample {
    public static void main(String[] args) {
        int number = 10;
        System.out.println(number + "大于100吗？");
        if (number > 100) {
            System.out.println(number + "大于100");
        } else {
            System.out.println(number + "小于100");
        }
    }
}
```

上面示例中，变量number的值为10，值小于100，条件表达式number > 100判断结果为false，则会执行else语句中的println语句。其运行结果为：

```
10大于100吗？
10小于100
```

图5.1.4 if…else语句示例

else语句的大括号也可以被省略，而且与if语句一样，被省略后只对紧跟着的第一条执行语句负责。为了便于代码阅读，建议将大括号补齐。

动手写5.1.5

```
/**
 * if语句和else语句后面的大括号可以省略，但是可读性会变差
 * @author 零壹快学
 */
public class ConditionSample {
    public static void main(String[] args) {
        int number = 10;
        System.out.println(number + "大于100吗？");
        if (number > 100)
            System.out.println(number + "大于100");
        else
            System.out.println(number + "小于100");
    }
}
```

动手写5.1.5与动手写5.1.4的执行结果相同。

if…else语句可以在if…else代码块内多层嵌套使用，这也是在流程控制中最常见的分支控制逻辑。

动手写5.1.6

```
/**
 * if…else语句多层嵌套
 * @author 零壹快学
 */
public class MultipleCondition {
    public static void checkNumber(int number) {
        // 多层条件语句嵌套
        if (number <= 100) {
            if (number % 2 == 0) {
                System.out.println(number + "能够被2整除");
            } else {
                System.out.println(number + "不能被2整除");
                if (number % 3 == 0) {
```

```
                System.out.println(number + "能被3整除");
            }
        }
    } else {
        System.out.println(number + "大于100");
    }
}
public static void main(String[] args) {
    checkNumber(4);
    checkNumber(99);
    checkNumber(101);
}
}
```

其执行结果为：

```
4能够被2整除
99不能被2整除
99能被3整除
101大于100
```

图5.1.5　嵌套if和else语句

if…else条件语句可以转换为三元运算符，表达的逻辑是一样的。

动手写5.1.7

```
/**
 * 三元运算符转换
 * @author 零壹快学
 */
public class ConditionSample {
    public static void main(String[] args) {
        int number = 10;
        if (number > 100) {
            number -= 100;
        } else {
            number += 100;
        }
        // 三元运算符
        number = number > 100 ? (number - 100) : (number + 100);
    }
}
```

上面代码中，if…else语句和下面的三元运算符是等价的，先判断number的值是否大于100，如果大于100则number减去100；如果小于100，则给number加上100。

3. if…else if语句

在条件语句中else和if可以组合使用，出现在第一个if语句的后面，可以对多种条件进行处理；如果满足该条件就执行该条件下的语句，如果不满足该条件也可以去判断是否满足其他条件，进而去执行其他条件下的语句。if…else if一般定义格式如下：

```
if (条件1) {
//如果条件1为true将执行的语句
} else if (条件2) {
//如果条件1为false，条件2为true
} else if (条件3) {
//如果条件1为false，条件2为false，条件3为true
}
```

下面看一个if…else if语句使用示例。

动手写5.1.8

```
/**
 * if…else if语句示例
 * @author 零壹快学
 */
public class ConditionSample {
    public static void checkNumber(int number) {
        System.out.println(number + "的值在哪个范围内？");
        if (number < 100) {
            System.out.println(number + "小于100");
        } else if (number < 200) {
            System.out.println(number + "小于200");
        } else if (number < 300) {
            System.out.println(number + "小于300");
        }
    }
    public static void main(String[] args) {
        checkNumber(90);
        checkNumber(199);
        checkNumber(250);
    }
}
```

上面示例中，首先判断传入参数number是否小于100，然后判断是否小于200，最后判断是否小于300，由上到下依次对各个布尔表达式进行判断。其执行结果为：

```
90的值在哪个范围内？
90小于100
199的值在哪个范围内？
199小于200
250的值在哪个范围内？
250小于300
```

图5.1.6 if…else if语句示例

从上面示例中可以看出，else if语句可以多次被使用。此时多条语句会按照从上到下的顺序依次被判断，直到满足条件时，执行当前满足条件内的语句，其他不满足条件的语句则不会被执行。

else语句也可以和else if语句同时使用，但是只能出现在所有条件语句的最后，表示“如果不满足上面所有条件时则执行该条语句的内容”。此时else语句也只能出现一次。

动手写5.1.9

```
/**
 * else if语句和else语句一起使用示例
 * @author 零壹快学
 */
public class ConditionSample {
  public static void checkNumber(int number) {
    System.out.println(number + "的值在哪个范围内？ ");
    if (number < 100) {
      System.out.println(number + "小于100");
    } else if (number < 200) {
      System.out.println(number + "小于200");
    } else if (number < 300) {
      System.out.println(number + "小于300");
    } else {
      System.out.println(number + "大于或等于300");
    }
  }
  public static void main(String[] args) {
    checkNumber(150);
    checkNumber(299);
    checkNumber(300);
    checkNumber(301);
  }
}
```

其运行结果为：

```
150的值在哪个范围内？
150小于200
299的值在哪个范围内？
299小于300
300的值在哪个范围内？
300大于或等于300
301的值在哪个范围内？
301大于或等于300
```

图5.1.7　else if和else语句同时使用

4. if语句嵌套

if语句可以在内部多层嵌套，一个if语句里可以包括多条if语句。if与else一般都是成对出现的。else if语句中也可以嵌套if…else语句。条件语句多重嵌套给分支逻辑判断带来了很大的自由度。

动手写5.1.10

```
import java.util.Scanner;

/**
 * if…else语句多层嵌套
 * @author 零壹快学
 */
public class MultipleCondition {
    // 判断入参数字
    public static void checkNumber(int number) {
        // 多层条件语句嵌套
        if (number <= 0) {
            System.out.println("欢迎与零壹快学一起学习编程美妙的世界");
        } else if (number <= 2) {
            if (number == 2) {
                System.out.println("学习满两个月了，加油！");
            }
            System.out.println("基础语法与面向对象需要掌握");
        } else {
            if (number > 10) {
                System.out.println("学习超过10个月，欢迎参与零壹快学问答社区一起分享编程知识");
            } else if (number > 5) {
                System.out.println("学习超过5个月，已经成功进阶为高级编程者");
            }
```

```
            System.out.println("学习尚未成功，同学仍须努力");
        }
    }
    public static void main(String[] args) {
        int number;
        Scanner scanner = new Scanner(System.in);
        System.out.println("请输入学习Java的时长（几个月？）");
        number = scanner.nextInt();
        checkNumber(number);
    }
}
```

其运行结果为：

```
请输入学习Java的时长（几个月？）
12
学习超过10个月，欢迎参与零壹快学问答社区一起分享编程知识
学习尚未成功，同学仍须努力
```

图5.1.8 if语句嵌套示例

多层嵌套的if语句会在语义上造成困惑，而且代码维护成本较高，因为每个条件与条件之间的关系较为复杂。良好的代码中不会出现大段难以维护的if语句嵌套。

动手写5.1.11——一个不好的示例

```
import java.util.Scanner;

/**
 * if…else语句多层嵌套不好的示例，导致逻辑混乱
 * @author 零壹快学
 */
public class MultipleCondition {
    // 判断入参数字
    public static void checkNumber(int number) {
        // 多层条件语句嵌套
        if (number <= 0) {
            System.out.println("欢迎与零壹快学一起学习编程美妙的世界");
        } else if (number <= 2) {
            if (number > 2) {
                System.out.println("混乱");
            } else if(number <2) {
```

```
            if(number % 2 == 0) {
                if(number >0){
                    System.out.println("这种条件分支逻辑很混乱，很难梳理如何执行代码");
                }
            }
        }
    } else {
        System.out.println("程序被执行");
    }
}
public static void main(String[] args) {
    checkNumber(2);
}
}
```

5.1.2 switch语句

如果一个程序需要多条相似的条件判断，尤其是当布尔表达式简单并且形式相同（“变量+操作符+数值”的形式），只是判断的值不同时，可以使用if语句来进行多条判断，但是此时代码会非常臃肿，后期维护时要分别对各个条件进行测试。例如下面的代码。

动手写5.1.12

```
/**
 * 多条if语句简单判断，导致代码繁重
 * @author 零壹快学
 */
public class MultipleIfCondition {
    public static void main(String[] args) {
        int number = 101;
        if (number == 2) {
            System.out.println(number + "等于2");
        }
        if (number == 20) {
            System.out.println(number + "等于20");
        }
        if (number == 50) {
            System.out.println(number + "等于50");
```

```
        }
        if (number == 101) {
            System.out.println(number + "等于101");
        }
    }
}
```

Java中可以使用switch语句来统一待判断变量和判断值，这样不仅代码整洁，也有利于提高各个条件和执行语句的可读性，便于维护。switch语句定义格式如下：

```
switch(判断变量) {
    case 值1 : [执行语句]; break;
    case 值2 : [执行语句]; break;
    case 值3 : [执行语句]; break;
…
    default: [执行语句];
}
```

switch语句是一种多分支并行语句，它允许多个分支语句并行存在，并用关键字case标识。执行时，switch语句首先计算参数的值，如果和某一个分支语句标识的值相同，则执行该分支语句中的代码，直到关键字break为止；如果该分支语句中没有break关键字，则会继续判断后面的case分支语句，直到遇到break为止。switch语句同时提供了默认执行的机制，当没有一个分支语句的值与switch入参的值相同时，则会执行关键字default分支中的语句。

switch语句中待判断的变量必须为int、short、char或字符串String（long、float、double和其他类都不可以，String类型的支持是在JDK 1.7之后加入的），case中的判断值必须为常量，并且case互相之间定义的常量值不能重复，否则编译会报错。

动手写5.1.13

```
/**
 * switch条件语句示例
 * @author 零壹快学
 */
public class SwitchSample {
    public static void main(String[] args) {
        int number = 101;
        switch (number) {
        case 2:
```

```
        System.out.println(number + "等于2");
        break;
      case 20:
        System.out.println(number + "等于20");
        break;
      case 101:
        System.out.println(number + "等于101");
        break;
      default:
        System.out.println(number + "不在定义的条件值中");
      }
      String name = "零壹快学";
      switch (name) {
      case "零壹":
        System.out.println("零壹");
        break;
      case "零壹快学":
      default:
        System.out.println("名称为：" + name);
      }
    }
}
```

上面示例中，第二个switch语句中case“零壹快学”冒号后面没有执行语句和break跳转关键字，表示当判断变量等于这个case中的常量时，会执行该case后面的语句，当前示例中则会执行default语句。其运行结果为：

```
101等于101
名称为：零壹快学
```

图5.1.9 switch条件语句示例

上面示例中，每个case代码块中都以一个break关键字结尾，代码执行到该处时，会直接跳转出switch条件语句（也可称中断条件语句）。break关键字可以被省略，此时后面定义的case语句仍然会按顺序执行，直到遇到break为止。default代码块因为是最后执行的，所以break语句是直接被省略的。

动手写5.1.14

```
/**
 * switch条件语句case中没有break语句
```

```
 * @author 零壹快学
 */
public class SwitchSample {
    public static void main(String[] args) {
        String name = "零壹快学";
        switch (name) {
        case "零壹快学":
            System.out.println("名称为：" + name);
        default:
            System.out.println("因为case没有break语句，该条语句也会被执行");
        }
    }
}
```

上面示例中，case语句中没有添加break中断语句，后面的default语句仍然会被执行，运行结果为：

```
名称为：零壹快学
因为case没有break语句，该条语句也会被执行
```

图5.1.10　case语句中没有break

Java中有一种特殊格式enum，为枚举类，可以定义一系列格式特定枚举值。enum比较特殊，可以和switch语句一起使用，这与其他类有很大的区别，后面第10章Java常用类将会对枚举类进行详细介绍。

动手写5.1.15

```
/**
 * Person枚举类，定义了“小王”“小张”和“小刘”三个枚举值
 * @author 零壹快学
 */
public enum PersonEnum {
    XIAO_WANG("小王"),
    XIAO_ZHANG("小张"),
    XIAO_LIU("小刘");
    private String name;
```

```
    PersonEnum(String name) {
        this.name = name;
    }
    public static PersonEnum getPersonName(String name) {
        for (PersonEnum personEnum : PersonEnum.values()) {
            if(personEnum.getName().equals(name)) {
                return personEnum;
            }
        }
        return null;
    }
    /**
     * @param name the name to set
     */
    public void setName(String name) {
        this.name = name;
    }
    /**
     * @return the name
     */
    public String getName() {
        return name;
    }
}
/**
 * switch语句和enum枚举类使用
 * @author 零壹快学
 */
public class SwitchWithEnumSample {
    public static void main(String[] args) {
        String name = "小张";
        switch (PersonEnum.getPersonName(name)) {
        case XIAO_WANG:
            System.out.println(name + "的名字是" + PersonEnum.XIAO_WANG.getName());
            break;
        case XIAO_LIU:
```

```
            System.out.println(name + "的名字是" + PersonEnum.XIAO_LIU.getName());
            break;
        case XIAO_ZHANG:
            System.out.println(name + "的名字是" + PersonEnum.XIAO_ZHANG.getName());
            break;
        default:
            System.out.println(name + "的名字找不到");
        }
    }
}
```

其运行结果为：

小张的名字是小张

图5.1.11　switch语句和枚举类使用

switch语句在实际编程中并不常用，大部分场景都是使用for和while循环语句。

5.2 循环控制语句

循环语句，又称为迭代语句，是指在满足布尔表达式的值一直为true时反复执行语句，直到表达式的值为false为止。一般情况下，在循环开始时，会计算一次布尔表达式的值，在下次迭代循环开始前也会判断一次布尔表达式的值（do…while循环则是后置判断布尔表达式的值）。

Java中提供了两种关键字来表示循环语句，分别是for和while。本节将对这两种循环语句进行介绍。

5.2.1　for循环语句

for循环语句有两种形式，一种是简单for循环语句，另一种是foreach循环语句。

1. 简单for循环语句

简单for循环语句是最常使用的循环语句，for循环语句定义格式如下：

```
for([初始化表达式]; [布尔表达式]; [步进表达式]){
//循环体内执行语句
}
```

初始化表达式可以为循环体定义一个新的变量并赋予一个初始值，一般是int变量。每次循环开始前，都会判断布尔表达式，如果为true则执行循环，如果为false则跳出并中断当前循环；一般布尔表达式中判断的变量即为初始化表达式中定义的变量。步进表达式是一种给布尔表达式中判断的变量进行变更的操作，一般是数值的增加或减少，以使循环语句可以被跳出并中断。每次循环结束时会执行一次步进表达式。循环代码体中，可以根据定义的int变量按序列去访问数据，如每次循环时按序列访问数组中的各个元素。

动手写5.2.1

```
/**
 * for循环示例
 * @author 零壹快学
 */
public class ForLoop {
    public static void main(String[] args) {
        for (int i = 0; i < 5; i++) {
            System.out.println("每次循环i都会加1，当前i等于：" + i);
        }
        for (char c = 0; c < 5; c++) {
            System.out.print("每次循环c都会加1，当前字符c等于：" + c);
            System.out.println("，转换为int型数值为：" + (int) c);
        }
    }
}
```

动手写5.2.1中给出了两个循环的示例，其中i和c变量都是在循环中定义的，也只能在自身的循环代码块中被调用。其运行结果为：

```
每次循环i都会加1, 当前i等于: 0
每次循环i都会加1, 当前i等于: 1
每次循环i都会加1, 当前i等于: 2
每次循环i都会加1, 当前i等于: 3
每次循环i都会加1, 当前i等于: 4
每次循环c都会加1, 当前字符c等于: , 转换为int型数值为: 0
每次循环c都会加1, 当前字符c等于: , 转换为int型数值为: 1
每次循环c都会加1, 当前字符c等于: , 转换为int型数值为: 2
每次循环c都会加1, 当前字符c等于: , 转换为int型数值为: 3
每次循环c都会加1, 当前字符c等于: , 转换为int型数值为: 4
```

图5.2.1 for循环示例

初始化表达式、布尔表达式和步进表达式都可以为空，比如变量的初始化可以完全在循环语句外面提前声明。在for循环内初始化变量也是一种良好的编程风格，即在适当作用域和应该出现的代码块处声明变量，这样也会节省内存资源。当这些表达式都为空时，会形成无限循环，此时可以使用break关键字跳出程序。

动手写5.2.2

```
/**
 * for循环使用break跳出循环
 * @author 零壹快学
 */
public class ForLoop {
    public static void main(String[] args) {
        int i = 0;
        for (;;) {
            System.out.println("每次循环i都会加1，当前i等于：" + i);
            i++;
            if (i > 5) {
                break;
            }
        }
    }
}
```

上面示例中，每次循环，变量i的值都会加1，当i大于数值5时，会执行break语句跳出循环语句，运行结果为：

```
每次循环i都会加1, 当前i等于: 0
每次循环i都会加1, 当前i等于: 1
每次循环i都会加1, 当前i等于: 2
每次循环i都会加1, 当前i等于: 3
每次循环i都会加1, 当前i等于: 4
每次循环i都会加1, 当前i等于: 5
```

图5.2.2　表达式都为空的for循环

for循环中可以使用逗号运算符（与方法中隔离入参的逗号符号含义不同）来定义多个相同类型的变量。

动手写5.2.3

```
/**
 * for循环使用逗号运算符
 * @author 零壹快学
 */
public class ForLoop {
    public static void main(String[] args) {
        for (int i = 0, j = 0; i < 5; i++, j++) {
```

```
            System.out.println("每次循环i都会加1，当前i等于：" + i);
            System.out.println("每次循环j都会加1，当前j等于：" + j);
        }
    }
}
```

上面示例中，使用逗号定义多个初始化变量——整型i和整型j，其运行结果为：

```
每次循环i都会加1，当前i等于：0
每次循环j都会加1，当前j等于：0
每次循环i都会加1，当前i等于：1
每次循环j都会加1，当前j等于：1
每次循环i都会加1，当前i等于：2
每次循环j都会加1，当前j等于：2
每次循环i都会加1，当前i等于：3
每次循环j都会加1，当前j等于：3
每次循环i都会加1，当前i等于：4
每次循环j都会加1，当前j等于：4
```

图5.2.3 for循环中使用逗号运算符

2. foreach循环语句

foreach是另一种简洁的for循环语句，主要用于数组和集合类，这种循环语句并不需要初始化int变量来按照序列依次访问待访问项中的各个元素。Java中foreach语句定义格式如下：

```
for([类型] 变量 : 遍历对象) {
//循环体中执行语句
}
```

编程中遍历的含义是，对数组或集合类中每个元素按照一定顺序进行访问。因此，数组和集合类也可以称为遍历对象。foreach定义语句中的变量实际上是将遍历对象中的元素拿出来，并没有重新初始化一个新的变量。

动手写5.2.4

```
/**
 * foreach循环示例
 * @author 零壹快学
 */
public class ForeachLoop {
    public static void main(String[] args) {
        String strs[] = { "零", "壹", "快", "学" };
        for (String str : strs) {
```

```
        System.out.println("每次循环取出的变量值为：" + str);
      }
    }
}
```

上面示例中，strs为一个有四个元素的字符串数组，foreach循环依次取出了strs中的四个元素并在控制台打印了出来，运行结果为：

```
每次循环取出的变量值为：零
每次循环取出的变量值为：壹
每次循环取出的变量值为：快
每次循环取出的变量值为：学
```

图5.2.4　foreach循环示例

foreach语句不仅代码整洁，便于阅读，更重要的是其语义清晰，能直接取出每次循环要针对的元素。foreach语句虽然不能完全替代简单的for语句，但是在实际编程中被广泛使用。本书中会尽可能多地使用foreach语法。

for语句和foreach语句都可以多层嵌套，从而实现较为复杂的流程控制逻辑。下面举一个简单的两层嵌套示例。

动手写5.2.5

```
/**
 * for循环多层嵌套
 * @author 零壹快学
 */
public class MultipleForLoop {
    public static void main(String[] args) {
        for (int i = 0; i < 3; i++) {
            for (int j = 0; j < i; j++) {
                System.out.println("这是内层循环，此时i=" + i + ", j=" + j);
            }
            System.out.println("这是外层循环，j不能被访问，此时i=" + i);
        }
    }
}
```

上面示例中，在内层循环中可以访问外层循环初始化的i变量，但是外层循环不能访问内层循环初始化的j变量，运行结果为：

```
这是外层循环，j不能被访问，此时i=0
这是内层循环，此时i=1，j=0
这是外层循环，j不能被访问，此时i=1
这是内层循环，此时i=2，j=0
这是内层循环，此时i=2，j=1
这是外层循环，j不能被访问，此时i=2_
```

图5.2.5　for循环多层嵌套

5.2.2　while循环语句

while循环语句有两种形式，一种是简单while循环语句，另一种是do…while循环语句。

1. 简单while循环语句

while语句中每次循环开始前会先判断布尔表达式，值为true则会继续执行循环体中的语句，直到布尔表达式的值为false为止。简单while循环语句定义格式如下：

```
while ([布尔表达式]){
//循环内执行语句
}
```

动手写5.2.6

```
/**
 * while循环示例
 * @author 零壹快学
 */
public class WhileLoop {
    public static void main(String[] args) {
        int i = 0;
        while (i < 4) {
            System.out.println("while循环，此时i=" + i);
            i++;
        }
    }
}
```

上面示例中，首先会判断while语句中的布尔表达式是否为true，然后执行while内部代码块，i的值也会加1。每执行完一次循环，都会重新判断布尔表达式；当i的值等于4时，布尔表达式的值为false，跳出while循环语句。其运行结果为：

```
while循环，此时i=0
while循环，此时i=1
while循环，此时i=2
while循环，此时i=3
```

图5.2.6　while语句示例

2. do…while循环语句

do…while语句与简单while语句类型不同的是：在第一次执行时，do…while中的语句至少会执行一次，即便布尔表达式第一次的值就为false；而在简单while语句中，当布尔表达式第一次的值为false时后面的语句就不会被执行。do…while语句定义格式如下：

```
do{
//循环内执行语句
} while ([布尔表达式]);
```

动手写5.2.7

```
/**
 * do…while循环示例
 * @author 零壹快学
 */
public class DoWhileLoop {
  public static void main(String[] args) {
    int i = 0;
    do {
      System.out.println("dowhile循环，此时i=" + i);
      i++;
    } while (i < 4);
    do {
      System.out.println("i=" + i + ", 此时该语句仍会被执行一次");
    } while (i < 4);
  }
}
```

上面示例会先执行一次循环体中的语句，然后再判断布尔表达式；第二个do…while循环中，虽然i已经等于4，并不满足条件，但是循环内语句仍会被执行一次，运行结果为：

```
dowhile循环，此时i=0
dowhile循环，此时i=1
dowhile循环，此时i=2
dowhile循环，此时i=3
i=4，此时该语句仍会被执行一次
```

图5.2.7　do…while循环语句示例

因为do…while语句的执行判断逻辑特殊，所以在时间编程中简单while语句比它更常用。

5.3 跳转语句

如果程序设计了一个循环语句，但是当计算到中间某个循环时，计算已经结束，并不希望进行后面多余的循环（既浪费执行时间，也浪费系统内存资源），这时就需要使用跳转语句进行流程控制。

Java中提供了两个跳转关键字——continue和break。continue和break都可以在for循环和while循环中使用，使用方法和作用是一样的。本节主要以for循环为主，对这两个关键字进行介绍。

5.3.1 continue语句

当循环语句执行到某一次循环，满足了某种条件并希望不再执行后面未执行的语句，而是直接跳到下一次循环时，可以使用continue关键字。continue并不是直接跳出整个循环语句，而是跳出当前的这次循环进入到下一次的循环中，循环语句中原有的布尔表达式仍需要进行判断。

continue语句定义格式如下：

```
continue;
```

动手写5.3.1

```
/**
 * continue中断语句示例
 * @author 零壹快学
 */
public class ContinueSample {
    public static void main(String[] args) {
        for (int i = 0; i < 5; i++) {
            if (i == 3) {
                System.out.println("执行continue语句，跳出i=3当前循环");
                continue;
            }
            System.out.println("此时i=" + i);
        }
    }
}
```

上面示例中，当i等于3时，会执行if条件语句中的continue语句，i=3的语句不会被打印出来，而是跳过当前循环去执行下次循环，运行结果为：

```
此时i=0
此时i=1
此时i=2
执行continue语句，跳出i=3当前循环
此时i=4
```

图5.3.1　continue中断当前循环

如果是多个循环嵌套，内层循环语句中的continue语句只能中断当前循环，并不能影响到外层循环语句。

动手写5.3.2

```
/**
 * 多层嵌套循环中continue语句只会作用于当前循环中
 * @author 零壹快学
 */
public class ContinueInLoop {
    public static void main(String[] args) {
        for (int i = 0; i < 4; i++) {
            for (int j = 0; j < 2; j++) {
                if (j == 1) {
                    System.out.println("当前j=" + j + "，执行continue语句");
                    continue;
                }
                System.out.println("内层循环j=" + j);
            }
            System.out.println("外层循环，内部循环的continue语句不会影响外层循环：i=" + i);
        }
    }
}
```

从上面示例可以看到，内层循环语句中的continue语句只影响到了内层循环语句，并没有影响到外层循环语句，运行结果为：

```
内层循环j=0
当前j=1，执行continue语句
外层循环，内部循环的continue语句不会影响外层循环：i=0
内层循环j=0
当前j=1，执行continue语句
外层循环，内部循环的continue语句不会影响外层循环：i=1
内层循环j=0
当前j=1，执行continue语句
外层循环，内部循环的continue语句不会影响外层循环：i=2
内层循环j=0
当前j=1，执行continue语句
外层循环，内部循环的continue语句不会影响外层循环：i=3
```

图5.3.2　内层循环中的continue语句不影响外层循环

实际编程中会有这样一种情况：需要让程序跳出指定的循环语句。Java中提供了标签，一般定义在循环语句之前，用来标识当前循环。这相当于给当前循环起了一个名字以便它可以被找到。设置标签的原因是：如果存在多个循环语句嵌套，break和continue只能跳出当前循环，但是使用标签后，程序就可以中断循环并直接跳转到标签所在的地方。Java中标签定义格式如下：

```
[外层标签名]:
[外层循环声明]{
    [内层标签名]:
    [内层循环声明]{
        continue [外层标签名];
        // 或 break [外层标签名];
}
}
```

下面举一个Java语言多层循环中使用标签的例子。

动手写5.3.3

```
/**
 * 多层循环使用标签
 * @author 零壹快学
 */
public class LabelLoop {
  public static void main(String[] args) {
    outer_loop:
    for (int i = 0; i < 4; i++) {
      System.out.println("外层循环，i=" + i);
      inner_loop:
      for (int j = 0; j < i; j++) {
        if (i + j > 2) {
          System.out.println(i + "+" + j + ">2, 内层循环执行continue到外层标签的语句");
          continue outer_loop;
        }
        System.out.println("内层循环，i=" + i + ", j=" + j);
      }
      System.out.println("被continue中断过循环，该条语句不是每次都会被执行");
    }
  }
}
```

上面示例中，当内层循环满足i+j > 2这一条件时，continue会中断外层当前的循环（即i=2），运行结果如下：

```
外层循环，i=0
被continue中断过循环，该条语句不是每次都会被执行
外层循环，i=1
内层循环，i=1，j=0
被continue中断过循环，该条语句不是每次都会被执行
外层循环，i=2
内层循环，i=2，j=0
2+1>2，内层循环执行continue到外层标签的语句
外层循环，i=3
3+0>2，内层循环执行continue到外层标签的语句
```

图5.3.3 continue跳转标签

continue语句跳到指定标签后，只是中断该标签定义的当前循环流程，后面的循环仍然会被执行。定义的标签必须和continue语句跳转的标签名保持一致（或者说continue定义的标签名在整个循环体中是被定义过的）。同样的标签定义也适用于while循环，这里不再重复举例。

5.3.2 break语句

前面提到在switch条件语句中，使用break关键字可以跳出，不再执行后面的语句。同样，在循环语句中，break关键字也可以直接跳出当前循环。和continue不同的是，break语句是直接终止所有的循环语句，跳出循环体。

break语句定义格式如下：

```
break;
```

动手写5.3.4

```
/**
 * break中断循环
 * @author 零壹快学
 */
public class BreakLoop {
    public static void main(String[] args) {
        for (int i = 0; i < 5; i++) {
            if (i > 3) {
                System.out.println("i=" + i + "时，会直接中断循环跳出");
                break;
            }
```

```
            System.out.println("当前循环i=" + i);
        }
    }
}
```

上面示例中，当i等于4时，会执行if条件语句中的break语句，此时整个循环会被中断，运行结果为：

```
当前循环i=0
当前循环i=1
当前循环i=2
当前循环i=3
i=4时，会直接中断循环跳出
```

图5.3.4 break语句定义与使用

和continue一样，多个循环嵌套中，内层循环语句的break语句只能中断内部循环，并不能影响到外层循环语句。

动手写5.3.5

```
/**
 * 多层嵌套循环中break语句只会作用于当前循环中
 * @author 零青快学
 */
public class BreakInLoop {
    public static void main(String[] args) {
        for (int i = 0; i < 4; i++) {
            for (int j = 0; j < 2; j++) {
                if (j == 1) {
                    System.out.println("当前j=" + j + "，执行break语句");
                    break;
                }
                System.out.println("内层循环j=" + j);
            }
            System.out.println("外层循环，内部循环的break语句不会影响外层循环：i=" + i);
        }
    }
}
```

上面示例中，内层break语句只会中断内层循环，使之不再执行，并不会影响到外层循环，运行结果为：

```
内层循环j=0
当前j=1，执行break语句
外层循环，内部循环的break语句不会影响外层循环：i=0
内层循环j=0
当前j=1，执行break语句
外层循环，内部循环的break语句不会影响外层循环：i=1
内层循环j=0
当前j=1，执行break语句
外层循环，内部循环的break语句不会影响外层循环：i=2
内层循环j=0
当前j=1，执行break语句
外层循环，内部循环的break语句不会影响外层循环：i=3
```

图5.3.5 break只会影响当前循环

break语句也可以和标签一起使用，作用是直接中断，跳出标签定义的循环体。标签定义的循环可以是内层循环，也可以是外层循环。

动手写5.3.6

```
/**
 * 多层循环使用标签
 * @author 零壹快学
 */
public class LabelLoop {
    public static void main(String[] args) {
        outer_loop:
        for (int i = 0; i < 4; i++) {
            System.out.println("外层循环，i=" + i);
            inner_loop:
            for (int j = 0; j < i; j++) {
                if (i + j > 2) {
                    System.out.println(i + "+" + j + ">2, 内层循环执行break到外层标签的语句");
                    break outer_loop;
                }
                System.out.println("内层循环，i=" + i + ", j=" + j);
            }
            System.out.println("被break中断过循环，该条语句不是每次都会被执行");
        }
    }
}
```

上面示例中，当i等于2、内层循环j等于1时，会执行内层循环中的break语句，直接中断外层循环，运行结果为：

```
外层循环，i=0
被break中断过循环，该条语句不是每次都会被执行
外层循环，i=1
内层循环，i=1，j=0
被break中断过循环，该条语句不是每次都会被执行
外层循环，i=2
内层循环，i=2，j=0
2+1>2，内层循环执行break到外层标签的语句
```

图5.3.6　break语句使用标签

5.3.3　goto语句

很多编程语言中有goto关键字，goto能够控制程序从一个地方跳转到另一处执行。当程序复杂时，goto的滥用会导致程序流程控制变得异常复杂，因为随着goto定义的地方增多，产生的错误也会越来越多，并且代码会难以维护。虽然goto是Java中保留的关键字，但是Java中并不能使用goto。正是由于Java对一些应用场景的限制，令Java的语言特性增强，使开发者不能随意地编写和更改程序流程控制，这也保证了Java语言程序的健壮和稳定。

5.3.4　return语句

return语句有两个用途，一个是定义一个方法的返回值（void方法也有一个隐式的return语句），另一个是直接跳出当前方法。所以，return语句也可以用来跳出当前所有的嵌套循环体。

动手写5.3.7

```
/**
 * return中断循环语句
 * @author 零壹快学
 */
public class ReturnInLoop {
    public static void printMethod() {
        for (int i = 0; i < 4; i++) {
            if (i == 3) {
                System.out.println("执行return语句直接返回，中断当前循环");
                return;
            }
            System.out.println("循环i=" + i);
        }
    }
    public static void main(String[] args) {
```

```
        printMethod();
    }
}
```

上面示例中，当循环中i等于3时，会执行return直接跳出循环，运行结果为：

```
循环i=0
循环i=1
循环i=2
执行return语句直接返回，中断当前循环
```

图5.3.7　return语句跳出循环体

5.4 小结

本章介绍了Java中的流程控制和语言结构，分别有条件语句、循环语句和程序跳转语句。通过本章的学习，读者应对Java编程中的程序流程控制有所掌握，同时在实际工作中能够灵活运用流程控制语句。

5.5 知识拓展

无限循环

第4章的“知识拓展”中讲到了递归调用方法时出现的无限循环情况，而错误使用循环语句也会出现同样的情况。虽然循环语句给编程带来了方便，但若使用不当也会造成“无限噩梦”。循环语句中必须有条件判断语句，如果判断语句不存在或者判断语句永远为true，就会导致程序不能从循环的代码块中跳出并执行接下来的代码，这种场景就是无限循环（也称“死循环”）。

动手写5.5.1

```
/**
 * 循环条件设置不当导致无限循环
 * 程序退出需强行退出
 * @author 零壹快学
 */
public class InfiniteLoop {
    public static void main(String[] args) {
        int i = 0;
        while (i < 4) {
```

```
            System.out.println("无限循环，i=" + i);
            i++;
            if (i >= 4) {
                i = 2;
            }
        }
    }
}
```

上面示例中，因为布尔表达式永远不会为false，所以while循环永远不会退出，导致程序“假死”在这个循环代码中，无法跳出去执行其他正常逻辑的语句，使用命令行编译运行结果为：

```
无限循环，i=0
无限循环，i=1
无限循环，i=2
无限循环，i=3
无限循环，i=2
无限循环，i=3
无限循环，i=2
无限循环，i=3
无限循环，i=2
无限循环，i=3
无限循环，i=2
无限循环，i=3
无限循环，i=2
无限循环，i=3
无限循环，i=2
```

图5.5.1　无限循环

实际生活中，没有一台电脑是具有无限内存的，如果没有限制，无限循环中就会产生较多的对象，并且在没有得到及时处理的时候就会导致系统内存泄漏，严重时更会使系统崩溃。在开发中，要避免出现无限循环，就需要谨慎设计循环判断条件，必要时还需要在关键地方设置break语句强行跳出循环语句，这样其他正常逻辑的代码块才会被执行。

第 6 章

字符串

字符串——String，可以理解为是零个或多个字符组成的序列，也可以理解为是“一句话”，由多个字符拼接的文本值。我们在编程中会经常遇到字符串，可以说任何语句都可以认为是或者被转换成字符串，比如“Hello,零壹快学”就是一个字符串。前面介绍基本数据类型时提到char类型也可以存储字符值，但是char只能存储一个字符，因此Java中提供了String类来创建、存储和处理字符串，它可以存储多个字符。本章将对Java中的字符串进行详细介绍。

6.1 字符串String类

第3章介绍了char字符类型，用单引号来表示，如字符'c'，但它只能存储一个字符，这在实际应用中很不方便，因此基础包java.lang中提供了String类来承载字符串对象。Java语言中使用双引号""来表示字符串，如"零壹快学""Java工程师"（注意编程语言中所使用的符号都是英文符号，不是中文符号）。

String类是final类，在Java中，被final修饰的类是不允许被继承的，并且String类中的成员方法都默认为final方法（第9章将对继承和final展开介绍，这里只需了解）。String类实际上是通过char字符数组来保存字符串的，这也符合计算机程序基本思想。

6.1.1 创建字符串

字符串是常量，可以存储任意长度的字符信息（包括汉字），创建后其值不能被更改，长度也不能被改变。Java中可以通过String类创建保存字符串的变量，也就是对象（这里提到对象会有些超前，可以简单把它理解为是一种特殊的变量；对象总是和类一起出现的，这里String类创建了String对象。第9章会详细介绍什么是类、什么是对象）。

动手写6.1.1

```
/**
 * 创建字符串
 * @author 零壹快学
```

```
*/
public class CreateString {
    public static void main(String[] args) {
        String str = "零壹快学";
        System.out.println("创建一个字符串str值为：" + str);
    }
}
```

上面示例中用双引号创建了一个字符串"零壹快学"，同时将这个字符串内存引用地址赋值给变量str，代码运行结果为：

```
创建一个字符串str值为：零壹快学
```

图6.1.1 创建一个字符串

如果不初始化字符串对象，变量就不会指向任何一个内存地址，此时调用该变量就会出现编译报错。

动手写6.1.2

```
/**
 * 创建空的字符串
 * @author 零壹快学
 */
public class CreateString {
    public static void main(String[] args) {
        String str; // 未赋值，创建一个空的字符串对象
        System.out.println("创建一个空的字符串str值为：" + str); // 编译失败
    }
}
```

其运行结果为：

```
CreateString.java:8: 错误：可能尚未初始化变量str
        System.out.println("创建一个空的字符串str值为：" + str);
                                                    ^
1 个错误
```

图6.1.2 未初始化字符串变量编译失败

创建一个空的字符串变量可以使用null赋值，但是null并不是一个可以被调用的对象。null中也没有任何内容，调用null内容时Java会抛出空指针异常。

动手写6.1.3

```
/**
 * 创建空的字符串
```

```
 * @author 零壹快学
 */
public class CreateString {
    public static void main(String[] args) {
        // String str; // 未赋值，创建一个空的字符串对象
        // System.out.println("创建一个空的字符串str值为：" + str);
        String nullStr = null; //赋值null，也是创建一个空的字符串对象
        System.out.println("创建一个空的字符串str值为：" + nullStr);
    }
}
```

其运行结果为：

```
创建一个空的字符串str值为：null
```

图6.1.3 空字符串对象

6.1.2 初始化字符串

在Java中，一个字符串常量被创建后是不可变的，String对象也是不可变的。虽然表面上可以给String类定义的变量进行赋值运算，但其实是创建了一个新的String对象并指向定义的字符串常量，然后将这个新对象的内存地址引用赋值给了该变量。原来创建的String对象没有改变，它和新创建的对象虽然内容相同，但是在系统中的内存存储空间并不是同一个，这两个对象在面向对象编程中会被认为是两个不同的对象。

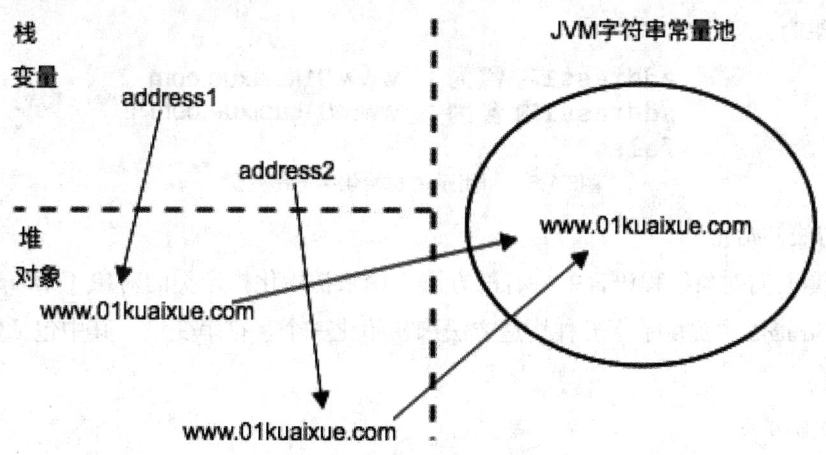

图6.1.4 创建字符串底层逻辑

Java中提供了大量的字符串初始化方法，所有的基本类型数值都可以被转换为字符串。

1. 直接通过字符串常量引用赋值

前面提到，创建一个字符串时，首先内存会先创建一个字符串，然后将这个字符串赋值给变量。可以直接使用“=”将字符串常量赋值给String字符串变量。

动手写6.1.4

```
/**
 * 引用赋值初始化字符串变量
 * @author 零壹快学
 */
public class InitialString {
    public static void main(String[] args) {
        String str = "零壹快学"; // 这是引用赋值
        String name = str; // 这也是引用赋值，将str地址赋值给name
        String address1, address2; // 先声明变量类型，然后再引用赋值
        address1 = new String("www.01kuaixue.com");
        address2 = new String("www.01kuaixue.com");
        System.out.println("address1内容为：" + address1);
        System.out.println("address1内容为：" + address2);
        System.out.println("address1和address2是否相同：" + address1 == address2);
    }
}
```

上面示例中，address1和address2的内容都是“www.01kuaixue.com”，使用“==”关系运算符进行判断时发现，这两个变量并不相同，这是因为“==”针对对象判断的是内存地址是否相同，而address1和address2虽然内容相同，但是系统给它们分配了两个不同的内存存储地址。动手写6.1.4的运行结果为：

```
address1内容为： www.01kuaixue.com
address1内容为： www.01kuaixue.com
false
```

图6.1.5 引用赋值初始化字符串变量

2. 构造方法初始化

构造方法是面向对象编程语言中特有的方法，用来初始化指定类的对象（第9章将会详细讲解构造方法）。String类中提供了十五种构造方法来初始化一个字符串变量，其中包括使用关键字new创建String对象。

动手写6.1.5

```
/**
 * 构造方法初始化字符串
 * @author 零壹快学
 */
```

```
public class ConstructString {
    public static void main(String[] args) {
        String str = new String(); // 创建了一个空的字符串对象
        System.out.println("创建一个空的字符串对象：" + str);
        str = new String("零壹快学");
        System.out.println("使用构造方法创建字符串对象：" + str);
        str = String.valueOf(1);
        System.out.println("将整型数值1转换为字符串：" + str);
        str = String.valueOf(Boolean.TRUE);
        System.out.println("将布尔数值true转换为字符串：" + str);
    }
}
```

上面示例中，调用了String中构造方法的String(String str)方法创建了一个字符串变量，同时将整型数值和布尔数值通过valueOf()方法转换为字符串格式，运行结果为：

```
创建一个空的字符串对象：
使用构造方法创建字符串对象：零壹快学
将整型数值1转换为字符串：1
将布尔数值true转换为字符串：true
```

图6.1.6 构造方法初始化字符串

使用构造方法初始化字符串对象和直接引用赋值类似，但是它们背后的逻辑并不同。使用构造方法new String("零壹快学")，实际上创建了两个String对象，一个是“零壹快学”字符串常量，存储在常量空间，另一个是使用new关键字为对象申请空间。这样其实在内存使用上存在一定的浪费，所以一般情况下都会用简单的直接引用赋值来初始化字符串对象。

3. 基本数据类型转换方法

String类中提供了所有基本数据类型的valueOf()方法，可以将基本数据类型转换为字符串，并且这些方法都是静态的，直接通过“String.valueOf”方式调用。

动手写6.1.6

```
/**
 * 基本数据类型String转换
 * @author 零壹快学
 */
public class StringConverter {
    public static void main(String[] args) {
        String str = String.valueOf('c');
        System.out.println("字符转换为字符串：" + str);
```

```
        str = String.valueOf(22.12);
        System.out.println("double类型转换为字符串：" + str);
        str = String.valueOf(str);
        System.out.println("将对象转换为字符串" + str);
    }
}
```

上面示例代码中，展示了字符串和double类型的转换。值得注意的是String.valueOf(str)一行，str为String对象。String类中也提供了将对象转换为字符串的方法，这个方法会直接返回该对象定义类中的toString()方法（若入参为null，则直接返回null），而toString()方法就是将字符串内容直接返回，所以上面代码会直接返回22.12。但是并不是所有的valueOf(Object object)应用于对象入参时都会返回所需的内容，因此需要注意定义的类中toString()方法的内容。动手写6.1.6的运行结果为：

```
字符转换为字符串：c
double类型转换为字符串：22.12
将对象转换为字符串22.12
```

图6.1.7　基本数据类型转换成字符串

Java中不可以直接将(String)置于待转换的变量前并将其强制转换为字符串，因为String是对象类，并不是基本数据类型。

动手写6.1.7

```
/**
 * 基本数据类型强制转换为String会报错
 * @author 零壹快学
 */
public class StringConverter {
    public static void main(String[] args) {
        char c = 'c';
        String str = (String) c; // 编译报错
        System.out.println("字符强制转换为字符串：" + str);
        int i = 101;
        str = (String) i; // 编译报错
        System.out.println("int强制转换为字符串：" + str);
    }
}
```

其运行结果如下：

```
StringConverter.java:8: 错误: 不兼容的类型: char无法转换为String
        String str = (String) c;
                              ^
StringConverter.java:11: 错误: 不兼容的类型: int无法转换为String
        str = (String) i;
                       ^
2 个错误
```

图6.1.8　强制将基本数据类型转换为字符串报错

4. 字符数组初始化

String类中提供了方法，可以使用一个字符数组初始化一个字符串。

动手写6.1.8

```java
/**
 * 使用字符数组初始化字符串String
 * @author 零壹快学
 */
public class CharArrayString {
    public static void main(String[] args) {
        char[] charArray = { '零', '壹', '快', '学' };
        String str = new String(charArray);
        System.out.println("由字符数组初始化字符串为：" + str);
    }
}
```

其运行结果为：

```
由字符数组初始化字符串为：零壹快学
```

图6.1.9　字符数组初始化字符串

String类中也提供了使用字符数组中的一部分内容初始化一个字符串的方法。

动手写6.1.9

```java
/**
 * 使用字符数组的一部分初始化字符串String
 * @author 零壹快学
 */
public class CharArrayString {
    public static void main(String[] args) {
        char[] charArray = { '零', '壹', '快', '学' };
        String str = new String(charArray, 2, 1);
```

```
        System.out.println("由字符数组索引2开始，提取1个元素初始化字符串为：" + str);
    }
}
```

上面示例中，先创建了一个字符数组charArray，然后从该字符数组索引第2个位置（数组索引是从0开始的，即“零”为索引0，“壹”为索引1）开始，共提取1个元素创建一个新的字符串。动手写6.1.9的运行结果为：

由字符数组索引2开始，提取1个元素初始化字符串为：快

图6.1.10　使用字符数组的一部分初始化字符串

我们也可以使用valueOf()方法来将字符数组转换为字符串，如下面的示例。

动手写6.1.10

```
/**
 * 由字符数组通过valueOf()创建字符串
 * @author 零壹快学
 */
public class CharArrayString {
    public static void main(String[] args) {
        char[] charArray = { '零', '壹', '快', '学' };
        String str = String.valueOf(charArray);
        System.out.println("由字符数组通过valueOf()方法创建字符串为：" + str);
    }
}
```

上面示例中，valueOf()方法利用了面向对象编程中的方法重载概念，即两个方法虽然名字相同，但是只要入参不同即可认为是两个方法，此示例中valueOf()入参为一个字符数组。valueOf()方法也支持提取字符数组中的部分内容创建字符串。

动手写6.1.11

```
/**
 * 由字符数组通过valueOf()提取部分内容创建字符串
 * @author 零壹快学
 */
public class CharArrayString {
    public static void main(String[] args) {
        char[] charArray = { '零', '壹', '快', '学' };
        String str = String.valueOf(charArray, 2, 2);
```

```
        System.out.println("由字符数组通过valueOf()方法，从索引2开始取两个元素创建字符串为："
+ str);
    }
}
```

String类也提供了copyValueOf()方法，和valueOf(char[] data)、value(char[] data, int offset, int count)方法内容一样，只是名称不同，这里不再做介绍。如果要对字符串进行修改，Java中提供了StringBuffer类和StringBuilder类，后面6.3节将会详细介绍这两个类的使用。

6.2 字符串常见操作

在实际编程开发中，对字符串的操作是十分常见的，如“从字符串中删除特定的字符”“将多个字符串按照一定规则拼接起来”。Java中的String类提供了大量操作字符串的方法，本节将对其中一些常见的操作和方法进行介绍。

6.2.1 字符串连接

我们可以使用“+”运算符来连接多个字符串。当创建一个新的字符串时，“+”运算符的两边必须都是字符串或String对象。

动手写6.2.1

```
/**
 * 使用“+”运算符连接字符串
 * @author 零壹快学
 */
public class ConcatenateString {
    public static void main(String[] args) {
        String str = "零壹" + "快学";
        System.out.println("使用+号连接字符串：" + str);
        String segment = str + "学习编程知识";
        System.out.println("变量连接字符串常量" + segment);
        System.out.println(str + ", 一起在" + segment); // 连接变量和字符串
    }
}
```

上面示例的运行结果为：

```
使用+号连接字符串：零壹快学
变量连接字符串常量零壹快学学习编程知识
零壹快学，一起在零壹快学学习编程知识
```

图6.2.1 使用“+”连接字符串

我们还可以使用“+=”运算符来将一个字符串对象自身与特定的字符串连接起来，并将新组成的字符串引用赋值给这个对象。

动手写6.2.2

```
/**
 * 使用“+=”运算符将变量自身连接字符串
 * @author 零壹快学
 */
public class ConcatenateString {
    public static void main(String[] args) {
        String str = "零壹" + "快学";
        // str = str + "学习编程知识";
        str += "学习编程知识"; // 该句与上面注释的代码含义相同
        System.out.println("变量自身连接字符串常量" + str);
    }
}
```

其运行结果为：

变量自身连接字符串常量零壹快学学习编程知识

图6.2.2　使用“+=”连接字符串

“+”运算符也可以将字符串与Java其他基本类型进行连接，此时其他基本类型都会先被强制转换为字符串，然后再与指定字符串进行连接。当“+”运算符的任何一侧出现字符串时，系统都会优先认为“+”为字符串连接动作，将“+”运算符旁边不是字符串的数值转换为字符串。

动手写6.2.3

```
/**
 * 使用“+”连接字符串与其他基本类型数值，会被转换为字符串
 * @author 零壹快学
 */
public class ConcatenateString {
    public static void main(String[] args) {
        String str = "零壹快学" + 101; // 整型101被转换为String
        System.out.println("连接字符串与整型" + str);
        str = "零壹快学"+ 10.01;
        System.out.println("连接字符串与浮点型" + str);
        str = "零壹快学" + true;
```

```
        System.out.println("连接字符串与布尔型" + str);
    }
}
```

上面示例中，基本类型数值都被转换成了字符串，然后与“零壹快学”字符串常量进行连接，其运行结果为：

```
连接字符串与整型零壹快学101
连接字符串与浮点型零壹快学10.01
连接字符串与布尔型零壹快学true
```

图6.2.3　使用“+”将基本类型转换成字符串

再来看一个示例，在字符串连接其他多个基本类型数值时，如果采用了优先级较高的“()”运算符号，程序会遵照优先级顺序，先计算“()”内的运算，之后再运行“+”字符串连接动作。

动手写6.2.4

```
/**
 * 使用“+”连接字符串与其他基本类型数值，会被转换为字符串
 * 括号优先级高的运算符会先被计算
 * @author 零壹快学
 */
public class ConcatenateString {
    public static void main(String[] args) {
        String str = "零壹快学" + 1 + 2; // 整型1和2依次被转换为String进行连接
        System.out.println("连接字符串与整型结果为：" + str);
        str = "零壹快学" + (1 + 2); // 由于括号优先级较高，会先计算1+2数值运算，后将结果转换为字符串进行连接
        System.out.println("带括号运算字符串连接结果为：" + str);
    }
}
```

上面示例中，第一个str由左向右依次连接，1和2都被转换成字符串；第二个str由于存在优先级较高的括号运算符，会先计算整型1和2相加，结果为3，然后将结果3转换为字符串再进行连接。动手写6.2.4的运行结果为：

```
连接字符串与整型结果为：零壹快学12
带括号运算字符串连接结果为：零壹快学3
```

图6.2.4　“()”优先被计算

除“+”运算符外，String类还提供了concat(String str)方法，可以将入参str字符串对象拼接到指定对象的后面。如果入参str变量内容为空，则会直接返回指定对象。需要注意的是，除str变量内容为空的情况外，concat()方法返回的都是一个新创建的对象，并不会更改原来指定对象的内容，

所以需要将返回值引用赋值给指定的对象变量。

动手写6.2.5

```
/**
 * 使用concat()方法将字符串拼接到指定字符串对象后面
 * @author 零壹快学
 */
public class ConcatenateString {
    public static void main(String[] args) {
        String str = "零壹快学";
        str = str.concat("天天向上");
        System.out.println("将字符串\"天天向上\"连接到指定字符串末尾结果为：" + str);
        str.concat("这不会改变str对象内容");
        System.out.println("str对象内容不会被上面语句更改，为：" + str);
    }
}
```

上面示例中，str.concat()语句是合法语句，它会在JVM常量池中创建一个值为“这不会改变str对象内容”的字符串常量，但是没有任何对象引用指向它。动手写6.2.5的运行结果为：

```
将字符串"天天向上"连接到指定字符串末尾结果为：零壹快学天天向上
str对象内容不会被上面语句更改，为：零壹快学天天向上
```

图6.2.5　concat()方法使用

6.2.2　字符串长度

String类中提供了length()方法，用来返回一个字符串中字符的个数，返回值类型为整型。需要注意的是，这里返回的是UTF-16编码下的个数，无论是数字、字母、符号、空格还是汉字，每个字符的长度都是1。

动手写6.2.6

```
/**
 * 获取字符串长度
 * @author 零壹快学
 */
public class StringLength {
    public static void main(String[] args) {
        String str = "零壹快学";
        int length = str.length();
        System.out.println("字符串对象str长度为：" + str.length());
```

```
        str = " ";
        System.out.println("一个空格的字符串对象长度为：" + str.length());
    }
}
```

其运行结果为：

```
字符串对象str长度为：4
一个空格的字符串对象长度为：1
```

图6.2.6 获取字符串长度

查看Java中String类源码可以看到下面的代码：

```
public final class String implements java.io.Serializable, Comparable<String>, CharSequence {
    /** The value is used for character storage. */
private final char value[];
    public int length() {
        return value.length;
}
...
```

String类实际上是使用字符数组来存储字符串的，所以当调用length()方法时，实际上是直接获取存储字符数组的长度。

6.2.3 查找字符串

String类中提供了几种方法用以查找指定的字符或字符串，此外也可以根据入参字符去查找指定字符或字符串在字符串中的索引位置。

1. charAt()方法

使用charAt(int index)方法可以获取字符串中指定索引位置的字符，方法入参为int数值，字符串中第一个字符索引为0，最后一个字符索引为字符串长度减1。charAt()方法只能返回一个char类型字符。

动手写6.2.7

```
/**
 * 查询字符串——使用charAt()方法查询指定索引处的字符
 * @author 零壹快学
 */
public class SearchString {
    public static void main(String[] args) {
```

```
        String str = "零壹快学";
        for (int i = 0; i < str.length(); i++) {
            // 按索引顺序打印出str字符串中的字符
            System.out.println("依次查询str字符串中字符，第" + i + "索引字符为" + str.charAt(i));
        }
    }
}
```

上面示例中，利用for循环，按索引顺序将str对象中各个字符打印出来，其运行结果为：

```
依次查询str字符串中字符，第0索引字符为零
依次查询str字符串中字符，第1索引字符为壹
依次查询str字符串中字符，第2索引字符为快
依次查询str字符串中字符，第3索引字符为学
```

图6.2.7　charAt()方法查找指定索引字符

2. indexOf()方法

使用indexOf()方法可以返回入参字符串在指定String对象中第一次出现的索引位置。如果根据条件无法查找到入参字符串，则会返回-1。indexOf()方法有四种重载方法：

表6.2.1　String.indexOf()重载方法

方法	功能描述
indexOf(int ch)	返回入参字符在指定String对象中第一次出现的索引位置，入参字符为Unicode编码
indexOf(int ch, int fromIndex)	从入参索引fromIndex开始搜索，返回入参字符在指定String对象中第一次出现的索引位置，入参字符为Unicode编码
indexOf(String str)	返回入参字符串在指定String对象中第一次出现的索引位置
indexOf(String str, int fromIndex)	从入参索引fromIndex开始搜索，返回入参字符串在指定String对象中第一次出现的索引位置

动手写6.2.8

```
/**
 * 查找字符串——indexOf()方法
 * @author 零壹快学
 */
public class SearchString {
    public static void main(String[] args) {
        String str = "零壹快学abc";
        System.out.println("“壹”在str对象中出现的索引位置为：" + str.indexOf("壹"));
```

```
        //零的索引为0，从1开始无法找到该字符串
         System.out.println("从索引1开始查询，“零”在str对象中出现的索引位置为：" + str.indexOf
("零", 1));
        int ascii = (int) 'a'; // 获取 'a' 字符的ASCII码值
        System.out.println("'a'在str对象中出现的索引位置为：" + str.indexOf(ascii));
        System.out.println("从索引1开始查询，'a'在str对象中出现的索引位置为：" + str.index
Of(ascii, 1));
    }
}
```

其运行结果为：

```
"壹"在str对象中出现的索引位置为：1
从索引1开始查询，"零"在str对象中出现的索引位置为：-1
'a'在str对象中出现的索引位置为：4
从索引1开始查询，'a'在str对象中出现的索引位置为：4
```

图6.2.8 indexOf()查找方法使用

我们可以利用入参中的查询索引条件，通过多次使用indexOf()方法确定入参字符串在指定String对象中出现的次数。

动手写6.2.9

```
/**
 * 查找字符串——indexOf()方法
 * @author 零壹快学
 */
public class SearchString {
    public static void main(String[] args) {
        String str = "零abc壹abc快abc学abc";
        int ascii = (int) 'a'; // 获取 'a' 字符的ASCII码值
        int i = 0;
        int count = 0; // 存储'a'出现的次数
        while (i < str.length()) {
            int index = str.indexOf(ascii, i);
            System.out.println("从索引1开始查询，'a'在str对象中出现的索引位置为：" + index);
            if (index > 0) {
                i = index + 1; // 步进赋值，使得下一次循环从当前找到字符串的索引+1的位置开始查询
                count++; // 计数加1
            } else {
                break; //未查找到'a'，跳出循环
```

```
            }
        }
        System.out.println("'a'字符在str对象中共出现次数：" + count);
    }
}
```

上面示例中，第一次循环会从索引0处开始查找'a'字符，找到出现的索引位置为1，然后下一次查询从1+1=2的索引位置开始，依次循环找到'a'字符出现的索引位置，直到返回-1找不到时，跳出循环。动手写6.2.9的运行结果为：

```
从索引1开始查询，'a'在str对象中出现的索引位置为：1
从索引1开始查询，'a'在str对象中出现的索引位置为：5
从索引1开始查询，'a'在str对象中出现的索引位置为：9
从索引1开始查询，'a'在str对象中出现的索引位置为：13
从索引1开始查询，'a'在str对象中出现的索引位置为：-1
'a'字符在str对象中共出现次数：4
```

图6.2.9　使用indexOf()方法查找入参字符串出现次数

3. lastIndexOf()方法

使用lastIndexOf()方法可以返回入参字符串在指定String对象中最后一次出现的索引位置。如果根据条件无法查找到入参字符串，则会返回-1。lastIndexOf()和indexOf()方法一样，有四种重载方法：

表6.2.2　String. lastIndexOf()重载方法

方法	功能描述
lastIndexOf(int ch)	返回入参字符在指定String对象中最后一次出现的索引位置，入参字符为Unicode编码
lastIndexOf(int ch, int fromIndex)	从入参索引fromIndex反向开始搜索，返回入参字符在指定String对象中最后一次出现的索引位置，入参字符为Unicode编码
lastIndexOf(String str)	返回入参字符串在指定String对象中最后一次出现的索引位置
lastIndexOf(String str, int fromIndex)	从入参索引fromIndex反向开始搜索，返回入参字符串在指定String对象中最后一次出现的索引位置

动手写6.2.10

```
/**
 * 查找字符串——lastIndexOf()方法
 * @author 零壹快学
 */
public class SearchString {
    public static void main(String[] args) {
```

```
        String str = "零壹快学abc零壹快学abc";
        System.out.println("“壹”在str对象中最后一次出现的索引位置为：" + str.lastIndexOf("壹"));
        // 零的索引为0，从1开始无法找到该字符串
        System.out.println("从索引1开始查询，“零”在str对象中最后一次出现的索引位置为：" + str.lastIndexOf("零", 1));
        int ascii = (int) 'a'; // 获取 'a' 字符的ASCII码值
        System.out.println("'a'在str对象中最后一次出现的索引位置为：" + str.lastIndexOf(ascii));
        System.out.println("从索引1开始查询，'a'在str对象中最后一次出现的索引位置为：" + str.lastIndexOf(ascii, 1));
    }
}
```

其运行结果为：

```
"壹"在str对象中最后一次出现的索引位置为: 8
从索引1开始查询, "零"在str对象中最后一次出现的索引位置为: 0
'a'在str对象中最后一次出现的索引位置为: 11
从索引1开始查询, 'a'在str对象中最后一次出现的索引位置为: -1
```

图6.2.10　使用lastIndexOf()方法

需要注意的是，lastIndexOf()入参索引是按照反向顺序来搜索的，即如果指定从索引1开始，则只会搜索索引位置1和0。

6.2.4　字符串替换

String类中提供了几种可以替换指定字符串中特定内容的方法，替换方法也同时支持正则表达式的入参（正则表达式是一种表示一类字符串的描述，第8章将对正则表达式进行详细介绍）。

String类中提供了两个同名replace()方法，一个入参为两个单一字符：

```
replace(char oldChar, char newChar)
```

另一个入参为两个CharSequence接口类：

```
replace(CharSequence target, CharSequence replacement)
```

CharBuffer、Segment、String、StringBuffer、StringBuilder都实现了CharSequence接口，也就是说上面的类都可以作为replace()方法的入参。

动手写6.2.11

```
/**
 * 字符串替换
 * @author 零壹快学
 */
```

```
public class ReplaceString {
    public static void main(String[] args) {
        String str = "零abc学";
        str = str.replace("abc", "壹快");
        System.out.println("str字符串替换后结果为：" + str);
        String newStr = str.replace("cde", "找不到替换字符串");
        System.out.println("newStr找不到替换字符串，返回原来字符串：" + newStr);
        System.out.println("newStr和str引用内存地址是一个吗？" + newStr == str);
    }
}
```

上面示例中，无论是否找到要替换的字符串，replace()方法返回的字符串都是新创建的字符串。动手写6.2.11的运行结果为：

```
str字符串替换后结果为：零壹快学
newStr找不到替换字符串，返回原来字符串：零壹快学
false
```

图6.2.11　使用replace()方法替换字符串

replace()方法是对大小写敏感的，也就是说“Abc”和“abc”并不相同。如果大小写书写不一致，代码就不能正确地替换所要替换的内容。同时，replace()方法也不支持正则表达式。

动手写6.2.12

```
/**
 * 字符串替换
 * @author 零壹快学
 */
public class ReplaceString {
    public static void main(String[] args) {
        String str = "零abc学";
        str = str.replace("Abc", "壹快");
        System.out.println("str字符串替换后结果为：" + str); // 大小写是敏感的，无法找到要替换的字
符串
        str = str.replace("[a-zA-Z]+", ",");
        System.out.println("str字符串替换后结果为：" + str); // 不支持正则表达式
    }
}
```

上面示例中，“[a-zA-Z]+”为匹配多个英文字母的正则表达式，运行结果为：

```
str字符串替换后结果为：零abc学
str字符串替换后结果为：零abc学
```

图6.2.12　replace()方法是对大小写敏感的、不支持正则表达式

String类提供了replaceAll()方法，可以替换指定String对象中所有匹配入参正则表达式的子字符串，该方法定义如下：

```
replaceAll(String regex, String replacement)
```

replaceAll()方法会从字符串首位开始进行搜索，直到尾部，将整个字符串搜索完毕。执行结束后，指定String对象中所有匹配到的目标字符、字符串或正则表达式（本书第8章将详细介绍正则表达式及其在Java语言中的应用）都会被替代。replaceAll()方法中第一个入参为正则表达式，如"\\s"表示空格，" \\d. "表示多个数字。replaceAll()方法可以将指定String对象中满足正则表达式的部分替换成新的字符串。

动手写6.2.13

```
/**
 * replaceAll()方法替换字符串
 * @author 零壹快学
 */
public class ReplaceAllString {
  public static void main(String[] args) {
    String str = "零壹abc快abc学abc";
    str = str.replaceAll("a", ",");
    System.out.println("将str中字母a都替换成逗号：" + str);
    str = str.replaceAll("[a-zA-Z]+", ":");
    System.out.println("将str中多个紧挨的字母都替换成一个冒号：" + str);
  }
}
```

其运行结果为：

```
将str中字母a都替换成逗号：零壹,bc快,bc学,bc
将str中多个紧挨的字母都替换成一个冒号：零壹,:快,:学,:
```

图6.2.13　使用replaceAll()方法替换字符串

replaceAll()方法也可以配合正则表达式将指定String对象中不想要的信息批量删除。

动手写6.2.14

```
/**
 * replaceAll()方法替换字符串
 * @author 零壹快学
```

```
 */
public class ReplaceAllString {
    public static void main(String[] args) {
        String str = "零壹abc快abc学abc";
        str = str.replaceAll("[a-zA-Z]+", "");
        System.out.println("将str中多个紧挨的字母都删除：" + str);
        String newStr = "9123零壹asdf快学";
        newStr = newStr.replaceAll("[\\da-zA-Z]+", "");
        System.out.println("将newStr中数字和字母都删除：" + newStr);
    }
}
```

上面示例中，“\\d”为正则表达式中0～9数字里的任意一个，“+”号表示匹配多个数字或字母，运行结果为：

```
将str中多个紧挨的字母都删除：零壹快学
将newStr中数字和字母都删除：零壹快学
```

图6.2.14　replaceAll()结合正则删除内容

String类中replaceFirst()方法可以将第一个匹配正则表达式的字符串进行替换，replaceFirst()方法入参和replaceAll()方法入参一样。

动手写6.2.15

```
/**
 * replaceFirst()方法替换字符串
 * @author 零壹快学
 */
public class ReplaceFirstString {
    public static void main(String[] args) {
        String str = "零壹abc快abc学abc";
        str = str.replaceFirst("[a-zA-Z]+", "");
        System.out.println("将str中出现第一组多个紧挨的字母删除：" + str);
    }
}
```

上面示例中，仅会将第一次出现的字母组合abc删除（将字符串替换为空字符串""即可认为是删除内容），后面两个abc组合并不会被删除，这正是replaceFirst()方法承诺的结果。动手写6.2.15的运行结果为：

```
将str中出现第一组多个紧挨的字母删除：零壹快abc学abc
```

图6.2.15　replaceFirst()替换匹配正则表达式的第一个字符串

如果要去除字符串中所有的空格，可以使用正则表达式“\\s+”。

6.2.5　字符串截取

String类中提供了两个同名substring()方法，用来返回指定String对象中的子字符串。substring()方法入参会指定截取的索引的开始和结束范围。

只有一个入参的substring()方法，是从入参索引位置开始截取，直到指定String对象结尾。定义格式为：

```
substring(int beginIndex)
```

动手写6.2.16

```
/**
 * 字符串截取
 * @author 零壹快学
 */
public class CutOutString {
    public static void main(String[] args) {
        String str = "零壹快学，计算机编程工程师的摇篮";
        str = str.substring(5);
        System.out.println("str从索引5处开始截取到结尾的子字符串为：" + str);
    }
}
```

上面示例中，substring()从str对象的第5索引位置开始截取，即从“计”开始截取到结尾，其运行结果为：

str从索引5处开始截取到结尾的子字符串为：计算机编程工程师的摇篮

图6.2.16　substring()唯一入参方法截取字符串

另一个substring()方法有两个入参，是从开始索引位置截取到指定结束索引-1的位置（在数学上这是一个左闭右开的区间取值范围）。定义格式为：

```
substring(int beginIndex, int endIndex)
```

动手写6.2.17

```
/**
 * 字符串截取
 * @author 零壹快学
 */
```

```
public class CutOutString {
    public static void main(String[] args) {
        String str = "零壹快学，计算机编程工程师的摇篮";
        // 左闭右开区间，即从第5个到第9个字符
        str = str.substring(5, 10);
        System.out.println("str从索引5到10之间截取的子字符串为：" + str);
    }
}
```

其运行结果为：

str从索引5到10之间截取的子字符串为：计算机编程

图6.2.17　substring()指定首尾索引截取字符串

其实Java最早的1.0版本中就提供了StringTokenizer类来截取字符串，但是因为它复杂且难以使用，并且在很多场景中不能很好地给予支持，所以已被废弃。

6.2.6　字符串分割

String类中提供了两个同名split()方法，用来将一个字符串按照一定的规则分割成字符串数组，既可以使用分隔符（如“,”）分割，也可以使用正则表达式。

只有一个入参的split()方法定义格式为：

```
split(String regex)
```

动手写6.2.18

```
/**
 * 字符串分割
 * @author 零壹快学
 */
public class SplitString {
    public static void main(String[] args) {
        String str = "计算机,编程,工程师,";
        String[] strArray = str.split(",");
        for (String element : strArray) {
            System.out.println("分割后字符串数组中内容依次为：" + element);
        }
    }
}
```

从上面示例中可以看到，如果待分割字符串结尾也有分隔符，split()方法并不会给数组生成一个空的元素，其运行结果为：

```
分割后字符串数组中内容依次为：计算机
分割后字符串数组中内容依次为：编程
分割后字符串数组中内容依次为：工程师
```

图6.2.18 split()分割字符串

有两个入参的split()方法，可以根据入参分隔符对指定String对象进行有限次的分割。

动手写6.2.19

```
/**
 * 有限次字符串分割
 * @author 零壹快学
 */
public class SplitString {
    public static void main(String[] args) {
        String str = "计算111机a编b程c工程师";
        String[] strArray1 = str.split("[\\da-z]+", 1); // 限定拆分1次
        System.out.println("分割1次后得到数组长度：" + strArray1.length);
        for (String element : strArray1) {
            System.out.println("分割1次后字符串数组中内容依次为：" + element);
        }
        String[] strArray2 = str.split("[\\da-z]+", 3); // 限定拆分3次
        System.out.println("分割3次后得到数组长度：" + strArray2.length);
        for (String element : strArray2) {
            System.out.println("分割后字符串数组中内容依次为：" + element);
        }
    }
}
```

从上面示例中可以看到，只分割1次实际上是以原字符串创建了一个只有1个元素的字符串数组，其运行结果为：

```
分割1次后得到数组长度：1
分割1次后字符串数组中内容依次为：计算111机a编b程c工程师
分割3次后得到数组长度：3
分割后字符串数组中内容依次为：计算
分割后字符串数组中内容依次为：机
分割后字符串数组中内容依次为：编b程c工程师
```

图6.2.19 split()有限次分割字符串

6.2.7 字符串首尾内容判断

首先介绍判断字符串首尾（也称前缀和后缀）内容的方法startsWith()和endsWith()，这两个方法的返回值都为boolean类型。其中只有startsWith()方法提供了1个入参和2个入参的情况，定义格式如下：

```
startsWith(String prefix); // 判断字符串是否以前缀开始
startsWith(String prefix, int toffset); // 从索引处开始判断字符串是否以前缀开始
endsWith(String suffix);// 判断字符串是否以后缀结束
```

startsWith()方法中toffset入参定义了字符串开始查找的索引位置，也是从0开始，以字符串最大长度-1结束。

动手写6.2.20

```
/**
 * 判断字符串前缀内容
 * @author 零壹快学
 */
public class StartWithString {
   public static void main(String[] args) {
      String Str = new String("www.01kuaixue.com");
      System.out.print("是否以www前缀开始：");
      System.out.println(Str.startsWith("www"));
      System.out.print("是否以01kuaixue前缀开始：");
      System.out.println(Str.startsWith("01kuaixue"));
      System.out.print("从索引4处开始，是否以01kuaixue为开始 :");
      System.out.println(Str.startsWith("01kuaixue", 4));
   }
}
```

其运行结果为：

```
是否以www前缀开始 :true
是否以01kuaixue前缀开始 :false
从索引4处开始，是否以01kuaixue为开始 :true
```

图6.2.20 startsWith()判断字符串前缀

动手写6.2.21

```
/**
 * 判断字符串后缀内容
```

```
 * @author 零壹快学
 */
public class EndsWithString {
    public static void main(String[] args) {
        String Str = new String("www.01kuaixue.com");
        System.out.print("是否以com后缀结尾：");
        System.out.println(Str.endsWith("com"));
        System.out.print("是否以01kuaixue后缀结尾：");
        System.out.println(Str.endsWith("01kuaixue"));
    }
}
```

其运行结果为:

```
是否以com后缀结尾 :true
是否以01kuaixue后缀结尾 :false
```

图6.2.21　endsWith()判断字符串后缀

6.2.8　字符串首尾去空格

String类中trim()方法可以返回一个去除首尾空格的字符串。

动手写6.2.22

```
/**
 * 字符串首尾去空格
 * @author 零壹快学
 */
public class TrimString {
    public static void main(String[] args) {
        String str = "  零 壹 快 学    ";
        str = str.trim();
        System.out.println("str首尾去除空格结果为：" + str);
    }
}
```

上面示例中，除了首尾处的空格，str字符串对象的其他空格并不会被去除，运行结果为：

```
str首尾去除空格结果为：零 壹 快 学
```

图6.2.22　trim()去除字符串首尾空格

6.2.9 字符串大小写转换

toLowerCase()方法可以将指定对象中每个字符都转换为小写字母字符，字符长度保持不变。

动手写6.2.23

```
/**
 * 转为小写字符
 * @author 零壹快学
 */
public class LowerCaseString {
    public static void main(String[] args) {
        String str = "AbC零壹快学";
        str = str.toLowerCase();
        System.out.println("将str中大写字母转为小写字母，结果为：" + str);
    }
}
```

其运行结果为：

将str中大写字母转为小写字母，结果为：abc零壹快学

图6.2.23 toLowerCase()转为小写字母

toUpperCase()方法可以将指定对象中每个字符都转换为大写字母字符，字符长度保持不变。

动手写6.2.24

```
/**
 * 转为大写字符
 * @author 零壹快学
 */
public class UpperCaseString {
    public static void main(String[] args) {
        String str = "aBc零壹快学";
        str = str.toUpperCase();
        System.out.println("将str中小写字母转为大写字母，结果为：" + str);
    }
}
```

其运行结果为：

将str中小写字母转为大写字母，结果为：ABC零壹快学

图6.2.24 toUpperCase()转为大写字母

可以将substring()与toUpperCase()方法结合起来使用，将字符串转为首字母大写。

动手写6.2.25

```
/**
 * 结合substring()将首字母大写
 * @author 零壹快学
 */
public class UpperCaseString {
   public static void main(String[] args) {
      String str = "java工程师";
      str = str.substring(0, 1).toUpperCase() + str.substring(1, str.length());
      System.out.println("将str首字母大写，结果为：" + str);
   }
}
```

上面示例中，首先将str的第一个字母通过substring()方法提取出来然后转为大写，之后通过"+"连接str对象剩余字符串，运行结果为：

将str首字母大写，结果为：Java工程师

图6.2.25 结合substring()方法将字符串首字母转为大写

因为在ASCII码中，大写字母比小写字母要小32个数值，所以可以直接使用字母ASCII编码偏移的方式来实现字符串的首字母大写。这种方式没有创建多余的字符串，效率比substring()方法高很多。注意：仅限英文字母使用此方法。

动手写6.2.26

```
/**
 * 使用数值偏移将纯英文字符首字母大写
 * @author 零壹快学
 */
public class CaptureString {
   public static String captureString(String str) {
      char[] cs = str.toCharArray();
      cs[0] -= 32;
      return String.valueOf(cs);
   }
   public static void main(String[] args) {
      String str = "java工程师";
      str = captureString(str);
      System.out.println("将str首字母大写，结果为：" + str);
   }
}
```

上面示例中，captureString()方法首先将入参字符串str转为字符数组，然后将字符数组第一个值按ASCII码减少32数值，运行结果为：

将str首字母大写，结果为：Java工程师

图6.2.26 使用ASCII码偏移将字母转为大写

6.2.10 字符串比较

Java中，双等号“==”用来对基本类型数据进行比较。但是，对String对象来说，双等号比较的是两个对象的引用内存地址是否相同，而不是比较两个对象的内容是否一致。String类中提供了equals()和equalsIgnoreCase()两个方法来比较字符串对象的内容是否一样，如果被比较的参数为null，则会返回false。字符串比较方法定义格式如下：

```
equals(String anotherString)
equalsIgnoreCase(String anotherString)
```

动手写6.2.27

```
/**
 * 字符串比较
 * @author 零壹快学
 */
public class EqualString {
    public static void main(String[] args) {
        String str1 = new String("01kuaixue");
        String str2 = str1;
        String str3 = new String("01kuaixue");
        boolean retVal;
        retVal = str1.equals(str2);
        System.out.println("str1与str2比较结果：" + retVal);
        retVal = str1.equals(str3);
        System.out.println("str1与str3比较结果：" + retVal);
        retVal = str1.equals(null);
        System.out.println("str1与null比较结果：" + retVal);
        // 使用==与equals区别
        retVal = str1 == str2; // str1和str2都指向同一个内存地址
        System.out.println("str1与str2使用==比较结果：" + retVal);
        str2 = new String("01kuaixue"); // str2指向一个内容相同但是内存地址不同的字符串
        retVal = str1 == str2; // str1和str2指向不同内存地址
```

```
        System.out.println("str1与str2使用==比较结果：" + retVal);
        str1 = "www.01kuaixue.com";
        str2 = "www.01kuaixue.com";
        retVal = str1 == str2; // str1和str2指定同一个字符串常量
        System.out.println("str1与str2使用==比较结果：" + retVal);
    }
}
```

上面示例中，使用new关键字创建字符串后，指向不同内存地址的str1和str2使用“==”判断是不相等的。但是直接使用“=”将字符串常量赋值给str1和str2时，本应该是引用赋值不同，为什么判断结果是str1和str2都指向同一个字符串常量呢？这是因为像“www.01kuaixue.com”这样的字符串常量是存在于JVM的栈中的，Java运行时会先判断String池中是否存在内容相同的字符串常量，如果存在，则不会在池中添加，直接将这个常量地址返回引用赋值给变量；如果不存在，则会创建一个新的字符串。但是，使用new关键字创建对象，一定会创建一个新的对象来指向这个常量，同时新建的变量也会指向这个新建的对象。动手写6.2.27的运行结果为：

```
str1与str2比较结果：true
str1与str3比较结果：true
str1与null比较结果：false
str1与str2使用==比较结果：true
str1与str2使用==比较结果：false
str1与str2使用==比较结果：true
```

图6.2.27 equals()比较字符串

equals()方法会将大小写不同的字符串认为是不同的内容，equalsIgnoreCase()方法则不考虑大小写，只要字符相等（即认为A和a是相等的），就会认为这两个字符串是相等的。

动手写6.2.28

```
/**
 * 字符串比较
 * @author 零壹快学
 */
public class EqualString {
    public static void main(String[] args) {
        String str1 = new String("01kuaixue");
        String str2 = new String("01KuaiXue");
        boolean retVal;
        retVal = str1.equals(str2);
        System.out.println("str1与str2使用equals比较结果：" + retVal);
```

```
        retVal = str1.equalsIgnoreCase(str2);
        System.out.println("str1与str2使用equalsIgnoreCase比较结果：" + retVal);
        retVal = str1.equalsIgnoreCase(null);
        System.out.println("str1与null比较结果：" + retVal);
    }
}
```

其运行结果为：

```
str1与str2使用equals比较结果：false
str1与str2使用equalsIgnoreCase比较结果：true
str1与null比较结果：false
```

图6.2.28 equalsIgnoreCase()比较字符串

String中的equals()方法实际上是重写了Object类的equals()方法，通过将待比较的两个字符串中的每个字符一一进行比较得出两个字符串的内容是否相等的结论。JDK中equals()方法的源码如下:

```
public boolean equals(Object anObject) {
    if (this == anObject) {
        return true;
    }
    if (anObject instanceof String) {
        String anotherString = (String)anObject;
        int n = value.length;
        if (n == anotherString.value.length) {
            char v1[] = value;
            char v2[] = anotherString.value;
            int i = 0;
            while (n-- != 0) {
                if (v1[i] != v2[i])
                    return false;
                i++;
            }
            return true;
        }
    }
    return false;
}
}
```

经常阅读JDK自带方法源码是一种良好的学习方式，可以深层次了解底层算法是如何实现的。

6.2.11 字符串格式化输出

String类提供了静态方法format()，可以用来创建格式化后的字符串对象。format()方法只能通过“String.format”静态方法进行调用，不能直接使用对象来调用。format()定义格式如下：

```
format(String format, Object... args)
```

其中，入参format为格式字符串，其中可以包含多个转换符；args为多个入参，也可以为0个，表示格式字符串中由格式转换符引用的参数，例如%d、%f等。

Java中字符串支持的转换符如表6.2.3所示。

表6.2.3 Java中字符串支持的转换符

转换符	说明	示例
%s	字符串类型	"零壹快学"
%c	字符类型	'c'
%b	布尔类型	true
%d	整数类型（十进制）	10
%x	整数类型（十六进制）	FF
%o	整数类型（八进制）	77
%f	浮点类型	99.99
%a	十六进制浮点类型	FF.35AE
%e	指数类型	10.01e+5
%g	通用浮点类型（f和e类型中较短的）	（空格）
%h	散列码	（空格）
%%	百分比类型	%
%n	换行符	（空格）
%tx	日期与时间类型（x代表不同的日期与时间转换符）	（空格）

动手写6.2.29

```
/**
 * 格式化字符串
 *
 * @author 零壹快学
 */
public class FormatString {
    public static void main(String[] args) {
        int i = 10;
        String str = "零壹快学";
        System.out.println(String.format("整型转换：%d", i));
        System.out.println(String.format("字符串转换：%s+%d", str, i));
    }
}
```

其运行结果为：

```
整型转换: 10
字符串转换: 零壹快学+10
```

图6.2.29　Java中转换符示例

上述格式转换符不仅可以灵活地将其他基本数据类型转换成字符串，也可以自由组合表达出各种格式的字符串。其他一些常用的转换符如表6.2.4所示。

表6.2.4　其他常用转换符

转换符	说明	示例
+	为正数或者负数添加符号	("%+d",25)
–	左对齐	("%-5d",10)
0	数字前面补0	("%04d", 99)
空格	在整数之前添加指定数量的空格	("% 4d", 99)
,	以“,”对数字分组，仅用于十进制数字	("%,f", 9999.99)
(	使用括号包含负数	("%(f", -99.99)
#	如果是浮点数则包含小数点，如果是十六进制或八进制则添加0x或0	("%#x", 99) ("%#o", 99)
<	格式化前一个转换符所描述的参数	("%f和%<3.2f", 99.99)
$	被格式化的参数索引	("%1$d,%2$s", 99,"abc")

动手写6.2.30

```
/**
 * 字符串转换符
 *
 * @author 零壹快学
 */
public class InnerFormatString {
    public static void main(String[] args) {
        int i = 1010;
        System.out.println(String.format("整数前面加空格：% 4d", i));
        System.out.println(String.format("整数前面补0：%04d", i));
    }
}
```

其运行结果为：

```
整数前面加空格： 1010
整数前面补0: 1010
```

图6.2.30　其他常用转换符

format()方法不仅可以格式化普通字符串和数值，还可以对日期和时间类的字符串进行格式化输出。在实际编程工作中，不同的日期和时间格式的字符串是很常见的，Java中提供了一些用于格式化字符串的转换符。所有日期和时间的转换符都是以“%t”开头的。Java中常用的日期格式化转换符如表6.2.5所示。

表6.2.5　常用的日期格式化转换符

转换符	说明	示例
%tB	系统语言环境的月份全称	September
%tb	系统语言环境的月份简称	Feb
%tA	系统语言环境的星期全称	Sunday，星期日
%ta	系统语言环境的星期简称	Mon，星期一
%tY	年份，必要时前面必须有0的四位数	0092，2018
%ty	年份最后两位数，两位精度	18，99
%tj	一年中的第几天，三位精度	001，365
%tm	月份，两位精度	01，12

（续上表）

转换符	说明	示例
%td	一个月中的第几天，两位精度	01，31
%te	一个月中的某一天	2

动手写6.2.31

```
import java.util.Date;

/**
 * 日期转换符
 *
 * @author 零壹快学
 */
public class FormatDateString {
    public static void main(String[] args) {
        Date date = new Date(); // 创建一个日期对象
        System.out.println(String.format("现在是哪年哪月哪日：%tY年%tB月%td日", date, date, date));
    }
}
```

在上面示例中，细心的读者应该会发现最后月份输出时多了一个“月”字，这是因为使用“%tB”是将系统环境中的月份全称输出，而本书使用的是中文环境，所以会多出一个“月”字。动手写6.2.31的运行结果为：

```
现在是哪年哪月哪日：2018年七月月21日
```

图6.2.31　常用的日期格式化转换符示例

format()方法也支持时间格式的转换，常用的时间格式化转换符如表6.2.6所示。

表6.2.6　常用的时间格式化转换符

转换符	说明	示例
%tH	24小时制小时，两位精度	00 ~ 23
%tI	12小时制小时，两位精度	01 ~ 12
%tk	24小时制小时	0 ~ 23
%tl	12小时制小时	1 ~ 12
%tM	小时内的分钟，两位精度	00 ~ 59

（续上表）

转换符	说明	示例
%tS	分钟内的秒，两位精度	00 ~ 60
%tL	秒内毫秒值，三位精度	000 ~ 999
%tN	秒内微秒值，九位精度	000000000 ~ 999999999
%tp	系统语言环境的上午或下午（小写）	上午（中文），pm（英文“下午”）
%tz	相对于GMT RFC 822格式的数字时区偏移量	–0800
%tZ	表示时区缩写形式的字符串	GMT
%ts	UTC(1970–01–01 00:00:00)时间到现在经过的秒数	1405363568
%tQ	UTC(1970–01–01 00:00:00)时间到现在经过的毫秒数	1405363568321

动手写6.2.32

```
import java.util.Date;

/**
 * 时间转换符
 *
 * @author 零壹快学
 */
public class FormatTimeString {
    public static void main(String[] args) {
        Date date = new Date();
        System.out.println(String.format("当前系统时间为：%tH小时%tM分钟%tS秒", date, date, date));
    }
}
```

其运行结果为：

当前系统时间为：08小时55分钟04秒

图6.2.32 常用的时间格式化转换符示例

上述转换符不需要死记硬背，在实际工作中有需要时查询书中的表格即可。编程语言中还有一种强大而灵活的文本处理工具——正则表达式，它使开发者能以编程的方式对复杂的字符串进行创建和搜索。正则表达式可以认为是字符串的一种“编程描述”，与字符串格式化有些相似，都是将字符串按照一定规则排列或者描述出来，第8章正则表达式将详细介绍。

6.2.12 其他字符串操作

除了上述字符串的常用方法，String类中也提供了其他字符串操作，读者可以在必要时使用。

1. contains(CharSequence s)

contains()方法判断指定String对象中是否包含入参字符串，返回布尔值。

动手写6.2.33

```
/**
 * contains()方法
 *
 * @author 零壹快学
 */
public class StringContain {
    public static void main(String[] args) {
        String str = "零壹快学";
        System.out.println(str + "是否包含\"零\"：" + str.contains("零"));
        System.out.println(str + "是否包含\"国\"：" + str.contains("国"));
    }
}
```

其运行结果为：

```
零壹快学是否包含"零": true
零壹快学是否包含"国": false
```

图6.2.33 contains()方法示例

2. compareTo(String anotherString)

compareTo()方法按照字典顺序比较两个字符串，返回整型。该方法会先按照ASCII码比较对应字符大小，如果第一个字符和参数的第一个字符不等，结束比较，返回它们之间的差值；如果第一个字符和入参第一个字符相等，则继续比较第二个字符，依次类推，直到不相等返回。如果从头开始比较，直到字符串尾都相同，则认为这两个字符串相等，返回0。一般情况下，当指定String对象的字符串小于字符串入参时，返回一个小于0的值，反之则返回一个大于0的值。

动手写6.2.34

```
/**
 * compareTo()方法
 *
 * @author 零壹快学
```

```
*/
public class StringCompare {
    public static void main(String[] args) {
        String a = "A";
        String b = "B";
        System.out.println("按照ASCII码前后顺序对比A和B：" + a.compareTo(b));
    }
}
```

其运行结果为：

按照ASCII码前后顺序对比A和B：-1

图6.2.34 compareTo()方法示例

String类中还提供了compareToIgnoreCase()方法，可以忽略字母大小写，即大写字母和小写字母被认为是相等的。

动手写6.2.35

```
/**
 * compareToIgnoreCase()方法
 *
 * @author 零壹快学
 */
public class StringCompare {
    public static void main(String[] args) {
        String a = "A";
        String b = "a";
        System.out.println("按照ASCII码前后顺序对比A和a，不区分大小写：" + a.compare
ToIgnoreCase(b));
    }
}
```

其运行结果为：

按照ASCII码前后顺序对比A和a，不区分大小写：0

图6.2.35 compareToIgnoreCase()方法示例

3. hashCode()

hashCode()方法返回该字符串的哈希值（哈希值Hash是一种加密数值，在很大范围内数值重复概率极低，在第19章会进行详细介绍），如果指定字符串为空，则返回0。

动手写6.2.36

```
/**
 * hashCode()方法
 *
 * @author 零壹快学
 */
public class StringHashCode {
    public static void main(String[] args) {
        String str = "零壹快学";
        System.out.println(str + "的哈希值为：" + str.hashCode());
        str = "";
        System.out.println("空字符串哈希值为：" + str.hashCode());
    }
}
```

其运行结果为：

```
零壹快学的哈希值为：1173976286
空字符串哈希值为：0
```

图6.2.36 hashCode()方法示例

4. toCharArray()

该方法可以将字符串转换成一个新的字符数组。

动手写6.2.37

```
/**
 * toCharArray()方法
 *
 * @author 零壹快学
 */
public class StringToCharArray {
    public static void main(String[] args) {
        String str = "零壹快学";
        char[] strChars = str.toCharArray();
        System.out.println("将字符串转换为字符数组：");
        for (char c : strChars) {
            System.out.println(c);
        }
    }
}
```

其运行结果为：

```
将字符串转换为字符数组：
零
壹
快
学
```

图6.2.37　toCharArray()方法示例

5. toString()

toString()方法不是String类中特有的，它也是Object类中的方法，可以说每个类（包括自定义的类）中都有toString()方法。一般在使用过程中，开发者会希望对象以指定的方法转换成String字符串，那么就可以通过重写toString()方法来提供自己想要的字符串格式。

动手写6.2.38

```
import java.util.ArrayList;
import java.util.List;

/**
 * toString()方法
 *
 * @author 零壹快学
 */
public class ToString {
    public static void main(String[] args) {
        String str = "零壹快学";
        System.out.println("转为字符串：" + str.toString());
        List<String> strList = new ArrayList<>();
        strList.add("我");
        strList.add("爱");
        strList.add("编程");
        System.out.println("集合类转为字符串：" + strList.toString());
    }
}
```

其运行结果为：

```
转为字符串：零壹快学
集合类转为字符串：[我，爱，编程]
```

图6.2.38　toString()方法示例

6.3 StringBuilder类与StringBuffer类

使用String创建的字符串在被创建后长度和内容都不能被修改，但Java中提供了StringBuilder类和StringBuffer类，它们可以创建可变更的字符串序列。

从6.1和6.2节中可以看到，对String对象进行操作时，总是会生成新的String对象，这样不仅效率低，还会消耗系统大量的内存存储空间。而StringBuilder和StringBuffer的对象则不同，虽同是表示字符串，但这两个类在进行字符串操作时并不生成新的对象，而是直接操作原来生成的内容，这在内存使用上要优于String（String一旦发生长度变化，内存消耗会很大），所以如果要进行大量的字符串增、删、改的操作，建议考虑使用这两个类。

StringBuilder和StringBuffer的方法基本一样，不同的是StringBuilder是非线程安全的，StringBuffer是线程安全的，但是StringBuilder比StringBuffer的效率更高。下面将对这两个类进行详细介绍。

6.3.1 StringBuilder类

StringBuilder类实现了Serializable和CharSequence接口，可以进行序列化传输和字符串相关操作。StringBuilder类中最常用的是append()方法和insert()方法，通过重载的方法，StringBuilder提供了这两种操作的多种入参重载方法。append()方法可以将字符或字符串添加到StringBuilder对象的末尾，而insert()方法可以将字符或字符串添加到StringBuilder对象的指定位置。

1. 创建StringBuilder对象

StringBuilder类需要通过new关键字来创建一个新的对象，并不能直接通过“=”将字符串常量引用赋值给StringBuilder的对象。StringBuilder提供了四种构造方法用以初始化StringBuilder对象，定义格式如下：

```
StringBuilder();
StringBuilder(int capacity);
StringBuilder(String str);
StringBuilder(CharSequence seq);
```

StringBuilder默认创建的是一个初始容量为16个字符的对象；我们也可以通过构造器创建一个指定容量的StringBuilder对象。值得注意的是，StringBuilder(CharSequence seq)方法创建的对象总容量是16加上入参seq的字符个数。

动手写6.3.1

```
/**
 * 创建StringBuilder对象
 * @author 零壹快学
```

```
 */
public class CreateStringBuilder {
    public static void main(String[] args) {
        StringBuilder stringBuilder1 = new StringBuilder(); // 空对象
        StringBuilder stringBuilder2 = new StringBuilder(32); // 创建初始容量为32的对象
        StringBuilder stringBuilder3 = new StringBuilder("零壹快学"); // 创建带初始值的对象
        StringBuilder stringBuilder4 = new StringBuilder(stringBuilder3); // 创建包括入参字符序列的对象
        System.out.println("创建对象为： " + stringBuilder1);
        System.out.println("创建对象为： " + stringBuilder2);
        System.out.println("创建对象为： " + stringBuilder3);
        System.out.println("创建对象为： " + stringBuilder4);
    }
}
```

其运行结果为：

```
创建对象为：
创建对象为：
创建对象为： 零壹快学
创建对象为： 零壹快学
```

图6.3.1　创建StringBuilder对象

2. append()方法

StringBuilder类中的append()方法将基本类型数值和字符数组转换成字符串，并将其添加到StringBuilder对象的末端。

动手写6.3.2

```
/**
 * 将指定内容添加到StringBuilder对象末尾
 * @author 零壹快学
 */
public class AppendStringBuilder {
    public static void main(String[] args) {
        StringBuilder stringBuilder = new StringBuilder();
        stringBuilder.append("添加boolean值： ");
        stringBuilder.append(true);
        stringBuilder.append("\n");//添加换行
        stringBuilder.append("添加字符值： ");
        stringBuilder.append('c');
```

```
        stringBuilder.append("\n");//添加换行
        stringBuilder.append("添加整型值：");
        stringBuilder.append(1010);
        stringBuilder.append("\n");//添加换行
        stringBuilder.append("添加浮点值：");
        stringBuilder.append(10.12f);
        stringBuilder.append("\n");//添加换行
        stringBuilder.append("添加StringBuidler对象值：");
        stringBuilder.append(new StringBuilder("零壹快学"));
        System.out.println(stringBuilder);
    }
}
```

其运行结果为：

```
添加boolean值： true
添加字符值： c
添加整型值： 1010
添加浮点值： 10.12
添加StringBuidler对象值： 零壹快学
```

图6.3.2　append()方法添加内容

3. insert()方法

insert()方法将基本类型数值和字符数组转换成字符串，插入到StringBuilder对象指定入参索引位置处，其他字符位置依次向后移。

动手写6.3.3

```
/**
 * insert()方法将内容插入到对象指定索引位置
 * @author 零壹快学
 */
public class InsertStringBuilder {
    public static void main(String[] args) {
        StringBuilder stringBuilder = new StringBuilder("零壹快学");
        stringBuilder.insert(0, true); // 索引0处添加true
        stringBuilder.insert(1, 1010); // 索引1处添加整型
        stringBuilder.insert(11, ",Java工程师"); // 索引11处添加字符串
        System.out.println(stringBuilder);
    }
}
```

所谓插入到指定索引位置，是指插入的第一个字符的位置就是指定的索引位置。如上面示例中，0处插入true即在字符串开头插入true字符串，1处插入即插入到索引0的后面，即字母t后，运行结果为：

```
t1010rue零壹快,Java工程师学
```

图6.3.3　insert()方法插入到指定索引位置

4. delete()方法

StringBuilder中的delete()方法可以删除该对象中指定索引范围的字符内容，定义格式如下：

```
delete(int start, int end)
```

如果入参start和end相同，该方法不会做任何删除操作。

动手写6.3.4

```
/**
 * delete()方法删除指定索引范围字符
 * @author 零壹快学
 */
public class DeleteStringBuilder {
    public static void main(String[] args) {
        StringBuilder stringBuilder = new StringBuilder();
        stringBuilder.append("零壹快学www.01kuaixue.com");
        System.out.println("删除前内容为：" + stringBuilder);
        stringBuilder.delete(0, 4);
        System.out.println("删除后内容为：" + stringBuilder);
        stringBuilder.delete(2, 2); // 不会删除任何内容
    }
}
```

其运行结果为：

```
删除前内容为：零壹快学www.01kuaixue.com
删除后内容为：www.01kuaixue.com
start和end索引相同不会执行删除操作：www.01kuaixue.com
```

图6.3.4　delete()方法删除指定索引范围内容

通过阅读delete()方法的JDK源码可以看到，它实际上使用了AbstractStringBuilder类中的delete()方法。当入参start小于零或者start大于end时，会抛出StringIndexOutOfBoundsException异常；如果end大于StringBuilder对象的最大长度，会直接更正为最大长度。

5. charAt()方法

该方法会返回在StringBuilder对象序列中的入参索引位置的字符值，第一个字符的位置为0，最

后一个字符的索引位置为总长度-1。

动手写6.3.5

```
/**
 * charAt()方法使用
 * @author 零壹快学
 */
public class CharAtStringBuilder {
    public static void main(String[] args) {
        StringBuilder stringBuilder = new StringBuilder("www.01kuaixue.com");
        System.out.println("stringBuilder对象中索引2位置字符为：" + stringBuilder.charAt(2));
        ;
    }
}
```

运行结果为：

```
stringBuilder对象中索引2位置字符为：w
```

图6.3.5 charAt()方法获取指定索引的字符

6. capacity()方法

该方法返回当前容量，以字符为单位。

动手写6.3.6

```
/**
 * 获取StringBuilder容量
 * @author 零壹快学
 */
public class StringBuilderCapacity {
    public static void main(String[] args) {
        StringBuilder stringBuilder = new StringBuilder();
        System.out.println("空stringBuilder对象容量为：" + stringBuilder.capacity());
        stringBuilder.append("www.01kuaixue.com");
        System.out.println("stringBuilder对象添加内容后容量变为：" + stringBuilder.capacity());
    }
}
```

StringBuilder对象的初始容量都是16，当超过时会扩容。上面示例中添加“www.01kuaixue.com”字符串后对象扩容到了34，运行结果为：

```
空stringBuilder对象容量为: 16
stringBuilder对象添加内容后容量变为: 34
```

图6.3.6 capacity()方法获取容量

7. replace()方法

StringBuilder类中的replace()方法和String中的方法入参有些区别，定义如下：

```
replace(int start, int end, String str);
```

StringBuilder类中的replace()方法可以将整个字符串序列中指定范围内的字符序列统一替换成新的入参字符串。

动手写6.3.7

```
/**
 * StringBuilder中replace()方法替换字符串
 * @author 零壹快学
 */
public class ReplaceStringBuilder {
    public static void main(String[] args) {
        StringBuilder stringBuilder = new StringBuilder("零壹快学");
        System.out.println("替换前为: " + stringBuilder);
        stringBuilder.replace(0, 4, "www.01kuaixue.com");
        System.out.println("替换后为: " + stringBuilder);
    }
}
```

其运行结果为：

```
替换前为: 零壹快学
替换后为: www.01kuaixue.com
```

图6.3.7 replace()方法替换字符串

8. reverse()方法

reverse()方法将字符串序列反转，创建一个新的StringBuilder对象。

动手写6.3.8

```
/**
 * 反转方法
 * @author 零壹快学
 */
public class ReverseStringBuilder {
    public static void main(String[] args) {
```

```
        StringBuilder stringBuilder = new StringBuilder();
        stringBuilder.append("零壹快学");
        stringBuilder.append("avaJ");
        System.out.println("反转前：" + stringBuilder);
        stringBuilder.reverse(); // 反转对象中字符序列
        System.out.println("反转后：" + stringBuilder);
    }
}
```

其运行结果为：

```
反转前：零壹快学avaJ
反转后：Java学快壹零
```

图6.3.8　reverse()方法反转StringBuilder对象字符序列

9. toString()方法

动手写6.3.1中，直接打印StringBuilder对象就可以将内容打印出来，也可以使用重载的toString()方法来直接创建一个String类型的对象。

动手写6.3.9

```
/**
 * toString()方法
 * @author 零壹快学
 */
public class StringBuilderToString {
    public static void main(String[] args) {
        StringBuilder stringBuilder = new StringBuilder("零壹快学");
        System.out.println(stringBuilder);
        System.out.println(stringBuilder.toString());
        System.out.println(String.valueOf(stringBuilder));
    }
}
```

上面示例中，三种打印字符串的方法结果都是一样的，运行结果为：

```
零壹快学
零壹快学
零壹快学
```

图6.3.9　toString()方法

通过阅读JDK源码，我们可以看到StringBuilder重载的toString()方法实际上是利用String类中的构造方法new String(value, 0, count)来创建一个新的String对象。而System.out.println()方法的入参可以直接是StringBuilder类对象，这在源码中也可以找到原因——println()方法的源码中使用了String.valueOf(Object o)方法，将StringBuilder对象转成字符串。

Java的底层实现中有很多很巧妙的编程设计思想，因此经常阅读JDK源码可以帮助我们掌握Java的一些底层算法和实现，也有助于我们学习Java的基础知识。

6.3.2 StringBuffer类

StringBuffer类与StringBuilder类中的方法基本一样，这里只做简单示例介绍。

动手写6.3.10

```
/**
 * StringBuffer使用
 * @author 零壹快学
 */
public class StringBufferSample {
    public static void main(String[] args) {
        StringBuffer stringBuffer = new StringBuffer("零壹快学");
        stringBuffer.append("www.01kuaixue.com");
        System.out.println("创建stringBuffer对象：" + stringBuffer);
        System.out.println("stringBuffer的容量为：" + stringBuffer.capacity());
        System.out.println("stringBuffer的长度为：" + stringBuffer.length());
        stringBuffer.replace(0, 4, "Java学习");
        System.out.println("replace替换后为：" + stringBuffer);
        stringBuffer.insert(6, "工程师");
        System.out.println("insert方法插入后为：" + stringBuffer);
    }
}
```

其运行结果为：

```
创建stringBuffer对象：零壹快学www.01kuaixue.com
stringBuffer的容量为：42
stringBuffer的长度为：21
replace替换后为：Java学习www.01kuaixue.com
insert方法插入后为：Java学习工程师www.01kuaixue.com
```

图6.3.10 StringBuffer使用示例

6.4 小结

本章介绍了Java语言中最重要的字符串基础知识。首先介绍了字符串基本概念，以及如何创建和初始化字符串对象。接下来重点讲解了字符串的一系列操作和方法，包括字符串连接、长度查询、查找特定字符、替换、截取、分割、比较和格式化等方法。最后，介绍了StringBuilder类和StringBuffer类的基本使用方法。在Java的日常开发工作中，字符串的操作十分常见，不仅仅是Java语言，在其他语言中字符串都是很重要的基础知识，因此读者需要熟练掌握字符串的基础知识和基本操作方法。

6.5 知识拓展

以下是字符串的常用方法汇总，如表6.5.1所示。

表6.5.1 Java中String类常用方法汇总表

方法	功能描述
String()	构造方法
String(byte[] bytes)	构造方法
String(byte[] bytes, Charset charset)	构造方法，指定字符集合
String(byte[] bytes, int offset, int length)	构造方法，指定字符偏移和长度
String(String original)	根据指定字符串创建一个新的对象
String(StringBuilder builder)	根据StringBuilder对象创建
charAt(int index)	获取指定String索引处的字符
codePointAt(int index)	获取指定String索引处ASCII或Unicode值
compareTo(String anotherString)	将指定String与另一String进行比较
compareToIgnoreCase(String str)	将指定String与另一String进行比较，无大小写区分
concat(String str)	返回一个指定String结尾加上参数String的对象
contains(String str)	判断指定String是否包含参数字符序列
contentEquals(CharSequence cs)	与指定字符序列进行对比
copyValueOf(char[] data)	返回一个复制指定字符数组内容的字符串对象
endsWith(String suffix)	判断字符串是否以指定对象结尾
equals(Object object)	判断引用对象的值是否相等
equalsIgnoreCase(String anotherString)	忽略大小写，判断字符串是否相等
format(String format, Object ... args)	根据指定格式和入参格式化字符串
getBytes()	返回字符串byte数组

（续上表）

方法	功能描述
hashCode()	返回字符串哈希值
indexOf(int ch)	返回指定字符在对象中第一次出现的位置
indexOf(String str)	返回指定字符在对象中第一次出现的位置
isEmpty()	判断字符串是否为空或长度为0
lastIndexOf(int ch)	返回指定字符在对象中最后一次出现的位置
lastIndexOf(String str)	返回指定字符在对象中最后一次出现的位置
length()	返回字符串长度
matches(String regx)	判断字符串是否满足正则表达式
replace(char oldChar, char newChar)	替换字符
replaceAll(String regex, String replacement)	根据正则表达式将满足的内容替换为给定字符串
split(String regex)	根据正则表达式分割字符串
startsWith(String prefix)	判断字符串是否以指定对象开始
substring(int beginIndex, int endIndex)	返回子字符串
toCharArray()	转换为字符数组
toLowerCase()	转换为小写字符串
toUpperCase()	转换为大写字符串
toString()	返回自身字符串
valueOf()	将基本数据类型/对象转换为字符串

第 7 章

数组

7.1 数组介绍

数组是Java语言中最为重要的数据类型之一。数组能够解决不同开发场景下复杂数据的处理，可以对数据进行快速存储、灵活读取，拥有高效的增、删、改、查、排序等操作，是一种高效率的随机访问对象引用序列的方式。Java提供了大量的关于数组操作的方法，从而提高了程序的开发效率。下面将对数组进行介绍。

7.1.1 什么是数组

数组是一种数据结构，它将相同数据类型的一个或多个数值存储在单个值中。例如，我们想存储100个数字，可以定义一个长度为100的数组，而不需要定义100个不同名字的变量。数组是一组数据的集合，将这些数据统一成一个整体，例如：

1. 1年有12个月份，可以将12个月份存储在一个数组里。
2. 班级有30名学生，可以将所有学生的姓名存储在一个数组里。
3. Web网站，用户注册时提交的一组表单数据，也会存放在一个数组里。

7.1.2 数组的构成

一个数组由一个或多个元素组成。每个元素都有一个键（key）和一个对应的值（value）。如表7.1.1所示，一个班级的几名学生组成一个数组，学号是key，而value就是对应的每个学生的姓名。

表7.1.1 学生key与value对照

Key	Value
180001	张三
180002	李四
180007	王五
180014	张三

那么，对应构成的数组就是：

```
array('180001' => '张三', '180002' => '李四', '180007' => '王五', '180014' => '张三')
```

通过上面例子可以看出，数组中的key值是唯一的，每一个key值都和其他key值不相同，但是value却是可以相同的，比如有两个叫张三的学生。由于key具有唯一性，我们在操作数组的时候，往往都是通过key来进行操作。

Java中数组的构成较为严格，key必须是数字，在Java中被称为索引。但其他一些编程语言如PHP语言中，数组的构成更为灵活，key可以是数字、字符串等不同类型，value也可以由不同数据类型组成。比如PHP语言中数组的关键索引定义：

```
array(0 => 123, 'hello' => 'world', 'name' => false)
```

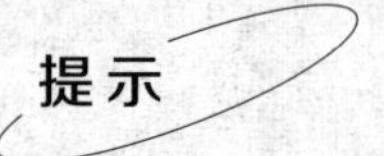

数组的键值，可以叫作key，也可以叫作数组索引，表达的是同一个概念。

7.2 数组创建

Java中的数组分为一维数组和多维数组，它们的创建方式类似，且都是具有数字索引的数组。数组以线性方式存储和访问，并以0作为开始。下面从一维数组的创建开始介绍。

7.2.1　数组创建方法

Java中数组的类型可以是基本数据类型，也可以是引用类型，即String、Object等定义的类。声明数组的定义格式有两种方式，如下所示：

```
[数据类型] 数组名[];
[数据类型][] 数组名;
```

其中方括号“[]”表示定义的是数组类型变量，如果是多维数组则会在定义时有多个“[]”，方括号位置在前或在后都是合法的定义方法。在创建数组时，需要指定数组长度，系统会自动分配内存；没有分配内存空间的数组（即只定义了数组类型，没有指定数组内容）无法被访问。

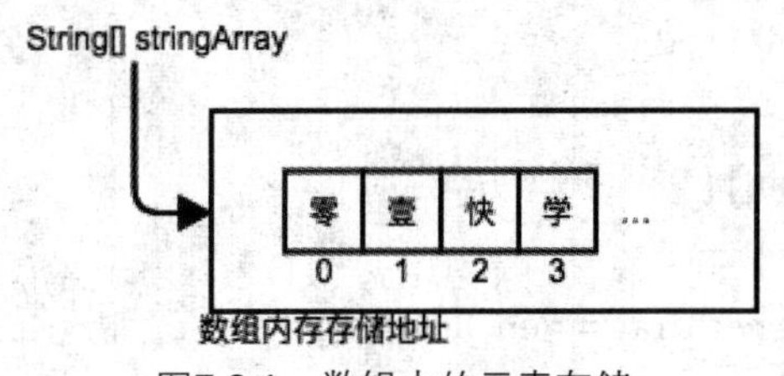

图7.2.1　数组中的元素存储

动手写7.2.1

```
/**
 * 创建数组
 * @author 零壹快学
 */
public class CreateArray {
    public static void main(String[] args) {
        int[] emptyArray; // 定义了数组类型，没有内容，无法被访问
        // 直接引用赋值
        int[] intArray = { 10, 11, 12 }; // 指定数组长度为3，分配内存
        //使用new初始化数组
        char charArray[] = new char[] { '零', '壹', '快', '学' };
        //使用new初始化数组，然后给数组内容赋值
        String stringArray[] = new String[4]; // 指定数组长度为4，分配内存，没有内容
        stringArray[0] = "零";
        stringArray[1] = "壹";
        stringArray[2] = "快";
        stringArray[3] = "学";
    }
}
```

数组初始化有几种方法：直接将数组内容赋值给数组变量、使用new创建数组内容和使用new先创建数组再给数组内容赋值。无论采用哪种方式，数组一旦创建，其长度就不能更改。数组和对象类似，也是引用赋值。

动手写7.2.2

```
/**
 * 创建数组，引用赋值
 * @author 零壹快学
 */
public class CreateArray {
    public static void main(String[] args) {
        //使用new初始化数组
        char charArray[] = new char[] { '零', '壹', '快', '学' };
        char anotherArray[] = charArray;
        boolean compareResult = charArray == anotherArray;
```

```
        System.out.println("charArray和anotherArray引用地址相同吗？" + compareResult);
    }
}
```

上面示例中，anotherArray和charArray是指向同一个内存地址的，运行结果为：

```
charArray和 anotherArray引用地址相同吗？ true
```

图7.2.2 数组引用赋值

7.2.2 数组索引

Java中的数组是通过方括号内的数字来访问数组中的元素的，这个数字被称为数组的下标或索引。数组索引默认是从0开始线性自增，比如一个有10个元素的数组，第一个元素的索引为0，最后一个元素的索引为9。访问数组中单独位置的元素也可以直接通过数组索引来进行。

动手写7.2.3

```
/**
 * 数组索引
 * @author 零壹快学
 */
public class IndexArray {
    public static void main(String[] args) {
        char charArray[] = new char[] { '零', '壹', '快', '学' };
        System.out.println("索引0位置元素：" + charArray[0]);
        System.out.println("索引1位置元素：" + charArray[1]);
        System.out.println("索引2位置元素：" + charArray[2]);
        System.out.println("索引3位置元素：" + charArray[3]);
    }
}
```

上面示例通过数组索引访问了数组中的每个元素，运行结果为：

```
索引0位置元素：零
索引1位置元素：壹
索引2位置元素：快
索引3位置元素：学
```

图7.2.3 通过数组索引访问元素

7.2.3 多维数组

多维数组的含义就是，数组中的每个元素也可以是一个数组，并且这些子数组中的每个元素依旧可以是一个数组。例如，可以将二维数组当作是一个行×列的表格，将三维数组当作是一个立方矩阵。

由于多维数组中的值也是一个数组，因此也可以使用索引进行访问，Java中可以使用大括号将每组向量分隔开。下面示例介绍如何创建和初始化多维数组。

动手写7.2.4

```
/**
 * 创建多维数组
 * @author 零壹快学
 */
public class MultiDimensionArray {
    public static void main(String[] args) {
        int intArray[][] = new int[2][2]; // 创建整型二维数组
        String[][] strArray = new String[4][4]; // 创建二维数组
        strArray[0][0] = "零"; // 二维数组赋值
        strArray[1][1] = "壹";
        strArray[2][2] = "快";
        strArray[3][3] = "学";
        String[][][] strArray1 = new String[2][2][2]; // 创建三维数组
    }
}
```

因为多维数组在Java语言中被看作是数组的数组，分配的存储空间并不是连续的，所以创建多维数组时可以只定义第一个方括号内的长度而省略其他多维的长度定义，其他维度的长度可以分别定义。但是第一个方括号内（第一维度）的长度不可省略，否则编译会报错。

动手写7.2.5

```
import java.util.Arrays;

/**
 * 创建多维数组
 * @author 零壹快学
 */
public class MultiDimensionArray {
    public static void main(String[] args) {
        char[][] charArray = new char[3][]; // 创建二维数组，可以只定义第一维
        charArray[0] = new char[] { '零', '壹', '快', '学' };
```

```
        charArray[1] = new char[3];
        charArray[2] = new char[1];
        // String[][] strArray = new String[][2][3]; // 编译报错
        System.out.println("第0索引维度内容为：" + Arrays.toString(charArray[0]));
    }
}
```

其运行结果为：

第0索引维度内容为：[零，壹，快，学]

图7.2.4　多维数组只定义第一维度的长度

多维数组可以通过索引方式获取其中的元素。

动手写7.2.6

```
/**
 * 通过索引访问多维数组中的内容
 * @author 零壹快学
 */
public class MultiDimensionArray {
    public static void main(String[] args) {
        String[][] strArray = new String[4][4]; // 创建二维数组
        strArray[0][0] = "零"; // 二维数组赋值
        strArray[1][1] = "壹";
        strArray[2][2] = "快";
        strArray[3][3] = "学";
        System.out.println("通过索引访问数组中元素：" + strArray[2][2]);
    }
}
```

其运行结果为：

通过索引访问数组中元素：快

图7.2.5　通过索引访问多维数组中的内容

数组虽然处理速度快，但是也会存在问题，因为这些数组都是静态的，定义时需要考虑容量大小，一旦定义好便不能更改，而实际开发中并不能预知容量大小。一般情况下，会使用Java中的集合类，如List和Map类等，来支持更为复杂的多维结构。

7.3 数组的遍历与输出

遍历是指按照一定的顺序或算法对数组中的每个元素进行有且仅有一次的访问。Java中提供了几种方法来遍历数组内容。

提示

遍历的概念在数据结构与算法中经常出现，常见的有二叉树遍历、List集合类遍历等。不同遍历方法的效率并不相同，需要针对不同场景选择合适的遍历方法。

7.3.1 foreach遍历

我们可以使用foreach循环访问数组中的每个元素。

动手写7.3.1

```
/**
 * foreach循环遍历数组
 * @author 零壹快学
 */
public class ForEachArray {
    public static void main(String[] args) {
        char charArray[] = new char[] { '零', '壹', '快', '学' };
        for (char element : charArray) {
            System.out.println("依次访问数组charArray中的元素： " + element);
        }
    }
}
```

其运行结果为：

```
依次访问数组charArray中的元素： 零
依次访问数组charArray中的元素： 壹
依次访问数组charArray中的元素： 快
依次访问数组charArray中的元素： 学
```

图7.3.1 foreach循环遍历数组

提示

Java中的数组可以视为一种基础引用类型，并不像集合类一样可以使用迭代器。数组也不能使用Java中的泛型。

7.3.2　for遍历

我们也可以使用简单的for循环遍历数组，通过索引访问数组中的每个元素。

动手写7.3.2

```
/**
 * for循环遍历数组
 * @author 零壹快学
 */
public class ForArray {
    public static void main(String[] args) {
        char charArray[] = new char[] { '零', '壹', '快', '学' };
        for (int i = 0; i < charArray.length; i++) {
            System.out.println("依次获取数组内容，第" + i + "索引元素为：" + charArray[i]);
        }
    }
}
```

上面示例为for循环遍历一维数组，运行结果为：

```
依次获取数组内容，第0索引元素为：零
依次获取数组内容，第1索引元素为：壹
依次获取数组内容，第2索引元素为：快
依次获取数组内容，第3索引元素为：学
```

图7.3.2　for循环遍历数组

我们还可以使用多层循环嵌套遍历多维数组，下面看一个二维数组遍历的示例。

动手写7.3.3

```
/**
 * for嵌套循环遍历多维数组
 * @author 零壹快学
 */
public class ForArray {
    public static void main(String[] args) {
        char charArray[][] = new char[][] { { '零', '壹', '快', '学' }, { 'a', 'b', 'c' } };
        for (int i = 0; i < charArray.length; i++) {
            for (int j = 0; j < charArray[i].length; j++) {
                System.out.println("依次获取数组内容，第" + i + "+" + j + "索引元素为：" + charArray[i]
[j]);
            }
        }
    }
}
```

从上面示例可以看到第一维和第二维内包含的数组个数并不相同，运行结果为：

```
依次获取数组内容, 第0+0索引元素为: 零
依次获取数组内容, 第0+1索引元素为: 壹
依次获取数组内容, 第0+2索引元素为: 快
依次获取数组内容, 第0+3索引元素为: 学
依次获取数组内容, 第1+0索引元素为: a
依次获取数组内容, 第1+1索引元素为: b
依次获取数组内容, 第1+2索引元素为: c
```

图7.3.3 for多层循环遍历多维数组

7.3.3 Arrays类中的toString静态方法

java.util包提供了Arrays类以专门处理数组的排序和遍历。Arrays.toString静态方法可以用来遍历输出指定数组内容。Arrays中的方法都是静态方法，需要通过“Arrays.toString()”直接调用类名的方式来进行调用。

动手写7.3.4

```
import java.util.Arrays;

/**
 * Arrays类静态方法toString的使用
 * @author 零壹快学
 */
public class ArraysToString {
    public static void main(String[] args) {
        char charArray[] = new char[] { '零', '壹', '快', '学' };
        System.out.println("使用toString方法输出数组内容：" + Arrays.toString(charArray));
    }
}
```

上面示例的输出结果中包含数组的方括号，每个元素之间会用英文逗号隔开，运行结果为：

```
使用toString方法输出数组内容：[零, 壹, 快, 学]
```

图7.3.4 Arrays.toString静态方法输出数组内容

对于多维数组，静态方法Arrays.toString并不能直接使用，需要使用deepToString静态方法才能输出多维数组内的所有元素。

动手写7.3.5

```
import java.util.Arrays;

/**
```

```
 * Arrays类静态方法toString的使用
 * @author 零壹快学
 */
public class ArraysToString {
    public static void main(String[] args) {
        char charArray[][] = new char[][] { { '零', '壹', '快', '学' }, { 'a', 'b', 'c' } };
        // toString方法输出的是每个维度的数组的内存地址
        System.out.println("使用toString方法输出数组内容：" + Arrays.toString(charArray));
        // deepToString方法能够输出多维数组的每个维度的内容
        System.out.println("使用deepToString方法输出数组内容：" + Arrays.deepToString(charArray));
    }
}
```

其运行结果为：

```
使用toString方法输出数组内容：[[C@7852e922, [C@4e25154f]
使用deepToString方法输出数组内容：[[零, 壹, 快, 学], [a, b, c]]
```

图7.3.5 deepToString静态方法输出数组内容

7.4 数组常见操作

本节将对数组的常见操作进行介绍，由于多维数组和一维数组操作类似，本节内容将以一维数组为主。

7.4.1 数组长度

数组类型自带length属性，数组初始化后length属性会保存数组的长度。

动手写7.4.1

```
/**
 * 数组长度
 * @author 零壹快学
 */
public class ArrayLength {
    public static void main(String[] args) {
        String[] array = new String[4];
        System.out.println("数组长度为：" + array.length);
    }
}
```

其运行结果为：

```
数组长度为： 4
```

图7.4.1　获取数组长度

数组对下标约束很严格，如果访问数组元素索引超过了数组的最大索引，即使编译成功，在运行时也会抛出数组索引越界的异常。

动手写7.4.2

```java
/**
 * 数组长度
 * @author 零壹快学
 */
public class ArrayLength {
    public static void main(String[] args) {
        String[] array = new String[4];
        System.out.println(array[4]); //数组越界编译失败
    }
}
```

运行失败结果如下：

```
Exception in thread "main" java.lang.ArrayIndexOutOfBoundsException: 4
        at ArrayLength.main(ArrayLength.java:8)
```

图7.4.2　数组索引越界异常

多维数组也可以具有length属性，如二维数组int array[][]，array.length表示行长度，array[i].length表示列长度。

动手写7.4.3

```java
/**
 * 多维数组长度
 * @author 零壹快学
 */
public class ArrayLength {
    public static void main(String[] args) {
        char charArray[][] = new char[][] { { '零', '壹', '快', '学' }, { 'a', 'b', 'c' },{ '0', '1' } };
        System.out.println("charArray二维数组行长度为：" + charArray.length);
        System.out.println("charArray二维数组第0行的列长度为：" + charArray[0].length);
        System.out.println("charArray二维数组第1行的列长度为：" + charArray[1].length);
    }
}
```

其运行结果为：

```
charArray二维数组行长度为： 3
charArray二维数组第0行的列长度为： 4
charArray二维数组第1行的列长度为： 3
```

图7.4.3　多维数组长度

7.4.2　向数组添加元素

前面介绍说我们可以通过for循环遍历数组，因此不难想到，我们也可以通过for循环对数组中的每个元素进行赋值。Arrays类中提供了可以给数组批量添加相同元素的静态方法fill()，调用时入参为被添加元素的数组和要添加的数值。fill()方法支持Java中的所有基本类型和引用类型。

动手写7.4.4

```
import java.util.Arrays;

/**
 * 数组批量添加元素
 * @author 零壹快学
 */
public class FillArray {
    public static void main(String[] args) {
        int[] intArray = new int[3];
        Arrays.fill(intArray, 10);
        System.out.println("intArray数组内被批量填充为：" + Arrays.toString(intArray));
    }
}
```

其运行结果为：

```
intArray数组内被批量填充为：[10, 10, 10]
```

图7.4.4　Arrays.fill()方法批量添加数组元素

fill()方法可以指定数组要添加的索引范围（左闭右开区间），入参为起始索引和终点索引。

动手写7.4.5

```
import java.util.Arrays;

/**
 * 数组批量添加指定索引范围的数组元素
 * @author 零壹快学
 */
```

```
public class FillArray {
    public static void main(String[] args) {
        int[] intArray = new int[4];
        Arrays.fill(intArray, 1, 3, 10);
            System.out.println("intArray数组索引1到3内(不包括3)被批量填充为: " + Arrays.
toString(intArray));
    }
}
```

其运行结果为:

```
intArray数组索引1到3内(不包括3)被批量填充为: [0, 10, 10, 0]
```

图7.4.5　Arrays.fill()方法批量添加指定索引范围的数组元素

数组在创建后不能修改长度，但是我们可以用一种巧妙的方式在数组中的特定位置添加元素——生成一个新的数组。

动手写7.4.6

```
import java.util.Arrays;

/**
 * 数组添加元素
 * @author 零壹快学
 */
public class AddElementToArray {
    /**
     * 在数组指定索引位置添加一个元素
     * @param array 待添加元素的数组
     * @param index 索引
     * @param value 待添加的元素
     * @return 添加后的数组
     */
    private static String[] insertElement(String[] array, int index, String value) {
        String[] insertArray = new String[array.length + 1];
        for (int i = 0; i < array.length + 1; i++) {
            if (i < index) {
                insertArray[i] = array[i];
            }
            if (i == index) {
```

```
            insertArray[i] = value;
        }
        if (i > index) {
            insertArray[i] = array[i - 1];
        }
    }
    return insertArray;
}

public static void main(String[] args) {
    String[] array = new String[] { "零", "壹", "学" };
    System.out.println("添加前数组内容：" + Arrays.toString(array));
    array = insertElement(array, 2, "快");
    System.out.println("添加后数组内容：" + Arrays.toString(array));
}
}
```

上面示例中，insertElement(String[] array, int index, String value)方法定义了三个入参，返回值为一个重建后的新数组。细心的读者可以发现，这个方法并没有改变原来数组的结构，而是返回了一个新的数组。动手写7.4.6的运行结果为：

添加前数组内容：[零，壹，学]
添加后数组内容：[零，壹，快，学]

图7.4.6　在数组指定索引位置添加元素的方法

在定义方法时，要尽可能地写明方法含义、入参和返回内容，以方便后续代码维护，这也是一个编写代码的良好习惯。

7.4.3　删除数组元素

数组长度不能被修改，但是我们可以参考上述添加一个元素的方法，重建一个删除元素后的数组，以达到删除指定元素的目的。

动手写7.4.7

```
import java.util.Arrays;

/**
```

```
 * 删除数组中的指定元素
 * @author 零壹快学
 */
public class DeleteElementToArray {
    /**
     * 删除数组中指定索引位置的元素
     * @param array 指定的数组
     * @param index 索引位置
     * @return 删除元素后的数组
     */
    private static String[] deleteElement(String[] array, int index) {
        String[] deleteArray = new String[array.length - 1];
        for (int i = 0; i < deleteArray.length; i++) {
            if (i < index) {
                deleteArray[i] = array[i];
            } else {
                deleteArray[i] = array[i + 1];
            }
        }
        return deleteArray;
    }
    public static void main(String[] args) {
        String[] array = new String[] { "零", "壹", "01", "快", "学" };
        System.out.println("删除前数组内容： " + Arrays.toString(array));
        array = deleteElement(array, 2);
        System.out.println("删除后数组内容： " + Arrays.toString(array));
    }
}
```

其运行结果为：

```
删除前数组内容：[零，壹，01，快，学]
删除后数组内容：[零，壹，快，学]
```

图7.4.7　在数组指定索引位置删除元素的方法

7.4.4　删除重复数据

Java中的集合类有提供方法或者不重复Set类支持以去掉一个集合数据中的重复数据，但是针对数组则没有现成的方法。因为数组的长度是固定的，所以使用前必须初始化长度。系统提供了

System.arraycopy()方法来直接复制数组特定范围的内容并创建一个新数组，其去重的基本思想则是利用两层嵌套循环，将数组元素依次比对后再将不重复的元素存入一个新的数组中，并使用一个计数变量将实际数组长度记录下来，这样就达到删除重复数据的效果。

动手写7.4.8

```
import java.util.Arrays;

/**
 * 删除数组内重复元素
 * @author 零壹快学
 */
public class DeleteDuplicateToArray {
   /**
    * 删除数组内重复元素
    * @param array 待删除重复元素的数组
    * @return 返回没有重复元素的数组
    */
   public static Object[] deleteDuplicateElement(Object[] array) {
      //记录删除重复后的数组长度和和临时数组的索引
      int length = 0;
      Object[] tempArray = new Object[array.length];//临时数组
      for (int i = 0; i < array.length; i++) {
         boolean isDuplicate = false;
         //内层循环将原数组的元素逐个对比
         for (int j = i + 1; j < array.length; j++) {
            //如果发现有重复元素，改变标记状态并结束当次内层循环
            if (array[i] == array[j] || array[i].equals(array[j])) {
               isDuplicate = true;
               break;
            }
         }
         //判断是否有重复元素
         if (!isDuplicate) {
            tempArray[length] = array[i];//将入参数组的元素赋给临时数组
            length++; // 记录数组不重复元素个数
         }
      }
```

```
        Object[] newArray = new Object[length];
        //使用arraycopy方法将去重的数组拷贝到新数组中，去除空的不必要的元素并返回
        System.arraycopy(tempArray, 0, newArray, 0, length);
        return newArray;
    }
    public static void main(String[] args) {
        Object[] array = new String[] { "零", "零", "壹", "壹", "快", "学", "学" };
        System.out.println("去重前数组内容为：" + Arrays.toString(array));
        array = deleteDuplicateElement(array);
        System.out.println("去重后数组内容为：" + Arrays.toString(array));
    }
}
```

其运行结果为：

```
去重前数组内容为：[零，零，壹，壹，快，学，学]
去重后数组内容为：[零，壹，快，学]
```

图7.4.8 删除数组内的重复元素

7.4.5 数组查找

数组查找就是查询一个数组汇总是否存在某个元素，我们可以使用for循环来遍历数组。

动手写7.4.9

```
/**
 * 数组查找
 * @author 零壹快学
 */
public class SearchArray {
    /**
     * 在指定数组中查找指定元素
     * @param array 待查找数组
     * @param value 待查找元素
     * @return 返回查找到的索引，若找不到则返回-1
     */
    private static int searchElement(Object[] array, Object value) {
        int i = 0;
        for (; i < array.length; i++) {
            if (array[i] == value || array[i].equals(value)) {
```

```
                break;
            }
        }
        if (i == array.length) {
            return -1;
        }
        return i;
    }
    public static void main(String[] args) {
        Object array[] = new String[] { "零", "壹", "快", "学" };
        System.out.println("查找'学'在array数组中索引为：" + (searchElement(array, "学") != -1 ?
searchElement(array, "学") : "不存在该元素"));
        System.out.println("查找'01'在array数组中索引为：" + (searchElement(array, "01") != -1 ?
searchElement(array, "01") : "不存在该元素"));
    }
}
```

其运行结果为：

```
查找'学'在array数组中索引为： 3
查找'01'在array数组中索引为： 不存在该元素
```

图7.4.9　for循环查找数组中元素

Arrays类中提供了binarySearch()方法，能够找到指定元素在数组中的位置，该方法支持多种基本类型和引用类型数组入参。若无法找到，binarySearch()返回值为-1。

动手写7.4.10

```
import java.util.Arrays;

/**
 * 数组查找
 * @author 零壹快学
 */
public class SearchArray {
    /**
     * 在指定数组中查找指定元素
     * @param array 待查找数组
     * @param value 待查找元素
     * @return 返回查找到的索引，若找不到则返回-1
```

```
    */
    private static int searchElement(Object[] array, Object value) {
        return Arrays.binarySearch(array, value);
    }
    public static void main(String[] args) {
        Object array[] = new String[] { "零", "壹", "快", "学" };
        System.out.println("查找'学'在array数组中索引为：" + (searchElement(array, "学") != -1 ?
searchElement(array, "学") : "不存在该元素"));
        System.out.println("查找'01'在array数组中索引为：" + (searchElement(array, "01") != -1 ?
searchElement(array, "01") : "不存在该元素"));
    }
}
```

其运行结果为：

```
查找'学'在array数组中索引为：-3
查找'01'在array数组中索引为：不存在该元素
```

图7.4.10 binarySearch二分法查询数组中元素

直接使用for循环遍历查找数组中的元素，貌似很简单，但是当数据量庞大时，这种方法的效率会很低。binarySearch()采用了二分法，其中心思想是：假设数组中元素是按照升序排列的，先将数组中间位置的元素与要查找的元素相比较，如果相等则直接返回；如果不相等，再利用中间位置的元素将其前后分为两个数组，如果中间的元素大于待查找元素，则在其前面的子数组中查找，否则在其后面的子数组中继续查找，不断重复以上过程，直到找到满足条件的记录为止；若最后仍找不到，则返回查找不成功。一般在使用前需要先调用sort()方法将数组排序，再调用binarySearch()方法来查找数组中的元素。

7.4.6 数组排序

排序，就是将数组中的元素以一定的顺序重新排列。Arrays类中自带了排序方法，可以将数组进行升序排序。

动手写7.4.11

```
import java.util.Arrays;

/**
 * 数组排序
 * @author 零壹快学
 */
```

```
public class SortArray {
    public static void main(String[] args) {
        Integer[] intArray = new Integer[] { 10, 5, 12, 99, 50 };
        System.out.println("排序前：" + Arrays.toString(intArray));
        Arrays.sort(intArray);
        System.out.println("排序后：" + Arrays.toString(intArray));
        Character[] charArray = new Character[] { 'a', 'A', 'z', 'm' };
        System.out.println("排序前：" + Arrays.toString(charArray));
        Arrays.sort(charArray);
        System.out.println("排序后：" + Arrays.toString(charArray));
    }
}
```

其运行结果为：

```
排序前：[10, 5, 12, 99, 50]
排序后：[5, 10, 12, 50, 99]
排序前：[a, A, z, m]
排序后：[A, a, m, z]
```

图7.4.11　Arrays.sort()方法升序排序

计算机编程学中提出了一系列的排序算法，上面的Arrays.sort()方法就是使用了双轴快速排序（Dual-Pivot Quicksort；Arrays中的sort有多个重载方法，但并不都是快速排序，如重载方法sort(T[] a, Comparator <? super T> c)是TimSort排序算法，感兴趣的读者可以阅读JDK源码）。除此之外，比较出名的算法有冒泡希尔排序、选择排序、堆排序、快速排序、归并排序、桶排序等，感兴趣的读者可以自行研究各种算法的实现和复杂度。下面是一个使用冒泡算法实现升序排序的示例。

动手写7.4.12

```
import java.util.Arrays;

/**
 * 冒泡算法
 * @author 零壹快学
 */
public class BubbleSort {
    /**
     * 冒泡算法排序，升序排序，嵌套循环
     * @param array 待排序数组
```

```
    */
    private static void bubbleSort(int[] array) {
        for (int i = 0; i < array.length - 1; i++) {//外层循环控制排序次数
            for (int j = 0; j < array.length - 1 - i; j++) {//内层循环控制每一次排序次数
                if (array[j] > array[j + 1]) {
                    // 交换元素位置，使得较大的元素移动到较小元素后面
                    int temp = array[j];
                    array[j] = array[j + 1];
                    array[j + 1] = temp;
                }
            }
        }
    }
    public static void main(String[] args) {
        int[] array = { 6, 3, 8, 2, 9, 1 };
        System.out.println("排序前数组为：" + Arrays.toString(array));
        bubbleSort(array);
        System.out.println("排序后数组为：" + Arrays.toString(array));
    }
}
```

其运行结果为：

```
排序前数组为：[6, 3, 8, 2, 9, 1]
排序后数组为：[1, 2, 3, 6, 8, 9]
```

图7.4.12　冒泡算法示例

7.4.7　数组复制

前面提到的System.arraycopy()方法是一种复制数组的底层实现方法，Arrays类中也提供了数组复制的方法copyOf()，其入参除了要复制的数组外，还要提供复制后数组的长度。如果复制后的数组长度与原来相等，则会返回一个和原来内容一样的新数组；如果长度大于原来数组的长度，则会填充数值的默认值，如int填充0、String类型填充null等；如果复制后的数组长度小于原来数组的长度，则会从原来数组的索引0处开始截取相应长度的数组内容。

动手写7.4.13

```
import java.util.Arrays;

/**
```

```
 * 数组复制
 * @author 零壹快学
 */
public class CopyArray {
    public static void main(String[] args) {
        char[] charArray = new char[] { '零', '壹', '快', '学' };
        System.out.println("原来数组为：" + Arrays.toString(charArray));
        char[] copyArray1 = Arrays.copyOf(charArray, 4);
        System.out.println("复制长度为4，复制后数组为：" + Arrays.toString(copyArray1));
        char[] copyArray2 = Arrays.copyOf(charArray, 1);
        System.out.println("复制长度为1，复制后数组为：" + Arrays.toString(copyArray2));
        char[] copyArray3 = Arrays.copyOf(charArray, 8);
        System.out.println("复制长度为8，复制后数组为：" + Arrays.toString(copyArray3));
        System.out.println("复制后数组与原来数组引用地址相同吗？" + (copyArray1 == charArray));
    }
}
```

上面示例中，当设定长度超过数组charArray长度4时，系统会默认填写char的默认值——null，运行结果为：

```
原来数组为：[零，壹，快，学]
复制长度为4，复制后数组为：[零，壹，快，学]
复制长度为1，复制后数组为：[零]
复制长度为8，复制后数组为：[零，壹，快，学，，，，]
复制后数组与原来数组引用地址相同吗？false
```

图7.4.13　使用Arrays.copyOf()方法复制数组

7.4.8　数组比较

Arrays类中提供了重载后的equals()方法，用来比较两个数组的内容是否相同。

动手写7.4.14

```
import java.util.Arrays;

/**
 * 数组内容比较
 * @author 零壹快学
 */
public class CompareArray {
    public static void main(String[] args) {
```

```
        char[] charArray = new char[] { '零', '壹', '快', '学' };
        System.out.println("原来数组为：" + Arrays.toString(charArray));
        char[] copyArray1 = Arrays.copyOf(charArray, 4);
        System.out.println("复制长度为4，复制后数组copyArray1为：" + Arrays.toString(copyArray1));
        char[] copyArray2 = Arrays.copyOf(charArray, 1);
        System.out.println("复制长度为1，复制后数组copyArray2为：" + Arrays.toString(copyArray2));
        char[] copyArray3 = Arrays.copyOf(charArray, 8);
        System.out.println("复制长度为8，复制后数组copyArray3为：" + Arrays.toString(copyArray3));
        System.out.println("复制后数组copyArray1与原来数组内容相同吗？" + (Arrays.equals(charArray,
copyArray1)));
        System.out.println("复制后数组copyArray2与原来数组内容相同吗？" + (Arrays.equals(charArray,
copyArray2)));
        System.out.println("复制后数组copyArray3与原来数组内容相同吗？" + (Arrays.equals(charArray,
copyArray3)));
    }
}
```

上面示例使用了copyOf()方法复制出几个数组，然后使用Arrays.equals()方法对这几个数组进行比较，运行结果为：

```
原来数组为：[零，壹，快，学]
复制长度为4，复制后数组copyArray1为：[零，壹，快，学]
复制长度为1，复制后数组copyArray2为：[零]
复制长度为8，复制后数组copyArray3为：[零，壹，快，学，，，，]
复制后数组copyArray1与原来数组内容相同吗？true
复制后数组copyArray2与原来数组内容相同吗？false
复制后数组copyArray3与原来数组内容相同吗？false
```

图7.4.14 使用Arrays.equals()方法比较数组

7.5 小结

本章重点介绍了Java语言中数组的概念以及如何创建和使用数组。其中需要重点掌握数组的索引和下标，数组第一个下标是从“0”开始的，最后一个下标是“数组长度-1”。数组有很多常见操作，其中包括数组遍历、转换为字符串、查询长度、删除、添加、排序、比较等。读者需要掌握数组的基本操作和方法的使用，这对后续复杂类型的对象的学习有很大帮助。

7.6 知识拓展

ArrayUtils类

ArrayUtils是Apache提供的专门用来处理数组的工具类，其中提供了很多方法。ArrayUtils在commons-lang3包中，需要单独下载jar包来使用，在源文件中需要通过import方式引入commons-lang3包或者ArrayUtils类。

commons-lang3包下载地址为：http://commons.apache.org/proper/commons-lang/download_lang.cgi

表7.6.1 ArrayUtils类中的常用方法

方法	功能描述
add()	添加单一元素，支持基本类型
addAll()	添加全部元素，支持基本类型
clone()	克隆，复制一个新的数组
contains()	判断是否包含某个值
getLength()	获取数组长度
indexOf()	获取数组指定索引
isEmpty()	判断数组是否为空
isSameLength()	判断两个数组长度是否相等
nullToEmpty()	null转换为空数组
remove()	删除数组中的某一元素
removeAll()	删除数组中指定下标的所有元素
reverse()	反转数组
subarray()	截取数组

在使用commons-lang3包之前，需要在IDE，即Eclipse里的External Library中添加依赖才可以使用，如图7.6.1所示。

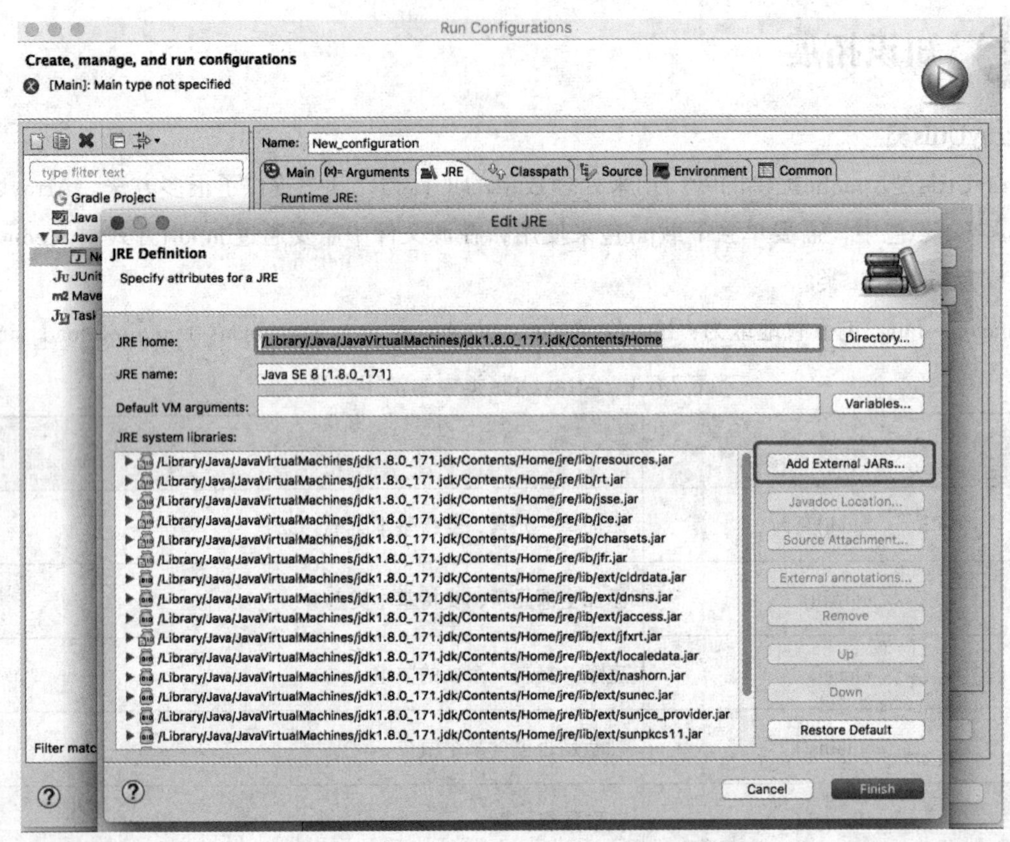

图7.6.1　在IDE中添加commons-lang3包依赖

部分ArrayUtils工具类的使用如动手写7.6.1所示。

动手写7.6.1

```
import org.apache.commons.lang3.ArrayUtils;

/**
 * ArrayUtils使用
 *
 * @author 零壹快学
 */
public class ArrayUtilsExample {
    public static void main(String[] args) {
        String[] strArrays = { "A", "B" };
        String[] strNewArrays = ArrayUtils.add(strArrays, "C");
        System.out.println("添加元素：" + Arrays.toString(strNewArrays));
    }
}
```

第8章 正则表达式

8.1 正则表达式介绍

正则表达式（Regular Expression，在代码中常简写为regex、regexp或RE），又称正规表示式、正规表示法、正规表达式、规则表达式、常规表示法，是计算机科学的一个概念。正则表达式，顾名思义即符合一定规则的表达式，就是用于匹配字符串中字符组合的模式。正则表达式使用单个字符串来描述、匹配一系列符合某个句法规则的字符串。在很多文本编辑器里，正则表达式通常被用来检索、替换那些匹配某个模式的文本（字符串）。

字符串是在编程中涉及较多的一种数据结构，所以对字符串的操作也是各式各样，而且形式多变。那么，如何快速、方便地处理字符串就是重中之重。

例如，要判断用户输入的E-mail地址是否合法，不使用正则表达式来判断的话，可以通过自定义一个函数提取“@”关键字，然后分割其前后的字符串再分别判断是否合法等步骤来判断。又例如在各大网站注册用户时常看到的对用户名的要求（例如：6～18个字符，可使用字母、数字、下划线，需以字母开头），如果不是用正则表达式来判断，那么就要写一堆麻烦的代码来判断用户输入的用户名是否合法。这样的代码不但冗长，不能一目了然，而且还难以重复利用。如果要应对多变的需求的话，就更不方便维护了。

但是有了正则表达式，这样的工作便简单多了。正则表达式正是为这种匹配判断文本类型的工作而诞生的。

正则表达式的设计思想就是使用一些描述性的符号和文字为字符串定义一个规则，凡是符合这个规则的，程序就认为文本是“匹配”的，否则就认为文本是“不匹配”的。通俗地讲，正则表达式的匹配过程就是逐字匹配表达式的描述规则，如果每个字符都匹配，那么程序就认为匹配成功，只要有一个匹配不成功，那么匹配就失败。

8.2 正则表达式语法

8.2.1 普通字符

普通字符是正则表达式中最基本的结构之一，要理解正则表达式自然也要从普通字符开始。本小节主要介绍普通字符。

普通字符包括没有显式指定为元字符的所有可打印和不可打印字符。这包括所有大写和小写字母、所有数字、所有标点符号和其他一些符号。

先以数字举例说明。假设要判断一个长度为1的字符串是否为数字（即这个位置上的字符只能是“0”“1”“2”“3”“4”“5”“6”“7”“8”“9”这十个数字），如果使用程序来判断，那么一个可能的思路是用十个条件分支去判断这个字符串是否等于这十个字符。伪代码如下：

```
num == “0” or num == “1” or num == “2” ... or num == “9”
```

这不失为一种有效的办法，但是过于烦琐。如果判断的是英文字母或者长度非常长并且可能是各种字符混合的字符串时，代码就几乎无法被阅读了。而使用普通字符就可以非常简单地解决此类问题，代码示例如下：

```
[0123456789]
```

上面的代码示例是判断一个长度为1的字符串是否为数字的正则表达式。方括号“[]”表示这是一个字符组，代表一位字符。方括号中的数字“0123456789”表示只要待匹配的字符串与其中任何一个字符相同，就会认为匹配成功，反之则认为匹配失败。

当然还有更简单的写法：

```
[0-9]
```

如果符合规则的字符范围是连续的，可以用“-”省略，相当于汉语中的“到”，可以直接读成“零到九”。

为什么是0-9而不是9-0呢？要理解这个问题，必须要了解字符的本质。在正则表达式中所有的字符类型都有对应的编码，图8.2.1便是一张ASCII编码表。例如，字符“0”对应的是十进制的48，“9”对应的是十进制的57。码值小的在前，码值大的在后。所以判断数字只需写成“[0-9]”。

同理，如果想判断一个长度为1的字符串是不是英文小写字母，可以写成：

```
[a-z]
```

注意：虽然ASCII编码表中大写字母在小写字母之前，但是并不应该用“[A-z]”来包括所有大小写英文字母，因为在这个范围中包含了其他特殊字符，严谨的方法应该是“[A-Za-z]”或者“[a-zA-Z]”。

Dec	Bin	Hex	Char	Dec	Bin	Hex	Char	Dec	Bin	Hex	Char	Dec	Bin	Hex	Char
0	0000 0000	00	[NUL]	32	0010 0000	20	space	64	0100 0000	40	@	96	0110 0000	60	`
1	0000 0001	01	[SOH]	33	0010 0001	21	!	65	0100 0001	41	A	97	0110 0001	61	a
2	0000 0010	02	[STX]	34	0010 0010	22	"	66	0100 0010	42	B	98	0110 0010	62	b
3	0000 0011	03	[ETX]	35	0010 0011	23	#	67	0100 0011	43	C	99	0110 0011	63	c
4	0000 0100	04	[EOT]	36	0010 0100	24	$	68	0100 0100	44	D	100	0110 0100	64	d
5	0000 0101	05	[ENQ]	37	0010 0101	25	%	69	0100 0101	45	E	101	0110 0101	65	e
6	0000 0110	06	[ACK]	38	0010 0110	26	&	70	0100 0110	46	F	102	0110 0110	66	f
7	0000 0111	07	[BEL]	39	0010 0111	27	'	71	0100 0111	47	G	103	0110 0111	67	g
8	0000 1000	08	[BS]	40	0010 1000	28	(	72	0100 1000	48	H	104	0110 1000	68	h
9	0000 1001	09	[TAB]	41	0010 1001	29	)	73	0100 1001	49	I	105	0110 1001	69	i
10	0000 1010	0A	[LF]	42	0010 1010	2A	*	74	0100 1010	4A	J	106	0110 1010	6A	j
11	0000 1011	0B	[VT]	43	0010 1011	2B	+	75	0100 1011	4B	K	107	0110 1011	6B	k
12	0000 1100	0C	[FF]	44	0010 1100	2C	,	76	0100 1100	4C	L	108	0110 1100	6C	l
13	0000 1101	0D	[CR]	45	0010 1101	2D	-	77	0100 1101	4D	M	109	0110 1101	6D	m
14	0000 1110	0E	[SO]	46	0010 1110	2E	.	78	0100 1110	4E	N	110	0110 1110	6E	n
15	0000 1111	0F	[SI]	47	0010 1111	2F	/	79	0100 1111	4F	O	111	0110 1111	6F	o
16	0001 0000	10	[DLE]	48	0011 0000	30	0	80	0101 0000	50	P	112	0111 0000	70	p
17	0001 0001	11	[DC1]	49	0011 0001	31	1	81	0101 0001	51	Q	113	0111 0001	71	q
18	0001 0010	12	[DC2]	50	0011 0010	32	2	82	0101 0010	52	R	114	0111 0010	72	r
19	0001 0011	13	[DC3]	51	0011 0011	33	3	83	0101 0011	53	S	115	0111 0011	73	s
20	0001 0100	14	[DC4]	52	0011 0100	34	4	84	0101 0100	54	T	116	0111 0100	74	t
21	0001 0101	15	[NAK]	53	0011 0101	35	5	85	0101 0101	55	U	117	0111 0101	75	u
22	0001 0110	16	[SYN]	54	0011 0110	36	6	86	0101 0110	56	V	118	0111 0110	76	v
23	0001 0111	17	[ETB]	55	0011 0111	37	7	87	0101 0111	57	W	119	0111 0111	77	w
24	0001 1000	18	[CAN]	56	0011 1000	38	8	88	0101 1000	58	X	120	0111 1000	78	x
25	0001 1001	19	[EM]	57	0011 1001	39	9	89	0101 1001	59	Y	121	0111 1001	79	y
26	0001 1010	1A	[SUB]	58	0011 1010	3A	:	90	0101 1010	5A	Z	122	0111 1010	7A	z
27	0001 1011	1B	[ESC]	59	0011 1011	3B	;	91	0101 1011	5B	[	123	0111 1011	7B	{
28	0001 1100	1C	[FS]	60	0011 1100	3C	<	92	0101 1100	5C	\	124	0111 1100	7C	|
29	0001 1101	1D	[GS]	61	0011 1101	3D	=	93	0101 1101	5D	]	125	0111 1101	7D	}
30	0001 1110	1E	[RS]	62	0011 1110	3E	>	94	0101 1110	5E	^	126	0111 1110	7E	~
31	0001 1111	1F	[US]	63	0011 1111	3F	?	95	0101 1111	5F	_	127	0111 1111	7F	[DEL]

图8.2.1 ASCII编码表

那么如何判断一个长度为2的字符串是否为数字呢？

```
[0-9][0-9]
```

只要写两遍就行了（下一节将会介绍更简洁的方法）。假设要判断用户输入的是“Y”或者“y”，正则表达式只需写成：

```
[Yy]
```

当允许的字符范围只有一个时则可以省略“[]”。例如，判断用户输入的是“Yes”或者“yes”：

```
[Yy]es
```

8.2.2 字符转义

在上一小节中，我们看到代表数字范围“0”到“9”使用的是“[0-9]”，其中“-”用来表示范围，并不代表字符“-”本身，此类字符称为元字符。不只是“-”，例子中的“[”“]”都是元字符，这些字符在匹配中都有着特殊的意义。那么，如果想匹配“–”字符本身的话，就需要做特殊处理了。

其实，在正则表达式中这类字符转义都有通用的方法，就是在字符前加上“\”。例如，匹配“[”本身，正则表达式可以写成：

```
[\[]
```

如果想匹配“0”“–”和“9”则可以写成：

```
[0\-9]
```

这样就只会匹配“0”“–”和“9”三个字符，而不是“0”到“9”十个字符。

8.2.3 元字符

元字符就如上文所说，是在正则表达式中有特殊意义的字符。正则表达式中常见的元字符如表8.2.1所示。

表8.2.1 正则表达式中常见的元字符

元字符	说明
\	将下一个字符标记为特殊字符或字面值。例如，n匹配字符n，而\n匹配换行符。序列\\匹配\，而\(匹配(
^	匹配输入的开始部分
$	匹配输入的结束部分
*	零次或更多次匹配前面的字符。例如，zo*匹配z或zoo
+	一次或更多次匹配前面的字符。例如，zo+匹配zoo，但是不匹配z
?	零次或一次匹配前面的字符。例如，a?ve?匹配never中的ve
.	匹配任何单个字符，但换行符除外
(pattern)	匹配模式并记住匹配项。通过使用以下代码，匹配的子串可以检索自生成的匹配项集合：Item [0]...[n]。要匹配圆括号字符()，请使用“\(”或“\)”
x|y	匹配x或y。例如，z|wood匹配z或wood；(z|w)oo匹配zoo或wood中的woo
{n}	n是一个非负整数。精确匹配n次。例如，o{2}不匹配Bob中的o，但是匹配foooood中的前两个o
{n,}	在此表达式中，n是一个非负整数。至少n次匹配前面的字符。例如，o{2,}不匹配Bob中的o，但是匹配foooood中的所有o。o{1,}表达式等效于o+，o{0,}等效于o*
{n,m}	m和n变量是非负整数。至少n次且至多m次匹配前面的字符。例如，o{1,3}匹配fooooood中的前三个o。o{0,1}表达式等效于o?
[xyz]	一个字符集。匹配任意一个包含的字符。例如，[abc]匹配plain中的a

（续上表）

元字符	说明
[^xyz]	一个否定字符集。匹配任何未包含的字符。例如，[^abc]匹配plain中的p
[a-z]	字符范围。匹配指定范围中的任何字符。例如，[a-z]匹配英文字母中的任何小写的字母字符
[^m-z]	一个否定字符范围。匹配未在指定范围中的任何字符。例如，[^m-z]匹配未在范围m到z之间的任何字符
\A	仅匹配字符串的开头
\b	匹配某个单词边界，即某个单词和空格之间的位置。例如，er\b匹配never中的er，但是不匹配verb中的er
\B	匹配非单词边界。ea*r\B表达式匹配never early中的ear
\d	匹配数字字符
\D	匹配非数字字符
\f	匹配换页字符
\n	匹配换行符
\r	匹配回车字符
\s	匹配任何空格，包括空白、制表符、换页字符等
\S	匹配任何非空格字符
\t	匹配跳进字符
\v	匹配垂直跳进字符
\w	匹配任何单词字符，包括下划线。此表达式等效于[A-Za-z0-9_]
\W	匹配任何非单词字符。此表达式等效于[^A-Za-z0-9_]
\z	仅匹配字符串的结尾
\Z	仅匹配字符串的结尾，或者结尾的换行符之前

Java编程中涉及的元字符较多，本章后面几节将会展开介绍常见的元字符。

8.2.4 限定符

限定符指定在输入字符串中必须存在上一个元素（可以是字符、组或字符类）的多少个实例才能找到匹配项。8.2.3小节中的“*”“+”“?”“{n}”“{n,}”和“{n, m}”都是限定符。

先来介绍“{n}”。“{n}”限定符表示匹配上一元素n次，其中n是任何非负整数。例如：“y{5}”只能匹配“yyyyy”，“3{2}”则只能匹配“33”；“\w{3}”可以匹配任意三位英文字母，如“yes”“Yes”“abc”和“Esc”都是可以匹配的，但是“No”“123”“No1”都不能被匹配。

“{n,}”限定符表示至少匹配上一元素n次，其中n是任何非负整数。例如“y{3,}”可以匹配“yyy”，也可以匹配“yyyyyy”。同理，“[0–9]{3,}”可以匹配任意数位为三及以上的数字。

“{n, m}”限定符表示至少匹配上一元素n次，但不超过m次，其中n和m是非负整数。例如“y{2,4}”可以匹配“yy”“yyy”和“yyyy”。同理，“[0–9]{8,11}”表示可以匹配任意八位至十一位的数字。

“*”限定符表示与前面的元素匹配零次或多次，它相当于限定符“{0,}”。例如“91*9*”可以匹配“919”“9119”“9199999”等，但是不能匹配“9129”“929”等。

“+”限定符表示匹配上一元素一次或多次，它相当于限定符“{1,}”。例如“an\w+”可以匹配“antrum”等以“an”开头的包含三个及以上字母的单词，但是不能匹配“an”。

“?”限定符表示匹配上一元素零次或一次，它相当于“{0,1}”。例如“an?”可以匹配“a”和“an”，但是不能匹配“antrum”。

8.2.5 定位符

定位符能够将正则表达式固定到行首或行尾，还能创建一些在一个单词内、一个单词的开头或者一个单词的结尾出现的正则表达式。

定位符用来描述字符串或单词的边界。“^”和“$”分别指字符串的开始与结束，“\b”描述单词的前或后边界，“\B”表示非单词边界。

正则表达式中常见的定位符如表8.2.2所示。

表8.2.2 正则表达式中常见的定位符

定位符	说明
^	匹配输入字符串的开始位置，如果设置Multiline属性，^也匹配'\n'或'\r'之后的位置。除非在方括号表达式中使用，此时它表示不接受该字符集合。要匹配^字符本身，请使用\^
$	匹配输入字符串结尾的位置。如果设置了Multiline属性，$还会与\n或\r之前的位置匹配
\b	匹配一个单词边界，即单词与空格间的位置
\B	非单词边界匹配

“^”定位符指定以下模式必须从字符串的第一个字符位置开始。例如，“\[a–z]+”可以匹配“123abc”中的“abc”，“^\[a–z]+”则不能匹配“123abc”，但是可以匹配“abc123”中的“abc”，因为整个字符串必须以字母开头。

“$”定位符指定前面的模式必须出现在输入字符串的末尾，或出现在输入字符串末尾的“\n”之前。例如，“\[a–z]+”可以匹配“abc123”中的“abc”，“\[a–z]+$”则不能匹配“abc123”，但是可以匹配“123abc”，因为整个字符串必须以字母结尾。

“\b”定位符指定匹配必须出现在单词字符（“\w”语言元素）和非单词字符（“\W”语言元素）之间的边界上。单词字符包括字母、数字字符和下划线；非单词字符包括不是字母、数字字符或下划线的任何字符。匹配也可以出现在字符串开头或结尾处的单词边界上。“\b”定位符经常用于确保子表达式与整个单词匹配，而不仅仅与单词的开头或结尾匹配。例如，字符串“area bare arena mare”使用正则表达式“\bare\w*\b”去匹配，“area”“arena”都是满足此正则表达式的。

“\B”定位符指定匹配不得出现在单词边界上，它与“\b”定位符正好相反。例如，字符串“equity queen equip acquaint quiet”使用正则表达式“\Bqu\w+”去匹配，“quity”“quip”和“quaint”是都满足此正则表达式的。

8.2.6　分组构造

分组构造描述了正则表达式的子表达式，用于捕获输入字符串的子字符串。可以使用“()”（英文小括号）分组构造捕获匹配的子表达式：

```
(子表达式)
```

其中“子表达式”为任何有效正则表达式模式。使用括号的匹配捕获按正则表达式中左括号的顺序从一开始就从左到右自动编号。

例如，对字符串“He said that that was the correct answer.”使用“(\w+)\s(\w+)\W”来匹配，结果则是：

```
He said 一组，其实 “He” 和 “said” 分别为一个子组。
that that 一组，其中“that” 和 “that” 分别为一个子组。
was the一组，其中“was” 和 “the” 分别为一个子组。
correct answer.一组，其中“correct” 和 “answer.” 分别为一个子组。
```

8.2.7　匹配模式

匹配模式指的是匹配时使用的规则。使用不同的匹配模式可能会改变正则表达式的识别，也可能会改变正则表达式中字符的匹配规定。本小节将会介绍几种常见的匹配规则。

不区分大小写模式，指的是在匹配单词时，正则表达式将不会区分字符串中字母的大小写。例如，期望用户输入“yes”，但是用户也有可能输入“Yes”或者“yES”等，如果区分大小写，那么正则表达式就要写成“[yY][eE][sS]”。这样做确实可以匹配到想要的结果，但是写起来就很麻烦。如果启用了“不区分大小写模式”匹配字符串，我们只需使用正则“yes”就可以匹配用户输入的各种大小写混合的“Yes”“yes”“yEs”等。

单行模式（或者叫点号通配）会改变元字符“.”的匹配方式。元字符“.”几乎可以匹配任何字符，但是默认情况下“.”不会匹配“\n”换行符。然而，有时候确实想要匹配“任何字符”，那么我们可以使用单行模式，让“.”匹配任何字符（当然也可以使用例如“[\s\S]”“[\w\W]”等技巧来匹配所有字符）。

多行模式改变的是“^”和“$”的匹配方式。默认模式下，“^”和“$”匹配的是整个字符串的起始位置和结束位置。但是在多行模式下，它们将会匹配字符串内部某一行文本的起始位置和结束位置。

Java处理正则

8.3.1 java.util.regex包介绍

JDK 1.4之前的版本中并没有提供与正则表达式相关的类，那时如果要处理正则表达式就必须使用第三方开源库。从JDK 1.4开始，JDK提供了支持正则表达式的java.util.regex包，其中提供了两个类——Pattern类和Matcher类。

需要注意的是，Java的正则表达式中许多元字符都是使用反斜线“\”开头，这与Java在字符串中相同的字符使用产生冲突。极端的例子如：想要匹配文字“\”，那么正则表达式应该写成“\\\\”来匹配字符串，因为在正则表达式中需要使用“\\”来匹配“\”，而Java的字符串也需要使用“\\”来代表字符串中的原始“\”。

动手写8.3.1

```
import java.util.regex.*;

/**
 * java.util.regex包介绍
 * @author 零壹快学
 */
public class RegexIntro {
  public static void main(String[] args) {
    System.out.println("\\\\"); // 输出\\
    System.out.println("\\"); // 输出\
    System.out.println("\n"); // 输出一个换行符
    System.out.println("\\n"); // 输出\n字符而不是换行符
  }
}
```

其运行结果为：

```
\\
\


\n
```

图8.3.1 反斜线“\”的使用

该前缀表示在字符串中不以任何特殊方式处理反斜线。注意："\\n"代表的是字符"\"和"n"，而不是换行符。

8.3.2 Pattern类

java.util.regex包提供了与Perl正则表达式类似的Pattern类，其正则表达式和要搜索的字符串以Unicode字符串（String）的形式出现。Pattern对象就代表一个正则表达式，也可以认为是一个匹配模式。

由于Pattern的构造方法是私有的，没有公有的构造方法，不可以直接创建，需要通过方法compile(String regex)和指定正则表达式来创建一个Pattern对象。Pattern类中常见的方法如表8.3.1所示。

表8.3.1 Pattern类常见方法

方法	功能描述
asPredicate()	创建一个断言Predicate类对象用于匹配字符串
compile(String regex)	根据指定正则表达式创建Pattern对象
matcher(CharSequence input)	根据输入和当前Pattern对象来创建Matcher对象
pattern()	返回该对象编译的正则表达式
split(CharSequence input)	根据该对象正则表达式分割字符序列
toString()	返回该Pattern对象字符串格式

下面是Pattern类的简单示例。

动手写8.3.2

```
import java.util.regex.Pattern;

/**
 * Pattern类示例
 *
 * @author 零壹快学
 */
public class PatternExample {
    public static void main(String[] args) {
        String str = "零壹快学www.01kuaixue.com";
        String regex = ".*01kuaixue.*";
        System.out.println("字符串中是否包括'01kuaixue'?" + Pattern.matches(regex, str));
    }
}
```

其运行结果为：

```
字符串中是否包括'01kuaixue'?true
```

图8.3.2　Pattern类使用示例

Pattern类总是和Matcher类同时使用，对匹配正则表达式的内容进行操作。

8.3.3　Matcher类

Matcher类使用Pattern对象提供的匹配信息对正则表达式进行匹配。Matcher类与Pattern类一样，位于java.util.regex包中。Matcher类中最常用的三个方法为matches()、lookingAt()和find()。其中，matches()方法用于对整个目标字符串进行检测判断；lookingAt()方法用于对前面的字符串进行匹配，只有匹配到的字符串在最前面时才返回true；find()方法用于对字符串进行匹配，匹配到的字符串可以出现在任何位置。

Matcher类中常见的方法如表8.3.2所示。

表8.3.2　Matcher类常见方法

方法	功能描述
end()	返回最后匹配字符的位移
find()	对字符串进行匹配
group()	返回匹配序列组合
groupCount()	查看满足正则表达式的分组数
lookingAt()	对位于前面的字符串进行匹配
matches()	对Pattern对象正则表达式进行匹配
pattern()	返回Matcher对象使用的正则表达式
replaceAll()	对匹配正则表达式的所有字符串进行替换
reset()	重置Matcher对象
start()	返回首次匹配字符的位移

当一个字符串中有多个字符组合满足正则表达式时，就可以使用Matcher对象的分组功能，对每个组合进行操作。

动手写8.3.3

```
import java.util.regex.Matcher;
import java.util.regex.Pattern;


/**
```

```
 * Pattern类示例 Matcher类分组
 *
 * @author 零壹快学
 */
public class PatternExample {
    public static void main(String[] args) {
        String str = "零壹快学www.01kuaixue.com";
        String regex = "[0-1A-Za-z](.*)(\\.)"; // 满足多个字符后面只有1个'.'的情况
        Pattern pattern = Pattern.compile(regex);
        Matcher matcher = pattern.matcher(str);
        int groupCount = matcher.groupCount();
        System.out.println("匹配到组合数量为：" + groupCount);
        if (matcher.find()) {
            for (int i = 0; i <= groupCount; i++) {
                System.out.println("匹配到字符组合：" + matcher.group(i));
            }
        } else {
            System.out.println("未找到匹配正则的字符组合");
        }
    }
}
```

其运行结果为：

```
匹配到组合数量为：2
匹配到字符组合：www.01kuaixue.
匹配到字符组合：ww.01kuaixue
匹配到字符组合：.
```

图8.3.3　Matcher类使用示例

8.3.4　PatternSyntaxException类

PatternSyntaxException类位于java.util.regex包中，是一个非强制性的异常类，在正则表达式出现语法错误时系统会抛出该类异常。下面看一个抛出PatternSyntaxException异常的示例。

动手写8.3.4

```
import java.util.regex.Matcher;
import java.util.regex.Pattern;
```

```
/**
 * PatternSyntaxException示例
 * @author 零壹快学
 */
public class PatternExample {
    public static void main(String[] args) {
        String str = "零壹快学www.01kuaixue.com";
        String regex = "[0-1A-Za-Z](.*)"; // 字母Z应该在a前面，a-Z非法错误
        Pattern pattern = Pattern.compile(regex); // 抛出异常
    }
}
```

动手写8.3.4编译后运行时会抛出异常，如下所示：

```
Exception in thread "main" java.util.regex.PatternSyntaxException: Illegal character range near index 9
[0-1A-Za-Z](.*)
         ^
	at java.util.regex.Pattern.error(Pattern.java:1957)
	at java.util.regex.Pattern.range(Pattern.java:2657)
	at java.util.regex.Pattern.clazz(Pattern.java:2564)
	at java.util.regex.Pattern.sequence(Pattern.java:2065)
	at java.util.regex.Pattern.expr(Pattern.java:1998)
	at java.util.regex.Pattern.compile(Pattern.java:1698)
	at java.util.regex.Pattern.<init>(Pattern.java:1351)
	at java.util.regex.Pattern.compile(Pattern.java:1028)
	at PatternExample.main(PatternExample.java:13)
```

图8.3.4　PatternSyntaxException异常示例

8.4 小结

本章介绍了正则表达式的基础知识，读者可以从中了解元字符的定义和具体使用方法，熟悉掌握正则表达式的基本语法。本章同时介绍了Java中对正则表达式进行操作的常用类和方法，这也是读者需要重点掌握的内容。

8.5 知识拓展

8.5.1　贪婪与非贪婪匹配

贪婪匹配是指限定符尽可能多地匹配字符串；默认情况下，限定符都是贪婪匹配。非贪婪匹配则是指限定符尽可能少地匹配字符串；一般情况下，在限定符后加上“?”表示非贪婪匹配。

动手写8.5.1

```
import java.util.regex.Matcher;
import java.util.regex.Pattern;

/**
 * 贪婪匹配与非贪婪匹配
 *
 * @author 零壹快学
 */
public class PatternExample {
    public static void main(String[] args) {
        // 示例1
        String str = "Are you ok?No, I am not ok.";
        String regex = ".+"; // 贪婪
        Matcher matcher = Pattern.compile(regex).matcher(str);
        if (matcher.find()) {
            System.out.println(matcher.group());
        }
        regex = ".+?"; // 非贪婪
        matcher = Pattern.compile(regex).matcher(str);
        if (matcher.find()) {
            System.out.println(matcher.group());
        } // 示例2
        str = "<this><is><an><example>";
        regex = "<.+>"; // 贪婪
        matcher = Pattern.compile(regex).matcher(str);
        if (matcher.find()) {
            System.out.println(matcher.group());
        }
        regex = "<.+?>"; // 非贪婪
        matcher = Pattern.compile(regex).matcher(str);
        if (matcher.find()) {
            System.out.println(matcher.group());
        }
    }
}
```

其运行结果为：

```
Are you ok?No, I am not ok.
A
<this><is><an><example>
<this>
```

图8.5.1　贪婪与非贪婪匹配示例

8.5.2　零宽断言

零宽断言，顾名思义，是一种零宽度的匹配。它匹配的内容不会保存到匹配结果中，因为表达式的匹配内容只是代表一个位置而已，如标明某个字符的右边界是怎样的构造。常用断言字符如表8.5.1所示。

表8.5.1　常用断言字符

断言字符	说明
?=	零宽度正预测先行断言，它断言自身出现的位置的后面可以匹配后面跟的表达式
?<=	零宽度正回顾后发断言，它断言自身出现的位置的前面可以匹配后面跟的表达式
?!	零宽度负预测先行断言，它断言自身出现的位置的后面不可以匹配后面跟的表达式
?<!	零宽度负回顾后发断言，它断言自身出现的位置的前面不可以匹配后面跟的表达式

动手写8.5.2

```
import java.util.regex.Matcher;
import java.util.regex.Pattern;

/**
 * 零宽断言
 *
 * @author 零壹快学
 */
public class PatternExample {
    public static void main(String[] args) {
        String str = "eating apple seeing paper watching movie";
        String regex = "(\b\\w+?)ing";
        Matcher matcher = Pattern.compile(regex).matcher(str);
        if (matcher.find()) {
            System.out.println(matcher.group());
        }
```

```
    regex = "(.+?)(?=ing)";
    matcher = Pattern.compile(regex).matcher(str);
    if (matcher.find()) {
      System.out.println(matcher.group());
    }
    regex = "(.+?)(?<=ing)";
    matcher = Pattern.compile(regex).matcher(str);
    if (matcher.find()) {
      System.out.println(matcher.group());
    }
    str = "unite one unethical ethics use untie ultimate";
    regex = "\b(?!un)\\w+\b";
    matcher = Pattern.compile(regex).matcher(str);
    if (matcher.find()) {
      System.out.println(matcher.group());
    }
    regex = "(?<![a-z])\\d{3,}";
    matcher = Pattern.compile(regex).matcher(str);
    if (matcher.find()) {
      System.out.println(matcher.group());
    }
  }
}
```

其运行结果为：

```
eat
eating
```

图8.5.2 零宽断言示例

8.5.3 常用正则表达式参考

E-mail地址：

```
^\w+([-+.]\w+)*@\w+([-.]\w+)*\.\w+([-.]\w+)*$
```

Internet URL：

```
^(https?:\/\/)?([\da-z.-]+).([a-z.]{2,6})([\/\w .-])\/?$
```

十六进制值：

```
^#?([a-f0-9]{6}|[a-f0-9]{3})$
```

HTML标签：

```
^<([a-z]+)([^<]+)(?:>(.)<\/\1>|\s+\/>)$
```

匹配首尾空白字符的正则表达式：

```
^\s|\s$
```

手机号码：

```
^(13[0-9]|14[0-9]|15[0-9]|166|17[0-9]|18[0-9]|19[8|9])\d{8}$
```

电话号码(“×××-×××××××”“×××-××××××××”“××××-×××××××”“××××-××××××××”“×××××××”和“××××××××”)：

```
^(\(\d{3,4}-)|\d{3.4}-)?\d{7,8}$
```

国内电话号码（0511-1234567、021-12345678）：

```
\d{3}-\d{8}|\d{4}-\d{7}
```

18位身份证号码（数字、字母x结尾）：

```
^((\d{18})|([0-9x]{18})|([0-9X]{18}))$
```

账号是否合法（字母开头，允许5~16字节，允许字母、数字、下划线）：

```
^[a-zA-Z][a-zA-Z0-9_]{4,15}$
```

密码（以字母开头，长度在6~18位之间，只能包含字母、数字和下划线）：

```
^[a-zA-Z]\w{5,17}$
```

强密码（必须包含大小写字母和数字的组合，不能使用特殊字符，长度在8~10位之间）：

```
^(?=.*\d)(?=.*[a-z])(?=.*[A-Z]).{8,10}$
```

日期格式：

```
^\d{4}-\d{1,2}-\d{1,2}
```

一年的12个月（01～09和1～12）：

```
^(0?[1-9]|1[0-2])$
```

一个月的31天（01～09和1～31）：

```
^((0?[1-9])|((1|2)[0-9])|30|31)$
```

IP地址：

```
^((?:(?:25[0-5]|2[0-4]\\d|[01]?\\d?\\d)\\.){3}(?:25[0-5]|2[0-4]\\d|[01]?\\d?\\d))$
```

第9章 面向对象编程

计算机编程中最常被提到的就是类和对象。掌握类和对象的概念是学习Java编程语言的基础。

9.1 面向对象介绍

早期的计算机编程语言都是面向过程的。程序由数据和算法构成，而数据可以构成复杂的数据结构，算法也是由上到下的复杂逻辑控制，这是一种将数据与操作算法分离开的编程思想。这种程序设计思想的重点是在代码中各个方法的执行上，C语言中提供了结构体来解决数据复杂度问题，可将一部分数据或属性包装起来，定义出一个复杂的数据结构，如Person结构体（包括姓名、年龄、身高、体重等一系列数据）。

动手写9.1.1

```
#include <stdio.h>
int main(){
  // 定义结构体 Person
  struct Person{
    //结构体包含的变量
    char *name;
    int age;
    float height;
    float weight;
  };
  // 通过结构体来定义变量
  struct Person person;
  // 操作结构体的成员
  person.name = "小王";
  person.age = 25;
```

```
    person.height = 181.2;
    person.weight = 75.0;

    return 0;
}
```

上面示例是C语言设计中的结构体。但是，这种结构也只能支持复杂的数据结构，对于每个数据的处理都要单独提供方法，而且这些方法与这个整体的结构体并没有关系。

后来在Java、C++、PHP、Python等语言中，人们对C语言中的结构体进行了升级，引入了一种新的编程思想——面向对象编程，即程序操作都是在操作对象。对象中不仅可以定义复杂的数据结构，也可以定义复杂的算法方法。对象将数据和方法封装起来，开发者需要负责对象内部的数据和算法，同时对外暴露接口供调用方使用，而调用方不需要关心实际对象内部的复杂逻辑，只需要调用接口。动手写9.1.2给出了Java中与Person结构体相同的示例，与C语言结构体不同的是它加入了算法方法。

动手写9.1.2

```
/**
 * Java语言对象示例
 * @author 零壹快学
 */
public class Person {
    // 数据
    String name;
    int age;
    float height;
    float weight;

    // 算法方法
    Person(String name, int age, float height, float weight){
        this.name = name;
        this.age = age;
        this.height = height;
        this.weight = weight;
    }

    // 算法方法
    private void printPerson() {
```

```
        System.out.println(name+age+height+weight);
    }
}
```

开发人员发现这种编程思想更能解决实际问题，程序不仅是对象的集合，而且能够描述具有高复杂度的各类模型和算法。现实生活中人的思考是抽象的，会将遇到的事物抽象化，相同或类似的对象可以进一步进行抽象化，这时就出现了对象的类型——类。先定义类，然后由类去创建对象，最后由对象去管理整个程序，这个过程就像是人类思考先经过抽象后实例化再去执行一样，所以面向对象编程变得广泛起来。

值得注意的是，类的产生是抽象的结果，人们在认识复杂世界时，会将实物（或者可以说是对象）的一些近似特征抽出来，并且不考虑其中每个个体的细节。面向对象编程就是一种不断将数据和方法抽象化的过程。

面向对象编程在软件执行效率上并没有绝对的优势，它主要是一种方便开发者组织管理代码、快速梳理熟悉各个业务领域逻辑的思想方法，也是一种更贴近现实生活的编程设计方法。

9.1.1 对象

万物皆是对象。现实世界中能见到、能触碰到的所有事物和人，都是对象，如人、猫、狗、汽车等。而在计算机世界里，是用虚拟的编程代码来对现实世界的事物进行抽象化，产生对象，然后用面向对象编程思想来解决现实世界中的种种难题。对象可以是有形的，也可以是无形的。人们在认识世界时，会将对象简单处理为两个部分——属性和行为。

对象具有属性，可以称之为状态，也可以称之为变量，如每个人都有姓名、年龄、身高、体重等，这些数据是用来描述对象的属性，如图9.1.1所示。

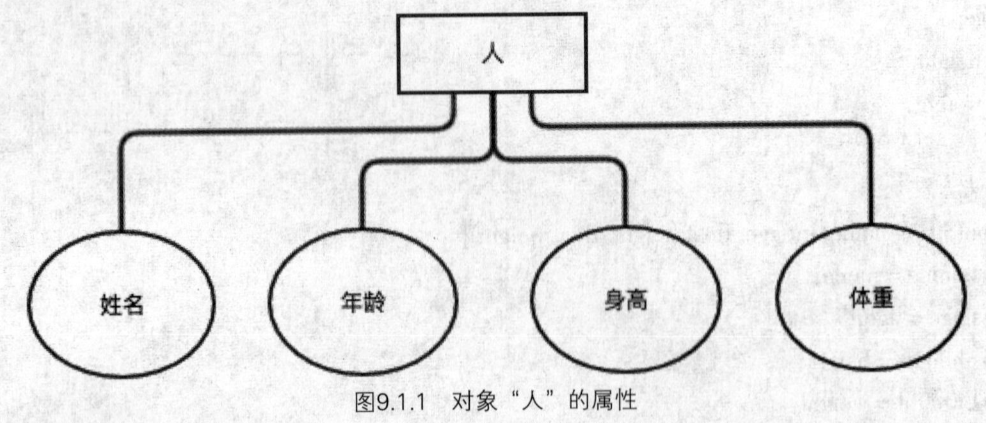

图9.1.1 对象“人”的属性

同一类的对象虽然都有这些属性，但是每个对象是不同的，这表现在每个对象各自的属性值都并不相同上，如图9.1.2所示。

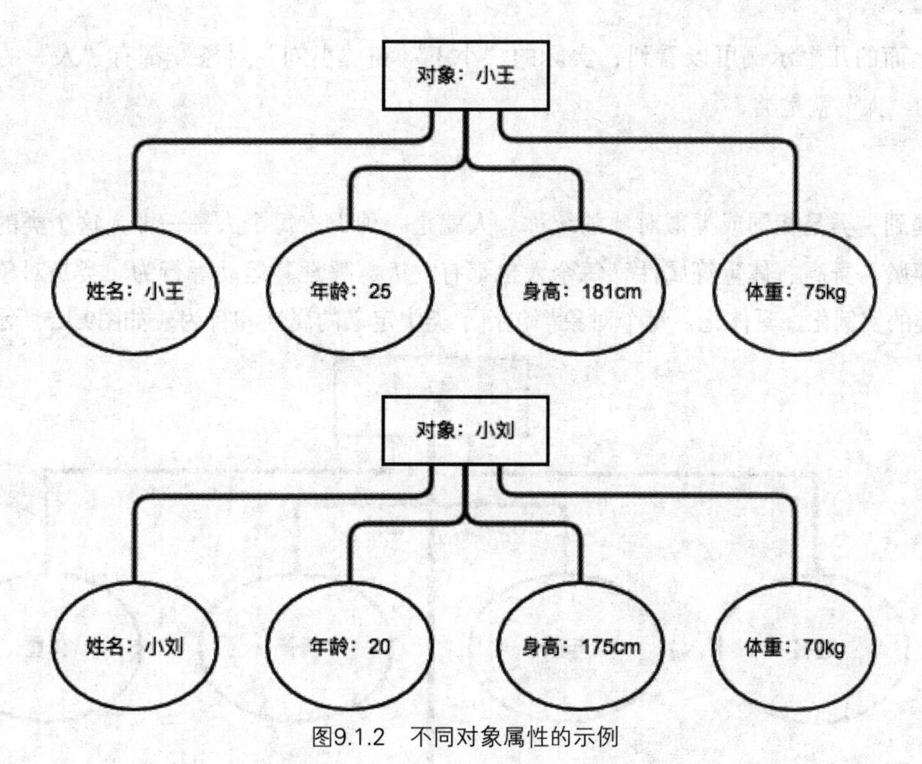

图9.1.2 不同对象属性的示例

对象具有行为，也可以称之为方法，如每个人都要吃饭、睡觉、运动等，如图9.1.3所示。面向对象编程将完成某个功能的代码块定义为方法，方法可以被其他程序调用，也可以被对象自身调用。举一个简单的例子，大人可以自己去吃饭，小孩可以被大人喂饭。

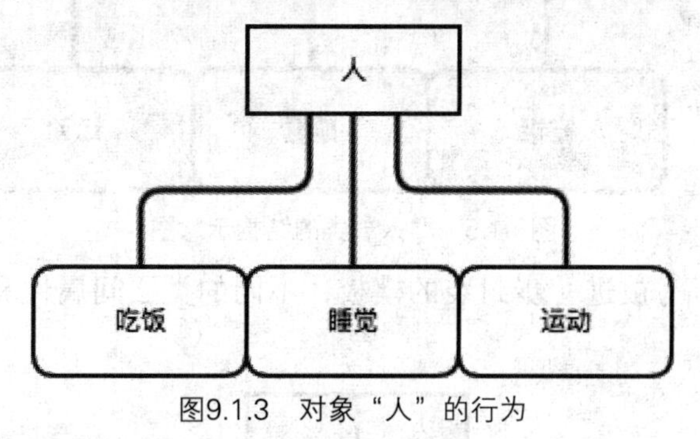

图9.1.3 对象“人”的行为

同样，每个对象的行为也是不相同的，如图9.1.4所示。

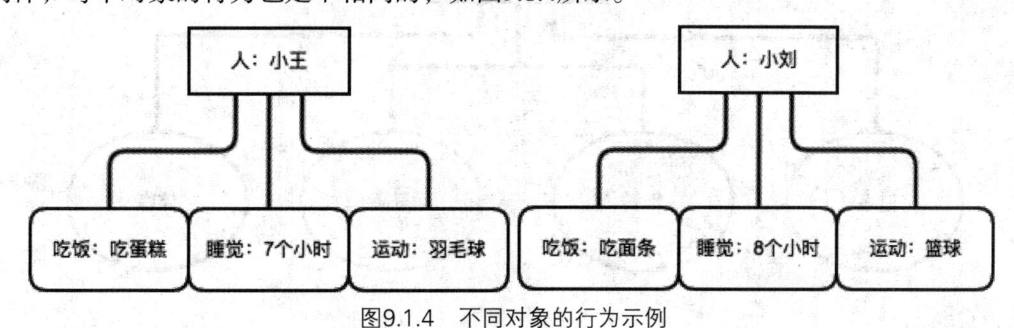

图9.1.4 不同对象的行为示例

通过上面的几个示例可以看到，实际的“小王”和“小刘”对象，都有“人”的属性和行为，这里的“人”就是类。

9.1.2 类

前面提到，类是相同或类似对象的统称。人就是一种类，每个人——即人这个类的对象，都有姓名、年龄、身高、体重等属性，每个人也都有吃饭、睡觉、运动等行为。类是对象的抽象，对象则是类的实例化、具体化，每个对象都包括了类中定义的属性和行为，如图9.1.5所示。

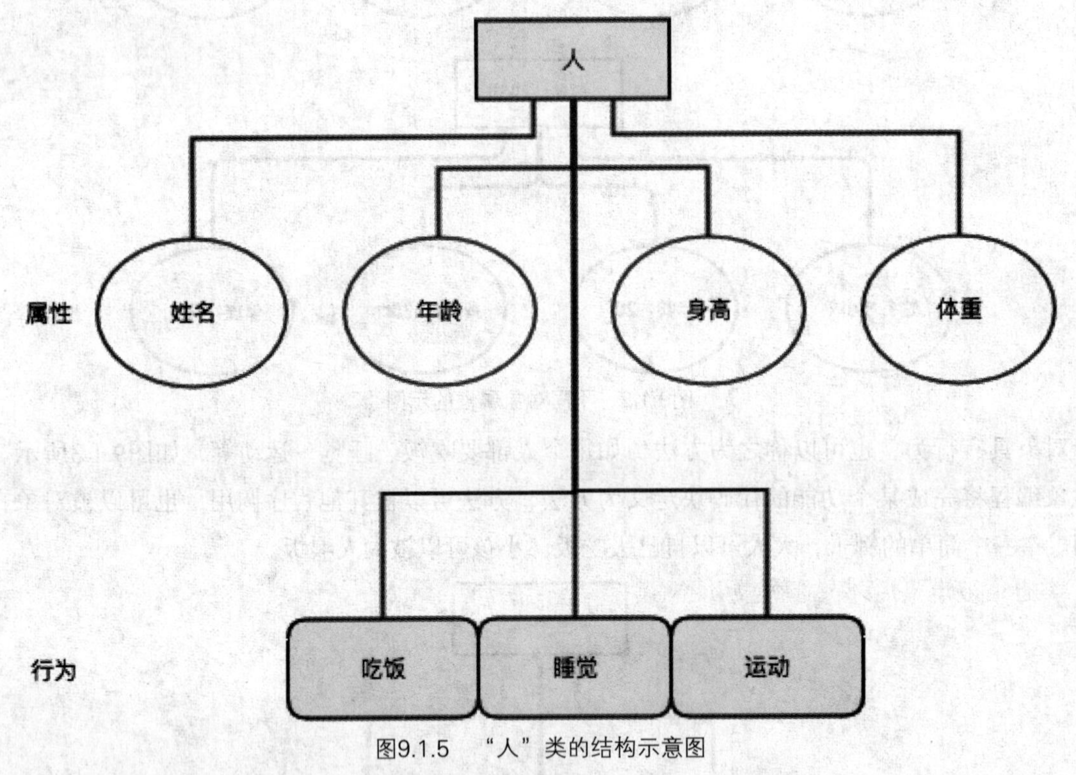

图9.1.5 “人”类的结构示意图

类是对象的属性和行为被进一步封装的模板，不同的类之间属性和行为都是不同的，如图9.1.6所示。

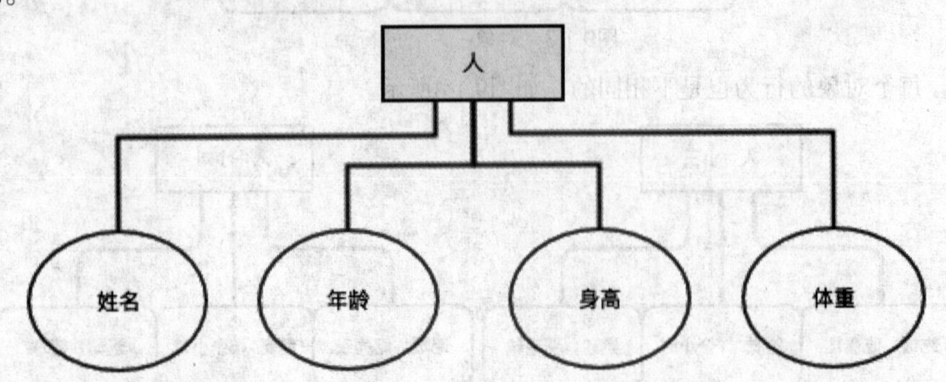

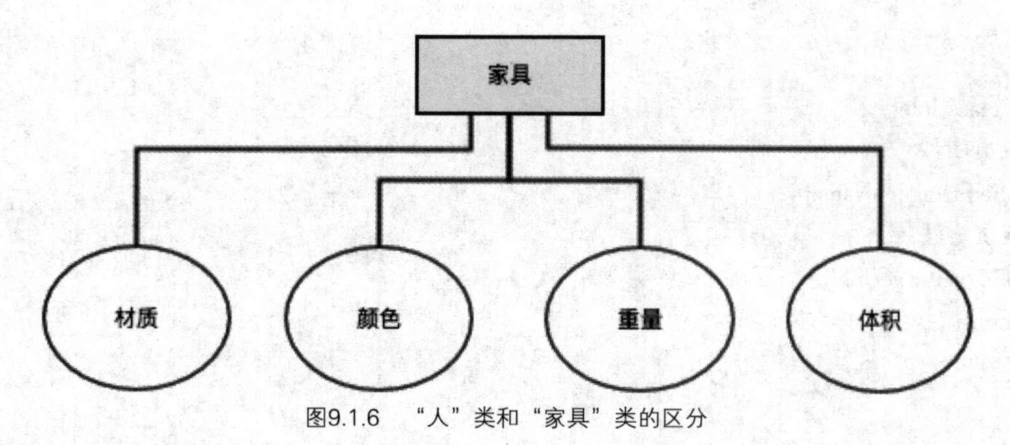

图9.1.6 “人”类和“家具”类的区分

编程语言中，类的属性是以成员属性（也可称成员变量）的出现来定义的，而类的行为是以成员方法的出现来定义的。后续章节将对类和对象的具体使用进行介绍。

9.2 Java与面向对象

Java语言是一门面向对象的语言。Java中对象的成员变量即对象的状态，存储对象状态的数据值；Java中对象的成员方法即对象的行为，描述了对象可以进行的操作。通过上一节的介绍，我们已经对类和对象有了初步的认识，本节将进一步对类和对象的使用进行介绍。

9.2.1 类的声明

类必须被定义后才能使用。定义一个类也就是定义这一类对象的模板，包括定义属性和定义方法。

Java中提供了class关键字来声明一个类，class中有成员属性和成员方法。Java中类的定义格式如下：

```
[访问权限修饰词] [修饰符] class [类名] {
    成员属性声明;
    成员方法声明;
}
```

其中访问权限修饰词（可回顾第3章3.1节的内容）一般为public或默认不写；修饰符也是可选的，一般不写；类名是必需的，并且首字母须大写，与文件名保持一致，如下所示：

动手写9.2.1

```
/**
 * Job类定义
 * @author 零壹快学
```

```
 */
public class Job {
  // 成员属性
  public String jobName;
  // 成员方法
  public String getJob() {
    return "找到工作";
  }
}
```

下面是未添加权限修饰词的示例。

动手写9.2.2

```
/**
 * Job类定义
 * @author 零壹快学
 */
class Job {
  // 成员属性
  String jobName;
  // 成员方法
  String getJob() {
    return "找到工作";
  }
}
```

class也可以定义为一个空的类，如下所示：

动手写9.2.3

```
/**
 * 空的Job类
 * @author 零壹快学
 */
public class Job {
}
```

Java中允许在一个类内部定义另一个类，称为内部类，也可称为嵌套类。内部类的定义如下所示：

动手写9.2.4

```
/**
 * Job内部类定义
 * @author 零壹快学
 */
public class Job {
   // 内部类——JobSalary
   public class JobSalary() {
      private double salary;
   }
   // 成员属性
   private String jobName;
   // 成员方法
   public String getJob() {
      return "找到工作";
   }
}
```

提示

内部类在访问时，必须待外部类对象生成后才能生成内部类对象。另外，因为内部类的语言很复杂，并且在很多场景中，内部类造成了程序结构的不可逆毁灭，所以不建议初学者使用内部类。

在Java中，class类可以理解为是一种新的数据格式，可以用来构造复杂的数据结构。

9.2.2　类的实例化

类的实例化，也称为创建对象。创建对象和创建变量类似，需要先声明对象是哪个类，同时指明变量名称。下面看几个类实例化的例子。

动手写9.2.5

```
Job job; // job=null
```

上面示例中，创建了一个空的Job类的对象，名称为job。如果想要使用这个对象，需要使用Java中的关键字new来创建一个对象并分配内存。

动手写9.2.6

```
Job job = new Job();
```

上面示例中，创建了一个Job对象，并命名为job，同时在内存中为这个对象分配了存储空间。

Java中创建对象实际是将对象的内存地址传给了变量，如job其实指向了新创建Job对象的内存地址，这也被称为引用。下面看一个示例。

动手写9.2.7

```
/**
 * 创建对象——引用
 * @author 零壹快学
 */
public class JobReference {
   public static void main(String[] args) {
      Job job1 = new Job();
      Job job2 = job1;
      Job job3 = new Job();
      System.out.println("job1和job2是相等的:" + job1.equals(job2));
      System.out.println("job3和job1是相等的:" + job3.equals(job1));
   }
}
```

上面示例中，job1和job2都引用同一个Job对象的内存地址，job3则是指向另外一个新建Job对象的内存地址。动手写9.2.7的运行结果如下：

```
job1和job2是相等的:true
job3和job1是相等的:false
```

图9.2.1　运行结果

当一个对象被使用结束后，它就会被处理为垃圾；JVM的垃圾回收机制（GC）会将这个对象销毁，这个对象也将不能被使用。此时，引用这个对象的地址将会指向null，如job=null。我们将在“9.2.7对象的应用”详细介绍对象销毁。

9.2.3　成员属性

成员属性，也称为成员变量，声明方式如下：

```
[访问权限修饰词] [修饰符] [数据类型] [变量名];
```

和类的定义相似，访问权限修饰词和修饰符都是可选的。数据类型为Java内任何有效的数据类型，如基本数据类型int，也可以是后面章节将讲到的集合类、包装类等。

动手写9.2.8

```
/**
 * 成员变量定义
```

```
 * @author 零壹快学
 */
public class Job { // 类定义
   private String jobName; // 工作名称属性定义
   private String desc; // 工作描述属性定义
   private int workYear; // 工作年限属性定义
}
```

成员属性的类型也可以由开发者自定义的类来定义；成员属性在定义的时候可以直接初始化赋值，如下所示：

动手写9.2.9

```
/**
 * 成员属性定义——使用自定义类的数据类型
 * @author 零壹快学
 */
public class Person {
   private String name = "小王";
   private Job job; // 使用定义的Job类来定义一个成员属性
}
```

9.2.4　成员方法

成员方法，是用来提供成员属性的算法操作，也可以提供对外调用的接口服务。调用成员方法可以认为是向该对象发送了一个消息。成员方法声明方式如下：

```
[访问权限修饰词] [修饰符] [返回数据类型] [方法名](参数列表){
      [方法体]
};
```

其中访问权限修饰词和修饰符都是可选的，方法名需按照命名规范命名，一般是“动词+名字”的驼峰形式，方法名的第一个单词全部小写，后面紧跟着的单词首字母大写，例如方法“getName()”。

方法入参不是必需的，这里的参数传递实际上也是引用，并且引用的类型必须正确。参数列表具体格式如下：

```
([数据类型1] 参数名称1, [数据类型2] 参数名称2... )
```

方法返回数据类型为任何有效的数据类型（包括自定义的类），使用return关键字返回指定的对象。方法也可以没有返回值，这时方法返回类型定义为void。

动手写9.2.10

```
/**
 * 成员变量定义
 * @author 零壹快学
 */
public class Job { // 类定义
    private String jobName; // 工作名称属性定义
    // 成员方法，返回String类型
    public String getJob(String jobName) {
        return "找到工作" + jobName;
    }

    // 成员方法，没有返回值，类型定义为void
    public void findJavaJob() {
        System.out.println("边学习Java边找工作");
    }
}
```

方法体为正常的代码块，可包括赋值语句或调用的其他方法，如下所示：

动手写9.2.11

```
/**
 * 成员方法——方法体调用其他成员方法
 * @author 零壹快学
 */
public class Person {
    public String name;
    public void doSomething() {
        Job job = new Job();
        job.findJavaJob(); // 方法体中调用其他方法
    }

    public static void main(String[] args) {
        System.out.println(doSomething());
    }
}
```

return关键字可以出现在方法体中的任意部位，用来表示程序执行到此行时应跳出该方法。

return也可以出现在没有返回值的成员方法中，一般写为：

```
return;
```

动手写9.2.12

```
/**
 * 成员变量定义——return关键字使用
 * @author 零壹快学
 */
public class Job { // 类定义
    private String jobName; // 工作名称属性定义
    // 成员方法，没有返回值，类型定义为void
    public void findJavaJob() {
        if(jobName.equals("Java")) {
            System.out.println("边学习Java边找工作");
            return;
        }
        System.out.println("这条语句不会被执行");
    }
}
```

上面示例中，如果条件语句判定jobName这个成员变量的值等于“Java”，就会进入到条件代码块中执行输出语句，并执行return直接跳出方法，代码的最后一行print语句并不会被执行。

一般情况下，void方法中最后一行的return都可以忽略不写。

9.2.5　访问成员的属性和方法

创建一个对象之后，成员属性和成员对象就可以被访问。我们可以使用“引用.属性/方法”的调用方式来获取这个对象的属性或方法。

成员属性和方法可以在定义的类中被调用，如下所示：

动手写9.2.13

```
/**
 * 访问成员属性和方法——同一个类里
```

```
 * @author 零壹快学
 */
public class Job {
    private String name = "Java工程师";
    private void findJob() {
        System.out.println(name); // 访问成员属性
    }
    private void prepareWork() {
        findJob(); //访问成员变量
    }
}
```

成员属性和方法也可以在其他类中被调用，此时被访问的成员属性和成员方法必须定义为非私有，如下所示。动手写9.2.14在同一个文件包下定义了两个类——Job类和Person类。

动手写9.2.14

```
/**
 * 访问成员属性和方法——其他类调用Job类
 * @author 零壹快学
 */
public class Job {
    public String name = "Java工程师";
    public void findJob() {
        System.out.println(name); // 访问成员属性
    }
}
/**
 * 访问成员属性和方法——其他类调用
 * @author 零壹快学
 */
public class Person {
    public static void main(String[] args) {
        Job job = new Job();
        System.out.println(job.name);
        job.findJob(); //调用其他类的成员方法
    }
}
```

Java中另外提供了高级编程方式——反射，在知道成员属性和方法名称的时候，可以直接获取及调用成员属性和成员方法，后续章节将进行详细介绍。

9.2.6　变量作用域

在面向对象编程语言中，变量从创建到最后被销毁是有一定作用范围的，不是所有的代码都能够访问变量，这就是变量的作用域。Java中有四种变量作用域，分别是类级变量作用域、对象成员变量作用域、方法级变量作用域和代码块变量作用域。

1. 类级变量作用域

类级变量是指类中的全局变量或静态变量，用static修饰。类级变量在类定义后会在内存中单独分配一块存储空间，可以直接通过类名访问，但不能通过实例化的对象来访问。类级变量作用域位于这个类内的任何地方，也就是说该类的任何地方都可以使用声明的类级变量。

动手写9.2.15

```
/**
 * 变量作用域——类级变量
 * @author 零壹快学
 */
public class Person {
    public static String name = "小王";
    private void changeName() {
        name = "老王";
    }

    public static void main(String[] args) {
        System.out.println("类级变量的访问：" + name);
        Person person = new Person();
        person.changeName();
        System.out.println("变更名字后：" + name);
    }
}
```

上面示例中，可以直接通过变量名访问当前类中的类级变量，运行结果为：

```
类级变量的访问：小王
变更名字后：老王
```

图9.2.2　类级变量作用域示例①

动手写9.2.16

```
/**
 * 变量作用域——类级变量
```

```
 * @author 零壹快学
 */
public class Job {
   public static String name = "Java工程师";
}
/**
 * 变量作用域——类级变量
 * @author 零壹快学
 */
public class Person {
   public static void main(String[] args) {
      System.out.println("类级变量的访问：" + Job.name);
   }
}
```

上面示例中，通过Job类来访问Job中的类级变量name，运行结果为：

类级变量的访问：Java工程师

图9.2.3　类级变量作用域示例②

2. 对象成员变量作用域

和类级变量相似，对象实例化后成员变量可以被类中的任意代码访问，如果是非私有的变量，也可以被其他类的代码访问。如果一个对象没有被实例化，则它的成员变量不能被其他类的代码访问。

动手写9.2.17

```
/**
 * 变量作用域——对象成员变量
 * @author 零壹快学
 */
public class Person {
   public String name = "小王"; // 成员变量
   private void changeName() {
      name = "老王"; // 成员变量可以在类中任意代码处访问
   }

   public static void main(String[] args) {
      // System.out.println("成员变量的直接访问：" + name); // 不能直接访问非静态的变量
      Person person = new Person();
```

```
        System.out.println("对象实例化后成员变量的访问：" + person.name);
    }
}
```

其运行结果为：

对象实例化后成员变量的访问：小王

图9.2.4 对象成员变量作用域示例

3. 方法级变量和代码块变量作用域

在成员方法和代码块中定义的变量称为局部变量，这里的代码块是指流程控制语句内部、static定义的静态代码块内等。局部变量在方法或代码块内执行时被创建，在方法或代码块结束时被销毁。局部变量在使用前必须通过初始化或赋值运算，否则编译时会报错。

动手写9.2.18

```
/**
 * 变量作用域——方法or代码块变量的作用域
 * @author 零壹快学
 */
public class Person {
    private String getName() {
        int id = 10; // 局部变量
        return id + "小王";
    }
    public static void main(String[] args) {
        // id = 11; // 此处无法直接调用getName()方法中的id变量
        Person person = new Person();
        for (int i = 0; i < 2; i++) {
            System.out.println("第" + i + "次");
            System.out.println(person.getName());
        }
        // i = 1; // 此处无法直接调用循环语句中的i变量
    }
}
```

其运行结果为：

```
第0次
10小王
第1次
10小王
```

图9.2.5 方法级变量和代码块变量作用域示例

9.2.7 对象的应用

1. 对象比较

面向对象编程语言中，对象之间的比较有两种形式——值类型比较和引用类型比较。

值类型比较，是指两个对象的值是否相等，比如字符串对象的比较，以及后面章节将要讲到的基本类型包装类对象的比较。如果两个对象的内容相同，则认为它们的值是相等的。因为每个类的父类都是Object类（后面讲继承时会详细介绍），所以Java中会使用类中的equals()方法来比较两个对象的内容是否相等。

动手写9.2.19

```
/**
 * 对象值类型比较
 * @author 零壹快学
 */
public class CompareObject {
    public static void main(String[] args) {
        String name1 = "对象值";
        String name2 = "对象值";
        System.out.println("name1和name2是值相等的： " + name1.equals(name2));
        System.out.println("name1和name2是引用相等的： " + (name1 == name2));
    }
}
```

其运行结果为：

```
name1和name2是值相等的： true
name1和name2是引用相等的： true
```

图9.2.6 对象值类型比较示例

引用类型比较，是指两个对象在内存空间的存储地址是否相同。引用类型比较直接使用运算符“==”来进行比较。

动手写9.2.20

```
/**
 * 对象引用类型比较
 * @author 零壹快学
 */
public class CompareObject {
    public static void main(String[] args) {
```

```
        Person person1 = new Person();
        Person person2 = new Person();
        System.out.println("person1和person2是引用相等的：" + (person1 == person2));
        String name1 = "对象值1"; // 在对象池中存储“对象值1”的引用，同时引用赋值给name1
        String name2 = "对象值1"; // 在对象池中查找到"对象值1"的引用，直接返回给name2
        String name3 = new String("对象值1"); // 在堆中新建一个对象，引用赋值给name3
        String name4 = new String("对象值1"); // 在堆中新建一个对象，引用赋值给name4
        System.out.println("name1和name2是引用相等的：" + (name1 == name2));
        System.out.println("name2和name3是引用相等的：" + (name2 == name3));
        System.out.println("name3和name4是引用相等的：" + (name3 == name4));
    }
}
```

其运行结果为：

```
person1和person2是引用相等的：false
name1和name2是引用相等的：true
name2和name3是引用相等的：false
name3和name4是引用相等的：false
```

图9.2.7　对象引用类型比较示例

从上面示例中可以看到，虽然两个赋值语句都是返回一个String对象的引用，但是JVM对两者的处理方式是不一样的。对于第一种“String name1 = "对象值1"”，JVM会首先在内部维护的String对象池中通过equals()方法查找是否存放着该String对象，如果有就直接返回该引用，并且不会在堆中创建该对象，如果没有则在堆中新建一个对象，并将其引用添加到对象池中，同时将引用返回给变量。对于第二种“String name3 = new String("对象值1")”，JVM会马上在堆中创建一个String对象，然后将该对象的引用返回给用户，这种情况下JVM是不会主动把该对象放到对象池里的。因此，我们才会看到示例的运行结果是：name1和name2是相同的引用，而与name3、name4都是不同的引用。当然，对于自定义的Person类的对象，并不会出现这种情况。

JVM这样处理String也是因为String类型所创建的对象具有不可变性，一旦被创建就永远不能被更改，所以多个引用共用一个对象也不会互相影响。

2. 对象销毁

从创建、使用到最终被销毁，每个对象都有生命周期。在使用对象时，最关键的一个问题就是对象被创建后在什么时候其生命周期会结束，同时分配给这个对象的内存空间也会被系统收回。

Java并不像C++语言提供了析构函数，用于在对象生命期结束时或手动调用delete将对象销毁时，由系统自动调用（析构函数只是在销毁时自动被调用，不能直接调用）。Java语言提供了垃圾回收机制，允许在类中定义一个名为finalize()的方法（本身是Object类中的方法，权限被定义为protected）。如果系统准备对一个对象的内存存储空间进行释放，首先会调用finalize()方法，并且在下一次垃圾回收动作真实发生时才会真正将对象销毁。

Java中，当出现以下两种情况时，垃圾回收机制会将一个对象销毁：

（1）对该对象的引用超过了作用域，如在循环代码块里声明了一个对象，当循环代码结束时，该对象也会被销毁；

（2）该对象被赋值为null。

但是，Java垃圾回收机制也有特殊情况。如果对象（并没有使用new创建）获得了一块特殊的内存存储空间，由于垃圾回收机制只会释放由new关键字分配对象的内存，这种对象不会被销毁，也就是说对象并不是完全都会被垃圾回收。

Java中提供了System.gc()方法来强制进行终结动作，使垃圾回收动作执行。不过，一般情况下，开发者并不会在代码中去手动执行这些操作，而是交由垃圾回收机制去完成这些后台操作。

垃圾回收机制也是需要内存的，当计算机内存资源因为系统异常被耗尽时，垃圾回收就不会被执行。

Java的垃圾回收机制原理较为复杂，涉及Java最底层虚拟机的处理原理，对此感兴趣的读者可以深入阅读Java虚拟机的相关书籍做进一步了解。

9.2.8 修饰符关键字

Java中有两个特殊的关键字——static和final，它们可作为变量、方法或者类的修饰符。

static是静态修饰符，可以用来修饰变量、方法或代码块。被static修饰的变量称为静态变量，被static修饰的方法称为静态方法。静态方法中不能调用非静态方法，但是非静态方法可以调用静态方法。被static修饰的属性或方法对于每个类来说只有一份内存存储空间，没有被static修饰的则是每个新创建的对象都会有一块对应的内存存储空间。

final是不可变修饰符，可以用来修饰变量、方法和类。在面向对象编程中，final用来定义“不可改变、不能改变”的数据，后续小节将重点介绍final关键字的用法。

9.2.9 静态常量

被static和final同时修饰的成员属性称为静态常量。在程序执行时，系统会先单独给这个常量分配一块不可变的内存存储空间，这样该常量就可以一直被使用，避免了内存资源的浪费。静态常量被创建后，其值不能被修改。

动手写9.2.21

```
/**
 * 静态常量示例
 * @author 零壹快学
 */
public class StaticComponent {
    public static final int EARTH_RADIUS = 6371;
    public static void main(String[] args) {
        System.out.println("地球半径为" + EARTH_RADIUS + "km");
        System.out.println(StaticComponent.EARTH_RADIUS);
    }
}
```

其运行结果为：

```
地球半径为6371km
6371
```

图9.2.8　静态常量示例

定义成非私有的静态常量可以直接通过“类名.常量名”的方式进行访问。

静态常量命名时一般所有字母都大写，用下划线“_”来区分各个单词，如EARTH_RADIUS，表示地球半径。

9.2.10　静态变量

被static修饰的成员属性称为静态变量。在类加载时，静态变量最先被分配内存存储空间，同一个类的不同对象共享同一个静态变量。

动手写9.2.22

```
/**
 * 静态变量示例
 * @author 零壹快学
 */
public class StaticComponent {
    static String name = "这是静态变量";
    public static void main(String[] args) {
```

```
        System.out.println("成员方法调用：" + name);
        System.out.println("通过类型.变量调用：" + StaticComponent.name);
        StaticComponent staticComponent = new StaticComponent();
        System.out.println("通过实例化调用：" + staticComponent.name);
    }
}
```

其运行结果为：

成员方法调用：这是静态变量
通过类型.变量调用：这是静态变量
通过实例化调用：这是静态变量

图9.2.9 静态变量示例

定义成非私有的静态变量可以通过“类型.变量名”的方式进行访问。当一个对象对这个类的静态变量进行修改时，其他该类的对象访问的静态变量值也是会更改的，这也是静态变量在初始化时只会被分配一块内存空间的原因。

动手写9.2.23

```
/**
 * 静态变量示例
 * @author 零壹快学
 */
public class StaticComponent {
    static String name = "这是静态变量";
    public static void main(String[] args) {
        StaticComponent a1 = new StaticComponent();
        StaticComponent a2 = new StaticComponent();
        System.out.println("静态变量原值：" + a1.name);
        a1.name = "静态变量值变更";
        System.out.println("a1:" + a1.name);
        System.out.println("a2" + a2.name);
    }
}
```

其运行结果为：

静态变量原值：这是静态变量
a1:静态变量值变更
a2静态变量值变更

图9.2.10 静态变量变更示例

9.2.11　静态方法

被static修饰的成员方法称为静态方法。同理，静态方法也是在程序最开始时被分配单独一块内存空间。静态方法是被共享的，可以直接通过“类名.方法名”方式被调用，也可以直接实例化对象，通过“对象.方法名”方式被调用。静态方法中不能调用非静态方法，但是非静态方法可以调用静态方法。

动手写9.2.24

```
/**
 * 静态方法示例
 * @author 零壹快学
 */
public class StaticComponent {
    public String name = "实例化成员属性";

    public void nonStaticMethod() {
        System.out.println("实例化成员方法");
    }

    public static void printName() {
        System.out.println("这是静态方法");
        // nonStaticMethod(); // 静态方法中不允许调用非静态方法
    }

    public static void main(String[] args) {
        StaticComponent a1 = new StaticComponent();
        a1.printName();
        StaticComponent.printName();
    }
}
```

其运行结果为：

```
这是静态方法
这是静态方法
```

图9.2.11　静态方法示例

因为静态方法在执行时不一定存在该类的对象，所以静态方法内部不允许使用this关键字。

提示

main()方法就是静态方法，JVM会选择main()静态方法作为Java应用程序的入口。

9.2.12 静态代码块

被static修饰的代码块称为静态代码块，这是一种存在于类中、成员方法外的静态代码块，其中包括一系列可以执行的语句。静态代码块在类第一次被使用时执行，自始至终只会执行一次，往往用来初始化静态变量。

动手写9.2.25

```
/**
 * 静态代码块示例
 * @author 零壹快学
 */
public class StaticComponent {
   static {
      System.out.println("静态代码块");
   }
   {
      System.out.println("非静态代码块");
   }

   public static void main(String[] args) {
      StaticComponent a1 = new StaticComponent();
      StaticComponent a2 = new StaticComponent();
   }
}
```

其运行结果为：

```
静态代码块
非静态代码块
非静态代码块
```

图9.2.12 静态代码块示例

静态代码块只能在类里定义，不能在方法里定义。在类被加载时，静态代码块是最先被调用的。类中定义的非静态代码块会在每次对象实例化时都被执行一次。

9.3 构造方法

类有一种特殊的成员方法叫作构造方法，它的作用是创建对象并初始化成员变量。构造方法与类同名，在创建类的对象时，会自动调用类的构造方法。构造方法没有返回类型，更不能定义为void。另外，构造方法一般都应用public类型来说明，这样才能在程序的任意位置创建类的实例化对象。

动手写9.3.1

```
/**
 * 构造方法
 */
public class Person {
    Person() {
    }
}
```

每个类至少有一个构造方法，如果没有定义，Java会在编译时自动添加一个默认的构造方法，该构造方法没有参数，方法体内也是空的；如果类中自定义了一个构造方法，则默认的构造方法在编译时不会被添加进来。

构造方法中可以有一个或多个入参，一般用来给类中的成员属性进行初始化赋值。一个类中也可以存在多个构造方法，它们之间通过入参类型和入参个数来作区分（称为重载，后续小节会介绍）。

动手写9.3.2

```
/**
 * 构造方法
 * @author 零壹快学
 */
public class Person {
    private String name;
    private int age;

    Person() {
        this.name = "无参名字";
    }

    Person(String name, int age) {
```

```
        this.name = name;
        this.age = age;
    }

    public String toString() {
        return "姓名：" + name + ",年龄：" + age;
    }
    public static void main(String[] args) {
        Person person = new Person();
        System.out.println(person.toString());
        person = new Person("小王", 22);
        System.out.println(person.toString());
    }
}
```

其运行结果为：

```
姓名：无参名字,年龄：0
姓名：小王,年龄：22
```

图9.3.1 构造方法示例

9.4 类的继承和多态

面向对象编程具有三大特性——封装性、继承性和多态性，这些特性使程序设计具有良好的扩展性和健壮性。本节将重点介绍面向对象中的继承和多态。

9.4.1 继承

继承，是一种将类进行层级划分的概念。继承的基本思想是，在一个类的基础上，制定出一个新的类，这个新的类中不仅可以继承原来类的属性和方法，也可以增加新的属性和方法。原来的类被称为父类，新的类被称为子类。

举一个简单的例子，公司和不同行业公司之间的关系，如图9.4.1所示。

下图示例中，公司类具有法人属性和注册公司方法两个成员，互联网公司类和猎头公司类都有法人和注册公司，除此之外，还分别有研发部门、财务部门、研发项目、提供市场信息等各自的成员。这三个类中，公司类是父类，具有通用的属性和方法，互联网公司和猎头公司都是公司类的子类，继承了父类的法人和注册公司，并且还各自具有自定义的属性和方法。

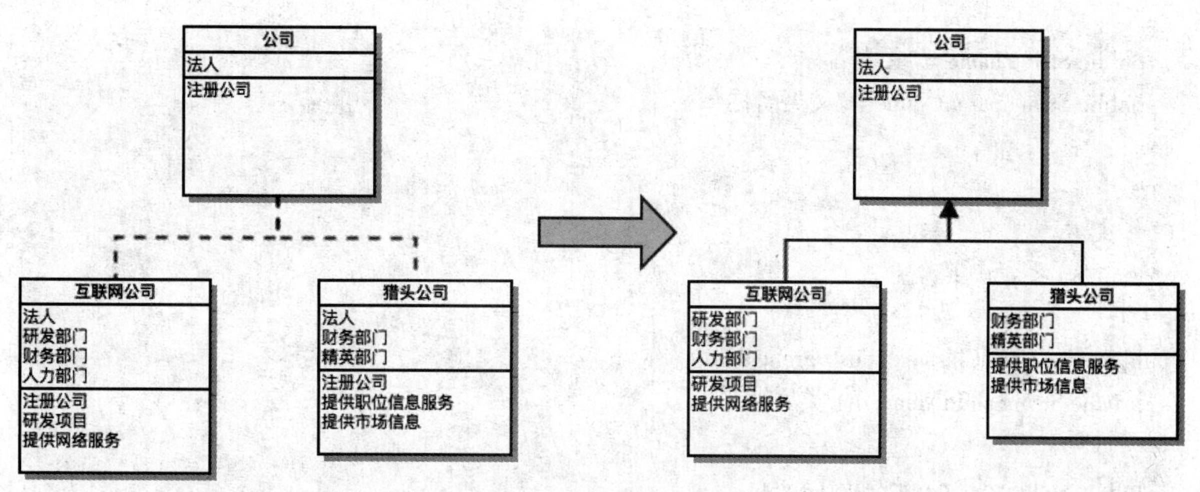

图9.4.1　继承关系示例图

一般情况下，编程语言没有限制一个类可以继承的父类数量，因此一个子类可以有多个父类，如图9.4.2所示。

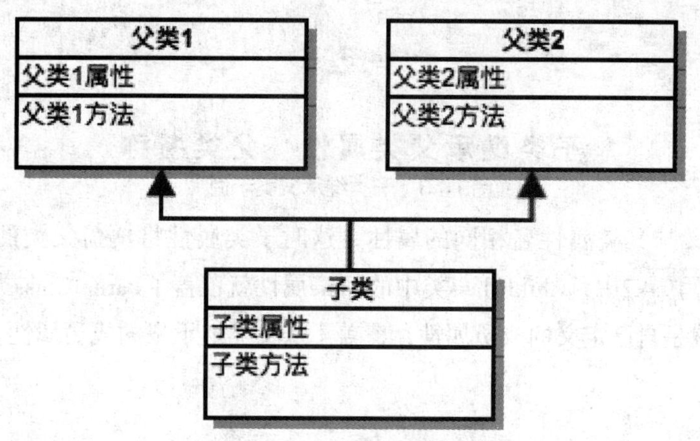

图9.4.2　一个子类继承多个父类

Java中并不支持多重继承，一个子类只能继承一个父类。但是，Java提供了接口interface概念，一个子类可以实现多个接口。接口的概念会在本章后面小节进行介绍。

Java中提供了extends关键字来声明一个子类继承了父类，extends关键字后面只允许出现一个类名。子类可以继承父类的所有非私有的成员属性。

动手写9.4.1

```
/**
 * 父类
 * @author 零壹快学
 */
public class ParentClass {
```

```
    public String name = "父类名称";
    public String parentName = "父类名称";
}
/**
 * 子类
 * @author 零壹快学
 */
public class ChildClass extends ParentClass {
    private String childName; //子类属性

    public static void main(String[] args) {
        ChildClass child = new ChildClass();
        System.out.println("子类继承父类属性：" + child.parentName);
    }
}
```

其运行结果为：

子类继承父类属性：父类名称

图9.4.3　子类继承父类示例

子类也可以定义与父类属性名相同的属性，这时子类属性将覆盖父类的属性，也称为重写（Override）。动手写9.4.2中，ChildClass类中的name属性就覆盖了ParentClass类中的name属性，此时子类操作的属性就是自己定义的成员属性，覆盖了从父类继承来的成员属性。

动手写9.4.2

```
/**
 * 子类覆盖继承的属性
 * @author 零壹快学
 */
public class ChildClass extends ParentClass {
    public String name = "子类名称";
    private String childName; //子类属性

    public static void main(String[] args) {
        ChildClass child = new ChildClass();
        System.out.println("子类覆盖父类属性：" + child.name);
    }
}
```

其运行结果为：

子类覆盖父类属性：子类名称

图9.4.4　子类覆盖父类属性示例

同时，子类也可以继承父类的所有非私有的成员方法，这里是指权限修饰词为public或protected的方法，子类无法访问private修饰的方法。

动手写9.4.3

```
/**
 * 父类
 * @author 零壹快学
 */
public class ParentClass {
    public String name;
    public String parentName = "父类名称";

    public String parentMethod() {
        return "父类方法";
    }
}
/**
 * 子类继承父类方法
 * @author 零壹快学
 */
public class ChildClass extends ParentClass {
    public static void main(String[] args) {
        ChildClass child = new ChildClass();
        System.out.println("子类继承父类方法："+child.parentMethod());
    }
}
```

其运行结果为：

子类继承父类方法：父类方法

图9.4.5　子类继承父类方法示例

子类也可以重写父类的方法，此时子类重写的方法名称须与父类方法名称一致，且返回值类型和入参都不能改变，同时子类重写的方法不能缩小父类方法的访问权限。重写方法的好处在于，子类可以根据需要定义属于自己的行为。

动手写9.4.4

```
/**
 * 子类
 * @author 零壹快学
 */
public class ChildClass extends ParentClass {
    public String name = "子类名称";
    private String childName; //子类属性

    public String parentMethod() {
        return "子类重写方法";
    }

    public static void main(String[] args) {
        ChildClass child = new ChildClass();
        System.out.println("子类重写父类方法：" + child.parentMethod());
    }
}
```

其运行结果为：

子类重写父类方法：子类重写方法

图9.4.6　子类重写父类方法示例

成员方法定义时，会有抛出异常的情况。子类重写这类方法时必须和父类方法抛出异常保持一致，例如父类方法抛出了IOException，子类方法也必须抛出IOException，不能抛出Exception异常。

Java中提供了关键字super，可以在子类调用父类中被重写的方法。

动手写9.4.5

```
/**
 * 子类调用父类中被重写的方法
 * @author 零壹快学
 */
```

```
public class ChildClass extends ParentClass {
    public String name = "子类名称";
    private String childName; //子类属性

    public String parentMethod() {
        return "子类重写方法";
    }

    public void callParentMethod() {
        System.out.println("调用父类中被重写方法：" + super.parentMethod());
    }

    public static void main(String[] args) {
        ChildClass child = new ChildClass();
        child.callParentMethod();
    }
}
```

其运行结果为：

```
调用父类中被重写方法：父类方法
```

图9.4.7 调用父类中被重写的方法示例

子类不能继承父类的构造方法，父类的构造方法只属于父类。但是我们可以使用super关键字去访问父类的构造方法并给父类的成员属性进行赋值。调用父类的构造方法时，super语句必须是代码块的第一条执行语句。

动手写9.4.6

```
/**
 * 父类
 * @author 零壹快学
 */
public class ParentClass {
    ParentClass() {
        System.out.println("父类无参构造方法");
    }
}
```

```
/**
 * 子类
 * @author 零壹快学
 */
public class ChildClass extends ParentClass {
    ChildClass() {
        super();
    }
    public static void main(String[] args) {
        ChildClass child = new ChildClass();
    }
}
```

其运行结果为：

父类无参构造方法

图9.4.8 调用父类方法示例

super关键字也支持将参数传递给父类的构造方法。

动手写9.4.7

```
/**
 * 父类
 * @author 零壹快学
 */
public class ParentClass {
    public String name;

    ParentClass(String name) {
        this.name = name;
        System.out.println("父类有参构造方法：" + name);
    }
}
/**
 * 子类——参数传入父类构造方法
 * @author 零壹快学
 */
```

```
public class ChildClass extends ParentClass {
    ChildClass(String name) {
        super(name);
    }
    public static void main(String[] args) {
        ChildClass child = new ChildClass("传入名称");
    }
}
```

其运行结果为：

父类有参构造方法：传入名称

图9.4.9　父类传参示例

Java中提供了this关键字，用来获取当前子类中定义的成员属性或成员方法；当成员变量与方法内定义的变量重名时，也可以用this关键字来作区分并获取类中定义的成员变量。具体用法如下所示：

动手写9.4.8

```
/**
 * 父类
 * @author 零壹快学
 */
public class ParentClass {
    public String name = "父类成员属性";

    public void method() {
        System.out.println("父类成员方法");
    }
}
/**
 * 子类——使用this关键字
 * @author 零壹快学
 */
public class ChildClass extends ParentClass {
    public String name = "子类成员属性";
```

```
    public void method() {
        System.out.println("子类成员方法");
    }
    public void printMethod() {
        System.out.println(this.name);
        System.out.println(super.name);
        this.method(); // 调用子类的成员方法
        super.method(); // 调用父类的成员方法
    }
    public static void main(String[] args) {
        ChildClass child = new ChildClass();
        child.printMethod();
    }
}
```

其运行结果为：

```
子类成员属性
父类成员属性
子类成员方法
父类成员方法
```

图9.4.10　this关键字使用示例

继承可以被组合使用，即继承具有传递性，例如B类继承了A类，C类继承了B类，这时C类拥有A类和B类的属性和方法，如下所示：

动手写9.4.9

```
/**
 * A类
 * @author 零壹快学
 */
public class A {
    public String name = "A类名称";
    A() {
        System.out.println("A类构造方法");
    }
}

/**
```

```
 * B类
 * @author 零壹快学
 */
public class B extends A {
    public String color = "B类颜色";
    B() {
        System.out.println("B类构造方法");
    }
}

/**
 * C类
 * @author 零壹快学
 */
public class C extends B {
    C() {
        System.out.println("C类构造方法");
    }
    public static void main(String[] args) {
        C c = new C();
        System.out.println(c.name);
        System.out.println(c.color);
    }
}
```

其运行结果为：

```
A类构造方法
B类构造方法
C类构造方法
A类名称
B类颜色
```

图9.4.11　传递继承示例

子类在创建一个新对象时，执行顺序是先找到最根的父类，接着开始执行根父类的构造方法，然后依次向下执行派生出来的子类的构造方法，直到执行完所有子类的构造方法为止。动手写9.4.9中就是依次执行A-B-C类的构造方法。

提示

当创建一个类时，若没有指定父类，Java会默认使该类继承Object类。也就是说，所有类都是Object类的子类，都可以继承或重写Object类的方法。Object类中较常用的方法有equals()、toString()、clone()等。

9.4.2 多态

多态是面向对象编程另一个重要的特性，它是指一个对象的行为可以有多种不同的表现形式。当一个子类继承了父类，并且重写了父类的方法，在创建对象时使用了父类引用指向子类对象，这时就存在多态。

前面章节中介绍了类的构造方法，在实际使用中会出现使用多种不同的方法来创建对象的情况，如有时需要初始化该类的全部属性，有时则只需要初始化部分属性。Java中提供了重载（Overload），使构造方法可以有多种被调用的方式。

和重写Override有些相似，重载Overload是指在一个类里的方法名称相同，但是入参不同（可以是个数的不同，也可以是类型的不同），返回类型也可以不同。每个重载方法的调用是通过参数类型和参数个数来作区分的，程序会根据入参动态识别具体调用的是哪个方法。重载不仅可以发生在同名的构造方法中，也可以发生在其他同名的普通方法中。

动手写9.4.10

```
/**
 * 重载示例
 * @author 零壹快学
 */
public class OverLoadSample {
    public void printName() {
        System.out.println("零入参方法调用");
    }

    public void printName(String name) {
        System.out.println("一个入参方法调用：" + name);
    }

    public void printName(int i) {
        System.out.println("不同类型入参方法调用" + i);
```

```
    }

    public void printName(String name, String id) {
        System.out.println("不同入参个数方法调用");
    }

    public static void main(String[] args) {
        OverLoadSample sample = new OverLoadSample();
        sample.printName();
        sample.printName("一个入参");
        sample.printName(1);
        sample.printName("入参个数不同", "入参个数不同");
    }
}
```

其运行结果为：

```
零入参方法调用
一个入参方法调用：一个入参
不同类型入参方法调用1
不同入参个数方法调用
```

图9.4.12　重载方法示例

当方法只有返回类型不同时，是无法区分是哪个方法的，所以代码中不允许这种情况发生。

面向对象编程中，因为子类与父类存在继承关系，所以对象类型存在着转换，包括向上类型转换和向下类型转换。

向上类型转换是指将子类对象引用转换为父类对象引用。子类对象也可以被当作是一种父类的对象。这是因为继承的关系，子类总是能包含父类的非私有成员。一般情况下，变量会被声明为父类的类型，引用子类的对象。

```
ParentClass child = new ChildClass();
```

动手写9.4.11

```
/**
 * 向上类型转换示例——父类
```

```
 * @author 零壹快学
 */
public class ParentClass {
    public void print() {
        System.out.println("父类方法");
    }
    public void parentMethod() {
        System.out.println("只在父类中定义的方法");
    }
}
/**
 * 向上类型转换示例——子类
 * @author 零壹快学
 */
public class ChildClass extends ParentClass {
    public void print() {
        System.out.println("子类方法");
    }
    public static void main(String[] args) {
        ParentClass child = new ChildClass(); // 向上类型转换
        child.print();
    }
}
```

但是向上类型转换后，声明的父类对象不能调用只在子类中定义的成员，因为父类中并没有这些信息。

动手写9.4.12

```
/**
 * 向上类型转换示例——父类
 * @author 零壹快学
 */
public class ParentClass {
    public void print() {
        System.out.println("父类方法");
    }
}
```

```
/**
 * 向上类型转换示例——子类
 * @author 零壹快学
 */
public class ChildClass extends ParentClass {
    public void childMethod() {
        System.out.println("只在子类中定义的方法");
    }

    public static void main(String[] args) {
        ParentClass child = new ChildClass(); // 向上类型转换
        child.childMethod(); // 编译报错
    }
}
```

其运行结果为：

```
ChildClass.java:12: 错误: 找不到符号
        child.childMethod(); // 编译报错
             ^
  符号:   方法 childMethod()
  位置: 类型为ParentClass的变量 child
1 个错误
```

图9.4.13 转型报错

向下类型转换与向上类型转换动作相反，是指将父类对象引用转换为子类对象引用。这种转换通常会出现问题，因为很明显子类中的内容可能并不存在于父类中，如果直接将父类对象引用赋值为子类定义的变量，程序会编译失败，即父类的对象并不一定是子类的对象。因此，向下类型转换总是伴随着向上类型转换一起出现的。

动手写9.4.13

```
/**
 * 向下类型转换示例——父类
 * @author 零壹快学
 */
public class ParentClass {
    public void print() {
        System.out.println("父类方法");
    }
```

```
}
/**
 * 向下类型转换示例——子类
 * @author 零壹快学
 */
public class ChildClass extends ParentClass {
    public void childMethod() {
        System.out.println("只在子类中定义的方法");
    }

    public static void main(String[] args) {
        ParentClass child = new ChildClass(); // 向上类型转换
        child.print();
        ChildClass childClass = (ChildClass) child; // 强制向下类型转换
        child.print();
        childClass.childMethod();
    }
}
```

其运行结果为：

```
父类方法
父类方法
只在子类中定义的方法
```

图9.4.14　向下类型转换示例

动手写9.4.13中，因为最后向下类型转换后的childClass的类型为ChildClass，具有了子类定义的childMethod()方法，所以编译不会报错。

提示

向上类型转换总是安全的。

Java中提供了instanceof关键字来判断一个对象是否是一个类的实例（也可理解为是否可以转换为该类的对象引用）。instanceof操作示例如下：

```
[对象名] instanceof [类名]
```

上面的表达式返回值为布尔值，一般出现在代码的条件语句中。

动手写9.4.14

```
/**
 * 父类
 * @author 零壹快学
 */
public class ParentClass {
}
/**
 * instanceof判断一个对象是否是一个类的实例
 * @author 零壹快学
 */
public class ChildClass extends ParentClass {
   public static void main(String[] args) {
      ParentClass child1 = new ParentClass();
      if(child1 instanceof ParentClass) {
         System.out.println("child1为ParentClass的实例对象");
      }
      if(child1 instanceof ChildClass) {
         System.out.println("child1为ChildClass的实例对象");
      }
      ParentClass child2 = new ChildClass();
      if(child2 instanceof ParentClass) {
         System.out.println("child2为ParentClass的实例对象");
      }
      if(child2 instanceof ChildClass) {
         System.out.println("child2为ChildClass的实例对象");
      }
   }
}
```

其运行结果为:

```
child1为ParentClass的实例对象
child2为ParentClass的实例对象
child2为ChildClass的实例对象
```

图9.4.15　instanceof方法示例

从上面示例中可以看到，向上类型转换的对象即是父类的实例化对象，也是子类的实例化对象。如果一个类和另一个类不存在继承关系，使用instanceof进行判断时编译器会报错。

动手写9.4.15

```
/**
 * 其他无关的类
 */
public class OtherClass {


}
/**
 * instanceof编译失败
 * @author 零壹快学
 */
public class ChildClass{
    public static void main(String[] args) {
        ChildClass child = new ChildClass();
        if(child instanceof OtherClass) {
            System.out.println("这里不会执行，编译失败不会通过");
        }
    }
}
```

其运行结果为：

```
ChildClass.java:8: 错误: 不兼容的类型: ChildClass无法转换为OtherClass
        if(child instanceof OtherClass) {
           ^
        1 个错误
```

图9.4.16　运行结果

此外，instanceof也可以用来判断一个类是否实现了某个接口，这将在后面讲述抽象类和接口类的小节中进行介绍。

9.5 高级特性

9.5.1　final的使用

Java中提供了final关键字，标识该属性或方法在程序中“不想被改变”。许多编程语言都有final，它会告知编译器这一部分数据是不可变更的。

Java中，final在三个地方可以使用，分别是类、变量和方法。

1. final修饰类

被final修饰的类不能被继承。这种设计方法是为了保证该类的设计永远不需要做任何改动，而且不希望该类有子类出现。

动手写9.5.1

```
/**
 * final修饰类
 * @author 零壹快学
 */
public final class FinalClass {
    int count = 0;

    public static void main(String[] args) {
        FinalClass finalClass = new FinalClass();
        finalClass.count++;
        System.out.println("自增加一数值：" + finalClass.count);
    }
}
```

由于final类禁止被继承，不会出现覆盖方法的情况，所以final类中的所有成员方法都被隐式定义为final。但是，final类中是允许成员变量不被定义为final的。

2. final修饰变量

被final修饰的变量，一旦被初始化就不能更改，一般用作常量。被final修饰的变量在声明时必须被赋值，可以在变量定义时直接赋值，也可以在构造方法中赋值，但是二者必须选其一。final定义的变量不仅可以修饰基本类型数据，也可以修饰对象。当修饰基本类型数据时，该变量的数据值不允许被更改；当修饰对象时，该变量的引用不允许被更改，永远指向初始化的对象。

动手写9.5.2

```
/**
 * Person类
 * @author 零壹快学
 */
public class Person {
    public String name = "名字";
}
/**
 * final修饰变量
```

```
 * @author 零壹快学
 */
public class FinalVariable {
    private final int id = 1010; // 基本类型
    private final Person person = new Person(); // 对象引用

    public static void main(String[] args) {
        FinalVariable finalVariable = new FinalVariable();
        System.out.println("id=" + finalVariable.id);
        System.out.println(finalVariable.person.name); // 名字
        finalVariable.person.name = "更改名字";
        System.out.println(finalVariable.person.name); // 更改名字
    }
}
```

其运行结果为：

```
id=1010
名字
更改名字
```

图9.5.1　final修饰变量示例

前面静态常量的讲述中曾有介绍，一个同时被static和final修饰的数据在内存中占有一块不能被改变的存储空间。static和final同时修饰的变量被引用时不可以更改。

3. final修饰方法

被final修饰的方法不允许被覆盖重写，这是为了保证子类不能随意更改父类中定义的方法。但是，被final修饰的非私有方法仍可以被子类继承，可以通过子类来访问父类的final非私有方法。

动手写9.5.3

```
/**
 * 父类
 * @author 零壹快学
 */
public class ParentClass {
    public void print() {
        System.out.println("继承父类的方法");
    }
```

```
    public final void finalPrint() {
        System.out.println("继承父类的final方法");
    }
    private final void privatePrint() {
        System.out.println("不能被继承的final方法");
    }
}
/**
 * 子类
 * @author 零壹快学
 */
public class ChildClass extends ParentClass {
    public final void privatePrint() {
        System.out.println("这不是继承自父类的方法，是子类自己定义的方法，只是碰巧名称相同");
    }
    public static void main(String[] args) {
        ChildClass child = new ChildClass();
        child.print();
        child.finalPrint();
        child.privatePrint();
    }
}
```

其运行结果为：

```
继承父类的方法
继承父类的final方法
这不是继承自父类的方法，是子类自己定义的方法，只是碰巧名称相同
```

图9.5.2　final修饰方法示例

4. final修饰方法入参

final可以修饰方法的入参，被修饰的入参表示在整个方法的代码块中，参数无论是基本数据类型还是对象引用数据类型，都无法被重新赋值（入参传入进来就相当于变量的初始化完成）。给方法入参添加final是一种代码风格保护机制，以避免在大段的代码块中误操作和错误改写变量值。

动手写9.5.4

```
/**
 * 方法入参被final修饰
 * @author 零壹快学
```

```
 */
public class FinalMethodParam {
    public static void finalParamMethod(final String name) {
        // name变量不能被修改
        name = "修改名字";
    }

    public static void main(String[] args) {
        finalParamMethod("名字");
    }
}
```

上面示例编译报错，提示不能修改被final修饰的入参变量，编译结果如下：

```
FinalMethodParam.java:8: 错误: 不能分配最终参数name
          name = "修改名字";
          ^
1 个错误
```

图9.5.3　编译结果

9.5.2　对象克隆

面向对象编程中经常会遇到一个问题，就是对象的克隆。对于基本类型来说，可以用赋值运算符“=”来直接复制一份数据，但是对于对象来说，“=”只是将同一个对象的引用赋值给了变量，当这个对象改变时，所有引用了该对象的变量获取的值都会随之改变。

克隆对象的最简单一个方法是重新创建一个对象，然后将待克隆对象的每个成员属性的值都拷贝给新的对象的相应成员属性。但是，这种方法成本很高，尤其是当成员变量的类型是自定义的类时，这样做的代价是要写很多不必要的代码，而且很容易出错。

Java中提供了两种克隆方法——浅克隆和深克隆。

在浅克隆中，如果待克隆对象的成员属性是基础值类型，将复制一份给克隆对象；如果待克隆对象的成员属性是引用类型，则将该引用对象的地址复制一份给克隆对象，也就是说待克隆对象和克隆对象的成员属性都会指向相同的引用内存地址。

Java中浅克隆的实现方法为：先是类实现Cloneable接口（接口的概念将在下一节中介绍），然后重写Object.clone()方法。基础值类型浅克隆示例如下：

动手写9.5.5

```
/**
 * Cat类
```

```
 *
 * @author 零壹快学
 */
public class Cat implements Cloneable {
    private String name;
    private int age;
    /**
     * @return the name
     */
    public String getName() {
        return name;
    }
    /**
     * @param name the name to set
     */
    public void setName(String name) {
        this.name = name;
    }
    /**
     * @return the age
     */
    public int getAge() {
        return age;
    }
    /**
     * @param age the age to set
     */
    public void setAge(int age) {
        this.age = age;
    }
    @Override
    public String toString() {
        return "Cat: 【姓名=" + name + ",年龄=" + age + " 】";
    }
    public Object clone() throws CloneNotSupportedException{
        return super.clone();
```

```
    }
}

/**
 * 浅克隆——基本类型
 *
 * @author 零壹快学
 */
public class CopyExample {
    public static void main(String[] args) {
        try {
            Cat catA = new Cat();
            catA.setName("大花");
            catA.setAge(3);
            System.out.println("catA为" + catA);
            Cat catB = (Cat) catA.clone();
            System.out.println("复制后catB为" + catB);
            catB.setName("小黑");
            catB.setAge(4);
            System.out.println("修改后catB为" + catB);
            System.out.println("修改后catA为" + catA);
        } catch (Exception e) {
            System.out.println(e.getMessage());
        }
    }
}
```

其运行结果为：

```
catA为Cat: 【姓名=大花,年龄=3】
复制后catB为Cat: 【姓名=大花,年龄=3】
修改后catB为Cat: 【姓名=小黑,年龄=4】
修改后catA为Cat: 【姓名=大花,年龄=3】
```

图9.5.4　浅克隆示例①

自定义一个CatAction类，在Cat类中添加一个该自定义类的引用类型成员属性后，再来看代码的运行结果，修改后代码如下所示：

动手写9.5.6

```
/**
 * Cat类
 *
 * @author 零壹快学
 */
public class Cat implements Cloneable {
    private String name;
    private int age;
    private CatAction catAction;
    /**
     * @return the name
     */
    public String getName() {
        return name;
    }
    /**
     * @param name the name to set
     */
    public void setName(String name) {
        this.name = name;
    }
    /**
     * @return the age
     */
    public int getAge() {
        return age;
    }
    /**
     * @param age the age to set
     */
    public void setAge(int age) {
        this.age = age;
    }
    /**
     * @return the catAction
```

```
    */
    public CatAction getCatAction() {
        return catAction;
    }
    /**
     * @param catAction the catAction to set
     */
    public void setCatAction(CatAction catAction) {
        this.catAction = catAction;
    }
    @Override
    public String toString() {
        return "Cat：【姓名="+name+",年龄="+age+"】"+catAction.toString();
    }
    public Object clone() throws CloneNotSupportedException{
        return super.clone();
    }
}
/**
 * CatAction类
 *
 * @author 零壹快学
 */
public class CatAction {
    private String eat;
    /**
     * @param eat the eat to set
     */
    public void setEat(String eat) {
        this.eat = eat;
    }
    /**
     * @return the eat
     */
    public String getEat() {
        return eat;
```

```
    }
    @Override
    public String toString() {
        return "CatAction：【" + eat + "】";
    }
}
/**
 * 浅克隆——基本类型
 *
 * @author 零壹快学
 */
public class CopyExample {
    public static void main(String[] args) {
        try {
            Cat catA = new Cat();
            catA.setName("大花");
            catA.setAge(3);
            CatAction catActionA = new CatAction();
            catActionA.setEat("吃猫粮");
            catA.setCatAction(catActionA);
            System.out.println("catA为" + catA);
            Cat catB = (Cat) catA.clone();
            System.out.println("复制后catB为" + catB);
            catB.setName("小黑");
            catB.setAge(4);
            CatAction catActionB = catB.getCatAction();
            catActionB.setEat("玩球球");
            catB.setCatAction(catActionB);
            System.out.println("修改后catB为" + catB);
            System.out.println("修改后catA为" + catA);
        } catch (Exception e) {
            e.printStackTrace();
        }
    }
}
```

上面示例中，复制catA到catB后，修改catB的行为，catA的行为也被更改了，都为“玩球球”，运行结果如下：

```
catA为Cat: 【姓名=大花,年龄=3】 CatAction: 【吃猫粮】
复制后catB为Cat: 【姓名=大花,年龄=3】 CatAction: 【吃猫粮】
修改后catB为Cat: 【姓名=小黑,年龄=4】 CatAction: 【玩球球】
修改后catA为Cat: 【姓名=大花,年龄=3】 CatAction: 【玩球球】
```

图9.5.5　浅克隆示例②

从上面示例可以看到，当成员属性是引用类型对象时，原来对象的该属性被更改，克隆对象的属性也会跟着改变，这不是克隆期望的结果。如果要实现对象的全部克隆，则需要使用深克隆。

在深克隆中，无论待克隆独享的成员属性是基础值类型还是引用类型，都将赋值一份给克隆对象，所有引用对象也都会重新克隆一份过去。修改Cat类和CatAction类的clone()方法，main()方法与动手写9.5.6保持一致，代码如下所示：

动手写9.5.7

```
/**
 * Cat类
 *
 * @author 零壹快学
 */
public class Cat implements Cloneable {
    private String name;
    private int age;
    private CatAction catAction;
    /**
     * @return the name
     */
    public String getName() {
        return name;
    }
    /**
     * @param name the name to set
     */
    public void setName(String name) {
        this.name = name;
    }
    /**
     * @return the age
     */
```

```
    public int getAge() {
        return age;
    }
    /**
     * @param age the age to set
     */
    public void setAge(int age) {
        this.age = age;
    }
    /**
     * @return the catAction
     */
    public CatAction getCatAction() {
        return catAction;
    }
    /**
     * @param catAction the catAction to set
     */
    public void setCatAction(CatAction catAction) {
        this.catAction = catAction;
    }
    @Override
    public String toString() {
        return "Cat: 【姓名="+name+",年龄="+age+"】"+catAction.toString();
    }
    public Object clone() throws CloneNotSupportedException{
        Cat newCat = (Cat) super.clone();
        newCat.catAction = (CatAction) catAction.clone();
        return super.clone();
    }
}
/**
 * CatAction类
 *
 * @author 零壹快学
 */
```

```
public class CatAction  implements Cloneable {
   private String eat;
   /**
    * @param eat the eat to set
    */
   public void setEat(String eat) {
      this.eat = eat;
   }
   /**
    * @return the eat
    */
   public String getEat() {
      return eat;
   }
   @Override
   public String toString() {
      return "CatAction: 【" + eat + "】";
   }
   public Object clone() throws CloneNotSupportedException{
      return super.clone();
   }
}
```

其运行结果为：

```
catA为Cat: 【姓名=大花,年龄=3】  CatAction: 【吃猫粮】
复制后catB为Cat: 【姓名=大花,年龄=3】  CatAction: 【吃猫粮】
修改后catB为Cat: 【姓名=小黑,年龄=4】  CatAction: 【玩球球】
修改后catA为Cat: 【姓名=大花,年龄=3】  CatAction: 【吃猫粮】
```

图9.5.6　深克隆示例

如果对象的成员属性为引用类型，而这个类型中还包含很多引用类型，或者内层又嵌套包含引用类型，使用clone()方法将会很麻烦。Java中提供了序列化的方式来实现对象的深克隆，而要实现序列化的对象的类则必须实现Serializable接口。

动手写9.5.8

```
import java.io.*;
/**
 * Cat类
```

```
 *
 * @author 零壹快学
 */
public class Cat implements Serializable {
    private String name;
    private int age;
    private CatAction catAction;
    /**
     * @return the name
     */
    public String getName() {
        return name;
    }
    /**
     * @param name the name to set
     */
    public void setName(String name) {
        this.name = name;
    }
    /**
     * @return the age
     */
    public int getAge() {
        return age;
    }
    /**
     * @param age the age to set
     */
    public void setAge(int age) {
        this.age = age;
    }
    /**
     * @return the catAction
     */
    public CatAction getCatAction() {
        return catAction;
```

```
    }
    /**
     * @param catAction the catAction to set
     */
    public void setCatAction(CatAction catAction) {
        this.catAction = catAction;
    }
    @Override
    public String toString() {
        return "Cat: 【姓名="+name+",年龄="+age+" 】 "+catAction.toString();
    }
    public Object deepClone() throws Exception
    {
        //序列化
        ByteArrayOutputStream byteArrayOutputStream = new ByteArrayOutputStream();
        ObjectOutputStream objectOutputStream = new ObjectOutputStream(byteArrayOutputStream);
        objectOutputStream.writeObject(this);
        //反序列化
        ByteArrayInputStream byteArrayInputStream = new ByteArrayInputStream(byteArrayOutputStream.
toByteArray());
        return new ObjectInputStream(byteArrayInputStream).readObject();
    }
}
import java.io.Serializable;
/**
 * CatAction类
 *
 * @author 零壹快学
 */
public class CatAction  implements Serializable {
    private String eat;
    /**
     * @param eat the eat to set
     */
    public void setEat(String eat) {
        this.eat = eat;
```

```
    }
    /**
     * @return the eat
     */
    public String getEat() {
        return eat;
    }
    @Override
    public String toString() {
        return "CatAction：【" + eat + "】";
    }
}
/**
 * 浅克隆——基本类型
 *
 * @author 零壹快学
 */
public class CopyExample {
    public static void main(String[] args) {
        try {
            Cat catA = new Cat();
            catA.setName("大花");
            catA.setAge(3);
            CatAction catActionA = new CatAction();
            catActionA.setEat("吃猫粮");
            catA.setCatAction(catActionA);
            System.out.println("catA为" + catA);
            Cat catB = (Cat) catA.deepClone();
            System.out.println("复制后catB为" + catB);
            catB.setName("小黑");
            catB.setAge(4);
            CatAction catActionB = catB.getCatAction();
            catActionB.setEat("玩球球");
            catB.setCatAction(catActionB);
            System.out.println("修改后catB为" + catB);
            System.out.println("修改后catA为" + catA);
```

```
        } catch (Exception e) {
            e.printStackTrace();
        }
    }
}
```

序列化是将对象转换成流的过程，通过序列化不仅可以复制对象本身，也可以复制其成员属性引用的对象。序列化的概念会在后面章节中进行详细介绍。

9.6 抽象类与接口

Java语言中提供了抽象类和接口，这是一种将接口和实现分离的结构化编程思想，能使代码保持整洁、便于维护。

9.6.1 抽象类

面向对象编程中，所有对象都是通过类来描述的，但是并不是所有的类都有对应的对象。比如猫继承了猫科类，猫科类继承了动物类，但是动物类是一个很抽象的概念，并不会直接用来定义对象，因为这个类并没有包括足够的信息来描绘对象，甚至只具有一些通用的属性和行为描述，却没有提供这些通用行为的具体内容，所以动物类这样的类被称作抽象类。

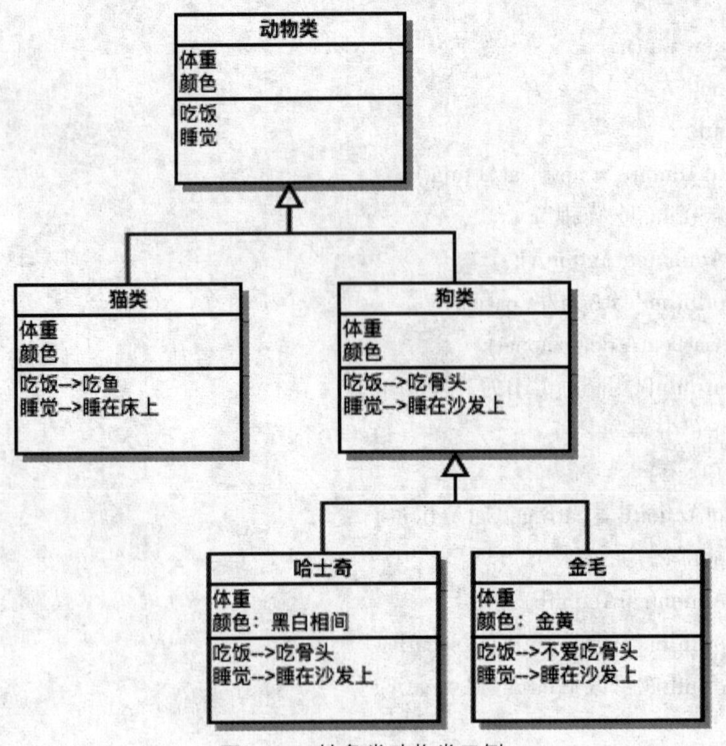

图9.6.1 抽象类动物类示例

抽象类一般被设计出来作为最基础的类，包含一些通用的基本成员属性和成员方法。在抽象类中甚至可以只给出方法的定义而不实现，具体实现由继承的子类来完成，这些方法也被称为抽象方法。抽象类不能用来将对象实例化，所以抽象类的构造方法是不能定义为抽象方法的，它的子类也必须重写该类的所有抽象方法。

Java提供了abstract关键字来定义一个抽象类或抽象方法，定义格式如下：

```
[访问权限修饰符]abstract class[类名]
```

动手写9.6.1

```
/**
 * 抽象类示例
 * @author 零壹快学
 */
public abstract class AbstractAnimal {
    public String name;
    public String color;

    public abstract void eat(); // 抽象方法

    public void getDesc() {
        System.out.println("这是动物抽象类");
    }
}
```

动手写9.6.2

```
/**
 * 抽象类示例
 * @author 零壹快学
 */
public abstract class AbstractAnimal {
    public String name;

    public abstract void eat(); // 抽象方法

    public void getDesc() {
        System.out.println("这是动物类：" + name);
    }
}
```

```
/**
 * Cat类，继承抽象类AbstractAnimal类
 * @author 零壹快学
 */
public class Cat extends AbstractAnimal {
    @Override
    public void eat() {
        System.out.println("猫吃金枪鱼");
    }
}
/**
 * Dog类继承抽象类AbstactAnimal类
 * @author 零壹快学
 */
public class Dog extends AbstractAnimal {
    @Override
    public void eat() {
        System.out.println("狗吃骨头");
    }
}
/**
 * 抽象类示例
 * @author 零壹快学
 */
public class ShowAnimal {
    public static void main(String[] args) {
        AbstractAnimal cat = new Cat();
        cat.name = "猫";
        cat.getDesc();
        cat.eat();
        AbstractAnimal dog = new Dog();
        dog.name = "狗";
        dog.getDesc();
        dog.eat();
    }
}
```

其运行结果为：

```
这是动物类：猫
猫吃金枪鱼
这是动物类：狗
狗吃骨头
```

图9.6.2　abstract使用示例

如果继承抽象类的子类也是抽象类，该子类可以不实现父类中的所有抽象方法。但是，该抽象子类的实现类必须实现抽象父类与子类的所有抽象方法，如下所示：

动手写9.6.3

```
/**
 * 父类抽象类
 * @@author 零壹快学
 */
public abstract class ParentClass {
    public abstract void parentMethod();
}
/**
 * 子类抽象类
 * @author 零壹快学
 */
public abstract class ChildClass extends ParentClass{
    public abstract void childMethod();
}
/**
 * 具体实现抽象类
 * @author 零壹快学
 */
public class Person extends ChildClass{
    @Override
    public void parentMethod() {
        System.out.println("实现父类抽象类方法");
    }
    @Override
    public void childMethod() {
        System.out.println("实现子类抽象类方法");
    }
}
```

提示

抽象类中的方法可以有具体实现，也可以没有具体实现而成为抽象方法。含有抽象方法的类必须被定义为抽象类。

9.6.2 接口

前面提到了Java中的类并不支持多重继承，这就给实际编程扩展性带来了一定的挑战，Java中提供了接口来解决这个问题。

接口是一种更抽象的类，其定义的方法不允许实现方法（没有方法体，只是定义了方法入参、方法名和返回值类型），且没有任何与接口相关的存储。接口的子类也不称为继承，而是称为实现类。

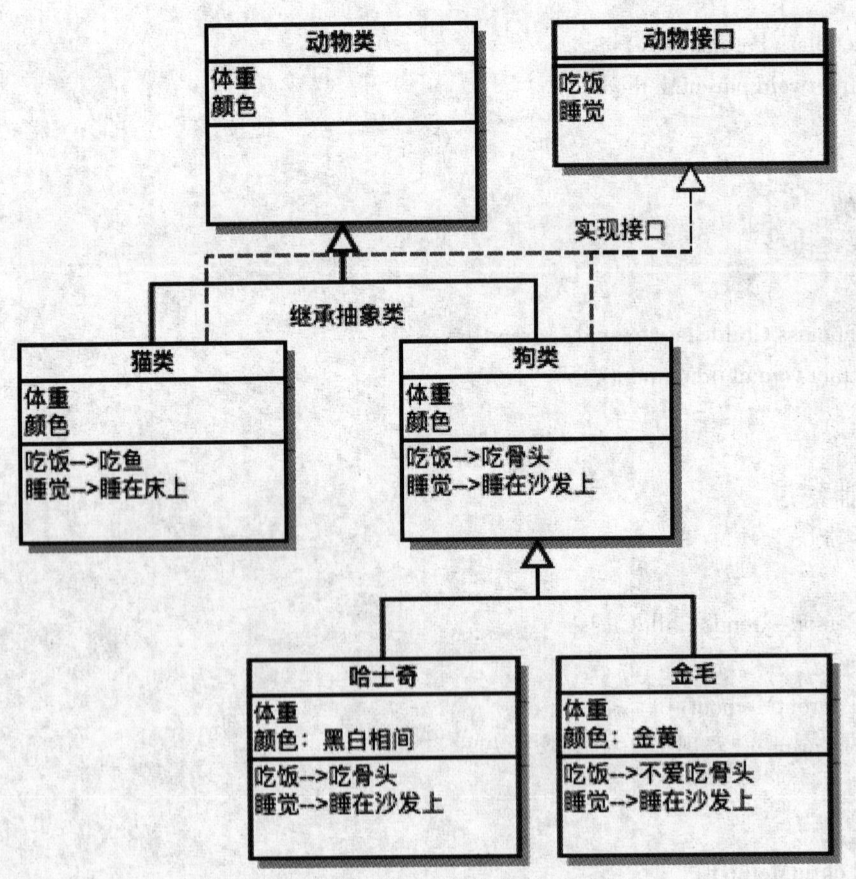

图9.6.3 接口类动物接口示例

Java提供了interface关键字来定义一个接口类，这里需要注意的是class关键字被替代了。

```
[访问权限修饰符] interface [类名]
```

动手写9.6.4

```
public interface AnimalService {
    public void sleep();
}
```

如果要让一个类遵循某个接口，需要使用implements关键字来实现接口，同时这个类还需要实现接口内的所有方法。

动手写9.6.5

```
/**
 * 接口示例
 * @author 零壹快学
 */
public interface AnimalService {
    public void sleep();
}
/**
 * AnimalService接口实现类
 * @author 零壹快学
 */
public class AnimalServiceImpl implements AnimalService {
    @Override
    public void sleep() {
        System.out.println("实现动物接口");
    }

    public static void main(String[] args) {
        AnimalService animalService = new AnimalServiceImpl();
        animalService.sleep();
    }
}
```

其运行结果为：

```
实现动物接口
```

图9.6.4 implements使用示例

接口支持多重继承，一个类可以同时实现多个接口。

动手写9.6.6

```
/**
 * 接口示例
 * @author 零壹快学
 */
public interface AnimalService {
    public void sleep();
}
/**
 * CatService
 * @author 零壹快学
 */
public interface CatService {
    public void playBall();
}
/**
 * Cat类——多重继承两个接口
 * @author 零壹快学
 */
public class Cat implements CatService, AnimalService {
    @Override
    public void sleep() {
        System.out.println("猫咪睡觉");
    }
    @Override
    public void playBall() {
        System.out.println("猫咪玩球");
    }
    public static void main(String[] args) {
        Cat cat = new Cat();
        cat.sleep();
        cat.playBall();
    }
}
```

其运行结果为：

猫咪睡觉
猫咪玩球

图9.6.5 接口多重继承示例

接口中只可以定义常量和抽象方法。接口对外定义了输入、输出格式，而将内部的具体实现隐藏起来。这种将具体实现完全解耦的设计令接口的扩展性极强。表9.6.1为抽象类与接口的对比。

表9.6.1 抽象类与接口对比

对比内容	接口	抽象类
成员属性	只允许静态常量	无限制
成员方法	只允许抽象方法	无限制
构造方法	不允许构造方法	允许构造方法
被继承	一个接口可以继承多个接口	一个抽象类只能继承一个抽象类
继承	一个类可以实现多个接口	一个类只能继承一个抽象类

提示

在RPC（远程调用服务）的大型互联网系统中，接口是被广泛应用的。接口作为服务的入口和返回出口，可以被各个服务之间调用，而开发者只需关注接口承诺的对外逻辑，并不需要过度关心其内部逻辑。接口完全解耦了各个服务。

9.7 小结

本章对面向对象编程进行了详细介绍，首先讲述了对象和类的基本概念，详细阐述了Java中面向对象的特性，在类的声明、成员属性和成员方法的使用上给出了详细的讲解和示例，同时讲解了静态常量、静态变量、静态方法、静态代码块的使用方法。读者需要掌握super、this、static、final等关键字的使用场景和方法。本章同时对Java中类的继承和多态特性进行了介绍，举例说明了抽象类和接口的设计与使用。面向对象的概念在Java编程中极其重要，读者需要重点掌握。

9.8 知识拓展

9.8.1 MVC设计模式

在Java面向对象的程序语言设计中，设计模式是一种很重要的问题解决方案。使用设计模式不仅是为了重用代码，更重要的是为了令开发团队形成一个标准的开发术语系统。

MVC设计模式的英文全称为“Model-View-Controller”，中文名为模型-视图-控制器模式，主要应用于应用程序的分层开发。

◇ Model，是指数据模型，一般是在应用程序中用来处理业务数据或访问数据的部分。

◇ View，是指视图部分，用于为用户展示数据。

◇ Controller，控制器作用于数据模型视图，用于控制数据在模型对象间的流动，同时将模型层与视图层分离开。

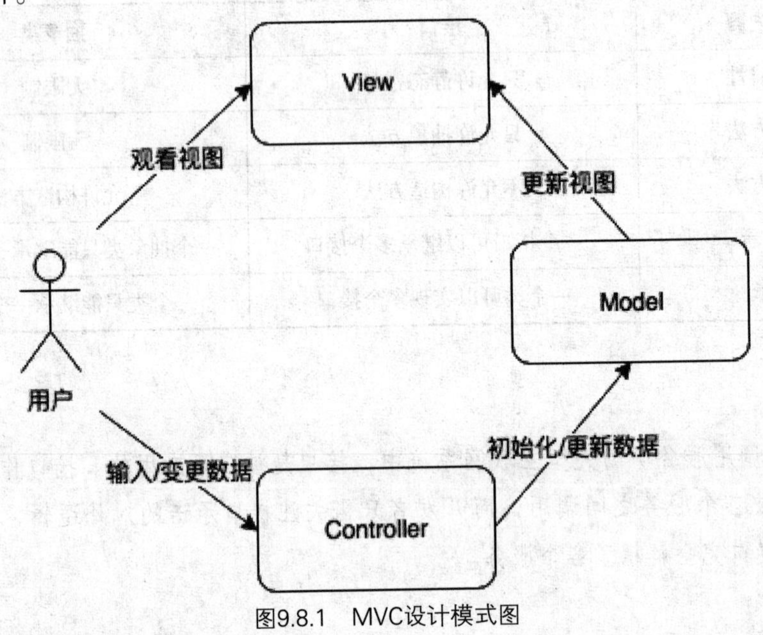

图9.8.1　MVC设计模式图

在实际开发中，通常View层的作用为对外输出数据。下面将对MVC模式进行示例介绍，其中View层会通过使用System.out.println()控制台打印。

动手写9.8.1

```
/**
 * CatModel 数据模型
 * @author 零壹快学
 */
public class CatModel {
    private String name;
    private int age;
    public void setName(String name) {
        this.name = name;
    }
    public String getName() {
```

```
        return name;
    }
    public void setAge(int age) {
        this.age = age;
    }
    public int getAge() {
        return age;
    }
}
/**
 * CatView View视图层
 * @author 零壹快学
 */
public class CatView {
    public void privateCatInfo(CatModel cat) {
        System.out.println("视图层输出数据：");
        System.out.println("Cat名字为：" + cat.getName() + "，年龄为：" + cat.getAge());
    }
}
/**
 * CatController控制器
 * @author 零壹快学
 */
public class CatController {
    private CatModel cat;
    private CatView view;
    public CatController(CatModel cat, CatView view) {
        this.cat = cat;
        this.view = view;
    }
    public void setCat(CatModel cat) {
        this.cat = cat;
    }
    public CatModel getCat() {
        return cat;
    }
```

```
    public void setView(CatView view) {
        this.view = view;
    }
    public CatView getView() {
        return view;
    }
    // 更新视图
    public void updateView() {
        view.privateCatInfo(cat);
    }
}
/**
 * MVC设计模式示例
 * @author 零壹快学
 */
public class MVCDemo {
    public static void main(String[] args) {
        CatModel cat = getCatFromDB(); // 初始化数据模型
        CatView view = new CatView(); // 创建视图
        CatController controller = new CatController(cat, view);//初始化Controller
        controller.updateView();
        cat.setName("小黑");
        controller.updateView();
    }
    // 模拟从数据库获取Cat数据
    private static CatModel getCatFromDB() {
        CatModel cat = new CatModel();
        cat.setName("大白");
        cat.setAge(1);
        return cat;
    }
}
```

其运行结果为：

```
视图层输出数据：
Cat名字为：大白，年龄为：1
视图层输出数据：
Cat名字为：小黑，年龄为：1
```

图9.8.2　MVC设计模式代码示例运行结果

需要注意的是，MVC设计模式可以理解为工程代码的一种风格，并不是强制的代码规范，这种设计模式的初衷也是为了方便工程管理和开发，在实际应用中需要加以灵活运用。目前主流开发都是使用Spring框架来管理代码，通常都使用@Controller注释来表示，本书最后一章将对Spring框架实战进行讲解。

9.8.2　单例设计模式

单例设计模式是Java中最简单的设计模式，它的作用是在创建一个类的对象时，保证全局只对外提供一个实例对象。这就提供了一种访问该类的唯一对象的方式，可以直接访问，同时并不需要将该类的对象直接实例化。这种方式解决了全局使用类创建对象时或频繁创建销毁对象时造成的系统资源浪费。单例设计模式保证了在系统内存中只有一个实例，而且避免了对同一资源的多重占用。

单例设计模式有以下四种设计方法，下面将简单介绍每种单例设计模式代码示例。

1. 饿汉单例模式

动手写9.8.2

```
/**
 * 饿汉单例模式
 * @author 零壹快学
 */
public class Singleton {
    private static Singleton instance = new Singleton();
    private Singleton () {}
    public static Singleton getInstance() {
    return instance;
    }
}
```

2. 懒汉单例模式

动手写9.8.3

```
/**
 * 线程不安全懒汉单例模式
 * @author 零壹快学
 */
public class Singleton {
    private static Singleton singleton;
    private Singleton() {
```

```
    }
    public static Singleton getSingleton() {
        if (singleton == null) {
            singleton = new Singleton();
        }
        return singleton;
    }
}
```

动手写9.8.3给出了线程不安全的懒汉单例模式，而动手写9.8.4则给出了线程安全的懒汉单例模式。

动手写9.8.4

```
/**
 * 线程安全懒汉单例模式
 * @author 零壹快学
 */
public class Singleton {
    public class Singleton {
        private static Singleton singleton;
        private Singleton (){}
        public static synchronized Singleton getSingleton() {
        if (singleton == null) {
            singleton = new Singleton();
        }
        return singleton;
        }
    }
}
```

3. 双重校验锁单例模式

动手写9.8.5

```
/**
 * 双重校验锁单例模式
 * @author 零壹快学
 */
public class Singleton {
```

```
    private volatile static Singleton singleton;
    private Singleton() {
    }
    public static Singleton getSingleton() {
        if (singleton == null) {
            synchronized (Singleton.class) {
                if (singleton == null) {
                    singleton = new Singleton();
                }
            }
        }
        return singleton;
    }
}
```

4. 静态内部类单例模式

动手写9.8.6

```
/**
 * 静态内部类单例模式
 * @author 零壹快学
 */
public class Singleton {
    private static class SingletonHolder {
        private static final Singleton SINGLETON = new Singleton();
    }
    private Singleton() {
    }
    public static final Singleton getSingleton() {
        return SingletonHolder.SINGLETON;
    }
}
```

一般情况下推荐使用饿汉单例设计模式。此外，单例设计模式也存在缺点，例如没有接口，且不能实现继承关系。

第10章 Java常用类

Java的类包中提供了一些常用的基础类来存储基本数据类型的值。这些类的基类都是Object，同时这些类也提供了大量的方法，便于各个基本数据类型之间的转换，并且提供了一些标准方法，如判断值是否相等的equals()方法，大大降低了额外的开发成本。本章将介绍Java中常用的类及其提供的各种方法。

10.1 包装类

由于Java语言中的基本数据类型（第3章已介绍）不是面向对象的，并不具备对象的性质，实际使用时存在很多不便。Java在java.lang包中提供了八种基本数据类型对应的包装类，可以很方便地将它们转换为对象进行处理，并且可以调用一些方法。Java中基本数据类型和包装类的对应关系如表10.1.1所示。

表10.1.1 Java基本数据类型和包装类的对应关系

基本数据类型名称	包装类名称
byte	Byte
short	Short
int	Integer
long	Long
float	Float
double	Double
char	Character
boolean	Boolean

其中Byte、Short、Integer、Long、Float、Double都是抽象类Number的子类，同时Number的子类必须提供将数值转换为基本类型byte、short、int、long、float、double的方法（由于Java语言中

基本类型之间的转换存在一定规则，不同基础数值类型的转换可能会丢失精度，甚至可能正负不同）。

从JDK 1.5版本开始，引入了自动装箱和自动拆箱的概念。装箱是指将基本类型的值转换成包装类对象，拆箱是指将包装类对象转换成基本类型的值。自动装箱和拆箱在Java中很常见，在赋值或方法调用时都有可能发生。

动手写10.1.1

```
/**
 * 装箱与拆箱
 * @author 零壹快学
 */
public class BoxingAndUnBoxing {
    public static void main(String[] args) {
        Integer x = new Integer(10); // 手动装箱
        Integer y = 10; // 自动装箱
        int m = x.intValue(); // 手动拆箱
        int n = x; // 自动拆箱
    }
}
```

提示

自动装箱和拆箱虽然可以使代码变得简洁，但也存在一些问题。比如，一个对象没有初始化或者为Null时，自动拆箱过程中会抛出NullPointerException异常；再比如，由于Java会对-128到127的整数进行缓存，直接自动装箱同一个int基本类型值的两个不同的对象，在用“==”比较时会返回true，但是很明显这两个对象并不符合预期；有时自动装箱会隐蔽地创建对象，额外增加了程序的负担，所以在有自动装箱和拆箱的地方要谨慎操作。

动手写10.1.2

```
/**
 * 自动装箱中的一个陷阱
 */
public class BoxingAndUnBoxing {
    public static void main(String[] args) {
        /**
```

```
     * Java会缓存-128~127的数值，在范围内会复用这个对象（内存分配的是同一个地址）
     */
    Integer i1 = 100;
    Integer i2 = 100;
    System.out.println(i1 == i2); // true, i1和i2都指向内存中同一个地址，所以为同一个对象
    System.out.println(i1.equals(i2)); // true
    /**
     * Java会缓存-128~127的数值，超过了后Java会重新创建一个对象
     */
    i1 = 200;
    i2 = 200;
    System.out.println(i1 == i2); // false
    System.out.println(i1.equals(i2)); // true
  }
}
```

10.1.1 Integer整型类

Byte、Short、Integer、Long四个包装类相似，都是Number类的子类，所包含的方法基本相同，唯一不同的是封装的数据类型不同。本小节重点介绍Integer包装类。

Integer整型类是基本类型int的包装类，该类中声明了一个基本类型为int的字段。Integer类提供了一些常量，如最大值和最小值；另外，Integer类提供了多个方法，比如能将int整型数值转换为String字符串的方法。

1. Integer类中的常量

Integer类提供了以下五个常量，如表10.1.2所示。

表10.1.2 Integer类中的常量

名称	说明
MAX_VALUE	int类型的最大值，为$2^{31}-1$
MIN_VALUE	int类型的最小值，为-2^{31}
SIZE	int类型以二进制补码的形式所占的位数，为32
BYTES	int类型以二进制补码的形式所占的字节数，为4
TYPE	Integer类型的Class对象

动手写10.1.3

```
/**
 * Integer类中的常量
 * @author 零壹快学
 */
public class IntegerConstant {
    public static void main(String[] args) {
        int maxIntValue = Integer.MAX_VALUE;
        int minIntValue = Integer.MIN_VALUE;
        int intSize = Integer.SIZE;
        int intBytes = Integer.BYTES;
        System.out.println("int类型最大值为" + maxIntValue); // int类型最大值为2147483647
        System.out.println("int类型最小值为" + minIntValue); // int类型最小值为-2147483648
        System.out.println("int类型的二进制补码位数" + intSize); // int类型二进制补码位数为32
        System.out.println("int类型的二进制补码字节数" + intBytes); // int类型二进制补码字节数为4，
1字节=8位
    }
}
```

其运行结果为：

```
int类型最大值为2147483647
int类型最小值为-2147483648
int类型的二进制补码位数32
int类型的二进制补码字节数4
```

图10.1.1 Integer类中的常量

2. Integer类构造方法

Integer类提供了两种构造方法：

（1）Integer(int number)

以int整型数值为入参创建一个Integer对象。

（2）Integer(String str)

以String字符串为入参创建一个Integer对象。

动手写10.1.4

```
/**
 * Integer类构造方法
 * @author 零壹快学
 */
```

```
public class IntegerConstructor {
    public static void main(String[] args) {
        Integer i1 = new Integer(10);
        Integer i2 = new Integer("10");
        System.out.println("以int类型为入参构造Integer对象:" + i1);
        System.out.println("以String为入参构造Integer对象:" + i2);
    }
}
```

其运行结果为：

```
以int类型为入参构造Integer对象:10
以String为入参构造Integer对象:10
```

图10.1.2 Integer类构造方法

3. Integer类中的常用方法

Integer类的一些常用方法如表10.1.3所示。

表10.1.3 Integer类中的常用方法

方法	返回类型	功能描述
equals(Object)	boolean	比较此对象与指定对象是否值相同
compare(int,int)	int	（静态方法）在数值上比较两个int基本类型值。返回0，相等；返回-1，第一个入参小于第二个入参；返回1，第一个入参大于第二个入参
compareTo(Integer)	int	在数值上比较两个Integer对象。返回0，相等；返回-1，该Integer对象小于入参；返回1，该Integer对象大于入参
valueOf(int)	Integer	（静态方法）返回指定int数值的Integer对象
parseInt(String)	int	（静态方法）将指定字符串解析成有符号的十进制整数基本类型
valueOf(String)	Integer	（静态方法）返回指定String数值的Integer对象
toString()	String	返回该Integer对象值的String对象
toString(int)	String	（静态方法）返回指定int数值的String对象
toBinaryString(int)	String	（静态方法）以二进制（基数2）无符号整数形式返回String对象
toOctalString(int)	String	（静态方法）以八进制（基数8）无符号整数形式返回String对象
toHexString(int)	String	（静态方法）以十六进制（基数16）无符号整数形式返回String对象
signum(int)	int	（静态方法）返回指定int数值的正负符号
byteValue()	byte	以byte类型返回该Integer对象的值
shortValue()	short	以short类型返回该Integer对象的值

（续上表）

方法	返回类型	功能描述
intValue()	int	以int类型返回该Integer对象的值
longValue()	long	以long类型返回该Integer对象的值
floatValue()	float	以float类型返回该Integer对象的值
doubleValue()	double	以double类型返回该Integer对象的值
max(int,int)	int	（静态方法）返回两个int数值中的最大值，该方法调用了Math.max方法
min(int,int)	int	（静态方法）返回两个int数值中的最小值，该方法调用了Math.min方法
sum(int,int)	int	（静态方法）返回两个int数值相加的结果

下面对Integer类中的几个方法举一个简单的使用示例。

动手写10.1.5

```
/**
 * Integer类常用方法
 * @author 零壹快学
 */
public class IntegerMethod {
   public static void main(String[] args) {
      String str = new Integer(10).toString(); //返回字符串为"10"的String对象
      Integer i1 = Integer.parseInt(str); //返回10的Integer对象
      Integer i2 = Integer.valueOf("1"); //返回字符串为"1"的Integer对象
      int compareResult = Integer.compare(i1, i2); //10>1，返回1
      System.out.println("String对象:" + str);
      System.out.println("返回10的Integer对象:" + i1);
      System.out.println("返回字符串为1的Integer对象:" + i2);
      System.out.println("i1和i2的比较结果:" + compareResult);
   }
}
```

其运行结果为：

```
String对象:10
返回10的Integer对象:10
返回字符串为1的Integer对象:1
i1和i2的比较结果:1
```

图10.1.3 Integer类方法使用示例

10.1.2 Double浮点型类

Float、Double两个包装类相似，都是Number类的子类，所包含的方法基本相同，唯一不同的是，Float封装的数据类型为float单精度浮点类型，Double封装的数据类型为double双精度浮点类型。本小节重点介绍Double包装类。

Double类中声明了一个基本类型为double的字段。Double类提供了一些常量，如最大值和最小值；另外，Double类提供了多个方法，比如能将double浮点类型数值转换为String字符串的方法。

1. Double类中的常量

Double类提供了以下常量，如表10.1.4所示。

表10.1.4 Double类中的常量

名称	说明
MAX_VALUE	double类型最大正有限值，最大为（$2-2^{-52}$）·2^{1023}
MIN_VALUE	double类型最小正非零值，最小非零值为2^{-1074}
MAX_EXPONENT	返回int，有限double类型可能具有的最大指数
MIN_EXPONENT	返回int，标准化double类型可能具有的最小指数
NEGATIVE_INFINITY	double类型的负无穷大值
POSITIVE_INFINITY	double类型的正无穷大值
NaN	double类型的NaN值的常量，表示不是一个数字（Not a Number）
SIZE	double类型以二进制补码的形式所占的位数，为64
BYTES	double类型以二进制补码的形式所占的字节数，为8
TYPE	double类型的Class对象

动手写10.1.6

```
/**
 * Double类中的常量
 * @author 零壹快学
 */
public class DoubleConstant {
    public static void main(String[] args) {
        double maxDouble = Double.MAX_VALUE;
        double minDouble = Double.MIN_VALUE;
        int maxExponent = Double.MAX_EXPONENT;
        int minExponent = Double.MIN_EXPONENT;
        double negativeInfinity = Double.NEGATIVE_INFINITY;
```

```
        double positiveInfinity = Double.POSITIVE_INFINITY;
        double naN = Double.NaN;
        int doubleSize = Double.SIZE;
        int doubleBytes = Double.BYTES;
        System.out.println("double类型最大正有限值为" + maxDouble);
        System.out.println("double类型最小正非零值为" + minDouble);
        System.out.println("double类型的二进制补码位数" + doubleSize);
        System.out.println("double类型的二进制补码字节数" + doubleBytes);
    }
}
```

其运行结果为：

```
double类型最大正有限值为1.7976931348623157E308
double类型最小正非零值为4.9E-324
double类型的二进制补码位数64
double类型的二进制补码字节数8
```

图10.1.4 Double类中的常量

2. Double类构造方法

Double类提供了两种构造方法：

（1）Double(double number)

以double浮点型数值为入参创建一个Double对象。

（2）Double(String str)

以String字符串为入参创建一个Double对象。

动手写10.1.7

```
/**
 * Double类构造方法
 * @author 零壹快学
 */
public class DoubleConstructor {
    public static void main(String[] args) {
        Double d1 = new Double(10.01);
        Double d2 = new Double("10.01");
        System.out.println("以double类型为入参构造Double对象:" + d1);
        System.out.println("以String为入参构造Double对象:" + d2);
    }
}
```

其运行结果为：

```
以double类型为入参构造Double对象:10.01
以String为入参构造Double对象:10.01
```

图10.1.5　Double类构造方法

3. Double类中的常用方法

Double类的一些常用方法如表10.1.5所示。

表10.1.5　Double类中的常用方法

方法	返回类型	功能描述
equals(Object)	boolean	比较此对象与指定对象是否值相同
compare(double,double)	int	（静态方法）在数值上比较两个double基本类型值。返回0，相等；返回-1，第一个入参小于第二个入参；返回1，第一个入参大于第二个入参
compareTo(Double)	int	在数值上比较两个Double对象。返回0，相等；返回-1，该Double对象小于入参；返回1，该Double对象大于入参
valueOf(double)	Double	（静态方法）返回指定double数值的Double对象
parseDouble(String)	double	（静态方法）将指定字符串解析成有符号的double基本类型
valueOf(String)	Double	（静态方法）返回指定String数值的Double对象
toString()	String	返回该Double对象值的String对象
toString(double)	String	（静态方法）返回指定double数值的String对象
toHexString(double)	String	（静态方法）以十六进制字符串形式返回String对象
isNaN()	boolean	返回该Double对象值是否非数字值（NaN）
isInfinite()	boolean	返回该Double对象值在数值上是否无穷大
byteValue()	byte	以byte类型返回该Double对象的值
shortValue()	short	以short类型返回该Double对象的值
intValue()	int	以int类型返回该Double对象的值
longValue()	long	以long类型返回该Double对象的值
floatValue()	float	以float类型返回该Double对象的值
doubleValue()	double	以double类型返回该Double对象的值
max(double,double)	double	（静态方法）返回两个double数值中的最大值，该方法调用了Math.max方法
min(double,double)	double	（静态方法）返回两个double数值中的最小值，该方法调用了Math.min方法
sum(double,double)	double	（静态方法）返回两个double数值相加的结果

下面对Double类中的几个方法举一个简单的使用示例。

动手写10.1.8

```
/**
 * Double类常用方法
 * @author 零壹快学
 */
public class DoubleMethod {
    public static void main(String[] args) {
        String str = new Double(10.01).toString(); //返回字符串为"10.01"的String对象
        Double d1 = Double.parseDouble(str); //返回10.01的Double对象
        Double d2 = Double.valueOf("11.11"); //返回字符串为"11.11"的Integer对象
        int compareResult = Double.compare(d1, d2); //10.01<11.11，返回-1
        System.out.println("String对象:" + str);
        System.out.println("返回10.01的Double对象:" + d1);
        System.out.println("返回字符串为1的Double对象:" + d2);
        System.out.println("d1和d2的比较结果:" + compareResult);
    }
}
```

其运行结果为：

```
String对象:10.01
返回10.01的Double对象:10.01
返回字符串为1的Double对象:11.11
d1和d2的比较结果:-1
```

图10.1.6 Double类方法使用示例

10.1.3 Boolean布尔型类

Boolean类是boolean基本类型的包装类，它包含一个类型为boolean的字段。Boolean类提供了一些常量，如true值和false值；另外，Boolean类提供了多个方法，比如能将boolean布尔类型数值转换为String字符串的方法。

1. Boolean类中的常量

Boolean类提供的常量如表10.1.6所示。

表10.1.6 Boolean类中的常量

名称	说明
TRUE	对应基本类型true的Boolean对象
FALSE	对应基本类型false的Boolean对象
TYPE	boolean类型的Class对象

动手写10.1.9

```
/**
 * Boolean类中的常量
 */
public class BooleanConstant {
    public static void main(String[] args) {
        Boolean trueConst = Boolean.TRUE;
        Boolean falseConst = Boolean.FALSE;
        Class classType = Boolean.TYPE;
        System.out.println("对应true的对象:" + trueConst);
        System.out.println("对应false的对象" + falseConst);
        System.out.println("对应Boolean类型的Class对象" + classType);
    }
}
```

其运行结果为：

```
对应true的对象:true
对应false的对象false
对应Boolean类型的Class对象boolean
```

图10.1.7 Boolean类中的常量

2. Boolean类构造方法

Boolean类提供了两种构造方法：

（1）Boolean(boolean value)

以boolean布尔数值为入参创建一个Boolean对象。

（2）Boolean(String str)

以String字符串为入参创建一个Boolean对象。除了字符串“true”及任何小写处理后的字符串为“true”，构造出来的Boolean值为true外，其他任何情况都为false。

动手写10.1.10

```
/**
 * Boolean类构造方法
 * @author 零壹快学
 */
public class BooleanConstructor {
    public static void main(String[] args) {
        Boolean b1 = new Boolean(true);
        Boolean b2 = new Boolean("false");
```

```
        System.out.println("以boolean类型为入参构造Boolean对象:" + b1);
        System.out.println("以String为入参构造Boolean对象:" + b2);
    }
}
```

其运行结果为：

```
以boolean类型为入参构造Boolean对象:true
以String为入参构造Boolean对象:false
```

图10.1.8 Boolean类构造方法

3. Boolean类中的常用方法

Boolean类的一些常用方法如表10.1.7所示。

表10.1.7 Boolean类中的常用方法

方法	返回类型	功能描述
equals(Object)	boolean	比较此对象与指定对象是否值相同
compare(boolean,boolean)	int	（静态方法）比较两个Boolean对象。返回0，两个对象的布尔值相同；返回-1，第一个入参为false，第二个入参为true；返回1，第一个入参为true，第二个入参为false
compareTo(Boolean)	int	比较两个Boolean对象。返回0，两个对象的布尔值相同；返回-1，该Boolean对象为false，入参为true；返回1，该Boolean对象为true，入参为false
valueOf(boolean)	Boolean	（静态方法）返回指定boolean数值的Boolean对象
parseBoolean(String)	boolean	（静态方法）将指定字符串解析成boolean基本类型，不区分字母大小写
valueOf(String)	Boolean	（静态方法）返回指定String数值的Boolean对象
toString()	String	返回该Boolean对象值的String对象
toString(boolean)	String	（静态方法）返回指定boolean数值的String对象
booleanValue()	boolean	返回该Boolean对象的boolean基本类型值
logicalAnd(boolean,boolean)	boolean	返回两个布尔值的“与”运算结果
logicalOr(boolean.boolean)	boolean	返回两个布尔值的“或”运算结果
logicalXor(boolean,boolean)	boolean	返回两个布尔值的“异或”运算结果

下面对Boolean类中的几个方法举一个简单的使用示例。

动手写10.1.11

```
/**
 * Boolean类中常见方法
 * @author 零壹快学
 */
public class BooleanMethod {
    public static void main(String[] args) {
        String str = new Boolean(true).toString(); //返回字符串为"true"的String对象
        Boolean b1 = Boolean.parseBoolean(str); //返回10.01的Boolean对象
        Boolean b2 = Boolean.valueOf("false"); //返回字符串为"false"的Boolean对象
        int compareResult = Boolean.compare(b1, b2); //true和false比较，返回1
        System.out.println("String对象:" + str);
        System.out.println("返回true的Boolean对象:" + b1);
        System.out.println("返回字符串为false的Boolean对象:" + b2);
        System.out.println("b1和b2的比较结果:" + compareResult);
    }
}
```

其运行结果为：

```
String对象:true
返回true的Boolean对象:true
返回字符串为false的Boolean对象:false
b1和b2的比较结果:1
```

图10.1.9　Boolean类方法使用示例

10.1.4　Character字符型类

Character类是char基本类型的包装类，它包含一个类型为char的字段。Character类提供了一些常量，如最大值和最小值；另外，Character类提供了多个方法，比如将char字符类型数值转换为String字符串、大小写转换等方法。

1. Character类中的常量

Character类中提供了大量与Unicode规范相关的字符常量，本小节仅挑选几个常量进行介绍。

表10.1.8　Character类中的常量

名称	说明
MAX_VALUE	char类型中最大值，为'\uFFFF'
MIN_VALUE	char类型中最小值，为'\u0000'
SIZE	char类型的无符号二进制位数，为16

（续上表）

名称	说明
TYPE	char类型的Class对象
PRIVATE_USE	表示Unicode规范中的'Co'类别

动手写10.1.12

```
/**
 * Character类中的常量
 * @author 零壹快学
 */
public class CharacterConstant {
    public static void main(String[] args) {
        char maxChar = Character.MAX_VALUE;
        char minChar = Character.MIN_VALUE;
        int size = Character.SIZE;
        Class classType = Character.TYPE;
        System.out.println("char最大值:" + maxChar);
        System.out.println("char最小值:" + minChar);
        System.out.println("char二进制位数:" + size);
        System.out.println("对应char类型的Class对象" + classType);
    }
}
```

其运行结果为：

```
char最大值:?
char最小值:
char二进制位数:16
对应char类型的Class对象char
```

图10.1.10　Character类中的常量

2. Character类构造方法

Character类只提供了一种构造方法——Character (char value)，以char字符数值为入参创建一个Character对象。

动手写10.1.13

```
/**
 * Character类构造方法
 * @author 零壹快学
```

```
*/
public class CharacterConstructor {
    public static void main(String[] args) {
        Character b1 = new Character('c');
        System.out.println("以char类型为入参构造Character对象:" + b1);
    }
}
```

3. Character类中的常用方法

Character类的一些常用方法如表10.1.9所示。

表10.1.9　Character类中的常用方法

方法	返回类型	功能描述
equals(Object)	boolean	比较此对象与指定对象是否值相同
compare(char,char)	int	（静态方法）比较两个char对象。返回0，两个对象的值相同；返回-1，第一个入参的值小于第二个入参；返回1，第一个入参的值大于第二个入参
compareTo(Character)	int	比较两个Character对象。返回0，两个对象的值相同；返回-1，该Character对象的值小于入参对象；返回1，该Character对象的值大于入参对象
valueOf(char)	Character	（静态方法）返回指定char数值的Character对象
toString()	String	返回该Character对象值的String对象
toString(char)	String	（静态方法）返回指定char数值的String对象
charValue()	char	返回该Character对象的char基本类型值
isLowerCase(char)	boolean	（静态方法）判断入参字符是否小写
isUpperCase(char)	boolean	（静态方法）判断入参字符是否大写
isWhitespace(char)	boolean	（静态方法）判断入参字符是否为空格
toLowerCase(char)	char	（静态方法）将入参字符转换为小写
toUpperCase(char)	char	（静态方法）将入参字符转换为大写

下面对Character类中的几个方法举一个简单的使用示例。

动手写10.1.14

```
/**
 * Character类常用方法
 * @author 零壹快学
 */
```

```
public class CharacterMethod {
    public static void main(String[] args) {
        Character char1 = new Character('c');
        char char2 = Character.toUpperCase(char1);
        System.out.println(char1 + "是大写字母" + Character.isUpperCase(char1));
        System.out.println(char1 + "是小写字母" + Character.isLowerCase(char1));
        System.out.println(char2 + "是大写字母" + Character.isUpperCase(char2));
    }
}
```

其运行结果为：

```
c是大写字母false
c是小写字母true
C是大写字母true
```

图10.1.11　Character类常用方法示例

10.1.5　高精度数字类

Java中的java.math包提供了两个高精度的数字类BigInteger和BigDecimal；与原有的Long和Double相比，它们处理更大的整数或更大的小数。值得一提的是，这两个类并没有对应的基本类型，并且它们都是以String字符串的形式进行保存和传入。

动手写10.1.15

```
import java.math.BigDecimal;
import java.math.BigInteger;

/**
 * BigInteger和BigDecimal示例
 *
 * @author 零壹快学
 */
public class Demo {
    public static void main(String[] args) {
        BigInteger bigInteger = new BigInteger("1010");
        System.out.println("创建BigInteger对象：" + bigInteger.toString());
        bigInteger.add(new BigInteger("101"));//将返回一个新的临时对象，不会在原bigInteger对象上执
行add
        System.out.println("BigInteger对象加上101结果：" + bigInteger.toString());
        bigInteger = bigInteger.add(new BigInteger("101"));
```

```
        System.out.println("BigInteger对象加上101结果：" + bigInteger.toString());
        BigDecimal bigDecimal = new BigDecimal("3.14");
        System.out.println("创建BigDecimal对象：" + bigDecimal.toString());
        System.out.println("BigDecimal对象精度为：" + bigDecimal.precision());
    }
}
```

其运行结果为：

```
创建BigInteger对象： 1010
BigInteger对象加上101结果： 1010
BigInteger对象加上101结果： 1111
创建BigDecimal对象： 3.14
BigDecimal对象精度为： 3
```

图10.1.12 BigInteger类和BigDecimal类的使用

10.1.6 Number数字类

Number类是一个抽象类。它既是所有数值型包装类的父类，即Byte、Integer、Short、Long、Float、Double的父类，也是BigInteger和BigDecimal的父类。Number类的子类都必须实现Number类中的方法，即将表示的数值转换为byte、int、short、long、float和double的方法。

Number类提供的数值操作方法如表10.1.10所示。

表10.1.10 Number类中的数值操作方法

方法	返回值类型	功能描述
intValue()	int	将数值转换为int类型返回
longValue()	long	将数值转换为long类型返回
floatValue()	float	将数值转换为float类型返回
doubleValue()	double	将数值转换为double类型返回
byteValue()	byte	将数值转换为byte类型返回
shortValue()	short	将数值转换为short类型返回

值得注意的是，上述方法都会不可避免地造成数值近似或精度丢失，所以在使用时要选择合理的类型。Number类也继承了Object类中的方法，如equals()、toString()等，这里不再复述。

10.1.7 Void类

Void类是一个不可实例化的占位符类。它持有一个代表Java关键字void的Class对象的引用（注意首字母区分大小写），是一个与关键字void一致的伪类型对象。Void类是不允许被其他类继承的，它的作用是类本身，只是一个占位符类，不能被实例化，多用于泛型中做占位符使用。

另外，Void是不能使用new关键字来创建一个新对象的，也就是不能在堆里面分配空间来存储对应的值。也就是说，它一开始就在堆栈处分配好空间了。

10.2 Math类

Java中提供了Math类来处理复杂的数学运算，如平方根、对数、三角函数、指数等。Math类中还提供了一些常用的数学常量，如PI、E等。Math类中的方法都被定义为static静态方法，直接使用静态方法Math.method格式调用（method代表方法名）。Math类没有构造方法，也就是说Math类不能创建对象，因为数学本身就是抽象的，没有具体实例化对象。Math类是在java.lang基础包中提供的。

10.2.1 Math类中的常量

Math类中提供了圆周率PI和自然对数底数e两个常量。

表10.2.1 Math类中的常量

名称	说明
PI	double类型，圆周率PI
E	double类型，自然对数底数

这两个常量被定义为static变量，在程序中可以这样调用：

```
Math.PI
Math.E
```

提 示

这里的PI和E都是double格式，数值精度是有限的。因为PI和E在实际中都是无限不循环的小数，所以在计算机世界中是没有办法完全表达出来的，只能尽量接近真实的数值。

10.2.2 Math类中的常见方法

1. 三角函数方法

Math类中提供的三角函数方法如表10.2.2所示。

表10.2.2 Math类中的三角函数方法

方法	返回值类型	功能描述
sin(double)	double	正弦

（续上表）

方法	返回值类型	功能描述
asin(double)	double	反正弦
sinh(double)	double	双曲正弦
cos(double)	double	余弦
acos(double)	double	反余弦
cosh(double)	double	双曲余弦
tan(double)	double	正切
atan(double)	double	反正切
tanh(double)	double	双曲正切
atan2(double,double)	double	将直角坐标系转成极坐标系，返回所得角
toRadians(double)	double	将角度转换为弧度
toDegrees(double)	double	将弧度转换为角度

Math类中的三角函数入参和返回值都是double类型的，并且参与三角函数运算都是以弧度为单位，如1°等于π/180弧度。Math类提供了弧度与角度互相转换的方法，方便实际运算的使用。

动手写10.2.1

```
/**
 * Math类三角函数方法
 * @author 零壹快学
 */
public class TrigonometricMethod {
   public static void main(String[] args) {
      System.out.println("30°  正弦值为" + Math.sin(Math.PI / 6));
      System.out.println("90°  余弦值为" + Math.cos(Math.PI / 2));
      System.out.println("45°  正切值为" + Math.tan(Math.PI / 4));
      System.out.println("60°  的弧度为" + Math.toRadians(60));
      System.out.println("π的角度值为" + Math.toDegrees(Math.PI));
   }
}
```

其运行结果为：

```
30°正弦值为0.49999999999999994
90°余弦值为6.123233995736766E-17
45°正切值为0.9999999999999999
60°的弧度为1.0471975511965976
π的角度值为180.0
```

图10.2.1　三角函数方法示例

从上面运行结果可以看出，计算机语言中的数值是有精度的，所有数值运算不能和真实世界中的精确一致，因此这里的结果都是近似值。

2. 取整函数方法

Math类中提供了几种取整方法，如表10.2.3所示。

表10.2.3　Math类中的取整函数方法

方法	返回值类型	功能描述
ceil(double)	double	返回大于等于入参的最小整数
floor(double)	double	返回小于等于入参的最大整数
rint(double)	double	返回与入参最接近或相等的整数，如果两个整数同样接近，则返回是偶数的那个整数
round(float)	int	返回最接近入参的int类型整数
round(double)	long	返回最接近入参的long类型整数

动手写10.2.2

```
import java.lang.Math;
/**
 * Math类中取整函数方法
 * @author 零壹快学
 */
public class RoundingMethod {
    public static void main(String[] args) {
        System.out.println("舍掉小数取整:Math.floor(3.14)=" + Math.floor(3.14));
        System.out.println("四舍五入取整:Math.rint(-2.5)=" + Math.rint(-2.5));
        System.out.println("凑整:Math.ceil(3.14)=" + Math.ceil(3.14));
        System.out.println("四舍五入取整:Math.round(1.805)=" + Math.round(1.805));
    }
}
```

其运行结果为：

```
舍掉小数取整:Math.floor(3.14)=3.0
四舍五入取整:Math.rint(-2.5)=-2.0
凑整:Math.ceil(3.14)=4.0
四舍五入取整:Math.round(1.805)=2
```

图10.2.2 取整函数方法示例

3. 指数函数方法

Math类提供了几种指数计算方法，如表10.2.4所示。

表10.2.4 Math类中的指数函数方法

方法	返回值类型	功能描述
exp(double)	double	取e的次方
log(double)	double	取自然对数
log10(double)	double	取底数为10的对数
sqrt(double)	double	取平方根
cbrt(double)	double	取立方根
pow(double,double)	double	取第一个数的多少次方

动手写10.2.3

```
/**
 * 指数函数方法示例
 *
 * @author 零壹快学
 */
public class Demo {
    public static void main(String[] args) {
        System.out.println("e的2次方：" + Math.exp(2));
        System.out.println("e的自然对数为：" + Math.log(Math.E));
        System.out.println("以10为底10的对数为：" + Math.log10(10));
        System.out.println("1.44的平方根为：" + Math.sqrt(1.44));
        System.out.println("27的立方根为：" + Math.cbrt(27));
        System.out.println("2的2次方值为：" + Math.pow(2, 2));
    }
}
```

其运行结果为：

```
e的2次方： 7.38905609893065
e的自然对数为： 1.0
以10为底10的对数为： 1.0
1.44的平方根为： 1.2
27的立方根为： 3.0
2的2次方值为： 4.0
```

图10.2.3　指数函数方法示例

4. 其他数学函数方法

Math类中的其他常用数学函数方法如表10.2.5所示。

表10.2.5　Math类中的其他数学函数方法

方法	返回值类型	功能描述
max()	double	取最大值
min()	int/long/float/double	取最小值
abs()	int/long/float/double	取绝对值
nextUp()	double	返回比入参大一些的浮点数
nextDown()	double	返回比入参小一些的浮点数

动手写10.2.4

```
/**
 * 其他数学函数方法
 *
 * @author 零壹快学
 */
public class Demo {
    public static void main(String[] args) {
        System.out.println("1.23与3.14之间最大值为：" + Math.max(1.23, 3.14));
        System.out.println("3.33与4.44之间最小值为：" + Math.min(3.33, 4.44));
        System.out.println("-5.14绝对值为：" + Math.abs(-5.14));
        System.out.println("-5.14大一些浮点数为：" + Math.nextUp(-5.14));
        System.out.println("-5.14小一些浮点数为：" + Math.nextDown(-5.14));
    }
}
```

其运行结果为：

```
1.23与3.14之间最大值为：3.14
3.33与4.44之间最小值为：3.33
-5.14绝对值为：5.14
-5.14大一些浮点数为：-5.139999999999999
-5.14小一些浮点数为：-5.140000000000001
```

图10.2.4　其他数学函数方法示例

10.2.3　随机数

Java中除了Math类提供了生成随机数的方法，在java.util包中还额外提供了Random类，也可以用于生成随机数对象。本小节将对这两种方法进行介绍。

1. Math类中的random()方法

Math类的random()方法可以生成大于等于0.0、小于1.0的double型随机数。同时，在Math.random()方法语句的基础上处理，可获得多种类型或任意范围的随机数。

动手写10.2.5

```
/**
 * Math类random()方法示例
 *
 * @author 零壹快学
 */
public class RandomExample {
    public static void main(String[] args) {
        System.out.println("生成一个0到1之间的随机数：" + Math.random());
        System.out.println("生成一个0到100之间的随机数：" + Math.random() * 100);
    }
}
```

其运行结果为：

```
生成一个0到1之间的随机数：0.7418793630135145
生成一个0到100之间的随机数：17.63783659042136
```

图10.2.5　random()方法生成随机数

Math类的random()方法也可以用来生成随机字符，如下所示。

动手写10.2.6

```
/**
 * random()方法生成随机字符
 *
 * @author 零壹快学
```

```
*/
public class RandomChar {
    public static void main(String[] args) {
        System.out.println("生成a到z之间随机字符：" + (char) ('a' + Math.random() * ('z' - 'a' + 1)));
        System.out.println("生成a到z之间随机字符：" + (char) ('a' + Math.random() * ('z' - 'a' + 1)));
        System.out.println("生成a到z之间随机字符：" + (char) ('a' + Math.random() * ('z' - 'a' + 1)));
    }
}
```

动手写10.2.6每次运行生成的随机字符都不同，读者可以尝试多运行几次。其运行结果为：

```
生成a到z之间随机字符：c
生成a到z之间随机字符：o
生成a到z之间随机字符：j
```

图10.2.6　random()方法生成随机字符

2. Random类

除了可以用Math类的random()方法获取随机数之外，还可以通过使用Java.util.Random类将一个Random对象实例化来创建一个随机数生成器。Random类并不在Math类中，之所以在这里对它进行介绍是为了将它和Math类中的random()方法做对比。

Random类初始化对象格式为：

```
Random random = new Random();
```

以这种形式将对象实例化时，Java编译器以系统当前时间作为随机数生成器的种子，因为时间是一直在变化的，所以产生的随机数也不同。但是如果程序运行速度太快，也会产生相同的随机数。

可以在将Random类对象实例化时，自定义随机数生成器的种子。

```
Random ran=new Random(seedValue);
```

Random类中还提供了各种类型的随机数的生成方法，如表10.2.6所示。

表10.2.6　Random类中常用的随机数生成方法

方法	功能描述
nextInt()	返回一个随机整数（int）
nextInt(int n)	返回大于等于0、小于n的随机整数（int）
nextLong()	返回一个随机长整型值（long）
nextBoolean()	返回一个随机布尔型值（boolean）

（续上表）

方法	功能描述
nextFloat()	返回一个随机浮点型值（float）
nextDouble()	返回一个随机双精度型值（double）
nextGaussian()	返回一个概率密度为高斯分布的双精度值（double）

动手写10.2.7

```
import java.util.Random;

/**
 * Random类使用方法
 *
 * @author 零壹快学
 */
public class RandomExample {
   public static void main(String[] args) {
      Random random = new Random();
      System.out.println("返回一个随机整数：" + random.nextInt());
      System.out.println("返回一个大于等于0小于10的随机整数" + random.nextInt(10));
      System.out.println("返回一个随机布尔值：" + random.nextBoolean());
      System.out.println("返回一个高斯分布双精度值：" + random.nextGaussian());
   }
}
```

其运行结果为：

```
返回一个随机整数：2086040126
返回一个大于等于0小于10的随机整数3
返回一个随机布尔值：true
返回一个高斯分布双精度值：0.6874368109684729
```

图10.2.7 Random类的使用

10.3 枚举

枚举类型在编程语言中很常见，它是在JDK 1.5版本引入的特性，是一种特殊的数据类型。枚举类型将一系列含义相同、预先定义好的常量组合起来，其中每个常量都各自有定义好的相同类型的值。例如，颜色可以当作是一个枚举，它里面有“红色”“黄色”“蓝色”“绿色”四个常量值；当使用这个枚举时，只能使用预先设置好的常量值，如上述例子就无法使用诸如“黑色”这样的常量，因为“黑色”没有被预先定义。

使用枚举的好处在于它限定了取值范围，提高了编程的安全性和便捷性。本节将详细介绍Java中如何定义和使用枚举类型。

10.3.1 枚举定义

Java中枚举类型定义格式如下：

```
public enum [枚举类名] {
[枚举值代码块]
}
```

因为枚举和Class类一样，都是需要被外部访问的，所以权限修饰符都是public；enum为枚举类型的关键字；枚举类的名称与Class定义相同，一般为首字母大写，因为表示的是常量，枚举类型的字段一般为全大写字母；“[枚举值代码块]”中定义了每个枚举值的名称和内容。

下面是一个关于颜色枚举的定义的示例。

动手写10.3.1

```
/**
 * 枚举值定义
 *
 * @author 零壹快学
 */
public enum ColorEnum {
  RED, GREEN, YELLOW, BLUE;
}
```

动手写10.3.1中定义了四个枚举值，分别为“RED”“GREEN”“YELLOW”和“BLUE”。使用枚举值可以直接通过“枚举类名.枚举值名”方式来访问，例如“ColorEnum.RED”。

10.3.2 枚举的常见方法

枚举类型的对象继承java.lang.Enum类。枚举类型中的常见方法如表10.3.1所示。

表10.3.1 枚举类型的常见方法

方法	功能描述
values()	将枚举类型成员属性按数组形式返回
valueOf()	将普通字符串转为枚举对象

（续上表）

方法	功能描述
compareTo()	比较两个枚举对象在定义时的前后顺序
ordinal()	获取枚举成员的索引位置

动手写10.3.2

```
/**
 * enum方法使用
 *
 * @author 零壹快学
 */
public class UseEnum {
    public static void main(String[] args) {
        ColorEnum colorArray[] = ColorEnum.values();
        for (int i = 0; i < colorArray.length; i++) {
            System.out.println("依次打印枚举类型成员：" + colorArray[i]);
        }
        System.out.println("RED与GREEN比较结果为：" + ColorEnum.RED.compareTo(ColorEnum.
GREEN));
        for (int i = 0; i < colorArray.length; i++) {
            System.out.println("依次获取枚举类型成员索引位置：" + colorArray[i].ordinal());
        }
    }
}
```

动手写10.3.2中使用了动手写10.3.1中的ColorEnum枚举类，给出了枚举类型中常见方法的使用示例，其运行结果为：

```
依次打印枚举类型成员：RED
依次打印枚举类型成员：GREEN
依次打印枚举类型成员：YELLOW
依次打印枚举类型成员：BLUE
RED与GREEN比较结果为：-1
依次获取枚举类型成员索引位置：0
依次获取枚举类型成员索引位置：1
依次获取枚举类型成员索引位置：2
依次获取枚举类型成员索引位置：3
```

图10.3.1 枚举类型常见方法示例

枚举类型中也可以添加自定义的构造方法，但是构造方法必须是私有的，被private关键字修饰。

动手写10.3.3

```
/**
 * 枚举值定义
 *
 * @author 零壹快学
 */
public enum ColorEnum {
    RED("红色"),
    GREEN("绿色"),
    YELLOW("黄色"),
    BLUE("蓝色");
    public String color;
    private ColorEnum() {
    }
    private ColorEnum(String color) {
        this.color = color;
    }
}
/**
 * enum方法使用
 *
 * @author 零壹快学
 */
public class UseEnum {
    public static void main(String[] args) {
        ColorEnum colorArray[] = ColorEnum.values();
        for (int i = 0; i < colorArray.length; i++) {
            System.out.println("依次打印枚举类型成员：" + colorArray[i].color);
        }
    }
}
```

上面示例中写了两个构造方法，入参可以根据实际使用情况自定义，运行结果为：

```
依次打印枚举类型成员：红色
依次打印枚举类型成员：绿色
依次打印枚举类型成员：黄色
依次打印枚举类型成员：蓝色
```

图10.3.2　枚举类型构造方法示例

10.3.3 枚举集合

java.util.EnumSet和java.util.EnumMap是两个枚举集合。EnumSet保证集合中的元素不重复；EnumMap中的key是enum类型，而value则可以是任意类型。关于这两个集合的使用就不在这里赘述了，读者可以参考JDK文档。

10.4 泛型

一般的类和方法，只能使用具体的类型，要么是基本类型，要么是自定义的类。如果要编写可以应用于多种类型的代码，就需要使用泛型。

在没有泛型的编程场景中，所有接口和方法的入参类型都是固定的，如果要使用其他类型的入参就需要做显式的强制类型转换。而泛型是一个通用的类型解决方案，接口和方法入参并没有指定特定的类型，处理逻辑被封装在泛型类或泛型方法内部，降低了程序运行时类型转换异常的风险。

泛型是JDK 1.5引入的新特性，其本质是参数化类型，也就是说所操作的数据类型可以被指定为一个参数，参数分别有泛型类、泛型接口和泛型方法。

10.4.1 泛型类

和正常类声明相似，泛型类的声明需要使用Class关键字，但是不需要在类名后面添加类型参数声明。泛型类声明格式如下：

```
Class [类名]<T>
```

其中，字母T表示泛型类型，它并没有指定特定的类型，可以是除了基本类型外的任何对象或接口。我们可以使用二十六个英文字母中的任意一个大写字母来表示泛型。

动手写10.4.1

```
/**
 * 泛型类定义
 * @author 零壹快学
 */
public class Demo<T> {
    private T name;
    private List<T> desc;
    /**
     * @param name the name to set
     */
```

```
    public void setName(T name) {
        this.name = name;
    }
    /**
     * @return the name
     */
    public T getName() {
        return name;
    }
    /**
     * @param desc the desc to set
     */
    public void setDesc(List<T> desc) {
        this.desc = desc;
    }
    /**
     * @return the desc
     */
    public List<T> getDesc() {
        return desc;
    }
}
```

动手写10.4.1给出了一个定义泛型类的具体示例。

泛型类的类型参数声明可以包含多个类型参数，参数之间需要用逗号隔开。

动手写10.4.2

```
/**
 * 泛型类定义
 *
 * @author 零壹快学
 */
public class Demo<T, S, U> {
    private T name;
    private List<S> desc;
    private U age;
}
```

泛型类定义的类型，可以在类中用来定义成员属性或成员方法的返回值。实际使用时，可以使用具体的类型来替换泛型变量（如泛型类T），将泛型类型对象实例化后进行操作。

动手写10.4.3

```
/**
 * 泛型类使用示例
 *
 * @author 零壹快学
 */
public class Demo {
  // 比较2个值并返回最大值
  public static <T extends Comparable<T>> T max(T x, T y) {
    T max = x; // 假设x是初始最大值
    if (y.compareTo(max) > 0) {
      max = y; // y 更大
    }
    return max; // 返回最大对象
  }
  public static void main(String args[]) {
    System.out.printf("%d 和 %d 中最大的数为 %d\n\n", 10, 11, max(10, 11));
    System.out.printf("%.1f 和 %.1f 中最大的数为 %.1f\n\n", 1.3, 1.4, max(1.3, 1.4));
    System.out.printf("%s 和 %s 中最大的数为 %s\n", "red", "blue", max("red", "blue"));
  }

}
```

其运行结果为：

```
10 和 11 中最大的数为 11

1.3 和 1.4 中最大的数为 1.4

red 和 blue 中最大的数为 red
```

图10.4.1　泛型类使用示例

10.4.2　泛型方法

我们可以定义泛型方法在调用时接收不同类型的参数。泛型方法定义格式如下：

```
[权限访问修饰符] <参数类型列表> 返回值 方法名称([参数列表]);
```

泛型方法和其他方法的声明其实是一样的，需要注意类型参数只能是引用类型，而不能是基本类型（如int、long、char等）。

动手写10.4.4

```
/**
 * 泛型方法使用
 *
 * @author 零壹快学
 */
public class Demo {
    public <T> void toString(T t) {
        System.out.println("入参" + t + "包装类型为：" + t.getClass().getName());
    }
    public static void main(String[] args) {
        Demo demo = new Demo();
        demo.toString(1);
        demo.toString(1.234);
        demo.toString(Boolean.TRUE);
        demo.toString("Java编程");
    }
}
```

其运行结果为：

```
入参1包装类型为：java.lang.Integer
入参1.234包装类型为：java.lang.Double
入参true包装类型为：java.lang.Boolean
入参Java编程包装类型为：java.lang.String
```

图10.4.2 泛型方法示例

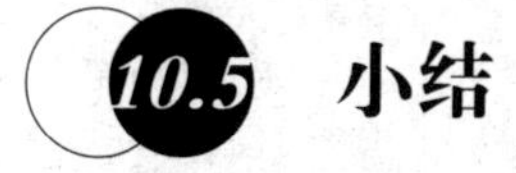

10.5 小结

本章介绍了Java中常用类的基本概念和用法，其中包括基本类型int、long、float、double、byte、char、boolean等的包装类Integer、Long、Float、Double、Byte、Character、Boolean，并对相关封装的方法进行了详细介绍，同时介绍了Math类中常见的数学操作方法，以及枚举和泛型的概念与简单编程操作。读者需要重点掌握这些基础知识点，以加深对面向对象编程的认识。

10.6 知识拓展

10.6.1 Java对象生命周期

Java底层是由JVM来运行的，Java中的对象从创建初始化到最后停止使用、被销毁是有一个完整生命周期的，其中包括的七个阶段分别是创建、应用、不可见、不可达、回收、终止和对象重新分配内存空间。本小节将对Java对象生命周期的各个阶段进行介绍。

图10.6.1 Java对象生命周期

1. 创建阶段

在创建阶段，JVM会首先为对象分配内存存储空间，然后开始构造对象。首先会依次从父类到子类对static修饰的静态成员进行初始化，然后依次对其他成员变量进行初始化，递归调用父类的构造方法。一旦对象创建后就可以被访问，即进入了应用阶段。

2. 应用阶段

应用阶段中，对象至少被一个强引用持有，持续占用JVM内存资源。

3. 不可见阶段

当程序超出了对象的实际作用域时，对象处于不可见阶段，此时程序不再持有对象的任何强引用，但是对象的引用在内存中仍然存在，即对象内存冗余，可能会影响系统性能。一般会在对象引用完后，显式地将对象引用赋值为null，这时对象会进入不可达阶段。

4. 不可达阶段

当JVM内存中不再有任何引用指向对象时，对象进入不可达阶段，这类对象会被Java GC垃圾回收机制回收。

5. 回收阶段

当不可达阶段的对象被GC识别到时，对象会进入回收阶段。一般对象都继承了Object类，定义了finalize()方法，因此会执行该方法并释放内存。

6. 终止阶段

当对象执行了finalize()方法后仍处于不可达阶段时，对象会进入终止阶段，等待GC进行垃圾回收。

7. 对象重新分配内存空间阶段

对象重新分配内存空间阶段是垃圾回收的最后一步，经过前面回收和终止阶段的对象如果仍处于不可达阶段，就会进入最后一步。但是，最终对象内存何时被回收仍取决于JVM本身的调度。

10.6.2　Java中常用类库介绍

在Java的实际开发中，开发者并不需要自己去编写各种工具，而是使用成熟的、已有的Java类库来开发项目，例如Java中最著名的Spring、Hibernate等框架。本小节将介绍Java开发人员最常用的类库和API，这里仅作导读，关于API的具体使用方法请读者前往各个类库的官网进行查阅。

1. 日志类库

打印日志是服务端应用中很重要的工作。日志用来记录程序中指定的事件或异常错误。虽然Java原生的java.util.logging包提供了一些基础的记日志处理API，但是使用起来并不方便。Java打印日志目前最常用的类库有slf4j、log4j、commons logging、logback等。

2. JSON解析库

JSON是JavaScript Object Notation的缩写，是一种轻量级的数据格式，在目前主流互联网开发中已经逐步取代传统XML数据格式，并且体量更小、更便于解析。Java没有提供原生的对JSON数据格式的解析类库，目前流行的开源类库工具有Jackson库、谷歌的Gson库、JSON-lib库、阿里巴巴的fastjson库、flexjson库等。

3. 单元测试库

单元测试是用来帮助开发者确定代码是否按照预期的方式来工作、测试每个代码组件的功能是否正确的，通常由开发人员进行编写和执行，同时在代码部署阶段也会引入自动化测试框架，使程序在功能不断迭代的过程中仍能保证原有的功能和逻辑是正确的。Java中的单元测试类库通常有JUnit、REST Assured、Selenium、Mockito、Spring Test、DBUnit、TestNG等。

4. 通用类库

Java开源市场上有很多第三方通用库，可以用来处理基本类型、操作数组或缓存等。这些类库经过大量开发者多年的实践和迭代，具有强大的实用性和性能。Java中一些常见的第三方通用类库有Apache Commons库、Google Guava库、JMS Java消息类库（需要单独引入jar包）、Apache FOP库等。

5. Excel读写库

Excel读写在程序开发中十分常见，需要创建Excel文件，并在Excel表格中读写各类的数据。Java开发中常见的Excel读写库有Apache POI库、JExcelAPI库等。

6. 集合类库

集合类库用来操作Java中的集合类，支持判断是否为空集合、集合转换、添加删除集合元素等。Java常见的集合类库有Apache Commons Collections库、Goldman Sachs Collections库、Google Collections库、FastUtil库、Trove库等。

第11章 Java集合类

11.1 什么是集合类

Java提供了一些类，这些类相当于容器，能够存储一系列的对象的引用，统称为集合类，其中存储的每个内容称为元素。集合类框架中，Java提供了一些接口、实现方法和计算算法，比如排序算法和搜索算法，方便高性能的数据操作且有比较好的扩展性，能够支持复杂的数据结构。

集合与数组相近，但是定义与功能十分不同：数组的大小是固定的，集合的大小则是可变的；数组可用来存放基本类型数据，也可存放对象的引用，而集合存放的只能是对象的引用。集合类框架提供了两个接口——Collection和Map，它们都继承了java.lang.Object类。其中，Collection类有List和Set两种继承接口，每个接口都有各自的实现；Map是一种键值对的存储形式，同时也有自己的实现。常见集合类框架中的继承关系如图11.1.1所示。

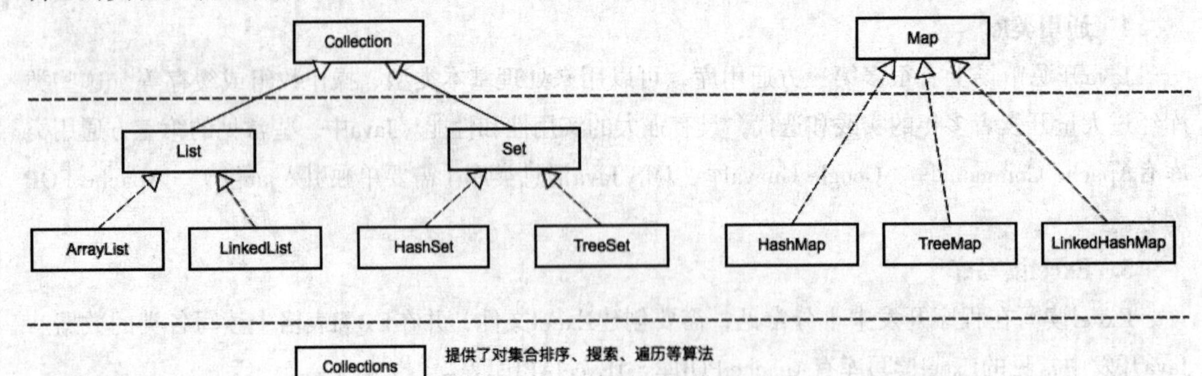

图11.1.1 常见集合类框架

集合类是在java.util包中提供的，下面将对各个集合类进行详细的介绍。

11.2 Collection接口

Collection是最基本的集合类接口，可以认为它是描述了一系列相同功能接口的共性接口。Collection接口中提供了通用的对集合内元素操作的方法，Collection的子类会实现这些方法。

Collection的子类一些是具体类，可以直接使用；另外一些是抽象类，提供了Collection接口的部分实现。

表11.2.1　Collection类中的常用方法

方法	功能描述
add(E e)	将指定元素添加到该集合中，E指代该集合中存储的元素的类型
addAll(Collection<? extends E> c)	将指定集合全部添加到该集合中
clear()	将该集合内所有元素清除
contains(Object o)	判断该集合是否包含指定对象，包含则返回true，不包含则返回false
isEmpty()	判断该集合是否为空（即不包含任何元素）
remove(Object o)	将指定对象从该集合中删除
size()	返回该集合包含元素的个数
iterator()	返回该集合包括所有元素的迭代器

需要注意的是，Collection类只是一个接口类，并没有提供具体的方法实现。每个方法的实现是在具体的实现类中完成的，如ArrayList、HashSet类。

java.util.AbstractCollection类提供了Collection的默认实现，可以创建AbstractCollection的子类。在实际的开发中，Java提供了大量类似的基础接口的实现，方便开发者使用。同时，开发者也可以自定义实现Collection类，但是必须同时实现iterator()等方法。

Collection接口同时继承了Iterable接口，因此Collection的所有子类（List类、Set类等）也都实现了Iterable接口。Iterable是Java集合的顶级接口之一，这个接口中提供了三个方法，分别是forEach()、iterator()和spliterator()。三个方法中最常用的是iterator()，它可以通过迭代器遍历自身元素，也就是查询整个集合的所有元素。

动手写11.2.1

```
import java.util.ArrayList;
import java.util.Collection;
import java.util.Iterator;


/**
 * 集合类Collection中iterator()方法的使用
```

```
 * @author 零壹快学
 */
public class UseCollection {
    public static void main(String[] args) {
        Collection<String> collection = new ArrayList<String>();
        collection.add("第一个元素");
        collection.add("第二个元素");
        Iterator iterator = collection.iterator();
        while (iterator.hasNext()) {
            System.out.println(iterator.next());
        }
    }
}
```

其运行结果为：

第一个元素
第二个元素

图11.2.1　iterator()方法的使用

11.3 List集合

List接口继承了Collection接口，同时在Collection的基础方法上添加了大量的方法来支持元素的插入和移除等各种操作。List接口可以保证元素在集合中的顺序，而且与数组的索引类似，额外提供了get()和set()方法，可以通过索引来获取List中特定的元素。

List接口的实现类有AbstractList、ArrayList、LinkedList、Stack、Vector、AttributeList等，本节将重点介绍常用的ArrayList和LinkedList。感兴趣的读者可以研究其他实现类的使用场景。

11.3.1　ArrayList类

ArrayList实现了List接口，同时继承于AbstractList类，实现了可变大小的数组（数组的容量不可变，但是ArrayList的容量可以动态增长），允许有null元素。ArrayList随机访问和遍历整个集合时性能较好，但是在List的指定位置插入和移除元素时性能较差。

使用时通常将变量类型声明为List类型，可以通过具体的实现类来定义不同对象的具体实例化类型。

动手写11.3.1

```
List<String> arrayList = new ArrayList<String>();
```

```
List<E> list = new ArrayList<>();
List<String> arrayListWithCapacity = new ArrayList<>(10);
```

上述代码中，第一个指定声明了元素都是String类型的List集合；第二个指定中，E是Java中合法的数据类型，代表它可以是Java中任意的合法数据类型。ArrayList中提供了默认的构造器ArrayList(int initialCapacity)，可以初始化一个指定大小的集合。需要注意的是，使用new创建一个新的集合对象时可以省略“<>”，系统在编译时会将前面默认的类型填充进去。

动手写11.3.2

```
import java.util.*;
/**
 * ArrayList具体使用介绍
 * @author 零壹快学
 */
public class UseArrayList {
    public static void main(String[] args) {
        List<String> list = new ArrayList<String>();
        list.add("第一个元素");
        list.add("第二个元素");
        list.add("第三个元素");
        list.remove(1);
        // 通过foreach方式遍历所有元素
        for (String element : list) {
            System.out.println("foreach遍历："+element);
        }
        // 通过迭代器遍历所有元素
        Iterator<String> iterator = list.iterator();
        while (iterator.hasNext()) {
            System.out.println("迭代遍历："+iterator.next());
        }
    }
}
```

上述示例中，使用了add()方法给集合按顺序添加元素。需要注意的是，集合中的索引和数组一样，都是从0开始的。上述例子中使用了remove()方法将集合中索引为1的元素（也就是第二个元素）进行了移除；同时，给出了ArrayList中遍历所有元素的两种方式的示例，一种是foreach，另一种是使用迭代器Iterator。其运行结果为：

```
foreach遍历：第一个元素
foreach遍历：第三个元素
迭代遍历：第一个元素
迭代遍历：第三个元素
```

图11.3.1　ArrayList使用示例

ArrayList可以使用get()和set()方法来对指定索引获取、设置特定的元素。

动手写11.3.3

```
import java.util.*;

/**
 * ArrayList中get()和set()方法使用
 *
 * @author 零壹快学
 */
public class ArrayListGetSet {
    public static void main(String[] args) {
        List<String> arrayList = new ArrayList<String>();
        arrayList.add(0, "A");
        arrayList.add(1, "B");
        arrayList.set(1, "C");
        System.out.println("集合中第一个元素为：" + arrayList.get(0)); // A
        System.out.println("集合中第二个元素为：" + arrayList.get(1)); // C
    }
}
```

其运行结果为：

```
集合中第一个元素为：A
集合中第二个元素为：C
```

图11.3.2　ArrayList类get()和set()方法使用示例

除了Collection中提供的方法，ArrayList还有一些常用方法，如表11.3.1所示。

表11.3.1　ArrayList类中的常用方法

方法	功能描述
sort(Comparator<? super E> c)	根据指定的Comparator比较器对所有元素排序
subList(int fromIndex, int toIndex)	根据索引范围获取指定集合内的子集合
trimToSize()	将ArrayList大小重新修正为当前所有元素的大小，用于缩减该集合所占内存

（续上表）

方法	功能描述
indexOf(Object o)	返回指定对象在该集合中的索引，如果有多个则返回第一个
lastIndexOf(Object o)	返回指定对象在该集合中的索引，如果有多个则返回最后一个

因为ArrayList是非同步的，所以在多线程的情况下要谨慎使用。

11.3.2 LinkedList类

LinkedList实现了List接口，使用了链表结构进行存储，允许有null元素，在List的中间插入和移除元素时性能较好，但是在随机访问和查询集合中的元素时性能较差，这也是链表结构的特点，感兴趣的读者可以阅读链表数据结构的相关资料做进一步了解。

LinkedList类的初始化和使用方法与ArrayList类相同，都可以使用自身的构造函数进行初始化，也可以使用foreach和迭代器对所有元素进行遍历。

除了常见的方法以外，LinkedList还有一些特定的方法，如表11.3.2所示。

表11.3.2 LinkedList类中一些特定的方法

方法	功能描述
pop()	从该集合所在的堆栈中取出一个元素
push(E e)	将指定元素放入该集合所在的堆栈
offer(E e)	将指定元素添加到该集合的末尾
peek()	获取但不移除该集合的第一个元素

动手写11.3.4

```
import java.util.*;

/**
 * ArrayList和LinkedList性能对比
 *
 * @author 零壹快学
 */
public class ArrayListAndLinkedList {
    static final int N = 10000;
    static long countTime(List list) {
        long start = System.currentTimeMillis();
        Object o = new Object();
```

```
        for (int i = 0; i < N; i++) {
            list.add(i, o);
        }
        return System.currentTimeMillis() - start;
    }
    static long readList(List list) {
        long start = System.currentTimeMillis();
        for (int i = 0, j = list.size(); i < j; i++) {
            list.get(i);
        }
        return System.currentTimeMillis() - start;
    }
    static List addToList(List list) {
        Object o = new Object();
        for (int i = 0; i < N; i++) {
            list.add(i, o);
        }
        return list;
    }
    public static void main(String[] args) {
        System.out.println("ArrayList添加" + N + "条费时：" + countTime(new ArrayList()));
        System.out.println("LinkedList添加" + N + "条费时：" + countTime(new LinkedList()));
        List listA = addToList(new ArrayList<>());
        List listB = addToList(new LinkedList<>());
        System.out.println("ArrayList查找" + N + "条费时：" + readList(listA));
        System.out.println("LinkedList查找" + N + "条费时：" + readList(listB));
    }
}
```

其运行结果为：

```
ArrayList添加10000条费时： 2
LinkedList添加10000条费时： 3
ArrayList查找10000条费时： 1
LinkedList查找10000条费时： 127
```

图11.3.3 ArrayList与LinkedList性能对比

LinkedList也是非同步的，在多线程的情况下也须谨慎使用。

11.4 Set集合

Set接口继承了Collection接口，且与List类似，也支持元素的插入和移除等各种操作。不同的是，Set不能包含重复的元素，确切地说，是不能包含满足equals()方法的两个对象（注意这里不仅指对象，而且包括具体某个数值或字符串）；Set不一定保证元素在集合中的顺序，也没有提供get()和set()方法。

提示

改变Set集合中的元素时要小心，因为如果满足了“与已有对象用equals()比较为相同”的条件，这时的操作就会变得不可控。此外，虽然Set允许null的存在，但是有些Set的实现方法并不允许null的存在，这时会抛出NullPointerException或ClassCastException异常。

Set接口的实现有AbstractSet、HashSet、EnumSet、LinkedHashSet、TreeSet等。本节将重点介绍常用的HashSet类和TreeSet类，感兴趣的读者可以研究其他实现类的使用场景。

11.4.1 HashSet类

HashSet实现了Set接口，由哈希表（实际上是一个HashMap对象）支持。它不保证Set内元素的顺序，因此每次在访问或迭代遍历时取出元素的顺序并不相同。

使用时通常将变量类型声明为Set类型，可以通过具体的实现类来定义不同对象的具体实例化类型。

动手写11.4.1

```
Set<String> hashSet = new HashSet<String>();
Set<E> hashSet2 = new HashSet<>();
Set<E> hashSetWithCapacity = new HashSet<>(10);
```

上述代码中，第一个指定声明了元素都是String类型的Set集合；第二个指定中，E是Java中合法的数据类型，代表它可以是Java中任意的合法数据类型。HashSet中提供了默认的构造器HashSet(int initialCapacity)，可以初始化一个指定大小的集合。

动手写11.4.2

```
import java.util.*;


/**
 * HashSet使用介绍
```

```
 * @author 零壹快学
 */
public class UseHashSet {
    public static void main(String[] args) {
        Set<String> hashSet = new HashSet<>();
        hashSet.add("A");
        hashSet.add("B");
        hashSet.add("C");
        hashSet.add("D");
        hashSet.add("B"); // Set中只会保留一个“B”值的元素
        hashSet.remove("D");
        System.out.println("集合大小为：" + hashSet.size()); //3
        // foreach遍历HashSet对象
        for (String elemet : hashSet) {
            System.out.println("foreach遍历：" + elemet);
        }
        // Iterator迭代器遍历
        Iterator<String> iterator = hashSet.iterator();
        while (iterator.hasNext()) {
            System.out.println("迭代器遍历：" + iterator.next());
        }
    }
}
```

上述示例中，使用了add()方法给集合添加元素。需要注意的是，当添加相同的值“B”时，集合中并没有出现重复的元素。上述例子中使用了remove()方法将集合中值为“D”的元素进行移除；同时，给出了HashSet中遍历所有元素的两种方式的示例，一种是foreach，另一种是使用迭代器Iterator。其运行结果为：

```
集合大小为：3
foreach遍历：A
foreach遍历：B
foreach遍历：C
迭代器遍历：A
迭代器遍历：B
迭代器遍历：C
```

图11.4.1　HashSet使用示例

除了Collection中的基础方法之外，HashSet类并没有提供过多的其他方法。

HashSet是非线程同步的，在多线程情况下，如果多个线程同时访问一个HashSet对象，当至少一个线程修改了该对象时，需要使用Collection类中的synchronizedSet()方法来包装，使这个对象对外部保持同步（多线程的概念会在后续章节中进行介绍，这里可以将多线程简单理解为不同的使用方来调用同一个对象时发生的一种特殊情况）。

11.4.2　TreeSet类

TreeSet类同时实现了Set接口和NavigableSet接口（NavigableSet直接继承了SortedSet接口）。它既可以使用元素的自然顺序对元素进行排序，也可以根据创建Set集合时提供的Comparator比较器的顺序进行排序，如果没有就会抛出ClassCastException异常。

Comparable接口中提供了compareTo(Object o)方法，用于比较当前对象与传入对象来决定前后顺序。若该对象小于入参对象，则应返回负整数；若相同，则应返回0；若大于入参对象，则应返回正整数。

动手写11.4.3

```
TreeSet<String> treeSet = new TreeSet<>();
```

TreeSet类初始化一般会使用TreeSet，这样便于使用该类中提供的方法。

动手写11.4.4

```
import java.util.*;

/**
 * TreeSet使用介绍
 * @author 零壹快学
 */
public class UseTreeSetMethod {
    public static void main(String[] args) {
        TreeSet<Integer> treeSet = new TreeSet<>();
        treeSet.add(1);
        treeSet.add(2);
        treeSet.add(3);
        Iterator<Integer> iterator = treeSet.iterator();
        while (iterator.hasNext()) {
            System.out.println(iterator.next());
        }
        TreeSet<Person> personSet = new TreeSet<>();
        personSet.add(new Person(26, "王一"));
        personSet.add(new Person(22, "张二"));
```

```
        personSet.add(new Person(33, "刘三"));
        Iterator<Person> personIterator = personSet.iterator();
        System.out.println("按照年龄排序：");
        while (personIterator.hasNext()) {
            Person person = personIterator.next();
            System.out.println("姓名：" + person.name + ",年龄：" + person.age);
        }
    }
}
/**
* Person类定义
*/
public class Person implements Comparable<Person> {
    public Person(int age, String name) {
        this.age = age;
        this.name = name;
    }
    int age;
    String name;
    public int compareTo(Person person) {
        int num = this.age - person.age;
        return num;
    }
}
```

上述示例中，第一次迭代遍历TreeSet对象时，使用的是Integer中默认的compareTo()方法；第二次迭代遍历中，Person类实现了Comparable接口，使用的是Person类中自定义的compareTo()方法。其运行结果为：

```
1
2
3
按照年龄排序：
姓名：张二,年龄：22
姓名：王一,年龄：26
姓名：刘三,年龄：33
```

图11.4.2　TreeSet使用示例

除了Set基础方法以外，TreeSet中还提供了其他常用方法，如表11.4.1所示。

表11.4.1　TreeSet类中的常用方法

方法	功能描述
ceiling(E e)	返回该集合中大于等于给定元素的最小元素，若不存在，则返回null
descendingIterator()	返回该集合按降序进行迭代的迭代器
first()	返回该集合中当前第一个元素
floor(E e)	返回该集合中小于等于给定元素的最大元素，若不存在，则返回null
last()	返回该集合中当前最后一个元素
higher(E e)	返回该集合中严格大于给定元素的最小元素，若不存在，则返回null
lower(E e)	返回该集合中严格小于给定元素的最大元素，若不存在，则返回null
headSet(E toElement)	返回该集合中的部分集合，其元素严格小于入参元素（不包括）
subSet(E fromElement, E toElement)	返回该集合中的部分集合，其元素从fromElement（包括）到toElement（不包括）
tailSet(E fromElement)	返回该集合中的部分集合，其元素严格大于或等于入参元素（包括）

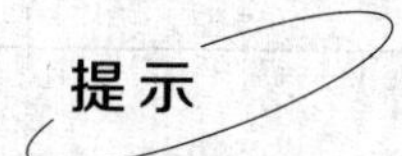

在使用TreeSet中的ceiling、headSet、subSet和tailSet等方法时，须注意取得元素的范围，避免丢失元素。

TreeSet也是非同步的，在多线程环境下使用时须谨慎。

11.5 Map集合

Map接口是和Collection接口并列的另一种结构，提供了键值对的存储能力，即key-value。可以把键值对理解为一种一对一映射的关系，如“名字”对应“年龄”、“国家名”对应“地域”。Map中的key是不能重复的，就像现实生活中不会出现重复的人一样。Map中的每个key只能是一对一映射一个value，就像现实生活中一个人只能对应一个实际的年龄。

Map接口不是一开始就存在的，最开始的Java提供了一个抽象类Dictionary（字典类）来提供键值对存储的能力，但是实际上并不好用，于是Dictionary类被废弃，由Map接口替代。

Map中的key和value是成对一起出现的，Java中提供了Map.Entry<K,V>接口来描述它们，每个Entry中都有唯一的key和它映射的value值。Map中提供了entrySet()方法来获取所有的Entry集合，这里之所以是Set，也是因为Set集合中不会存在重复的元素。

表11.5.1 Map类中的常用方法

方法	功能描述
put(K key, V value)	将指定key-value映射添加到该集合中，K指代存储在该集合中的key类型，V指代映射值的value类型
putAll(Map<? extends K,? extends V> m)	将指定Map集合全部添加到该集合中
clear()	将该集合内所有键值对清除
containsKey(Object key)	判断该集合的key中是否包含指定对象，包含则返回true，不包含则返回false
containsValue(Object value)	判断该集合的value中是否包含指定对象，包含则返回true，不包含则返回false
isEmpty()	判断该集合是否为空（即不包含任何键值对）
remove(Object key)	将指定key-value映射从该集合中删除
size()	返回该集合包含key-value映射的个数
entrySet()	返回该集合包括所有键值对的Set集合
keySet()	返回该集合中所有key的Set集合
get(Object key)	返回指定key映射的值，若不存在该key则返回null
hashCode()	返回此映射的哈希值

提示

Map类和Collection类一样，只是一个接口类，并没有提供具体的方法实现。每个方法的实现是在具体的实现类中完成的，如HashMap、TreeMap类。Map在使用时，会对一些异常操作抛出异常，比如访问的值不存在时，方法会抛出NoSuchElementException异常，对象类型与Map中存储的元素类型不兼容时，会抛出ClassCastException，这也是因为类型转换出错而抛出的异常。

另外，Map和其他Collection类一样，可以扩展到多维，如Map<String,Map<String,String>>创建了一个key为String类型，value为一个由String-String键值对构成的Map集合。这种扩展在Java中很常见，可以快速地生成各类数据结构。

Map是在java.util包中提供的，具体实现类有AbstractMap、HashMap、TreeMap、HashTable、LinkedHashMap、EnumMap等。本节将对常用的HashMap类和TreeMap类进行详细介绍，对其他实现类的使用场景感兴趣的读者可以查阅其他相关资料。

11.5.1 HashMap

HashMap实现了Map接口，同时继承于AbstractMap类。它利用哈希值来存储数据，不允许重复的键出现，但允许有null值和null键，最多只允许一个为null的键（这也是因为HashMap键不能重复）。HashMap因为使用了哈希表，所以对其中的映射关系具有很快的访问速度。HashMap类不保证存入键值对映射关系的顺序，而且它的顺序可能会发生变化。

使用时通常将变量类型声明为Map类型，可以通过具体的实现类来定义不同对象的具体实例化类型。

动手写11.5.1

```
Map<String, String> simpleMap = new HashMap<>();
Map<String, Map<String, String>> complexMap = new HashMap<>();
Map<Map<String, String>, String> otherComplexMap = new HashMap<>();
```

上述代码中，第一个指定声明了键值都是String类型的Map集合；第二个指定声明了一个Map集合，key为String类型，映射的值也是Map集合；第三个指定声明了一个Map集合，key为一个Map集合对象，值为String类型。

动手写11.5.2

```
public class UseHashMap {
    public static void main(String[] args) {
        Map<String, String> hashMap = new HashMap<>();
        hashMap.put("小明", "11岁");
        hashMap.put("小张", "22岁");
        hashMap.put("小刘", "23岁");
        // 使用key集合遍历
        System.out.println("通过Map.keySet遍历key和value：");
        for (String key : hashMap.keySet()) {
            System.out.println("key= " + key + " and value= " + hashMap.get(key));
        }
        // 使用Map.Entry的迭代器遍历
        System.out.println("通过Map.entrySet使用iterator遍历key和value：");
        Iterator<Map.Entry<String, String>> it = hashMap.entrySet().iterator();
        while (it.hasNext()) {
            Map.Entry<String, String> entry = it.next();
            System.out.println("key= " + entry.getKey() + " and value= " + entry.getValue());
        }
```

```
        // 通过Map.entrySet()来遍历
        System.out.println("通过Map.entrySet遍历key和value");
        for (Map.Entry<String, String> entry : hashMap.entrySet()) {
            System.out.println("key= " + entry.getKey() + " and value= " + entry.getValue());
        }
        // 通过Map.values()遍历所有的值
        System.out.println("通过Map.values()遍历所有的value，但不能遍历key");
        for (String v : hashMap.values()) {
            System.out.println("value= " + v);
        }
    }
}
```

上述示例中提供了四种遍历HashMap类的方法。这里需要说明的是，当集合内键值对较多时，第三种方法——通过Map.entrySet()遍历的效率最高，一次将所有键值对都获取了。另外，示例中使用了get()方法获取Map集合中指定key映射的值。其运行结果为：

```
通过Map.keySet遍历key和value:
key= 小刘 and value= 23岁
key= 小明 and value= 11岁
key= 小张 and value= 22岁
通过Map.entrySet使用iterator遍历key和value:
key= 小刘 and value= 23岁
key= 小明 and value= 11岁
key= 小张 and value= 22岁
通过Map.entrySet遍历key和value
key= 小刘 and value= 23岁
key= 小明 and value= 11岁
key= 小张 and value= 22岁
通过Map.values()遍历所有的value, 但不能遍历key
value= 23岁
value= 11岁
value= 22岁
```

图11.5.1　HashMap使用示例

从动手写11.5.2中也可以看到，HashMap可使用get()和put()方法来获取或设定指定键key映射的值。

HashMap是非线程同步的，所以在多线程的情况下要谨慎使用。

11.5.2　TreeMap

TreeMap实现了Map接口，继承于AbstractMap类，同时实现了NavigableMap接口。TreeMap是基于红黑树结构的，因此对键值对的存储具有一定的顺序。与TreeSet类似，TreeMap既可以使用键值对映射的自然顺序对映射关系进行排序，也可以根据创建Map集合时提供的Comparator比较器的顺序进行排序，如果没有就会抛出ClassCastException异常。对红黑树数据结构感兴趣的读者可以阅读数据结构的相关书籍来加以了解。

TreeMap由于引入了顺序，其查询的性能比HashMap稍差，而且与HashMap不同的是，它不允许存在null的键对象。

动手写11.5.3

```
TreeMap<String, String> treeMap = new TreeMap<>();
```

在使用时，为了使用TreeMap中的方法，一般会声明为TreeMap类型。

动手写11.5.4

```
import java.util.Iterator;
import java.util.TreeMap;

/**
 * TreeMap使用介绍
 * @author 零壹快学
 */
public class UseTreeMap {
    public static void main(String[] args) {
        TreeMap<Person, String> treeMap = new TreeMap<>();
        treeMap.put(new Person(22, "小刘"), "上大学");
        treeMap.put(new Person(11, "小王"), "上小学");
        treeMap.put(new Person(33, "老李"), "已工作");
        Iterator<Person> personIterator = treeMap.keySet().iterator();
        while (personIterator.hasNext()) {
            Person person = personIterator.next();
            System.out.println(person.toString());
        }
    }
}
```

上述示例中，仍然使用了动手写11.4.4中的Person类，在其中添加了一段打印出字符串的方法：

```
    // 将Person类内容打印出String
    public String toString() {
```

```
    return "姓名：" + this.name + ";年龄：" + this.age + "岁";
}
```

其运行结果为：

姓名：小王；年龄：11岁
姓名：小刘；年龄：22岁
姓名：老李；年龄：33岁

图11.5.2　TreeMap使用示例

除Map基础方法外，TreeMap中还提供了其他方法，如表11.5.2所示。这些方法并不常用，仅供了解。

表11.5.2　TreeMap类中的其他方法

方法	功能描述
ceilingEntry(K key)	返回大于等于指定key的最小key的键值对，不存在则返回null
ceilingKey(K key)	返回大于等于指定key的最小key，不存在则返回null
descendingKeySet()	返回该集合中所包含键的逆序
firstEntry()	返回该映射中最小键关联的键值对
subMap(K fromKey, K toKey)	返回从fromKey（包括）到toKey（不包括）的映射集合

TreeMap也是非同步的，一般会使用Collections.synchronizedSortedMap()方法来包装该映射。

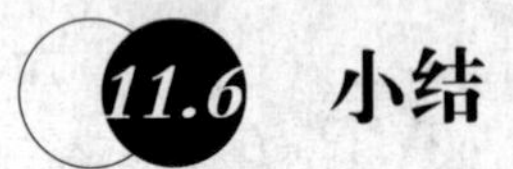

11.6 小结

本章介绍了Java中常见的集合框架，包括Collection、List接口、Set接口和Map接口，同时介绍了各个接口常见的实现类，各个集合添加、删除和遍历的各种方法，以及Collections集合算法的一些静态方法。集合是Java语言中最常见的数据格式，通过本章的学习，读者应掌握各个集合类的特点和具体使用场景。

11.7 知识拓展

Collections算法

java.util包中提供了Collection类，其中定义了几种可用于Collection和Map的算法。这些算法都是静态方法。方法中如果操作的集合类或对象为null，会抛出NullPointerException异常。

Collections包含以下三个常量：

◇ EMPTY_LIST——空的List列表。

◇ EMPTY_MAP——空的映射Map。

◇ EMPTY_SET——空的Set集合。

在开发中我们建议使用封装好的常量，而不是直接使用空的对象值，这样便于代码维护。Collections中提供了几种对集合数据进行操作的常用方法。

1. sort()排序方法

sort()方法指定元素的自然顺序，对集合按升序进行排列。集合中的所有元素都必须实现Comparable接口，并且都可以使用比较器进行相互比较。

动手写11.7.1

```
import java.util.ArrayList;
import java.util.Collections;
import java.util.List;

/**
 * Collections.sort()方法
 *
 * @author 零壹快学
 */
public class SortCollection {
   public static void main(String[] args) {
      List<Double> list = new ArrayList<>();
      double array[] = { 3, 101, 345, 987, 1 };
      System.out.println("排序前数字集合顺序为：");
      for (int i = 0; i < array.length; i++) {
         list.add(new Double(array[i]));
         System.out.println(list.get(i));
      }
      Collections.sort(list);
      System.out.println("排序后数字集合顺序为：");
      for (int i = 0; i < array.length; i++) {
         System.out.println(list.get(i));
      }
   }
}
```

其运行结果为：

```
排序前数字集合顺序为：
3.0
101.0
345.0
987.0
1.0
排序后数字集合顺序为：
1.0
3.0
101.0
345.0
987.0
```

图11.7.1　Collections.sort()排序方法

2. shuffle()混排方法

与sort()排序方法相反，Collections.shuffle()方法用来随机打乱集合中元素的顺序。

动手写11.7.2

```
import java.util.ArrayList;
import java.util.Collections;
import java.util.List;

/**
 * Collections.shuffle()方法
 *
 * @author 零壹快学
 */
public class ShufflingCollection {
    public static void main(String[] args) {
        List<Double> list = new ArrayList<>();
        double array[] = { 3, 101, 345, 987, 1 };
        System.out.println("混排前数字集合顺序为：");
        for (int i = 0; i < array.length; i++) {
            list.add(new Double(array[i]));
            System.out.println(list.get(i));
        }
        Collections.shuffle(list);
        System.out.println("混排后数字集合顺序为：");
        for (int i = 0; i < array.length; i++) {
```

```
            System.out.println(list.get(i));
        }
    }
}
```

细心的读者可以发现上面示例的运行结果为：

```
混排前数字集合顺序为：
3.0
101.0
345.0
987.0
1.0
混排后数字集合顺序为：
1.0
101.0
3.0
345.0
987.0
```

图11.7.2　Collections.shuffle()混排方法

3. reverse()反转方法

使用Collections.reverse()方法可以将集合中的元素按照当前排序进行反向排列。

动手写11.7.3

```
import java.util.ArrayList;
import java.util.Collections;
import java.util.List;

/**
 * Collections.reverse()方法
 *
 * @author 零壹快学
 */
public class ReverseCollections {
    public static void main(String[] args) {
        List<Double> list = new ArrayList<>();
        double array[] = { 3, 101, 345, 987, 1 };
        System.out.println("反转前数字集合顺序为：");
        for (int i = 0; i < array.length; i++) {
```

```
        list.add(new Double(array[i]));
        System.out.println(list.get(i));
    }
    Collections.reverse(list);
    System.out.println("反转后数字集合顺序为：");
    for (int i = 0; i < array.length; i++) {
        System.out.println(list.get(i));
    }
  }
}
```

其运行结果为：

```
反转前数字集合顺序为：
3.0
101.0
345.0
987.0
1.0
反转后数字集合顺序为：
1.0
987.0
345.0
101.0
3.0
```

图11.7.3　Collections.reverse()反转方法

Collections中还提供了很多其他方法，感兴趣的读者可以阅读JDK文档做进一步了解。

第12章 Java反射与注解

12.1 Java反射

Java的反射机制是指在程序运行过程中动态地获取一个类或对象的成员属性及方法。在程序运行中，通过反射机制还可以动态地修改对象的信息。

Java中的java.lang.reflect包提供了对反射的支持。该包提供的Constructor类、Field类和Method类分别用来访问和存储类的构造方法、成员变量和成员方法。在Java中，反射主要是通过java.lang.Class类的方法实现的，本节将详细介绍Class类以及如何使用反射。

12.1.1 java.lang.Class类介绍

Java是一门面向对象的编程语言。在面向对象的世界里，万物皆对象，现实世界中的事物被抽象并封装成一个类，并在类中添加相应的成员变量和方法。既然万物皆对象，那么一个类是不是对象呢？

Java编程中的每一个类都是一个对象，是java.lang.Class类的对象。也就是说，每一个类既有自己的对象，同时也是Class类的对象。下面将详细讲述如何表示Class类的对象。

由于Class类的构造方法是私有的，因此我们无法通过new关键字创建Class对象的引用。但是，Java提供了几种获取Class对象的方法。

方法一：使用对象的getClass()方法获取Class对象的引用。

动手写12.1.1

```
package com.demo;

/**
 * @author 零壹快学
 */
public class Test {
    public static void main(String[] args) {
```

```
        // 创建一个Student类的对象
        Student student = new Student();

        //通过 getClass() 方法获取Class对象
        Class clazz = student.getClass();
    }
}
/**
 * 自定义学生类
 */
class Student {
}
```

方法二：任何一个类都有一个隐含的静态成员变量class，通过该静态成员获取Class对象的引用。

动手写12.1.2

```
package com.demo;

/**
 * @author 零壹快学
 */
public class Test {
    public static void main(String[] args) {
        //通过 Student.class 获取Class对象
        Class clazz = Student.class;
    }
}
/**
 * 自定义学生类
 */
class Student {
}
```

方法三：使用Class类的静态方法forName()，它使用一个包含目标类的字符串作为输入，返回一个Class对象的引用。因为这个方法传入的是一个字符串形式的类路径，所以通过该方式获取Class对象时需要处理ClassNotFoundException异常，该异常代表找不到类或者类无法加载。

动手写12.1.3

```
package com.demo;

/**
 * @author 零壹快学
 */
public class Test {
    public static void main(String[] args) {
        //通过 Class类提供的静态方法forName()获取Class对象
        try {
            Class clazz = Class.forName("com.demo.Student");
        } catch (ClassNotFoundException e) {
            e.printStackTrace();
        }
    }
}

/**
 * 自定义学生类
 */
class Student {
}
```

上述三种方法都可以创建Class类的对象，但要注意的是，一个类只能有一个反射的对象，即上面三种方法创建的Class类的对象是完全相同的。

12.1.2 获取构造方法的信息

通过Class类的getConstructors()、getConstructor()、getDeclaredConstructor()和getDeclaredConstructors()方法可以访问类的构造方法，它们的返回值类型为Constructor对象或者对象的数组，各个方法的详细描述如表12.1.1所示。

表12.1.1 获取类的构造方法

方法	功能描述
getConstructors()	返回一个Constructor对象的数组，这些对象为此Class对象所表示的类的所有公共构造方法
getDeclaredConstructors()	返回一个Constructor对象的数组，这些对象为此Class对象所表示的类的所有构造方法

（续上表）

方法	功能描述
getConstructor(Class<?>... parameterTypes)	返回一个Constructor对象，它代表此Class对象所表示的类的指定公共构造方法
getDeclaredConstructor(Class<?>... parameterTypes)	返回一个Constructor对象，它代表此Class对象所表示的类或接口的指定构造方法

java.lang.reflect.Constructor类提供了单个构造方法的信息，利用Constructor对象即可操作相应的构造方法。Constructor类中提供的常用方法如表12.1.2所示。

表12.1.2　Constructor类中的常用方法

方法	功能描述
newInstance()	使用Constructor对象表示的构造方法来创建该构造方法的声明类的新实例，并用指定的初始化参数初始化该实例
isVarArgs()	如果声明此构造方法可以带可变数量的参数，则返回true；否则，返回false
setAccessible(boolean flag)	返回值为true表示反射的对象在使用时应该取消Java语言访问检查；返回值为false则表示反射的对象应该实施Java语言访问检查
getParameterTypes()	返回一组Class对象，这些对象表示此Constructor对象所表示的构造方法的形参类型

动手写12.1.4

```
package com.demo;

import java.lang.reflect.Constructor;

/**
 * @author 零壹快学
 */
public class Test {
    public static void main(String[] args) throws Exception {
        // 通过forName()方法获取Class对象
        Class clazz = Class.forName("com.demo.Person");
        // 1.获取Constructor[]数组并打印构造方法信息
        Constructor[] constructors = clazz.getDeclaredConstructors();
        for (Constructor constructor : constructors) {
            System.out.println("打印构造方法信息: " + constructor);
        }
```

```
        // 2.获取单个默认Constructor，并创建类的实例
        Constructor constructor1 = clazz.getConstructor();
        // 调用Constructor的newInstance()方法，实例化对象
        Object object1 = constructor1.newInstance();
        Person person1 = (Person) object1;
        person1.say();
        // 3.获取带参的Constructor，并创建类的实例
        Constructor constructor2 = clazz.getConstructor(String.class, int.class);
        // 调用Constructor的newInstance()方法，实例化对象
        Object object2 = constructor2.newInstance("Mike", 22);
        Person person2 = (Person) object2;
        person2.say();
    }
}

class Person {
    private String name = "Jack";
    private int age = 10;
    public Person() {
    }
    public Person(String name, int age) {
        this.name = name;
        this.age = age;
    }
    public void say(){
        System.out.println("姓名: " + name + ", 年龄: " + age);
    }
}
```

上面示例中有一个Person类，该类具有一个无参的构造方法和一个有参的构造方法，通过getDeclaredConstructors()获取Person类的所有构造方法信息并进行打印；通过getConstructor()方法获取Constructor对象后，再结合Class类的newInstance()方法来获取Person类的实例对象。其运行结果为：

```
打印构造方法信息: public com.demo.Person()
打印构造方法信息: public com.demo.Person(java.lang.String,int)
姓名: Jack, 年龄: 10
姓名: Mike, 年龄: 22
```

图12.1.1 获取构造方法信息示例

12.1.3 获取成员变量的信息

通过Class类中提供的getField()、getFields()、getDeclaredField()和getDeclaredFields()方法可以获取类的成员变量信息。它们的返回值为Field对象或者对象数组，各个方法的详细描述如表12.1.3所示。

表12.1.3 获取类的成员变量信息

方法	功能描述
getField(String name)	返回一个Field对象，它反映此Class对象所表示的类或接口的指定公共成员字段
getFields()	返回一个Field对象的数组，这些对象反映此Class对象所表示的类或接口的所有可访问公共字段，即获得某个类的所有公共（public）的字段，包括父类中的字段
getDeclaredField(String name)	返回一个Field对象，该对象反映此Class对象所表示的类或接口的指定已声明字段。name参数是一个String，它指定所需字段的简称
getDeclaredFields()	返回一个Field对象的数组，这些对象反映此Class对象所表示的类或接口所声明的所有字段。包括公共、保护、默认（包）访问和私有字段，但不包括继承的字段

java.lang.reflect.Field提供了获取当前对象的成员变量的类型和重新设值的方法。Field类中提供的常用方法如表12.1.4所示。

表12.1.4 Field类中的常用方法

方法	功能描述
get(Object obj)	返回指定对象上此Field表示的字段的值
set(Object obj, Object value)	将指定对象变量上此Field对象表示的字段设置为指定的新值
getName()	返回此Field对象表示的字段的名称
getType()	返回一个Class对象，它代表此Field对象所表示字段的声明类型
getInt(Object obj)	获取int类型或另一个通过扩展转换可以转换为int类型的基本类型的静态或实例字段的值
setInt(Object obj, int i)	将字段的值设置为指定对象上的一个int值
getBoolean(Object obj)	获取一个静态或实例boolean字段的值
setBoolean(Object obj, boolean z)	将字段的值设置为指定对象上的一个boolean值
getFloat(Object obj)	获取float类型或另一个通过扩展转换可以转换为float类型的基本类型的静态或实例字段的值
setFloat(Object obj, float f)	将字段的值设置为指定对象上的一个float值

动手写12.1.5

```
package com.demo;

import java.lang.reflect.Field;

/**
 * @author 零壹快学
 */
public class Test {
    public static void main(String[] args) {
        printClassVariables(new Person());
    }
    // 打印一个类的所有成员变量信息
    public static void printClassVariables(Object obj) {
        Class c = obj.getClass();
        Field[] fields = c.getDeclaredFields();
        for (Field field : fields) {
            Class fieldType = field.getType();
            // 获取字段的声明类型
            String typeName = fieldType.getSimpleName();
            // 获取字段的名称
            String filedName = field.getName();
            // 打印一个类的所有成员变量信息
            System.out.println("字段的类型信息： " + typeName + ", 名称： " + filedName);
        }
    }
}

class Person {
    private String name = "Jack";
    private int age = 10;
}
```

上面示例中有一个Person类，该类具有两个成员变量name和age，通过getDeclaredFields()获取Person类的所有成员变量，通过getType()方法获取成员变量的声明类型，通过getName()方法获取成员变量的名称。其运行结果为：

字段的类型信息：String，名称：name
字段的类型信息：int，名称：age

图12.1.2　获取成员变量示例

12.1.4　获取方法的信息

通过Class类中提供的getMethod()、getMethods()、getDeclaredMethod()和getDeclaredMethods()方法可以获取类的方法信息。它们的返回值为Method对象或者对象数组，各个方法的详细描述如表12.1.5所示。

表12.1.5　获取类的方法信息

方法	功能描述
getMethods()	返回一个Method对象的数组，这些对象反映此Class对象所表示的类或接口的公共方法
getMethod(String name, Class<?>... parameterTypes)	返回一个Method对象，它反映此Class对象所表示的类或接口的指定公共成员方法
getDeclaredMethod(String name, Class<?>... parameterTypes)	返回一个Method对象，它反映此Class对象所表示的类或接口的指定已声明方法
getDeclaredMethods()	返回一个Method对象的一个数组，这些对象反映此Class对象表示的类或接口声明的所有方法，包括公共、保护、默认（包）访问和私有方法，但不包括继承的方法

通过Method对象可以操作相应类的方法，Method类中提供的常用方法如表12.1.6所示。

表12.1.6　Method类中的常用方法

方法	功能描述
getName()	以String形式返回此Method对象表示的方法名称
getParameterTypes()	按照声明顺序返回Class对象的数组，这些对象描述了此Method对象所表示的方法的形参类型
getReturnType()	返回一个Class对象，该对象描述了此Method对象所表示的方法的正式返回类型
getExceptionTypes()	返回Class对象的数组，这些对象描述了声明将此Method对象表示的底层方法抛出的异常类型
invoke(Object obj, Object... args)	对带有指定参数的指定对象调用由此Method对象表示的底层方法

动手写12.1.6

```
import java.lang.reflect.Method;

/**
 * @author 零壹快学
 */
public class Test {
public static void main(String[] args) {
      printClassMethods(new Person("Jack", 24));
}
public static void printClassMethods(Object obj) {
      Class c = obj.getClass();
      Method[] methods = c.getDeclaredMethods();
      System.out.println("打印类的方法信息");
      for (Method method : methods) {
            // 获取方法的返回值的类型
            Class returnType = method.getReturnType();
            System.out.print(returnType.getSimpleName());
            // 获取方法名称
            System.out.print(""+ method.getName() + " (");
            // 获取参数列表
            Class[] parameterTypes = method.getParameterTypes();
            for (Class paramType: parameterTypes) {
               System.out.print(paramType.getSimpleName() +", ");
            }
            System.out.println(")");
      }
}
}

class Person {
private String name;
private int age;
public Person(String name, int age) {
      this.name = name;
      this.age = age;
```

```
}
public void say(String message) {
    System.out.println("Saying"+ message);
}
public void run() {
    System.out.println("Running...");
}
public void swim() {
    System.out.println("Swimming...");
}
}
```

上面示例中有一个Person类，该类具有三个公共方法——say()、run()和swim()，通过getDeclaredMethods()获取Person类的所有方法信息，通过getReturnType()方法获取方法的返回值的类型信息，通过getName()方法获取方法名称，通过getParameterTypes()方法获取方法的参数列表。其运行结果为：

```
打印类的方法信息
void run ( )
void swim ( )
void say (String, )
```

图12.1.3　获取方法信息示例

在使用上述的四种方法获取Method对象之后，可以通过Method对象的invoke()方法来调用它对应的方法。

动手写12.1.7

```
package com.demo;

import java.lang.reflect.InvocationTargetException;
import java.lang.reflect.Method;

/**
 * @author 零壹快学
 */
public class Test {
  public static void main(String[] args) throws InvocationTargetException, IllegalAccessException {
    PrintUtil printUtil = new PrintUtil();
```

```
        Class clazz = printUtil.getClass();
        try {
            // getMethod()获取方法
            Method m1 = clazz.getMethod("print", int.class, int.class);
            // 使用invoke()调用方法
            m1.invoke(printUtil, 1, 2);
            Method m2 = clazz.getMethod("print", String.class, String.class);
            m2.invoke(printUtil, "hello", "world");
            Method m3 = clazz.getMethod("print");
            m3.invoke(printUtil);
        } catch (NoSuchMethodException e) {
            e.printStackTrace();
        }
    }
}

class PrintUtil {
    public void print(int a, int b) {
        System.out.println("相加的结果为： " + a + b);
    }
    public void print(String a, String b) {
        System.out.println("转换为大写字母的结果为： " + a.toUpperCase() + " " + b.toUpperCase());
    }
    public void print() {
        System.out.println("Hello world!");
    }
}
```

上面示例中有一个PrintUtil工具类，该类具有三个重载的print方法，通过getMethod()获取Person类的方法信息，然后通过调用Method类的invoke()方法来执行相应的方法。其运行结果为：

```
相加的结果为：12
转换为大写字母的结果为：HELLO WORLD
Hello world!
```

图12.1.4　使用invoke()方法

12.2 注解

在JDK 1.5中引入的注解（Annotation）是Java的重要特性之一，目前流行的框架都在使用注解。注解相当于一种嵌入程序中的数据，通过注解解析工具或者编译器，可以在运行期间或者编译期间对其进行解析。Java本身自带了一些注解，开发者也可以自定义一些注解，例如测试框架JUnit中的@Test注解。使用自定义注解之前，我们首先来了解一下Java的元注解。

12.2.1 元注解

元注解（meta-annotation）的作用是在其他注解上注解，用来提供对其他注解的类型说明。在自定义注解时，通常都需要使用元注解。JDK 1.5中定义了四个标准的元注解类型：@Target、@Retention、@Documented和@Inherited。这些元注解可以在java.lang.annotation包中找到，下面分别讲解每个元注解的作用。

@Target描述了注解修饰的对象范围，它的取值在java.lang.annotation.ElementType中定义，表12.2.1给出了详细的参数定义。

表12.2.1　@Target的常见参数值

参数名称	说明
ANNOTATION_TYPE	描述注解类型
CONSTRUCTOR	描述构造器
FIELD	描述域
LOCAL_VARIABLE	描述局部变量
METHOD	描述方法
PACKAGE	描述包
PARAMETER	描述方法变量
TYPE	描述类、接口或enum类型
TYPE_PARAMETER	Type的声明式前
TYPE_USE	所有使用Type的地方（如泛型、类型转换）

@Retention代表注解保留的时间，有些注解仅存在于源码中，有些在编译过程中会被丢弃，有些会借同源码一起被编译进class文件中。编译在class文件中的注解可能会被虚拟机忽略，也可能会在class文件装载时被读取。其取值在java.lang.annotation.RetentionPolicy中定义，详情见表12.2.2。

表12.2.2　@Retention的常见参数值

参数名称	说明
SOURCE	在源文件中有效，编译过程中会被忽略
CLASS	随源文件一起编译进class文件中，运行时忽略
RUNTIME	在运行时有效

以测试框架JUnit的@Test注解为例，@Target定义为ElementType.METHOD，即@Test注解只能应用在方法上。@Retention取值为RetentionPolicy.RUNTIME，说明该注解将被保留至程序运行期间。

```
@Retention(RetentionPolicy.RUNTIME)
@Target({ElementType.METHOD})
public @interface Test {
    // 忽略
}
```

@Inherited表示一个注解类型会被自动继承。当开发者自定义注解时，标注在父类上的自定义的注解不会被子类所继承，但是可以在定义注解时给自定义的注解标注一个@Inherited注解来实现注解的继承。

@Documented表示使用该注解的元素应被javadoc文档化。如果一个类型声明时添加了@Documented注解，那么它的注解会成为被注解元素的公共API的一部分。

12.2.2　内置注解介绍

JDK 1.5中共定义了七个注解，三个位于java.lang包中，其余四个在java.lang.annotation包中。其中，位于java.lang包中的三个是作用在代码上的注解。以下介绍三个最常用的内置注解。

@Override是一个标记注解类型，标注在方法上，用于检查该方法是否为重写方法。如果在一个没有覆盖父类方法的方法上使用@Override注解，Java编译器将以一个编译错误来警示。

动手写12.2.1

```
package com.demo;

public abstract class Animal {
    public abstract void printName();
}
class Dog extends Animal {
    private String name;
    public Dog(String name) {
```

```
        this.name = name;
    }
    @Override
    public void printName() {
        System.out.println("动物的名字是：" + name);
    }
}

class Cat extends Animal {
    private String name;
    public Cat(String name) {
        this.name = name;
    }
    /**
     * 编译失败，因为printName被错误地写成printname
     */
    @Override
    public void printname() {
        System.out.println("动物的名字是：" + name);
    }
}
```

上面的代码使用@Override标注一个企图重写父类的printName()方法，但由于在Cat类中错误地将printName()拼写成printname()，此时在编译阶段会报错，错误信息如下所示：

```
Error:(20, 1)  java: com.demo.Cat不是抽象的, 并且未覆盖com.demo.Animal中的抽象方法printName()
Error:(30, 5)  java: 方法不会覆盖或实现超类型的方法
```

图12.2.1　@Override注解示例

@Deprecated也是一个标记注解，用于标记已过时的方法。当一个类型或者类型成员使用@Deprecated修饰时，编译器将不建议使用被@Deprecated标注的方法。如果仍旧在代码中使用该方法，将会报出编译警告。

动手写12.2.2

```
package com.demo;

public class Cat {
    /**
```

```
     * @Deprecated注解表明该方法已经过期，不再推荐使用
     */
    @Deprecated
    public void swim(){
        System.out.println("猫正在游泳");
    }
    public void run() {
        System.out.println("猫正在跑");
    }
    public static void main(String[] args) {
        Cat cat = new Cat();
        cat.swim();
        cat.run();
    }
}
```

上面一段程序中Cat类的swim()方法被@Deprecated标注为过时方法，在编译阶段会给出“该方法已过期，不推荐使用”的提示。

@SuppressWarnings用于指示编译器忽略注解中声明的警告，它有一个类型为String数组的成员，这个成员的值为要被忽略的警告名。@SuppressWarnings注解的常见参数值如表12.2.3所示。

表12.2.3　@SuppressWarnings的常见参数值

参数名称	说明
deprecation	使用了不赞成使用的类或方法时的警告
unchecked	执行了未检查的转换时的警告，例如当使用集合时没有用泛型来指定集合保存的类型
fallthrough	当switch程序块直接通往下一种情况而没有break时的警告
path	在类路径、源文件路径等中有不存在的路径时的警告
serial	当在可序列化的类上缺少serialVersionUID定义时的警告
finally	任何finally子句不能正常完成时的警告
unused	代码中的变量或方法没有被使用时产生的警告
rawtypes	使用泛型时没有指定类型的警告
all	关于以上所有情况的警告

动手写12.2.3

```
package com.demo;

import java.util.ArrayList;
import java.util.List;

public class SuppressWarningsDemo {
  /**
   * 抑制单个类型的警告
   */
  @SuppressWarnings("unchecked")
  public void test1(int index) {
    @SuppressWarnings("unused")
    List<Integer> list = new ArrayList<>();
    list.add(index);
  }
  /**
   * 抑制多个类型的警告
   */
  @SuppressWarnings({"unchecked", "unused"})
  public void test2(int index) {
    List<Integer> list = new ArrayList<>();
    list.add(index);
  }
  /**
   * 抑制所有类型的警告
   */
  @SuppressWarnings("all")
  public void test3(int index) {
    List<Integer> list = new ArrayList<>();
    list.add(index);
  }
}
```

12.2.3 自定义注解

在Java中，我们可以使用@interface关键字来创建自定义注解。创建自定义注解时要注意：自定义注解需要加上元注解来描述注解的使用方式和范围；自定义注解不能继承其他的注解或者接口；可以通过default来声明参数默认值；和接口类似，注解中的方法不允许使用protected、private修饰符，也无须加public等修饰符，保持默认即可。

动手写12.2.4

```
package com.demo;

import java.lang.annotation.*;

/**
 * @author 零壹快学
 */
@Target({ElementType.TYPE, ElementType.METHOD})
@Retention(RetentionPolicy.RUNTIME)
@Inherited
@Documented
public @interface CustomAnnotation {
  int num() default 10;
  String name() default "Jack";
  String desc() default "My name is Jack";
}
```

创建一个自定义注解的测试类，使用刚刚自定义的注解。

动手写12.2.5

```
package com.demo;

/**
 * @author 零壹快学
 */
public class AnnotationTest {
    @CustomAnnotation(name = "Mike", desc = "My name is Mike")
    public void test1() {
        System.out.println("test1");
    }
    @CustomAnnotation
    public void test2() {
```

```
        System.out.println("test2");
    }
}
```

注解的解析需要用到Java的反射机制，应注意的是，Retention的取值应为RetentionPolicy.RUNTIME，为的是能够在程序运行中获取注解的相关信息。

动手写12.2.6

```
package com.demo;

import java.lang.reflect.Field;
import java.lang.reflect.Method;

/**
 * 通过反射处理注解
 *
 * @author 零壹快学
 */
public class MyAnnotationProcessor {
    public static void main(String[] args) {
        try {
            //加载annotationTest.class类
            Class clazz = MyAnnotationProcessor.class.getClassLoader().loadClass("com.demo.AnnotationTest");
            // 通过反射获取属性
            Field[] fields = clazz.getDeclaredFields();
            // 遍历属性
            for (Field field : fields) {
                CustomAnnotation myAnnotation = field.getAnnotation(CustomAnnotation.class);
                System.out.println("name:" + myAnnotation.name() + "  num:" + myAnnotation.num() + "  desc:" + myAnnotation.desc());
            }
            // 通过反射获取类中的方法
            Method[] methods = clazz.getMethods();
            //遍历方法
            for (Method method : methods) {
                if (method.isAnnotationPresent(CustomAnnotation.class)) {
```

```
                CustomAnnotation myAnnotation = method.getAnnotation(CustomAnnotation.class);
                    System.out.println("name:" + myAnnotation.name() + "  num:" + myAnnotation.num() + "
desc:" + myAnnotation.desc());
            }
        }
    } catch (ClassNotFoundException e) {
        e.printStackTrace();
    }
  }
}
```

上述示例中，通过Class类的getMethods()方法获取AnnotationTest类的Method对象数组，再通过Method类中的getAnnotation()方法获取自定义的CustomAnnotation注解。其运行结果为：

```
name:Jack  num:10  desc:My name is Jack
name:Mike  num:10  desc:My name is Mike
```

图12.2.2 自定义注解示例

12.3 小结

本章首先对Java的反射机制进行了讲解，提到了在Java中编写的每一个类都是对象，是java.lang.Class类的对象。配合反射机制，开发者能够在程序运行阶段获取类的所有信息，包括类的构造方法、成员变量和方法信息。另外，本章的后半部分介绍了Java中的注解。注解是一种嵌入程序中的数据，可以在运行期间或者编译期间通过注解解析工具或者编译器对其进行解析。

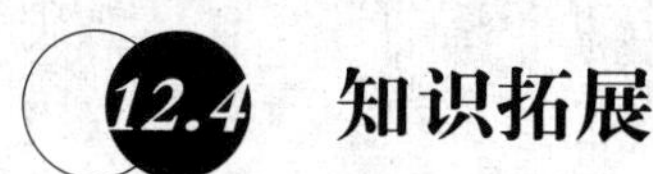

12.4 知识拓展

12.4.1 Spring注解

Spring框架的一个核心功能是控制反转IOC，通过IOC可以将Spring的Bean初始化并加载到Spring容器中，而加载Bean到Spring容器的其中一种方式就是使用注解。下面列举一些Spring中常用的注解。

@Component是一个元注解，当标注在一个类上时，该类会成为被Spring管理的Bean，将@Component加入到应用上下文中。

@Controller是一个组合注解，组合了@Component，它应用在MVC层，DispatcherServlet会自动扫描注解了此注解的类，然后将Web请求映射到注解了@RequestMapping的方法上。

@Service是一个组合注解，组合了@Component，是@Component注解的一种具体形式。它应用在service层（业务逻辑层），执行业务逻辑、计算、调用内部API等。

@Repository是一个组合注解，组合了@Component，它应用在DAO层（数据访问层），用于访问数据库。

@Autowired注解作用于Bean的field、setter方法以及构造方法上。当在field上使用此注解，并且使用属性来传递值时，Spring会自动把值赋给此field。

12.4.2 动态代理

讲解动态代理之前，首先了解一下什么是代理模式。代理模式为其他的对象提供一种代理以控制对这个对象的访问。在某些情况下，一个客户对象不适于或不能直接引用目标对象，而使用代理对象则可以在客户对象和目标对象之间起到一个中介的作用。简单来说，代理模式是为了在不修改目标对象的基础上增强主业务的逻辑。以打官司为例，普通人对法律法规不是很了解，对他们来说这个流程非常麻烦，但当事人其实只关心审判结果，因此他可委托代理律师来完成整个诉讼过程，律师就好比是代理对象。

在程序运行时由JVM通过反射等机制生成代理类的方式被称为动态代理。动态代理类并不是在Java代码中定义的，代理对象与目标对象的代理关系是在程序运行中才确立的。

使用java.lang.reflect.Proxy类的静态方法newProxyInstance()，依据目标对象、业务接口及业务增强逻辑三者来自动生成一个动态代理对象。newProxyInstance()方法的源码声明形式如下：

```
public static Object newProxyInstance(
ClassLoader loader,
Class<?>[] interfaces,
   InvocationHandler handler ) throws IllegalArgumentException {
      //代码忽略
}
```

◇ loader：目标类的类加载器，可以通过目标对象的反射来获取。

◇ interfaces：目标类实现的接口数组，可以通过目标对象的反射来获取。

◇ handler：业务增强逻辑，需要再定义。它需要实现InvocationHandler接口，用以加强目标类的主业务逻辑。这个接口中有一个invoke()方法，具体加强的代码逻辑就是在该方法中定义的。程序调用主业务逻辑时，会自动调用invoke()方法。

动手写12.4.1

```
package com.demo;

import java.lang.reflect.InvocationHandler;
```

```
import java.lang.reflect.Method;
import java.lang.reflect.Proxy;

/**
 * @author 零壹快学
 */
public class Test {
    public static void main(String[] args) {
        // 步骤1. 创建目标对象，在生成代理对象时会需要目标对象对其初始化
        BusinessService target = new BusinessServiceImpl();
        // 步骤2. 创建代理对象
        BusinessService service = (BusinessService) Proxy.newProxyInstance(
                // 通过反射获取对象的类加载器
                target.getClass().getClassLoader(),
                // 通过反射获取对象的接口
                target.getClass().getInterfaces(),
                // handler是业务增强逻辑，需要实现这个接口
                new MyInvocationHandler(target));
        // 步骤3. 通过代理对象调用主业务方法
        service.transfer();
    }
}

class MyInvocationHandler implements InvocationHandler {
    // 引入目标对象，此处使用Object而不是具体的类是为了有更好的扩展性
    private Object target;
    public MyInvocationHandler() {
    }
    // 通过带参构造器传入目标对象
    public MyInvocationHandler(Object target) {
        this.target = target;
    }
    @Override
    public Object invoke(Object proxy, Method method, Object[] args) throws Throwable {
        // 对主业务的增强逻辑
        System.out.println("模拟对转账的账户进行安全验证");
```

```
        // 使用method调用目标对象的目标方法
        return method.invoke(target, args);
    }
}

// 某个业务接口
interface BusinessService {
    // 转账业务
    void transfer();
}

// 实现某个业务接口
class BusinessServiceImpl implements BusinessService {
    @Override
    public void transfer() {
        System.out.println("模拟DAO层的调用，执行转账业务");
    }
}
```

上述代码使用JDK的动态代理来模拟一个银行转账的业务，目标对象用于模拟银行的转账行为；在转账之前，往往需要先进行账户的安全校验，该校验过程可以放在动态代理中进行。程序的运行结果如下所示，在执行转账业务之前，通过动态代理类先对银行账户进行了安全校验。

```
模拟对转账的账户进行安全验证
模拟DAO层的调用，执行转账业务
```

图12.4.1　动态代理示例

第13章 Java日期和时间

在日常程序开发中，日期和时间的处理十分常见。Java没有提供日期时间的基本数据类型，而是通过类定义和对象的方式来处理日期和时间。java.util包中提供了日期和时间类，每个类都有各自处理的方法，包括获取当前日期和时间、按照一定格式输出日期时间、创建日期和时间、计算比较日期时间等。本章将对Java中常见的日期和时间类的使用进行介绍。

13.1 概述

日期和时间在Java中是很复杂的内容，操作日期主要涉及以下几个类。

1. java.util.Date

Date类表示特定的时间，精度为毫秒。从JDK 1.1开始，Date中日期的年、月、日、小时、分钟和秒的方法已被废弃，目前都使用Calendar类中的方法来处理日期和时间的转换，使用DateFormat类来格式化日期字符串。

2. java.text.DateFormat

DateFormat类是日期时间格式化的抽象类，有很多子类，如SimpleDateFormat类可以用来将字符串或日期时间按照一定的格式输出日期时间或文本字符串。

3. java.util.Calendar

Calendar是定义日期的抽象类，有很多子类，如GregorianCalendar类用来提供大多数国家或地区使用的标准日历时间。

4. java.text.SimpleDateFormat

SimpleDateFormat类是DateFormat类的子类，用来在特定语言环境下格式化或分析日期的类。SimpleDateFormat类支持日期时间和文本按照一定标准相互转化，开发者也可以自定义日期时间的格式。

在ASCII码中，对于日期和时间都有特定的字母被保留为时间模式字母，用来指定时间的格式，定义如表13.1.1所示：

表13.1.1 ASCII码中的时间模式字母

字母	说明
G	纪元标记
y	四位年份
M	月份
d	一个月的日期
h	A.M./P.M.（1～12）格式小时
H	一天中的小时（0～23）
m	分钟数
s	秒数
S	毫秒数
E	星期几
D	一年中的日子
F	一个月中第几周的周几
w	一年中第几周
W	一个月中第几周
a	A.M./P.M.标记
k	一天中的小时（1～24）
K	A.M./P.M.（0～11）格式小时
z	时区
Z	RFC 822时区
"	单引号

在Java语言中，定义日期时间的格式就是使用上面的字母进行组合，如格式“年-月-日 时:分：秒”的标准格式定义为“yyyy-MM-dd HH:mm:ss”。下面将对Java中日期时间的各个类进行详细介绍。

13.2 Date类

Date类用来表示日期和时间，位于java.util包中。Date类中包含的构造方法如表13.2.1所示。

表13.2.1　Date类中包含的构造方法

方法	功能描述
Date()	创建一个Date对象，初始化系统时间
Date(long date)	创建一个Date对象，指定初始化时间入参为毫秒格式的时间

Date类中的其他构造方法在JDK 1.1版本后已经被废弃，相应的替代方法可以使用Calendar类或DateFormat类中的方法，本书建议只使用上面两个构造方法。

下面看一个创建Date类的示例。

动手写13.2.1

```
import java.util.Date;

/**
 * Date类初始化
 *
 * @author 零壹快学
 */
public class DateDemo {
    public static void main(String[] args) {
        Date date1 = new Date();
        System.out.println("直接创建一个Date对象为：" + date1.toString());
        Date date2 = new Date(System.currentTimeMillis());
        System.out.println("获取系统当前时间创建Date对象为：" + date2.toString());
    }
}
```

上面示例中，使用System类中的currentTimeMillis()方法来获取系统当前时区基准时间的毫秒数，然后用它创建了Date类的对象。需要注意的是，Date类的构造方法入参为long型整数，这也保证了时间精度。动手写13.2.1的运行结果为：

```
直接创建一个Date对象为：Tue Jul 24 21:55:00 CST 2018
获取系统当前时间创建Date对象为：Tue Jul 24 21:55:00 CST 2018
```

图13.2.1　Date对象初始化

Date类中同时提供了其他方法，用来比较两个Date时间对象，比如两个时间的先后。Date类中的常用方法如表13.2.2所示。

表13.2.2 Date类中的常用方法

方法	功能描述
after(Date when)	判断日期是否在指定日期之后
before(Date when)	判断日期是否在指定日期之前
clone()	返回该对象副本
compareTo(Date date)	比较两个日期
equals(Object o)	比较两个日期是否值相同
from(Instant instant)	从一个Instant对象获取一个Date对象
getTime()	返回自1970年1月1日00:00:00 GMT开始到现在的毫秒数
hashCode()	返回该对象的哈希值
setTime()	设置Date对象时间为1970年1月1日00:00:00 GMT到现在的毫秒时间数
toString()	将Date对象转换为String形式输出

动手写13.2.2

```
import java.util.Date;


/**
 * Date类常用方法
 *
 * @author 零壹快学
 */
public class DateDemo {
    public static void main(String[] args) {
        Date date1 = new Date();
        System.out.println("创建一个Date对象为：" + date1.toString());
        System.out.println("返回Date对象内容毫秒级格式：" + date1.getTime());
        Date date2 = new Date(date1.getTime() - 1000);
        System.out.println(date1.toString() + "是否在" + date2.toString() + "之前：" + date1.before(date2));
    }
}
```

其运行结果为：

```
创建一个Date对象为： Tue Jul 24 23:00:45 CST 2018
返回Date对象内容毫秒级格式： 1532444445906
Tue Jul 24 23:00:45 CST 2018是否在Tue Jul 24 23:00:44 CST 2018之前： false
```

图13.2.2 Date类常用方法示例

13.3 Calendar类

在JDK 1.0版本时，只有Date类可以用来表示时间，但是因为Date类无法完全表示国际化时区，所以之后加入了Calendar类来进行时间和日期的处理。从Date类的源码中可以看到，有很多方法已经被废弃了（被废弃的属性或方法会加上@Deprecated注解）。实际上它们是被Calendar类的方法替代了。

Calendar类是一个抽象类，它为特定的时间、年、月、日、小时等之间的转换提供了操作方法，也为获取日历和操作日历（如获得上一星期的日期等）提供了便捷的方法。

Calendar类不能直接用new关键字来初始化对象，但它提供了getInstance()方法，用来获得Calendar类的对象，并且通过使用当前系统的日期和时间初始化该对象。Calendar.getInstance()方法定义格式如下：

```
Calendar cal = Calendar.getInstance();
```

动手写13.3.1

```
import java.util.Calendar;

/**
 * Calendar.getInstance()方法
 *
 * @author 零壹快学
 */
public class CalendarDemo {
    public static void main(String[] args) {
        Calendar cal = Calendar.getInstance();
        System.out.println("当前日期为：" + cal.toString());
    }
}
```

从上面示例的运行结果可以看出，Calendar.getInstance()方法创建了一个GregorianCalendar对象，其中包括一系列的日期和时间信息。动手写13.3.1的运行结果为：

```
当前日期为： java.util.GregorianCalendar[time=1532445414008,areFieldsSet=true,
areAllFieldsSet=true,lenient=true,zone=sun.util.calendar.ZoneInfo[id="Asia/Sh
anghai",offset=28800000,dstSavings=0,useDaylight=false,transitions=19,lastRul
e=null],firstDayOfWeek=1,minimalDaysInFirstWeek=1,ERA=1,YEAR=2018,MONTH=6,WEE
K_OF_YEAR=30,WEEK_OF_MONTH=4,DAY_OF_MONTH=24,DAY_OF_YEAR=205,DAY_OF_WEEK=3,DA
Y_OF_WEEK_IN_MONTH=4,AM_PM=1,HOUR=11,HOUR_OF_DAY=23,MINUTE=16,SECOND=54,MILLI
SECOND=8,ZONE_OFFSET=28800000,DST_OFFSET=0]
```

图13.3.1 Calendar.getInstance()方法示例

Calendar也支持设置特定的时间，此时需要使用Calendar对象中的set()方法。

动手写13.3.2

```
import java.util.Calendar;

/**
 * Calendar.getInstance()方法
 *
 * @author 零壹快学
 */
public class CalendarDemo {
    public static void main(String[] args) {
        Calendar cal = Calendar.getInstance();
        System.out.println("当前日期为：" + cal.getTime());
        cal.set(2008, 12 - 1, 31);// 月份是从0开始，需要减1
        System.out.println("修改后日期为：" + cal.getTime());
    }
}
```

其运行结果为：

```
当前日期为： Tue Jul 24 23:21:29 CST 2018
修改后日期为： Wed Dec 31 23:21:29 CST 2008
```

图13.3.2 Calendar.set()方法

Calendar类中提供了很多常用的成员属性，可以直接使用，如表13.3.1所示。

表13.3.1 Calendar类中的部分常用成员属性

成员属性	说明
All_STYLES	表示所有样式的名称
AM	表示从午夜到中午之前的时间段
PM	表示从中午到午夜之前的时间段
WEEK_OF_YEAR	当前年第几周
YEAR	年份
MONTH	月份
DATE	日期
DAY_OF_MONTH	日期，和上面的字段意义完全相同
HOUR	12小时制的小时

（续上表）

成员属性	说明
HOUR_OF_DAY	24小时制的小时
MINUTE	分钟
SECOND	秒
DAY_OF_WEEK	星期几

表13.3.1中只列举了Calendar类中的部分字段，实际上Calendar类提供了1月到12月全部的字段表示，感兴趣的读者可以阅读JDK源码。

此外，Calendar类中提供了get()方法，可以获取日期时间的指定内容，如特定是哪年、哪月等。

动手写13.3.3

```
import java.util.Calendar;

/**
 * Calendar.getInstance()方法
 *
 * @author 零壹快学
 */
public class CalendarDemo {
    public static void main(String[] args) {
        Calendar cal = Calendar.getInstance();
        System.out.println("当前日期为：" + cal.getTime());
        System.out.println("获取年份：" + cal.get(Calendar.YEAR));
        System.out.println("获取月份：" + (cal.get(Calendar.MONTH) + 1));
        System.out.println("获取日期：" + cal.get(Calendar.DATE));
        System.out.println("获取小时：" + cal.get(Calendar.HOUR_OF_DAY));
        System.out.println("获取分钟：" + cal.get(Calendar.MINUTE));
        System.out.println("获取秒钟：" + cal.get(Calendar.SECOND));
         System.out.println("获得星期几：" + cal.get(Calendar.DAY_OF_WEEK));//（1代表星期日、2代表星期1、3代表星期二...以此类推）
    }
}
```

其运行结果为：

```
当前日期为： Tue Jul 24 23:52:21 CST 2018
获取年份： 2018
获取月份： 7
获取日期： 24
获取小时： 23
获取分钟： 52
获取秒钟： 21
获得星期几： 3
```

图13.3.3　Calendar类的字段使用示例

 13.4 DateFormat类

DateFormat类是java.text包提供的、用以日期时间格式化的抽象类。它提供了很多方法和可供参考的格式化风格，如FULL、LONG、MEDIUM和SHORT。我们在开发中可以直接使用这些常量。

动手写13.4.1

```
import java.text.DateFormat;
import java.util.Date;

/**
 * DateFormat格式化风格
 *
 * @author 零壹快学
 */
public class DateFormatDemo {
    public static void main(String[] args) {
        Date now = new Date();
        DateFormat dateFormat = DateFormat.getDateInstance();
        System.out.println("(Default)今天日期为：" + dateFormat.format(now));
        dateFormat = DateFormat.getDateInstance(DateFormat.SHORT);
        System.out.println("(SHORT)今天日期为：" + dateFormat.format(now));
        dateFormat = DateFormat.getDateInstance(DateFormat.MEDIUM);
        System.out.println("(MEDIUM)今天日期为：" + dateFormat.format(now));
        dateFormat = DateFormat.getDateInstance(DateFormat.LONG);
        System.out.println("(LONG)今天日期为：" + dateFormat.format(now));
        dateFormat = DateFormat.getDateInstance(DateFormat.FULL);
        System.out.println("(FULL)今天日期为：" + dateFormat.format(now));
    }
}
```

其运行结果为：

```
(Default)今天日期为： 2018-7-25
(SHORT)今天日期为： 18-7-25
(MEDIUM)今天日期为： 2018-7-25
(LONG)今天日期为： 2018年7月25日
(FULL)今天日期为： 2018年7月25日 星期三
```

图13.4.1 DateFormat类格式化风格

从上面示例中可以看出，因为DateFormat类是抽象类，所以实例化对象不能使用new，需要通过工厂类方法返回DateFormat类的实例，因此示例中使用了DateFormat.getDateInstance()方法来创建一个DateFormat对象。

DateFormat类提供了parse()方法，可以将字符串转为Date对象。

动手写13.4.2

```
import java.text.DateFormat;
import java.util.Date;

/**
 * DateFormat类parse()方法
 *
 * @author 零壹快学
 */
public class DateFormatDemo {
    public static void main(String[] args) {
        DateFormat dateFormat = DateFormat.getDateInstance();
        try {
            Date date = dateFormat.parse("2018-07-25");
            System.out.println("将字符串转为Date对象为： " + date.toString());
        } catch (Exception e) {
            e.printStackTrace();
        }
    }
}
```

其运行结果为：

```
将字符串转为Date对象为： Wed Jul 25 00:00:00 CST 2018
```

图13.4.2 DateFormat.parse()方法使用示例

DateFormat类还提供了format()方法，可以将一个Date对象转换为字符串。

动手写13.4.3

```
import java.text.DateFormat;
import java.util.Date;

/**
 * DateFormat类format()方法
 *
 * @author 零壹快学
 */
public class DateFormatDemo {
    public static void main(String[] args) {
        DateFormat dateFormat = DateFormat.getDateInstance();
        try {
            Date date = new Date();
            System.out.println("将Date对象转为字符串为： " + dateFormat.format(date));
        } catch (Exception e) {
            e.printStackTrace();
        }
    }
}
```

其运行结果为：

```
将Date对象转为字符串为： 2018-7-25
```

图13.4.3　DateFormat.format()方法使用示例

DateFormat不是同步的，在多线程编程中，建议为每个线程创建独立的格式实例；多个线程同时访问一个DateFormat对象时，它必须保持外部同步。

13.5 SimpleDateFormat类

SimpleDateFormat类是DateFormat类的子类，与DateFormat类似，它可以格式化日期时间，将日期时间转换为文本字符串；与DateFormat不同的是，SimpleDateFormat是与本地语言环境相关的，允许选择任何用户自定义的日期时间格式。另外，SimpleDateFormat可以通过关键字new实例化创建对象。

动手写13.5.1

```
import java.text.SimpleDateFormat;
import java.util.Calendar;
```

```
import java.util.Date;

/**
 * SimpleDateFormat类
 *
 * @author 零壹快学
 */
public class SimpleDateFormatDemo {
    public static void main(String[] args) {
        SimpleDateFormat simpleDateFormat = new SimpleDateFormat("yyyy-MM-dd hh:mm:ss:SSS");
        System.out.println(simpleDateFormat.toString());// 对象内存地址
        System.out.println("格式化当前时间为：" + simpleDateFormat.format(new Date()));
    }
}
```

其运行结果为：

```
java.text.SimpleDateFormat@844bc519
格式化当前时间为：2018-07-25 07:07:42:550
```

图13.5.1 SimpleDateFormat对象初始化

SimpeDateFormat重写了DateFormat类中的parse()方法，可以将字符串转为Date对象。SimpleDateFormat也重写了DateFormat类中的format()方法，可以将Date对象转换为指定日期时间格式的字符串。

动手写13.5.2

```
import java.text.ParseException;
import java.text.SimpleDateFormat;
import java.util.Calendar;
import java.util.Date;

/**
 * SimpleDateFormat类
 *
 * @author 零壹快学
 */
public class SimpleDateFormatDemo {
    public static void main(String[] args) {
        SimpleDateFormat format = new SimpleDateFormat("yyyy-MM-dd");
```

```
        String str = "2018-11-12";
        long time = 0L;
        try {
            time = format.parse(str).getTime();
        } catch (ParseException e) {
            e.printStackTrace();
        }
        System.out.println(str + "转化为毫秒数为：" + time);
        format = new SimpleDateFormat("MM/dd/yy HH:mm:ss");
        System.out.println(time + "毫秒格式化为时间为：" + format.format(time));
    }
}
```

其运行结果为：

```
2018-11-12转化为毫秒数为：1541952000000
1541952000000毫秒格式化为时间为：11/12/18 00:00:00
```

图13.5.2　SimpleDateFormat类方法使用

SimpleDateFormat不是线程安全的（多线程和线程安全的概念会在后续章节进行讲解），因此在Java 8中引入了新的类——java.time.format.DateTimeFormatter类，用于解析和格式化日期时间。DateTimeFormatter是线程安全的，也可以完成字符串与日期时间对象的相互转换。

动手写13.5.3

```
import java.time.LocalDateTime;
import java.time.format.DateTimeFormatter;


/**
 * DateTimeFormatter类
 *
 * @author 零壹快学
 */
public class DateTimeFormatterDemo {
    public static void main(String[] args) {
        DateTimeFormatter formatter = DateTimeFormatter.ofPattern("yyyy-MM-dd HH:mm:ss");
        LocalDateTime time = LocalDateTime.parse("2018-07-25 10:00:00", formatter);
        System.out.println("日期时间为：" + formatter.format(time));
    }
}
```

其运行结果为：

```
日期时间为： 2018-07-25 10:00:00
```

图13.5.3　DateTimeFormatter示例

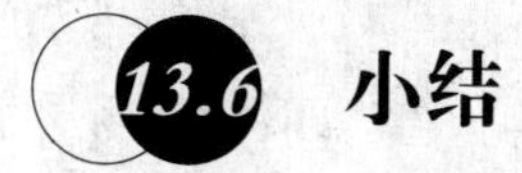

13.6 小结

本章介绍了Java编程中日期和时间相关处理操作的类和方法，分别有Date、Calendar、DateFormat和SimpleDateFormat。在实际应用中，不同格式的日期和时间都会被广泛使用，读者要了解如何创建或指定某个时间，尤其要重点掌握日期时间与格式化字符串之间的相互转换。

13.7 知识拓展

13.7.1　时区划分

地球总是自西向东自转，东边地区的人们总是会比西边地区的人们更早看到太阳，该地的时间也会早一些。为了克服时间上的混乱，1884年，在华盛顿召开的国际经度会议规定将全球划分为24个时区，即中时区（零时区）、东1～12区，西1～12区。每个时区横跨经度15度，时间差正好是1小时。最后的东、西第12区各跨经度7.5度，以东、西经180度为界。每个时区的中央经线上的时间就是这个时区内统一采用的时间，称为区时，相邻两个时区的时间相差1小时。对于横跨多个时区的大国，为了在全国范围内统一时间，一般都把某一个时区的时间作为全国统一采用的时间。例如，我国把北京所在的东8区的时间作为全国统一的时间，称为北京时间。又例如，英国、法国、荷兰和比利时等国，虽地处中时区，但为了和欧洲大多数国家时间相一致，均采用东1区的时间。

因此，全球分为24个时区，每个时区都有自己的本地时间，同一时刻各时区的本地时间相差1～23小时，如英国伦敦本地时间与北京本地时间相差8个小时。在国际无线电通信领域，使用一个统一的时间，该时间称为通用协调时间（UTC），UTC与格林尼治标准时间（GMT）相同。

13.7.2　Unix时间戳

在Unix系统中，日期与时间表示为自1970年1月1日零点起到当前时刻的秒数，这种时间被称为Unix时间戳（Unix timestamp），以32位二进制数表示。不同的操作系统均支持这种时间表示方式，同一时间在Unix和Windows中均以相同的Unix时间戳表示，所以不需要在不同的系统中进行转换。

目前Unix时间戳以32位二进制数表示，32位二进制数值范围为-2147483648～2147483647。由于系统不支持负的时间戳，目前Unix时间戳能表示的最大时间为2038年1月19日3点14分7秒，该时刻的时间戳为2147483647。该时间后，需要扩展Unix时间戳的二进制位数。

13.7.3 Java和Unix时间戳

我们可以使用System.currentTimeMillis()方法获取操作系统的时间戳。

动手写13.7.1

```
/**
 * 获取当前时间戳
 * @author 零壹快学
 */
public class UnixTimeStamp {

    public static void main(String[] args) {
        long time = System.currentTimeMillis();
        //精确时间到毫秒，除以1000，精确到秒
        String nowUnixTimeStamp = String.valueOf(time / 1000);
        System.out.println("当前操作系统的时间戳为：" + nowUnixTimeStamp);
    }
}
```

其运行结果为：

```
当前操作系统的时间戳为：1533044666
```

图13.7.1　获取操作系统的时间戳

Unix时间戳和格式化日期之间可以互相转换。

动手写13.7.2

```
import java.text.SimpleDateFormat;
import java.util.Date;
import java.util.Locale;
/**
 * 获取当前时间戳
 * @author 零壹快学
 */
public class UnixTimeFormat {
    public static void main(String[] args) {
        long time = System.currentTimeMillis();
        //精确时间到毫秒，除以1000，精确到秒
        String nowUnixTimeStamp = String.valueOf(time / 1000);
        System.out.println("当前操作系统的时间戳为：" + nowUnixTimeStamp);
```

```
        //将UnixTime转换为普通日期格式
        String formats = "yyyy-MM-dd HH:mm:ss";
        String date = new SimpleDateFormat(formats, Locale.CHINA).format(new Date(time));
        System.out.println("当前操作系统的时间为：" + date);
    }
}
```

其运行结果为：

```
当前操作系统的时间戳为：1533045218
当前操作系统的时间为：2018-07-31 21:53:38
```

图13.7.2 Unix时间戳与普通日期转换

第14章 Java I/O

前面章节讲到的变量、基本类型、对象等，它们在系统中存储的数据都是在内存中暂存的数据，当一个程序结束时，这些暂存数据也会被销毁。如果要永久地保留这些数据，就需要将它们保存在电脑的磁盘文件中。Java的I/O机制可以将保存在磁盘文件中的数据读取出来，也可以将数据删除或写入磁盘文件中（文件不限于文本文件、Excel表格、二进制文件等）。本章将详细介绍Java I/O是如何操作的。

14.1 输入/输出流

14.1.1 什么是流

计算机编程中经常使用"流"这个抽象概念，它是指不同设备间数据传输内容的抽象。当需要从一个数据源读取或是向一个目标写入数据时，就可以使用流。数据源可以是文件、内存、网络连接等，流就是这些数据在传输过程中的抽象概念，也可以理解为一个有序列的数据。

按照流的传输操作类型划分，可以分为输入流和输出流。输入流是指从一个数据源读取数据对象；输出流是指向一个目的地传输数据对象。

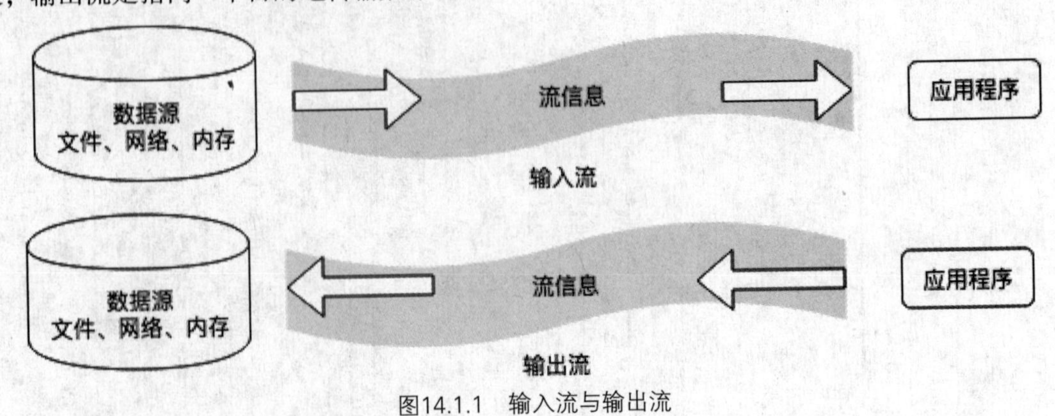

图14.1.1 输入流与输出流

Java I/O，即Java Input or Output，是指Java中对流处理的方式。操作的流可以是文件、网络请求数据、压缩包、Excel文档等。java.io包中提供了专门表示输入/输出流的类，如字节输入流

InputStream类、字节输出流OutputStream类、字符输入流Reader类和字符输出流Writer类。

java.io包中提供了负责各种方式的输入和输出的操作方法，同时也支持各种格式，比如基本类型、对象等。下面两个小节将对输入流和输出流进行介绍。

14.1.2 输入流

Java中用来表示输入流的类分为两种，分别是字节输入流InputStream类和字符输入流Reader类。下面对这两个类进行介绍。

1. InputStream类

InputStream类是所有字节输入流类的父类，是一个抽象类，其子类如图14.1.2所示。

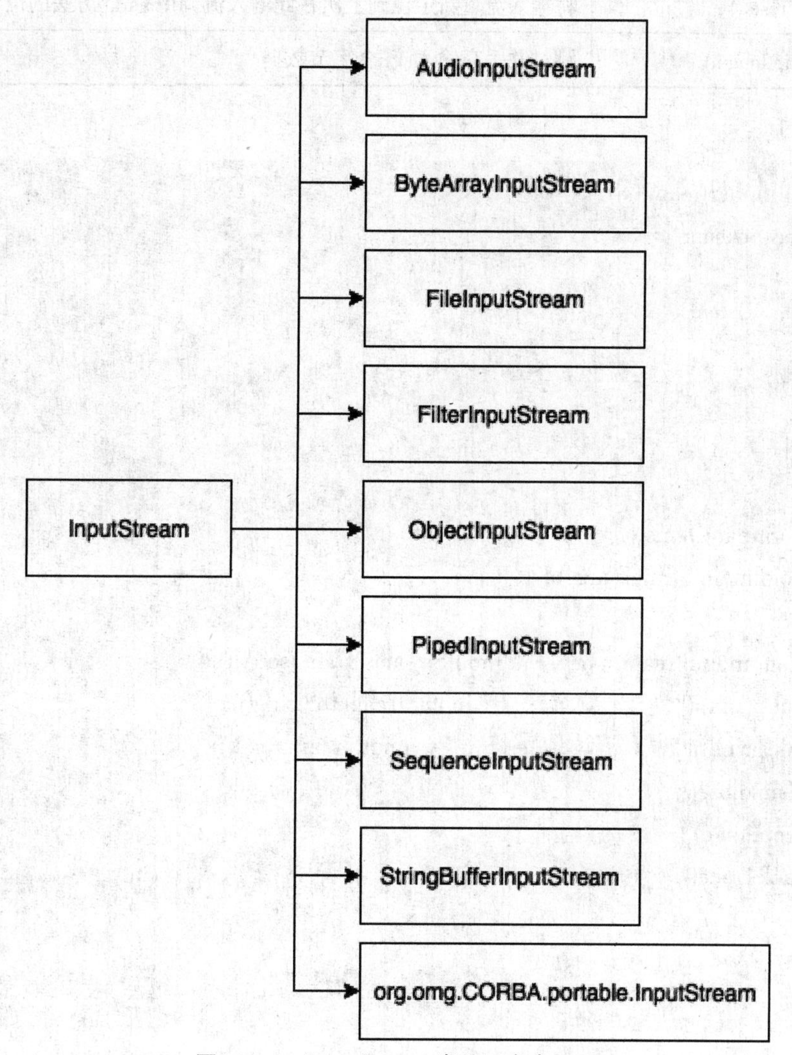

图14.1.2 InputStream类的子类介绍图

InputStream类中所有方法在调用时都会抛出IOException异常，表示在处理输入/输出流时发生的问题异常。InputStream类中的成员方法如表14.1.1所示。

表14.1.1　InputStream类的成员方法

方法	功能描述
available()	返回输入流中预估的可读字节数
close()	关闭输入流并释放系统资源
mark(int readlimit)	标记输入流中的当前位置
markSupported()	判断输入流是否支持mark()和reset()方法
read()	从输入流中读取下一个字节的数据
reset()	将输入流重新定位到上次在此输入流调用mark()方法的位置
skip(long n)	跳过并丢弃输入流n个字节数据

动手写14.1.1

```
import java.io.FileInputStream;
import java.io.InputStream;

/**
 * InputStream类
 *
 * @author 零壹快学
 */
public class InputStreamDemo {
    public static void main(String[] args) {
        try {
            InputStream inputStream = new FileInputStream("Data.json");
            System.out.println("创建输入流：" + inputStream.toString());
            System.out.println("输入流读取字符：" + inputStream.read());
            inputStream.close();
        } catch (Exception e) {
            e.printStackTrace();
        }
    }
}
```

其运行结果为：

```
创建输入流：java.io.FileInputStream@7852e922
输入流读取字符：123
```

图14.1.3　InputStream类示例

需要注意的是，Java中并不是所有InputStream类的子类都实现或重写了InputStream类中的所有成员方法，例如skip()和reset()方法只可以在部分子类中使用。

2. Reader类

InputStream类是用来处理字节流的，但是在Java环境中，字符文本都是Unicode编码，是双字节的，不适合使用InputStream来进行处理。java.io包中提供了Reader类，专门用于处理字符流，降低了开发者的开发成本。

Reader类是所有字符输入流类的父类，它的子类如图14.1.4所示。

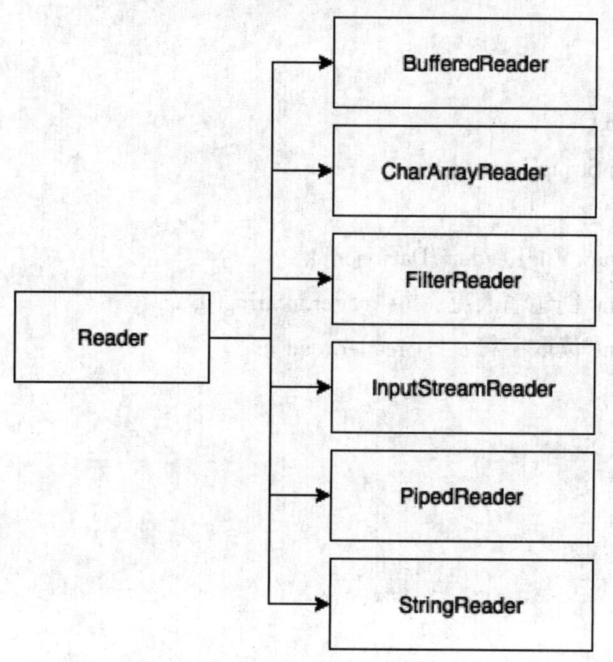

图14.1.4　Reader类的子类介绍图

Reader类中的成员方法如表14.1.2所示。

表14.1.2　Reader类的成员方法

方法	功能描述
close()	关闭流并释放系统资源
mark(int readAheadLimit)	标记流的当前位置
markSupported()	判断流是否支持mark()方法
read()	读取一个字符
ready()	判断流是否已经准备好被操作
reset()	重置流
skip()	跳过当前字符

动手写14.1.2

```
import java.io.FileReader;
import java.io.Reader;

/**
 * Reader类
 *
 * @author 零壹快学
 */
public class ReaderDemo {
    public static void main(String[] args) {
        try {
            Reader reader = new FileReader("Data.json");
            System.out.println("创建输入流：" + reader.toString());
            System.out.println("读取字符：" + reader.read());
        } catch (Exception e) {
            e.printStackTrace();
        }
    }
}
```

其运行结果为：

```
创建输入流：java.io.FileReader@7852e922
读取字符：123
```

图14.1.5　Reader类示例

需要注意的是，虽然Reader类与InputStream类中的成员方法类似，但是有些方法并不相同。例如Reader类多了ready()方法用来判断输入流是否准备就绪，这个判断逻辑在一个文件很大、读取速度很慢时非常有用。

14.1.3　输出流

Java中用来表示输出流的类分为两种，分别是字节输出流OutputStream类和字符输出流Writer类。下面对这两个类进行介绍。

1. OutputStream类

OutputStream类是所有字节输出流类的父类，是一个抽象类，其子类如图14.1.6所示。

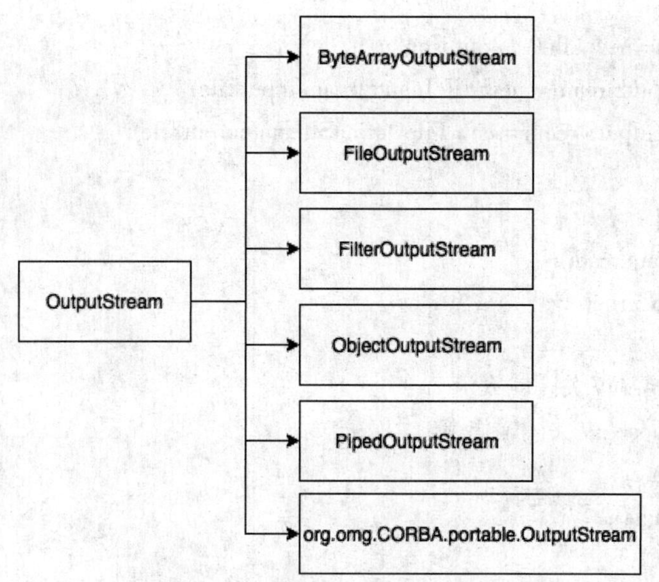

图14.1.6 OutputStream类的子类介绍图

OutputStream类中所有的成员方法均定义为void，没有返回参数，遇到错误异常时也会抛出IOException异常。OutputStream类中常见的成员方法如表14.1.3所示。

表14.1.3 OutputStream类中常见的成员方法

方法	功能描述
close()	关闭输出流并释放系统资源
flush()	刷新输出流并强制任何缓存输入字节被写出
write()	将指定字节写入此输出流

动手写14.1.3

```
import java.io.*;

/**
 * OuputStream类
 *
 * @author 零壹快学
 */
public class OuputStreamDemo {
    public static void main(String[] args) {
        try {
            File inputFile = new File("Data.json");
```

```
            File outputFile = new File("output.json");
            InputStream inputStream = new FileInputStream(inputFile);
            OutputStream outputStream = new FileOutputStream(outputFile);
            int i = 0;
            while (i != -1) {
                i = inputStream.read();
                outputStream.write(i);
            }
            inputStream.close();// 关闭输入流
            outputStream.close();// 关闭输出流
        } catch (Exception e) {
            e.printStackTrace();
        }
    }
}
```

上面示例会读取相对路径下的Data.json文件，然后通过输出流OutputStream.write()方法，将Data.json信息通过流的方式写到output.json文件中（若相对路径下不存在该文件，则会自动创建一个新的文件）。读者可以将output.json文件中的内容删除后执行上述代码。

2. Writer类

Writer类是所有字符输出流类的父类，是一个抽象类，其子类如图14.1.7所示。

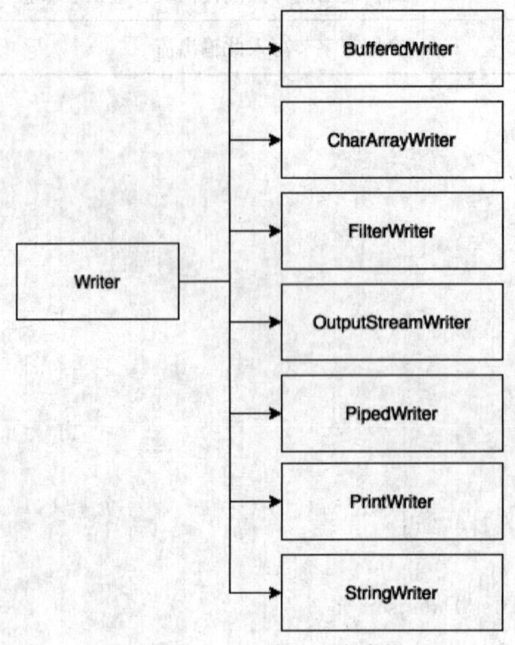

图14.1.7　Writer类的子类介绍图

Writer类中常见的成员方法如表14.1.4所示。

表14.1.4 Writer类中常见的成员方法

方法	功能描述
append()	将指定字符添加到该输出流中
close()	关闭输出流并释放系统资源
flush()	刷新输出流并强制任何缓存输入字符被写出
write()	将指定字符写入此输出流

动手写14.1.4

```
import java.io.*;
/**
 * Writer类
 * @author 零壹快学
 */
public class WriterDemo {
    public static void main(String[] args) {
        try {
            Reader reader = new FileReader("Data.json");
            Writer writer = new FileWriter("output.json");
            int i = 0;
            while (i != -1) {
                i = reader.read();
                writer.write(i);
            }
            reader.close();// 关闭输入流
            writer.close();// 关闭输出流
        } catch (Exception e) {
            e.printStackTrace();
        }
    }
}
```

动手写14.1.4与动手写14.1.3的运行结果相同，在执行文件相对路径下创建了与Data.json文件内容相同的output.json文件。

14.1.4 系统预定义流

在Java中，系统预先定义好了几个流变量。在Java程序运行时，会自动导入java.lang包，其中定义了System类，该类封装了程序运行环境的各种参数。System类中包含三个预定义的流变量，分别为System.in、System.out和System.err。它们都被public和static关键字修饰，可以在不引用特定的System对象情况下，在程序的特定地方直接被调用。

System.in表示标准输入流，对应键盘的输入或控制台的输入。System.in为InputStream类型的对象。

System.out表示标准输出流，对应计算机的显示器。System.out为PrintStream类型的对象，在程序中可以直接使用System.out打印到控制台。

System.err表示标准错误输出流，一般情况下，错误输出流在系统运行时就已打开准备接受数据。

动手写14.1.5

```
import java.io.*;

/**
 * 系统预定义流
 *
 * @author 零壹快学
 */
public class SystemIO {
    public static void main(String[] args) {
        try {
            BufferedReader reader = new BufferedReader(new InputStreamReader(System.in));
            System.out.println("请输入字符串，按回车结束：");
            System.out.println("输入内容为：" + reader.readLine());
        } catch (Exception e) {
            e.printStackTrace();
        }
    }
}
```

其运行结果为：

```
请输入字符串，按回车结束：
我爱 Java编程
输入内容为：我爱Java编程
```

图14.1.8 系统预定义流示例

14.2 File类

Java使用File类来表示计算机系统磁盘文件的对象类型。File类中提供了大量的方法，可以对文件进行增加、修改、删除、重命名等常规操作。File类的对象会存储文件自身的信息，例如文件在系统中的存储目录、文件大小、文件读写权限等。本节将对File类的使用进行详细介绍。

14.2.1 创建File文件

File类中提供了以下几个构造方法来创建File对象。

1. File(String pathname)

通过入参指定字符串格式的路径名称（包括文件名），将它转换为抽象的路径名来创建一个File对象。具体使用格式如下：

```
File file = new File("c:/file.txt"); //读取C盘根目录下的file.txt文件，在JVM中创建File对象
```

2. File(String parent, String child)

通过入参指定父路径和子路径（包括文件名）来创建一个File对象。具体使用格式如下：

```
File file = new File("C:/", "file.txt")
```

其中，parent参数为父路径字符串，即示例中的“C:/”；child参数为子路径字符串，即示例中的“file.txt”。

3. File(File f, String child)

通过入参指定父路径File对象的抽象路径名和子路径名来创建一个新的File对象。

4. File(URI uri)

通过入参指定文件URI，将它转换成一个抽象的路径名，从而创建一个新的File对象。

上述构造方法的示例中使用的都是绝对路径。对于Unix平台，绝对路径名的前缀是“/”（前缀是指在具体文件名前面的字段名），相对路径没有前缀。在Windows平台中，绝对路径名是由驱动器号加上冒号“:”构成的，例如“C:/”；相对路径没有磁盘符前缀。

相对路径是指针对某一个位置的路径，也是指相对于当前目录的一个路径名，例如针对“C:/”根目录，相对路径“file.txt”即和绝对路径“C:/file.txt”是一样的。

在执行Java程序时，如果代码中使用了相对路径，那么该路径指的是执行Java运行命令时当前所在的目录。一般建议使用绝对路径，这样可以降低开发中产生不必要的问题的概率。

14.2.2 File文件基本操作

File类中提供了操作文件的方法，也可以直接对文件夹进行操作。文件的常见操作有：判断文件是否存在、创建和重命名文件、删除文件和获取文件基本信息（如文件大小、创建修改时间、文件名称、文件格式、是否可读可修改属性等）。File类中常见的方法如表14.2.1所示。

表14.2.1　File类中常见的方法

方法	功能描述
canExecute()	判断文件是否是可执行文件
canRead()	判断文件是否可读
canWrite()	判断文件是否可写
compareTo(File pathname)	比较两个文件
createNewFile()	创建一个新的空文件
createTempFile(String prefix, String suffix)	使用指定前缀和后缀创建一个具有名称的空文件
delete()	删除文件或目录
deleteOnExit()	在JVM终止时删除文件或目录
exists()	判断文件或目录是否存在
getAbsoluteFile()	获取绝对路径的File对象
getAbsolutePath()	获取绝对路径名字的字符串
getName()	获取文件或目录的名称
getParent()	获取文件或目录的父目录名称，不存在则为null
getPath()	获取相对路径名称的字符串
hashCode()	返回相对路径的哈希值
isAbsolute()	判断路径名是否为绝对路径
isDirectory()	判断指定路径是否为目录
isFile()	判断指定路径是否为文件
isHidden()	判断指定路径文件是否为隐藏文件
lastModified()	返回文件上次修改时间，单位为毫秒
length()	获取指定文件字节长度
list()	获取指定目录下的文件和目录列表
mkdir()	创建指定目录
renameTo(File dest)	重命名指定文件

动手写14.2.1

```
import java.io.*;

/**
 * File类
 *
 * @author 零壹快学
 */
public class FileDemo {
    public static void main(String[] args) {
        try {
            File file = new File("Data.json");
            System.out.println("创建文件Data.json");
            System.out.println("是否创建成功：" + file.createNewFile());
            System.out.println("文件名是否为绝对路径：" + file.isAbsolute());
            System.out.println("文件是否可读：" + file.canRead());
             System.out.println("修改文件名称为output.json，是否成功："+file.renameTo(new File("output.
json")));
        } catch (Exception e) {
            System.out.println("系统发生异常：" + e.getMessage());
        }
    }
}
```

其运行结果为：

```
创建文件Data.json
是否创建成功：true
文件名是否为绝对路径：false
文件是否可读：true
修改文件名称为output.json，是否成功：true
```

图14.2.1　File类操作文件示例

File类也支持对文件夹的操作。对文件夹的操作一般有创建文件夹、删除文件夹、判断文件夹是否存在、获取文件夹信息等。

动手写14.2.2

```
import java.io.File;

/**
```

```
 * 创建目录
 *
 * @author 零壹快学
 */
public class DirDemo {
    public static void main(String[] args) {
        String dirName = "java";
        File file = new File(dirName);
        System.out.println("创建目录java，是否成功：" + file.mkdirs());
    }
}
```

上面示例在第一次运行时，会在相对路径下创建一个名为“java”的目录，第二次运行时即会返回错误（因为该目录已经存在了）。动手写14.2.2第一次运行结果为：

```
创建目录java，是否成功：true
```

图14.2.2　File类创建目录

动手写14.2.3

```
import java.io.File;

/**
 * 读取目录下的文件和目录
 *
 * @author 零壹快学
 */
public class ReadDir {
    public static void main(String[] args) {
        String dirName = "java";
        File file = new File(dirName);
        if (file.isDirectory()) {
            System.out.println("访问目录 " + dirName);
            String s[] = file.list();
            for (int i = 0; i < s.length; i++) {
                File tempFile = new File(dirName + "/" + s[i]);
                if (tempFile.isDirectory()) {
                    System.out.println(s[i] + " 是一个目录");
                } else {
```

```
                System.out.println(s[i] + " 是一个文件");
            }
        }
    } else {
        System.out.println(dirName + " 不是一个目录");
    }
}
}
```

上面示例中，在相对路径下创建了两个文件夹“/dir”和“/tmp”，创建了一个文件“data.json”，其运行结果为：

```
访问目录 java
data.json 是一个文件
dir 是一个目录
tmp 是一个目录
```

图14.2.3 File类访问文件和目录

动手写14.2.4

```
import java.io.File;
/**
 * File类删除操作
 * @author 零壹快学
 */
public class DeleteDir {
    public static void main(String[] args) {
        File file = new File("java");
        System.out.println("创建文件夹java：" + file.mkdir());
        file = new File("java/dir");
        System.out.println("创建文件夹java/dir：" + file.mkdir());
        File folder = new File("java");
        deleteFolder(folder);
    }
    // 删除文件夹和其中的文件
    public static void deleteFolder(File folder) {
        File[] files = folder.listFiles();
        if (files != null) {
            for (File f : files) {
                if (f.isDirectory()) {
```

```
                deleteFolder(f); // 递归调用
            } else {
                System.out.println("删除文件" + f.getName() + "是否成功：" + f.delete()); // 删除文件
            }
        }
    }
    System.out.println("删除文件" + folder.getName() + "是否成功：" + folder.delete()); // 删除文件夹
  }
}
```

其运行结果为：

```
创建文件夹java: true
创建文件夹java/dir: true
删除文件dir是否成功: true
删除文件java是否成功: true
```

图14.2.4　删除文件和文件夹

14.3 文件输入/输出流

Java程序运行时，大部分数据都需要在系统内存中运行（即JVM中）；程序终止时，内存中的数据将消失，但我们可以使用Java I/O将数据永久保存在磁盘上的文件中。本节将介绍如何使用Java I/O中常用操作流的类。

14.3.1　FileInputStream类和FileOutputStream类

FileInputStream类和FileOutputStream类是Java I/O中两个最重要的用来操作文件的类。对文件的读取使用FileInputStream类，该类继承于InputStream类。FileOutputStream类与FileInputStream类相对应，用来创建文件并对文件进行写入数据操作，该类继承于OutputStream类。

FileInputStream类创建输入流对象的构造方法有以下两种：

```
FileInputStream input = new FileInputStream(String fileName);
FileInputStream input = new FileInputStream(File file);
```

FileInputStream类中的常见方法如表14.3.1所示。

表14.3.1　FileInputStream类中的常见方法

方法	功能描述
available()	获取输入流可以读取剩余字节数的预估值

（续上表）

方法	功能描述
close()	关闭流并释放系统资源
finalize()	确保输入流close()方法在该流没有其他引用时被调用
getChannel()	获取文件输入流关联的FileChannel对象
getFD()	判断流是否已经准备好被操作
read()	从输入流读取一个字节数据
skip(long n)	跳过当前n个字节

FileOutputStream类有三种构造方法，如果该流在打开文件进行操作前目标文件不存在，则会在指定路径创建该文件：

```
FileOutputStream out = new FileOutputStream(File file);
FileOutputStream out = new FileOutputStream(String fileName);
FileOutputStream out = new FileOutputStream(String filename, boolean append);
```

FileOutputStream类中的常见方法如表14.3.2所示。

表14.3.2 FileOutputStream类中的常见方法

方法	功能描述
close()	关闭输出流
finalize()	清理与文件连接，并确保输出流close()方法在该流没有其他引用时被调用
getChannel()	获取文件输出流关联的FileChannel对象
getFD()	判断流是否已经准备好被操作
write(int b)	将指定字节写入文件输出流

动手写14.3.1

```
import java.io.FileOutputStream;
import java.io.*;
/**
 * FileOutputStream类示例
 *
 * @author 零壹快学
 */
```

```
public class Demo {
    public static void main(String[] args) {
        try {
            FileInputStream input = new FileInputStream("data.json");
            FileOutputStream output = new FileOutputStream("output.json");
            byte[] byteArray = new byte[input.available()];
            input.read(byteArray);
            output.write(byteArray);
            input.close();
            output.close();
        } catch (Exception e) {
            System.out.println("系统异常：" + e.getMessage());
        }
    }
}
```

上面示例将文件data.json内容复制到output.json文件中。

14.3.2 FileReader类和FileWriter类

FileInputStream类和FileOutputStream类能够支持向文件读取和写入数据的操作，但存在的不足是它们仅能支持对字节的操作，不能很好地支持对字符的操作。一个中文汉字在系统中存储要占2个字节，使用字节流读取时会造成乱码，因此Java I/O中提供了FileReader和FileWriter两个类来支持对字符流的操作。

FileReader类继承于InputStreamReader类，能按照字符读取文件，只要对流对象不调用关闭方法，每次调用read()方法，就会顺序地读取其余的内容，直到文件末尾或人为关闭流的操作。

FileReader类构造方法如下：

```
FileReader file = new FileReader(String fileName);
FileReader file = new FileReader(FileDescriptor fd);
FileReader file = new FileReader(File f);
```

FileReader类中的方法都是从InputStreamReader类中继承来的，这里不再赘述。与FileReader类相对应的是FileWriter类，它继承于OutputStreamWriter类，支持按字符流向文件中写入数据。

FileWriter类构造方法如下：

```
FileWriter fw = new FileWriter(File file);
FileWriter fw = new FileWriter(File file, boolean append);
```

```
FileWriter fw = new FileWriter(FileDescriptor fd);
FileWriter fw = new FileWriter(String filename, boolean append);
```

FileWriter类中的方法是从OutputStreamReader类中继承来的，这里也不再赘述。

动手写14.3.2

```
import java.io.FileReader;

/**
 * FileReader类读取文件
 *
 * @author 零壹快学
 */
public class Demo {
    public static void main(String[] args) {
        try {
            FileReader fileReader = new FileReader("data.json");
            char ch = ' ';
            System.out.println("读取文件中字符：");
            while (ch != '}') {
                ch = (char) fileReader.read();
                System.out.print(ch);
            }
            System.out.println("==文件读取完成==");
            fileReader.close();
        } catch (Exception e) {
            System.out.println("系统异常"+e.getMessage());
        }
    }
}
```

上面示例从data.json文件中依次读取字符并输出，运行结果为：

```
读取文件中字符:
{
    "name": "Java",
    "desc": "零基础Java从入门到精通"
}==文件读取完成==
```

图14.3.1 FileReader类读取文件

动手写14.3.3

```
import java.io.*;

/**
 * FileWriter类写入文件
 *
 * @author 零壹快学
 */
public class Demo {
   public static void main(String[] args) {
      try {
         String fileName = "data.txt";
         writeFile(fileName);
         readFile(fileName);
      } catch (Exception e) {
         System.out.println("系统异常"+e.getMessage());
      }
   }
   //读取文件
   private static void readFile(String fileName) throws IOException, FileNotFoundException {
      FileReader fileReader = new FileReader(fileName);
         char ch = ' ';
         System.out.println("读取文件中字符：");
         while (ch != '9') {
            ch = (char) fileReader.read();
            System.out.print(ch);
         }
         System.out.println("==文件读取完成==");
         fileReader.close();
   }
   //写入文件
   private static void writeFile(String fileName) throws IOException {
      FileWriter fileWriter = new FileWriter(fileName);
      System.out.println("开始写入文件：");
      //依次写入文件
      for(int i = 0;i < 10;i++){
```

```
        fileWriter.write(String.valueOf(i));
      }
      fileWriter.close();
    }
}
```

上面示例依次将内容写入data.txt文件中，运行结果为：

```
开始写入文件：
读取文件中字符：
0123456789==文件读取完成==
```

图14.3.2　FileWriter类写入文件

 缓存输入/输出流

在Java程序中，性能优化能够大大提高系统的运行速度，缓存就是一种性能优化的方式。在Java I/O中，由于文件或数据量很大，反复操作对同一份数据创建了大量新的对象，这会浪费很多内存资源，同时对磁盘的操作本身要比对内存操作慢很多，如果没有缓存，对输入流进行操作的效率会很低。在输入/输出流中引入缓存，将数据暂存在内存缓存区中，这样就可以反复使用一份数据或同一个对象。

14.4.1　BufferedInputStream类和BufferedOutputStream类

BufferedInputStream类，其父类为FilterInputStream类，也是InputStream类的子类，可以为输入流对象提供缓存区的功能，用来提高数据读取效率。创建一个BufferedInputStream对象时，必须先指定一个InputStream类型的实例对象，具体有以下两种构造方法：

```
BufferedInputStream(InputStream in);//创建一个默认缓存区为8192字节的输入流对象
BufferedInputStream(InputStream in, int size);//创建指定缓存区的输入流对象，其中size为缓存区大小，单位为字节
```

BufferedInputStream类中的方法都是从InputStream类中继承而来，使用方法与InputStream类中的方法一样。BufferedInputStream类本质上是通过一个内部的缓存区数组实现的，当使用read()方法读取输入流数据时，会将输入流数据分批次填充到缓存区中，每当一个缓存区数据读完后，输入流会再次填充数据缓存区，如此反复直到读取完所有输入流数据。

动手写14.4.1

```
import java.io.*;
```

```
/**
 * BufferedInputStream类示例
 *
 * @author 零壹快学
 */
public class BufferedDemo {
    public static void main(String[] args) {
        try {
            FileInputStream input = new FileInputStream("data.txt");
            BufferedInputStream bufferInput = new BufferedInputStream(input);
            String content = null;
            //定义一个缓冲区
            byte[] buffer = new byte[1024];
            int flag = 1;
            while ((flag = bufferInput.read(buffer)) != -1) {
                content += new String(buffer, 0, flag);
            }
            System.out.println("输出缓存内容为：");
            System.out.println(content);
            bufferInput.close(); //关闭流
        } catch (Exception e) {
            e.printStackTrace();
        }
    }
}
```

在上面示例中，可以看到第一个存入content字符串的内容为null，后面将data.txt文件中的内容都输出来了，运行结果为：

```
输出缓存内容为：
null1234567890
```

图14.4.1 BufferedInputStream类示例

与BufferedInputStream类配合使用的BufferedOutputStream类，其父类为FilterOutputStream类，也是OutputStream类的子类，实现了有缓存的输出流。创建BufferedOutputStream对象有以下两种构造方法：

```
BufferedOutputStream(OutputStream in);//创建一个默认缓存区为8192字节的输出流对象
BufferedOutputStream(OutputStream in, int size);//创建指定缓存区的输出流对象，其中size为缓存区大小，单位为字节
```

BufferedOutputStream类继承于OutputStream类，成员方法也相同，这里不再赘述。需要注意的是，在使用BufferedOutputStream写完数据后，需要调用flush()方法或close()方法将缓存区的数据强行释放，否则无法继续写入数据。

动手写14.4.2

```
import java.io.*;

/**
 * BufferedOutputStream类示例
 *
 * @author 零壹快学
 */
public class BufferedExample {
    public static void main(String[] args) {
        try {
            FileOutputStream output = new FileOutputStream("data.txt");
            BufferedOutputStream bos = new BufferedOutputStream(output);
            String content = "缓存输出流测试数据1234567890";
            bos.write(content.getBytes(), 0, content.getBytes().length);
            bos.flush();
            bos.close();
        } catch (Exception e) {
            e.printStackTrace();
        }
    }
}
```

上面示例执行完后，data.txt文件中被写入了指定内容。下面看一个使用缓存输入和输出流复制文件的示例。

动手写14.4.3

```
import java.io.*;

/**
 * 缓存输入和输出流复制文件
 *
 * @author 零壹快学
```

```
*/
public class CopyFile {
   public static void main(String[] args) {
      try {
         long beginTime = System.currentTimeMillis();
         FileInputStream fileInput = new FileInputStream("data.txt");
         BufferedInputStream input = new BufferedInputStream(fileInput);
         FileOutputStream fileOutput = new FileOutputStream("copyData.txt");
         BufferedOutputStream output = new BufferedOutputStream(fileOutput);
         int size = 0;
         byte[] buffer = new byte[10240];
         //将文件写入缓存输入流
         while ((size = input.read(buffer)) != -1) {
            output.write(buffer, 0, size); //将缓存输入流中的数据通过缓存输出流写入目标文件
         }
         //刷新缓存的输出流，保证数据全部都能写出
         output.flush();
         input.close(); //关闭输入流
         output.close();// 关闭输出流
            System.out.println("复制文件完毕——耗时：" + (System.currentTimeMillis() - beginTime) +
"毫秒");
      } catch (Exception e) {
         e.printStackTrace();
      }
   }
}
```

其运行结果为：

复制文件完毕—耗时：2毫秒

图14.4.2　使用缓存输入和输出流复制文件

14.4.2　BufferedReader类和BufferedWriter类

BufferedReader和BufferedWriter类与BufferedInputStream和BufferedOutputStream类似，也是存在缓存机制的输入/输出流操作类。

BufferedReader类，其父类为Reader类，有以下两个构造方法：

```
BufferedReader(Reader in);// 创建一个默认缓存区为8192字节的输入流对象
```

```
BufferedReader(Reader in, int size);// 创建指定缓存区的输入流对象，其中size为缓存区大小，单位为字节
```

BufferedReader类中的常见方法如表14.4.1所示。

表14.4.1　BufferedReader类中的常见方法

方法	功能描述
close()	关闭流并释放系统资源
lines()	读取数据所有行并返回Stream对象
mark(int readAheadLimit)	标记流的当前位置
markSupported()	判断流是否支持mark()方法
read()	读取一个字符
readLine()	读取一行文字
ready()	判断流是否准备好可以被读取
reset()	重置流
skip(long n)	跳过当前n个字符

动手写14.4.4

```
import java.io.*;

/**
 * BufferedReader类示例
 *
 * @author 零壹快学
 */
public class BufferedReaderDemo {
    public static void main(String[] args) {
        BufferedReader reader = null;
        try {
            // 创建一个字符读取流对象和文件相关联
            FileReader fileReader = new FileReader("data.txt");
            reader = new BufferedReader(fileReader); // 缓存类BufferedReader类构造方法
            String line;
            try {
```

```
            int i = 1;
            while ((line = reader.readLine()) != null) {
                System.out.println("读取文件第" + i + "行数据为" + line);
                i++;
            }
        } catch (IOException e) {
            System.out.println(e.getMessage());
        }
    } catch (FileNotFoundException e) {
        System.out.println(e.getMessage());
    } finally {
        if (reader != null) {
            try {
                reader.close();
            } catch (IOException e) {
                System.out.println(e.getMessage());
            }
        }
    }
}
}
```

其运行结果为：

```
读取文件第1行数据为零基础JAVA从入门到精通
读取文件第2行数据为JAVA IO章节学习
读取文件第3行数据为BufferedReader类使用方法
```

图14.4.3 BufferedReader类示例

BufferedWriter类，其父类为Writer类，有以下两个构造方法：

```
BufferedWriter(Writer out);// 创建一个默认缓存区为8192字节的输出流对象
BufferedWriter(Writer out, int size);// 创建指定缓存区的输出流对象，其中size为缓存区大小，单位为字节
```

BufferedWriter类中的常见方法如表14.4.2所示。

表14.4.2 BufferedWriter类的常见方法

方法	功能描述
close()	关闭流并释放系统资源，调用前必须先调用flush()方法

（续上表）

方法	功能描述
flush()	刷新流
newline()	写入行分隔符（另起一行）
write(int c)	写入一个字符

动手写14.4.5

```
import java.io.*;

/**
 * BufferedWriter类示例
 *
 * @author 零壹快学
 */
public class BufferedWriterDemo {
    public static void main(String[] args) {
        FileWriter fileWriter = null;
        BufferedWriter writer = null;
        try {
            fileWriter = new FileWriter("data.txt");
            writer = new BufferedWriter(fileWriter);
            System.out.println("开始向data.txt文件中写入内容：");
            writer.write("开始写入文件：");
            for (int i = 0; i < 4; i++) {
                String str = "第" + i + "行文字";
                System.out.println(str);
                writer.write(str);
                writer.newLine();
                writer.flush();// 刷新
            }
        } catch (IOException e) {
            e.printStackTrace();
        } finally {
            try {
                // 关闭缓存对象
```

```
            writer.close();
        } catch (IOException e) {
            e.printStackTrace();
        }
    }
  }
}
```

其运行结果为：

```
开始向data.txt文件中写入内容：
第0行文字
第1行文字
第2行文字
第3行文字
```

图14.4.4　BufferedWriter类示例

14.5 数据输入/输出流

数据输入/输出流是指DataInputStream类和DataOutputStream类，用来从输入流中读取Java基本数据类型的数据。它们的父类分别为InputStream类和OutputStream类，读取数据时不需要关心数据属于哪种类型。

DataInputStream类和DataOutputStream类的构造方法如下：

```
DataInputStream(InputStream in);
DataOutputStream(OutputStream out);
```

DataInputStream类中的常用方法如表14.5.1所示。

表14.5.1　DataInputStream类的常用方法

方法	功能描述
read(byte[] b)	读取输入流中字节数组并存储到缓存
readBoolean()	读取一个输入字节，判断它是否不为零
readFully(byte[] b)	从输入流中读取待操作的字节数并存储到缓存
skipBytes(int n)	从输入流中跳过n个字节数据
readByte()	获取一个输入字节
readUnsignedByte()	获取一个无符号的输入字节

（续上表）

方法	功能描述
readShort()	获取输入流两个字节
readUnsignedShort()	获取两个无符号的输入字节
readChar()	获取两个字节返回char类型数值
readInt()	获取四个字节返回int类型数值
readLong()	获取八个字节返回long类型数值
readFloat()	获取四个字节返回float类型数值
readDouble()	获取八个字节返回double类型数值
readUTF(DataInput in)	从输入流获取一个Unicode字符串返回为UTF-8格式字符串

DataInputStream类除了从DataInput接口中继承的方法外，还提供了readUTF()方法，用来返回UTF-8格式的字符串。在连续读取字符串时，这个方法可以用来标记字符串的结尾和字符串的长度。

与DataInputStream配合使用的DataOutputStream类中常用方法如表14.5.2所示。

表14.5.2　DataOutputStream类的常用方法

方法	功能描述
flush()	刷新数据输出流
size()	返回写入输出流的字节数
write(int b)	将指定字节写入输出流
writeBoolean(boolean b)	将boolean值写入输出流
writeByte(int i)	将byte值写入输出流
writeChar(String str)	将char值作为字符串写入输出流
writeFloat(float f)	将float值写入输出流
writeDouble(double d)	将double值写入输出流
writeShort(int i)	将short值写入输出流
writeInt(int i)	将int值写入输出流
writeLong(long l)	将long值写入输出流
writeUTF(String str)	将UTF-8编码的字符串写入输出流

DataOutputStream类中有writeUTF()方法，用来向目标地址写入UTF-8编码的字符串。

动手写14.5.1

```
import java.io.*;

/**
 * DataInputStream类和DataOutputStream类示例
 *
 * @author 零壹快学
 */
public class Demo {
    public static void main(String[] args) {
        testDataOutputStream(); //将数据写入到输出流中
        testDataInputStream(); //使用输入流读取数据
    }
    /**
     * DataOutputStream写入数据
     */
    private static void testDataOutputStream() {
        try {
            File file = new File("data.txt");
            DataOutputStream out = new DataOutputStream(new FileOutputStream(file));
            System.out.println("开始写入数据：");
            out.writeBoolean(true);
            out.writeByte((byte) 0x11);
            out.writeChar((char) 0x5133);
            out.writeShort((short) 0x4146);
            out.writeInt(0x23456789);
            out.writeLong(0x0FEDCBA123456789L);
            out.writeUTF("零壹快学");
            out.close();
        } catch (FileNotFoundException e) {
            e.printStackTrace();
        } catch (SecurityException e) {
            e.printStackTrace();
        } catch (IOException e) {
            e.printStackTrace();
        }
```

```
    }
    /**
     * DataInputStream类的API测试函数
     */
    private static void testDataInputStream() {
        try {
            File file = new File("data.txt");
            DataInputStream in = new DataInputStream(new FileInputStream(file));
            System.out.println("读取数据：");
            System.out.printf("readShort():0x%s\n", shortToHexString(in.readShort()));
            System.out.printf("readInt():0x%s\n", Integer.toHexString(in.readInt()));
            System.out.printf("readLong():0x%s\n", Long.toHexString(in.readLong()));
            System.out.printf("readBoolean():%s\n", in.readBoolean());
            System.out.printf("byteToHexString(0x8F):0x%s\n", byteToHexString((byte) 0x8F));
            System.out.printf("charToHexString(0x8FCF):0x%s\n", charToHexString((char) 0x8FCF));
            System.out.printf("readByte():0x%s\n", byteToHexString(in.readByte()));
            System.out.printf("readChar():0x%s\n", charToHexString(in.readChar()));
            System.out.printf("readUTF():%s\n", in.readUTF());
            in.close();
        } catch (FileNotFoundException e) {
            e.printStackTrace();
        } catch (SecurityException e) {
            e.printStackTrace();
        } catch (IOException e) {
            e.printStackTrace();
        }
    }
    // 将byte转换为十六进制的字符串
    private static String byteToHexString(byte val) {
        return Integer.toHexString(val & 0xff);
    }
    // 将char转换为十六进制的字符串
    private static String charToHexString(char val) {
        return Integer.toHexString(val);
    }
    // 将short转换为十六进制的字符串
```

```
    private static String shortToHexString(short val) {
        return Integer.toHexString(val & 0xffff);
    }
}
```

其运行结果为：

```
开始写入数据:
读取数据:
readShort():0x111
readInt():0x51334146
readLong():0x234567890fedcba1
readBoolean():true
byteToHexString(0x8F):0x8f
charToHexString(0x8FCF):0x8fcf
readByte():0x45
readChar():0x6789
readUTF():零壹快学
```

图14.5.1　DataInputStream类与DataOutputStream类示例

14.6 Java序列化

序列化是指将Java对象转化为二进制文件数据的过程。数据经过序列化后，在计算机内部或互联网数据传输中是十分方便的，这在微服务和大型分布式系统中也很常见。本节将讲解Java中的序列化。

14.6.1　序列化概述

前面几节讲述了使用Java输入流/输出流对文件进行操作，考虑到现在互联网各个用户端和服务端都有大量数据进行传输，有时我们也需要先将一个Java对象转换成字节流（数据流）再传输出去，或是从传入的字节流中恢复一个Java对象。使用字节流形式在网络传输中是十分方便的。举一个通俗易懂的例子，如果把一座房子比作一个对象，要把这座房子搬到另一个地方的话，直接挪动是不现实的，但是可以将房子拆解成一个个小零件运输，到了目的地后再重新组成房子，这样就容易多了。这其中“拆解”的过程就是序列化，“重新组成”的过程就是反序列化。

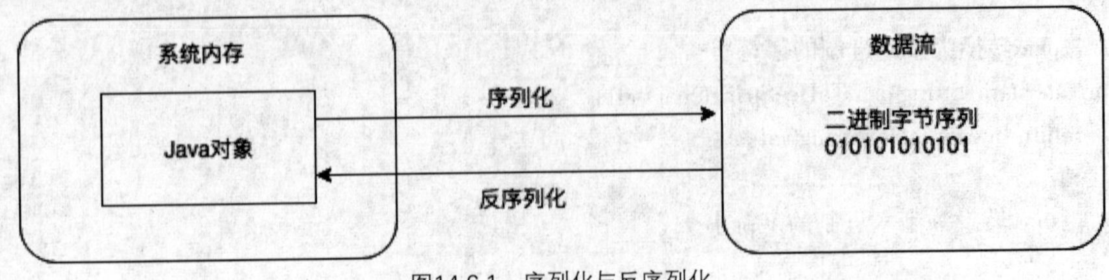

图14.6.1　序列化与反序列化

Java中的序列化很简单，不需要编写额外的序列化和反序列化对象的代码，只需将待序列化的对象实现java.io.Serializable接口即可，示例如下：

```
public class SerializeClass() implements Serializable { }
```

但是Serializable接口没有定义序列化或反序列化必须实现的方法，这里所说的实现Serializable接口可以当作仅仅是标志了该对象可以被序列化。

需要注意的是，并不是所有类中的成员属性都可以被序列化。有些属性被关键字“transient”修饰，表示该属性不想被序列化，这类属性在序列化时会直接被自动忽略，反序列化后该数据也不会存在。

java.io包中还提供了ObjectOutputStream类和ObjectInputStream类，其中有具体的序列化和反序列化对象的方法。下面将对这两个类的具体使用方法进行介绍。

14.6.2 ObjectOutputStream序列化

ObjectOutputStream类用来序列化一个对象，其父类是OutputStream类，使用时必须配合其他输出流对象，例如FileOutputStream对象。

ObjectOutputStream类有以下两种构造方法：

```
ObjectOutputStream();//直接实例化ObjectOutputStream对象，不初始化该类中的其他成员信息
ObjectOutputStream(OutputStream out);//根据入参OutputStream对象创建ObjectOutputStream对象
```

ObjectOutputStream类中的常见方法如表14.6.1所示。

表14.6.1 ObjectOutputStream类中的常见方法

方法	功能描述
flush()	刷新数据输出流
reset()	重置已写入输出流的所有对象状态
write(int b)	将指定字节写入输出流
writeBoolean(boolean b)	将boolean值写入输出流
writeByte(int i)	将byte值写入输出流
writeChar(String str)	将char值作为字符串写入输出流
writeFloat(float f)	将float值写入输出流

（续上表）

方法	功能描述
writeDouble(double d)	将double值写入输出流
writeShort(int i)	将short值写入输出流
writeInt(int i)	将int值写入输出流
writeObject(Object o)	将指定对象写入输出流

动手写14.6.1

```
import java.io.Serializable;
/**
 * Cat类
 * @author 零壹快学
 */
public class Cat implements Serializable{
  public String name;
  public Integer age;
  public String desc;
}
import java.io.*;
/**
 * 序列化示例
 * @author 零壹快学
 */
public class Demo {
  public static void main(String[] args) {
    Cat cat = new Cat();
    cat.name = "小猫猫";
    cat.age = 3;
    cat.desc = "喵喵喵";
    try {
      FileOutputStream fileOut = new FileOutputStream("cat.ser");
      ObjectOutputStream out = new ObjectOutputStream(fileOut);
      out.writeObject(cat);
      out.close();
      fileOut.close();
```

```
        System.out.println("序列化后文件存储在文件：cat.ser");
    } catch (IOException e) {
        e.printStackTrace();
    }
  }
}
```

上面示例中将Cat对象序列化后存储在cat.ser文件中，cat.ser文件内容为：


```
���sr�Cat����a$�L�aget�Ljava/lang/Integer;
L�desct�Ljava/lang/String;
L�nameq�~�xpsr�java.lang.Integer..���8�I�valuexr�java.lang.
Number�������xp���t�    喵喵喵t�    小猫猫
```


图14.6.2　对象序列化后的二进制内容

从动手写14.6.1中可以看到，序列化后的文件扩展名为“.ser”。Java中的标准协议规定，将一个对象序列化写到文件时，文件扩展名应为“.ser”。

14.6.3　ObjectInputStream反序列化

ObjectInputStream类与ObjectOutputStream类配合使用，其父类是InputStream类，用来对ObjectOutputStream序列化后的数据进行反序列化。

ObjectInputStream类有以下两种构造方法：

```
ObjectInputStream();//直接实例化ObjectInputStream对象，不初始化该类中的其他成员信息
ObjectInputStream(InputStream in);//根据入参InputStream对象创建ObjectInputStream对象
```

ObjectInputStream类中的常见方法如表14.6.2所示。

表14.6.2　ObjectInputStream类中的常见方法

方法	功能描述
available()	获取可以不受阻塞地读取的字节数
close()	关闭输入流
read()	读取输入流中一个字节
readBoolean()	读取一个输入字节，判断它是否不为零
readFully(byte[] b)	从输入流中读取待操作的字节数并存储到缓存
skipBytes(int n)	从输入流中跳过n个字节数据
readByte()	获取一个输入字节
readUnsignedByte()	获取一个无符号的输入字节

（续上表）

方法	功能描述
readShort()	获取输入流两个字节
readUnsignedShort()	获取两个无符号的输入字节
readChar()	获取两个字节返回char类型数值
readInt()	获取四个字节返回int类型数值
readLong()	获取八个字节返回long类型数值
readFloat()	获取四个字节返回float类型数值
readDouble()	获取八个字节返回double类型数值
readUTF(DataInput in)	从输入流获取一个Unicode字符串返回为UTF-8格式字符串
readObject()	从ObjectInputStream对象中读取一个对象

动手写14.6.2

```
import java.io.*;
/**
 * 反序列化示例
 *
 * @author 零壹快学
 */
public class Demo {
   public static void main(String [] args)
   {
     Cat cat = null;
     try
     {
       FileInputStream fileIn = new FileInputStream("cat.ser");
       ObjectInputStream in = new ObjectInputStream(fileIn);
       cat = (Cat) in.readObject();
       in.close();
       fileIn.close();
     }catch(IOException e)
     {
       e.printStackTrace();
       return;
     }catch(ClassNotFoundException e)
```

```
        {
            System.out.println("无法找到Cat类");
            e.printStackTrace();
            return;
        }
        System.out.println("反序列化Cat对象...");
        System.out.println("cat.name: " + cat.name);
        System.out.println("cat.age: " + cat.age);
        System.out.println("cat.desc: " + cat.desc);
    }
}
```

将动手写14.6.1序列化后的文件cat.ser复制到动手写14.6.2中，程序运行结果为：

```
反序列化Cat对象...
cat.name: 小猫猫
cat.age: 3
cat.desc: 喵喵喵
```

图14.6.3　反序列化为对象

需要注意的是，使用ObjectInputStream类中的readerObject()方法时，如果在反序列化对象过程中找不到对应的类，则会抛出ClassNotFoundException异常。通常在进行序列化和反序列化时，都会使用异常处理来避免程序直接被终止，关于异常处理将在下一章中进行介绍。

14.7 小结

Java提供了丰富的处理数据流的类和方法，通过这些类和方法可以很方便地处理文件和数据流。本章介绍了Java I/O的基本概念，在程序中如何对输入流和输出流进行操作，以及如何从不同的数据源读取和写入字节、字符数据，然后讲解了如何使用File类对文件和文件夹进行操作，介绍了带有缓存的输入流BufferedInputStream类和输出流BufferedOutputStream类以及Java开发中序列化和反序列化的使用方法。

14.8 知识拓展

14.8.1　使用POI类库处理Excel文件

JDK中没有提供可以直接处理Excel文件的类库，需要下载使用第三方工具类库。本书采用主流的Apache POI类库对Excel文件进行操作，其支持.xls和.xlsx等多种格式。POI类库可以从官网

http://poi.apache.org/download.html进行下载，然后将下载好的jar包放到Java的扩展库中（使用Eclipse的读者可以手动将依赖的jar包放置于工程的依赖Library中）。下面为分别向Excel文件进行读写的操作示例。

动手写14.8.1

```
import java.io.*;
import org.apache.poi.ss.usermodel.*;
/**
 * Excel处理示例
 * @author 零壹快学
 */
public class ExcelHandler {
    public static void read() {
        File file = new File("data.xlsx");
        InputStream inputStream = null;
        Workbook workbook = null;
        try {
            inputStream = new FileInputStream(file);
            workbook = WorkbookFactory.create(inputStream);
            inputStream.close();
            Sheet sheet = workbook.getSheetAt(0); // 工作表
            int rowLength = sheet.getLastRowNum() + 1; // 总行数
            Row row = sheet.getRow(0); // 工作表的列
            int colLength = row.getLastCellNum(); // 总列数
            Cell cell = row.getCell(0); // 得到指定的单元格
            CellStyle cellStyle = cell.getCellStyle(); // 得到单元格样式
            System.out.println("行数：" + rowLength + ",列数：" + colLength);
            for (int i = 0; i < rowLength; i++) {
                row = sheet.getRow(i);
                for (int j = 0; j < colLength; j++) {
                    cell = row.getCell(j);
                    if (cell != null)
                        cell.setCellType(CellType.STRING);
                    System.out.print(cell.getStringCellValue() + "\t");
                }
                System.out.println();
            }
```

```
        } catch (Exception e) {
            e.printStackTrace();
        }
    }
    public static void main(String[] args) {
        read();
    }
}
```

其运行结果为：

```
行数：3,列数：3
名字    年龄    工作经历
老王    22      5年
刘哥    30      15年
```

图14.8.1　读取Excel文件

我们可以使用Cell.setCellValue(String str)方法对单元格中的值进行修改，动手写14.8.2给出了具体修改方法。

动手写14.8.2

```
import java.io.*;
import org.apache.poi.ss.usermodel.*;
/**
 * Excel处理示例
 * @author 零壹快学
 */
public class ExcelHandler {
    public static void write() {
        File file = new File("data.xlsx");
        InputStream inputStream = null;
        Workbook workbook = null;
        try {
            inputStream = new FileInputStream(file);
            workbook = WorkbookFactory.create(inputStream);
            inputStream.close();
            Sheet sheet = workbook.getSheetAt(0); // 工作表
            int rowLength = sheet.getLastRowNum() + 1; // 总行数
            Row row = sheet.getRow(0); // 工作表的列
            int colLength = row.getLastCellNum(); // 总列数
```

```
        Cell cell = row.getCell(0); // 得到指定的单元格
        CellStyle cellStyle = cell.getCellStyle(); // 得到单元格样式
        System.out.println("行数：" + rowLength + ",列数：" + colLength);
        for (int i = 0; i < rowLength; i++) {
            row = sheet.getRow(i);
            for (int j = 0; j < colLength; j++) {
                cell = row.getCell(j);
                if (cell != null)
                    cell.setCellType(CellType.STRING);
                System.out.print("原来的值为：" + cell.getStringCellValue() + "\t");
                cell.setCellValue(cell.getStringCellValue() + i + j +"\t");
                System.out.println("修改后的值为：" + cell.getStringCellValue() + "\t");
            }
            System.out.println();
        }
        //写入Excel文件
        OutputStream out = new FileOutputStream(file);
        workbook.write(out);
    } catch (Exception e) {
        e.printStackTrace();
    }
  }
  public static void main(String[] args) {
    write();
  }
}
```

其运行结果为：

```
行数：3,列数：3
原来的值为：名字        修改后的值为：名字00
原来的值为：年龄        修改后的值为：年龄01
原来的值为：工作经历    修改后的值为：工作经历02

原来的值为：老王        修改后的值为：老王10
原来的值为：22          修改后的值为：2211
原来的值为：5年         修改后的值为：5年12

原来的值为：刘哥        修改后的值为：刘哥20
原来的值为：30          修改后的值为：3021
原来的值为：15年        修改后的值为：15年22
```

图14.8.2　写入Excel文件

14.8.2 使用GZIP对文件进行压缩

Java I/O类库中提供了对文件的读写压缩格式的数据流，可以对数据进行简单压缩。GZIP接口使用起来很方便，直接将输出流封装成GZIPOutputStream，将输入流封装成GZIPInputStream，具体使用方法可以参考前面章节中正常I/O读写操作的示例。

动手写14.8.3

```
import java.io.*;
import java.util.zip.*;
/**
 * 压缩和解压数据
 * @author 零壹快学
 */
public class ZipDemo {
    public static void main(String[] args) throws IOException {
        // 测试字符串
          String str = "%3A39%3A41%22%5B%22JavaProgram%22%3A%222018-08-08+9%7B%2C%22
smsList%22%3A%5B%7B%22liveState%22%3A%221";
        System.out.println("待压缩字符串为：" + str);
        System.out.println("待压缩字符串长度为：" + str.length());
        System.out.println("压缩后内容为：" + compress(str));
        System.out.println("压缩后内容的长度为：" + compress(str).length());
        System.out.println("解压缩后内容为：" + uncompress(compress(str)));
    }
    // 压缩数据
    public static String compress(String str) throws IOException {
        if (str == null || str.length() == 0) {
            return str;
        }
        ByteArrayOutputStream byteArrayOutputStream = new ByteArrayOutputStream();
        GZIPOutputStream gzipOutputStream = new GZIPOutputStream(byteArrayOutputStream);
        gzipOutputStream.write(str.getBytes());
        gzipOutputStream.close();
        return byteArrayOutputStream.toString("ISO-8859-1");
    }
    // 解压缩数据
    public static String uncompress(String str) throws IOException {
```

```
        if (str == null || str.length() == 0) {
            return str;
        }
        ByteArrayOutputStream byteArrayOutputStream = new ByteArrayOutputStream();
        ByteArrayInputStream byteArrayInputStream = new ByteArrayInputStream(str.getBytes("ISO-8859-1"));
        GZIPInputStream gzipInputStream = new GZIPInputStream(byteArrayInputStream);
        byte[] buffer = new byte[256];
        int n;
        while ((n = gzipInputStream.read(buffer)) >= 0) {
            byteArrayOutputStream.write(buffer, 0, n);
        }
        return byteArrayOutputStream.toString();
    }
}
```

其运行结果为：

```
待压缩字符串为：%3A39%3A41%22%5B%22JavaProgram%22%3A%222018-08-08+9%7B%2C%22smsList%22%3A%5B%7B%22liveState%22%3A%221
待压缩字符串长度为：101
压缩后内容为：S5v4¶T5v41T52R5u^eEùéE¹ 1cG id`h¡kBÚªæ@UÎ@ÁâÜbÌâ¨" ^QNfYjpIbI*\³!T2
§e
压缩后内容的长度为：96
解压缩后内容为：%3A39%3A41%22%5B%22JavaProgram%22%3A%222018-08-08+9%7B%2C%22smsList%22%3A%5B%7B%22liveState%22%3A%221
```

图14.8.3 GZIP解压缩数据

第15章 Java异常处理

在刚接触Java编程时，初学者经常会看到一些报错信息。在编译和执行中，即使程序拥有再健壮的语言和设计模式、再细心的开发思维和整洁规范的代码风格，都会不可避免地出现一些错误，致使程序被中断，甚至直接被终止运行。编程语言提供了异常机制，能在程序运行的过程中及时为开发人员提供各种错误和异常信息，令程序的阅读性增强，便于维护。本章将对Java中的异常处理机制进行介绍。

15.1 什么是异常处理

在初学Java编程时，开发者最容易出现的错误是Java语法错误，下面看一个语法错误的例子。

动手写15.1.1

```
/**
 * 错误语法示例
 * @author 零壹快学
 */
public class Demo {
    public static void main(String[] args) {
        System.out.println("错误代码")
        double result = 11.0 / 0.0;
    }
}
```

上面示例在通过执行“javac”对类文件进行编译时，会直接提示编译失败，提示语法错误——缺少了“;”符号，其运行结果为：

```
Demo.java:7: 错误: 需要';'
        System.out.println("错误代码")
                                   ^
1 个错误
```

图15.1.1　Java语法错误编译提示

动手写15.1.1是一个典型的语法错误示例。在Java中，如果编译时出现的错误信息为“Syntax Error”，说明Java编译器认为这是一个语法错误，同时Java会贴心地提示开发者在哪个文件的第几行和第几个字符开始（有时错误位置并不一定准确）出现了语法错误。

Java中的异常不同于语法错误，语法错误在类文件编译时就会直接失败，而异常是只在程序运行过程中出现的一些预想之外的问题。有些错误问题并不会影响程序的运行，然而对大多数的异常而言，如果它们发生时开发者不做处理，程序会被直接终止并在控制台输出异常信息。

Java中的异常机制是基于面向对象的一种运行错误处理机制。Java把大部分可能存在的异常信息都封装成各自对应的类，所有这些异常类都继承自Throwable类，而Java中出现的异常都是对象。Throwable类有两个子类，分别是Error类和Exception类。Error类及其子类会在Java程序运行中发生内部错误或导致内存资源不足时而被抛出，此时程序会被直接终止；Exception类及其子类是通过异常捕获的方式对开发人员或程序中的错误进行提示，程序会继续执行，不会被终止。Error类被抛出时，一般是程序内部出现了较为严重的错误；Exception类被抛出时，一般分为运行时异常和非运行时异常。图15.1.2是Java中异常分类结构图。

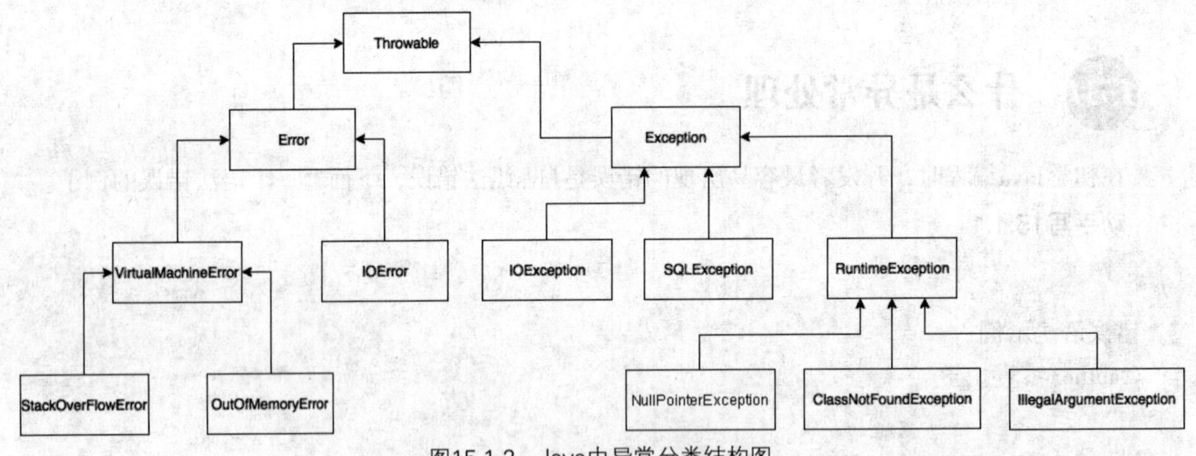

图15.1.2 Java中异常分类结构图

15.1.1 Error系统异常

Error类及其子类用来解释Java程序运行过程中发生的内部错误。这些错误往往是程序无法处理的错误，表示运行应用程序中较严重的问题。大多数错误与代码编写者执行的操作无关（动手写15.1.1的语法错误除外），而是表示代码运行时Java虚拟机出现的问题。例如，VirtualMachineError表示Java虚拟机运行错误，OutOfMemoryError表示Java虚拟机执行程序的内存资源不足。这些异常发生时，Java虚拟机一般会选择终止线程。

动手写15.1.2

```
public class User{
    private static String USER_ID = getUserId();
```

```
    public User(String id){
        this.USER_ID = id;
    }
    private static String getUserId() {
        throw new RuntimeException("无法找到UserId");
    }
}
import java.util.ArrayList;
import java.util.List;

/**
 * Error示例
 *
 * @author 零壹快学
 */
public class Demo {
    public static void main(String args[]){
        List<User> users = new ArrayList<>(2);
        for(int i=0; i<2; i++){
            try{
            users.add(new User(String.valueOf(i))); //抛出NoClassDefFoundError
            }catch(Throwable t){
                t.printStackTrace();
            }
        }
    }
}
```

上面示例运行时，出现了NoClassDefFoundError错误，其运行结果为：

```
java.lang.ExceptionInInitializerError
	at Demo.main(Demo.java:15)
Caused by: java.lang.RuntimeException: UserId Not found
	at User.getUserId(User.java:9)
	at User.<clinit>(User.java:3)
	... 1 more
java.lang.NoClassDefFoundError: Could not initialize class User
	at Demo.main(Demo.java:15)
```

图15.1.3 NoClassDefFoundError错误

15.1.2 Exception抛出异常

Exception是程序本身可以处理的异常，分为运行时异常和非运行时异常（编译发生的异常）。Exception发生时，开发者应尽可能地去处理这些异常。下面对这两种异常进行介绍。

1. 运行时异常

运行时异常指程序在运行过程中产生的异常，一般是RuntimeException类或其子类，比如NullPointerException（空指针异常）、IllegalArgumentException（非法参数异常）等。这些异常一般是由代码逻辑错误或程序非正常运行引起的。

动手写15.1.3

```
import java.io.*;
/**
 * 运行时异常示例
 * @author 零壹快学
 */
public class Demo {
    public static void main(String args[]) {
        int a[] = new int[2];
        System.out.println("访问数组中索引为3的元素 :" + a[3]); // 抛出异常
    }
}
```

上面示例中，因为数组a只定义了三个元素，不存在数组索引为“3”的元素，所以抛出了异常，其运行结果为：

```
Exception in thread "main" java.lang.ArrayIndexOutOfBoundsException: 3
        at Demo.main(Demo.java:11)
```

图15.1.4 运行时程序异常

Java中提供了一些常见的RuntimeException运行时异常，如表15.1.1所示。

表15.1.1 常见的RuntimeException运行时异常

异常名	说明
ClassCastException	类型转换异常
NullPointerException	空指针异常
ArrayIndexOutOfBoundsException	数组索引越界异常
ArithmeticException	算术异常
ArrayStoreException	数组中存在不兼容值异常

（续上表）

异常名	说明
NumberFormatException	转换为数字异常
IllegalArgumentException	非法参数异常

2. 非运行时异常

非运行时异常一般是RuntimeException异常及其子类以外的异常，类型上都属于Exception类。从程序逻辑和语法上来说，这类异常发生时是必须进行处理的，比如IOException、SQLException，如果不处理，程序将无法正常运行。

动手写15.1.4

```
/**
 * 非运行时异常
 *
 * @author 零壹快学
 */
public class Demo {
    public static void main(String[] args) {
        Class.forName("className");
    }
}
```

上面示例编译时会抛出非运行时异常，其运行结果为：

```
Demo.java:8: 错误：未报告的异常错误ClassNotFoundException; 必须对其进行捕获或声明以便抛出
        Class.forName("className");
                     ^
1 个错误
```

图15.1.5 RumtimeException非运行时异常

Java中常见的非运行时异常如表15.1.2所示。

表15.1.2 常见的RumtimeException非运行时异常

异常名	说明
ClassNotFoundException	未找到相应类异常
SQLException	操作数据库异常
IOException	输入/输出流操作异常
TimeoutException	操作超时异常
FileNotFoundException	文件未找到异常

15.1.3 异常方法

Throwable类中提供了一些方法，可以在处理异常时使用。Throwable类中的常见方法如表15.1.3所示。

表15.1.3 Throwable类中的常见方法

方法	功能描述
getMessage()	获取发生异常的详细信息
getCause()	返回Throwable对象表示异常原因
toString()	将异常信息转为字符串
printStackTrace()	将系统错误展示在控制台中
getStackTrace()	返回包含堆栈的数组
fillInStackTrace()	用当前调用栈填充Throwable对象

15.2 异常处理关键字

前面提到，当程序运行发生异常时，开发者需要对异常进行处理。Java中有两种异常处理方法——抛出异常和捕获异常。

抛出异常是指当一个方法出现错误引发异常时，方法创建异常对象并交给运行的系统进行处理。抛出的异常对象中包含了异常类型和状态信息等。任何Java代码都可以抛出异常，比如Java开发环境中的代码或者开发者自己写的代码。Java中抛出异常使用throw和throws关键字。

捕获异常是指在方法抛出异常时，系统会去寻找合适的异常处理器（ExceptionHandler），当设定的异常处理器（系统默认的处理器或开发者自定义的处理机制）所能处理的异常类型与方法抛出的异常类型相符时，该异常则会被捕获，并去执行设定好的程序逻辑。如果运行时系统遍历整个内部处理器都没有找到合适的处理方法，则程序会被终止。Java中捕获异常使用try catch关键字。

一般来说，异常总是先被抛出后被捕获的。

15.2.1 throw和throws关键字

Java中抛出异常使用throw和throws关键字。任何代码都可以抛出异常，开发者可以使用throw关键字在认为会出现问题的地方手动抛出异常。

throw关键字可以在方法中的任意地方使用以抛出异常。当程序执行到throw语句时会直接抛出异常，不再执行后面的代码。throw抛出异常语法定义格式为：

```
throw new [异常类型]();
```

一般情况下，异常类型都会用一个入参为字符串的构造方法来表示异常信息，因此throw抛出异常定义格式也可以是：

```
throw new [异常类型]( “异常信息” );
```

动手写15.2.1

```
/**
 * throw关键字示例
 * @author 零壹快学
 */
public class ThrowDemo {
  public static void main(String[] args) {
    System.out.println("直接在代码中抛出异常：");
    throw new RuntimeException("这里是异常信息");
  }
}
```

其运行结果为：

```
直接在代码中抛出异常：
Exception in thread "main" java.lang.RuntimeException: 这里是异常信息
	at ThrowDemo.main(ThrowDemo.java:8)
```

图15.2.1　throw关键字示例

throws关键字用于指定方法可能抛出的异常，多个异常之间通过逗号分隔。throws抛出异常语法定义格式为：

```
[访问权限修饰符] 方法返回类型 方法名(参数...) throws 异常类型1, 异常类型2 {
//代码块
}
```

动手写15.2.2

```
/**
 * throws定义方法异常
 *
 * @author 零壹快学
 */
public class ThrowsDemo {
```

```
    public static void main(String[] args) {
        test();
    }
    public static void test() throws Exception {
        throw new IllegalArgumentException("方法内抛出异常");
    }
}
```

上面示例编译失败，编译报错为：

```
ThrowsDemo.java:8: 错误: 未报告的异常错误Exception; 必须对其进行捕获或声明以便抛出
        test();
            ^
1 个错误
```

图15.2.2 throws关键字示例①

提示

在Java编程中，如果一个方法抛出了异常，在调用该方法时，必须捕捉处理异常或者在当前方法定义时也定义异常，向更上一级定义抛出异常。无论是哪一种方式，一旦方法定义了异常，最终就必须有处理该异常的逻辑。

动手写15.2.3

```
/**
 * throws定义方法异常
 * @author 零壹快学
 */
public class ThrowsDemo {
    public static void main(String[] args) {
        try {
            secondException();
        } catch (Exception e) {
            e.printStackTrace();
        }
    }
    public static void firstException() throws Exception {
        throw new IllegalArgumentException("方法内抛出异常");
    }
```

```
    public static void secondException() throws Exception {
        firstException();
    }
}
```

上面示例中，方法firstException()定义了异常，向更上一级secondException()方法中抛出了异常，secondException()方法又向其上一级main()主方法抛出了异常，最终运行结果为：

```
java.lang.IllegalArgumentException: 方法内抛出异常
        at ThrowsDemo.firstException(ThrowsDemo.java:14)
        at ThrowsDemo.secondException(ThrowsDemo.java:17)
        at ThrowsDemo.main(ThrowsDemo.java:8)
```

图15.2.3 throws关键字示例②

方法定义的异常可以是将要抛出异常的父类，例如动手写15.2.3中，Exception类是IllegalArgumentException类的父类。

15.2.2 try catch关键字

Java中通过try catch语句来捕获异常，try catch代码定义格式如下：

```
try{
//程序运行代码块
} catch([异常类型] e) {
//对捕获异常进行处理
} finally {
//正常执行的代码块
}
```

其中，关键字try后使用大括号将可能发生异常的程序代码括起来，Java方法若在运行过程中出现异常，则会创建异常对象，将异常抛出；关键字catch的小括号中定义了要捕获的异常类型和要捕获的异常对象e，在抛出异常后，系统会自动去寻找匹配异常类型的catch子句，匹配上后会执行catch语句中对异常进行处理的代码块；关键字finally表示无论是否出现异常，都会执行代码块，15.2.3小节会详细介绍。

动手写15.2.4

```
/**
 * try catch捕获异常
 * @author 零壹快学
 */
public class Demo {
```

```
    public static void main(String[] args) {
        try {
            Class.forName("className");
        } catch (Exception e) {
            System.out.println("捕获异常： " + e.getClass().getName());
            System.out.println("异常内容为： " + e.getMessage());
        }
    }
}
```

其运行结果为：

```
捕获异常： java.lang.ClassNotFoundException
异常内容为： className
```

图15.2.4 try catch示例

我们还可以使用多条catch语句来捕获不同类型的异常。需要注意的是，catch语句有前后顺序，子类异常需要定义在前，父类异常定义在后。

动手写15.2.5

```
import java.io.IOException;
/**
 * try catch示例，多条catch捕获异常
 * @author 零壹快学
 */
public class Demo {
    public static void main(String[] args) {
        try {
            Class.forName("className");
        } catch (IllegalArgumentException e) {
            System.out.println("捕获异常： " + e.getClass().getName());
            System.out.println("异常内容为： " + e.getMessage());
        } catch (IOException e) {
            System.out.println("捕获异常： " + e.getClass().getName());
            System.out.println("异常内容为： " + e.getMessage());
        } catch (Exception e) {
            System.out.println("捕获异常： " + e.getClass().getName());
            System.out.println("异常内容为： " + e.getMessage());
        }
    }
}
```

上面示例中定义了IllegalArgumentException和Exception两种异常，当出现IllegalArgument-Exception异常时，程序会执行第一个代码块；如果出现了其他异常，程序会被第二个代码块的Exception捕获，并执行第二个代码块。

动手写15.2.6

```
import java.io.IOException;
/**
 * try catch示例，多条catch捕获异常
 * @author 零壹快学
 */
public class Demo {
    public static void main(String[] args) {
        try {
            Class.forName("className");
        } catch (IllegalArgumentException e) {
            System.out.println("捕获异常：" + e.getClass().getName());
            System.out.println("异常内容为：" + e.getMessage());
        } catch (IOException e) {
            System.out.println("捕获异常：" + e.getClass().getName());
            System.out.println("异常内容为：" + e.getMessage());
        } catch (Exception e) {
            System.out.println("捕获异常：" + e.getClass().getName());
            System.out.println("异常内容为：" + e.getMessage());
        }
    }
}
```

上面示例中，因为定义了捕获IOException异常，但是实际代码中并不会出现这种异常，在程序编译时系统会抛出错误。如图15.2.5所示。

```
Demo.java:13: 错误: 在相应的 try 语句主体中不能抛出异常错误IOException
        } catch (IOException e) {
          ^
1 个错误
```

图15.2.5 定义捕获异常错误

15.2.3 finally关键字

一般在try catch代码块后还会紧跟着finally代码块。通常情况下，无论程序是否有异常，finally代码块都会正常运行。

动手写15.2.7

```
/**
 * finally示例
 * @author 零壹快学
 */
public class Demo {
    public static void main(String[] args) {
        try {
            Class.forName("className");
        } catch (Exception e) {
            System.out.println("捕获异常：" + e.getClass().getName());
            System.out.println("异常内容为：" + e.getMessage());
        } finally{
            System.out.println("finally语句最后执行");
        }
    }
}
```

其运行结果为：

```
异常内容为：className
finally语句最后执行
```

图15.2.6 finally代码块示例

15.3 常见异常

本节将对一些常见异常进行讲解。一旦开发者掌握了这些异常出现的场景和使用方法，能够有效地使用抛出和捕获异常，就可以更好地处理代码和程序逻辑，使程序变得更健壮。

15.3.1 NullPointerException

java.lang.NullPointerException是空指针异常，简称NPE，也是程序在运行时经常遇到的异常。当程序中调用了未经初始化的对象或者不存在的对象时，系统就会抛出空指针异常。

动手写15.3.1

```
import java.util.ArrayList;
import java.util.List;


/**
```

```
 * NullPointerException
 *
 * @author 零壹快学
 */
public class Demo {
    public static void main(String[] args) {
        List<String> list = new ArrayList<>();
        list.add("第一个元素abc");
        list.add(null));
        for (String var : list) {
            // 读取第二个元素为null时下面的调用会出现空指针
            System.out.println(var.toUpperCase());
        }
    }
}
```

其运行结果为：

```
第一个元素ABC
Exception in thread "main" java.lang.NullPointerException
        at Demo.main(Demo.java:16)
```

图15.3.1　空指针异常

对于初学者来说，空指针异常在程序设计不完善时会经常出现，而且因为空指针异常的内容不是很清晰，给开发者排查错误带来了很大困扰，所以在大型互联网程序设计中会严格要求避免出现空指针异常。因此开发者常常通过对对象进行“判空”的方法来避免出现空指针异常。

动手写15.3.2

```
import java.util.ArrayList;
import java.util.List;
/**
 * NullPointerException
 *
 * @author 零壹快学
 */
public class Demo {
    public static void main(String[] args) {
        List<String> list = new ArrayList<>();
        list.add("第一个元素abc");
```

```
        list.add(null);
        for (String var : list) {
            if (var == null) {
                System.out.println("判断该元素为空");
                continue;
            }
            System.out.println(var.toUpperCase());
        }
    }
}
```

上面示例中使用了条件表达式判断变量是否为空，运行结果为：

第一个元素ABC
判断该元素为空

图15.3.2　判断变量是否为空

15.3.2　ClassNotFoundException

java.lang.ClassNotFoundException是指定类不存在异常，通常是在程序中通过反射或通过类字符串名称试图去加载某个类时引发的异常。如果类的名称和包路径不正确，系统运行时都会抛出ClassNotFoundException异常。动手写15.1.4中给出过相关示例，读者可以参考阅读。

15.3.3　NumberFormatException

java.lang.NumberFormatException是数字异常，通常是将一个String类型字符串转换为指定数字类型时引发的异常。当字符串不满足要转换的数字类型所要求的格式时，会抛出NumberFormatException异常。

动手写15.3.3

```
/**
 * NumberFormatException异常
 *
 * @author 零壹快学
 */
public class Demo {
    public static void main(String[] args) {
        String str = "01kuaixue";
        Double num = Double.parseDouble(str);
    }
}
```

其运行结果为：

```
Exception in thread "main" java.lang.NumberFormatException: For input string: "01kuaixue"
	at sun.misc.FloatingDecimal.readJavaFormatString(FloatingDecimal.java:2043)
	at sun.misc.FloatingDecimal.parseDouble(FloatingDecimal.java:110)
	at java.lang.Double.parseDouble(Double.java:538)
	at Demo.main(Demo.java:9)
```

图15.3.3　NumberFormatException异常

15.3.4　IllegalArgumentException

java.lang.IllegalArgumentException是非法参数异常，通常是调用方法时引发的异常。当给一个方法传递的参数与实际定义不相符时，会抛出IllegalArgumentException异常。

动手写15.3.4

```
import java.lang.IllegalArgumentException;
import java.io.File;
/** IllegalArgumentException异常
 * @author 零壹快学
 */
public class Demo {
    public static String createFilePath(String parent, String filename) throws IllegalArgumentException{
        if(parent == null)
            throw new IllegalArgumentException("文件路径不能为空！ ");

        if(filename == null)
            throw new IllegalArgumentException("文件名称不能为空！ ");

        return parent + File.separator + filename;
    }
    public static void main(String[] args) {
        System.out.println(Demo.createFilePath("dir1", "file1"));
        System.out.println();
        System.out.println(Demo.createFilePath(null, "file1"));
    }
}
```

其运行结果为：

```
Exception in thread "main" java.lang.IllegalArgumentException: 文件路径不能为空！
	at Demo.createFilePath(Demo.java:9)
	at Demo.main(Demo.java:19)
```

图15.3.4　IllegalArgumentException异常

15.3.5 NoSuchMethodException

java.lang.NoSuchMethodException是方法不存在异常，通常是程序试图通过反射来创建对象时引发的异常。当访问或修改某一个方法时，系统无法找到该方法（一般是方法名定义错误）则会抛出NoSuchMethodException异常。

动手写15.3.5

```
/**
 * Cat
 */
public class Cat {
    private String name;
}
import java.lang.reflect.*;
/**
 * NoSuchMethodException异常
 * @author 零壹快学
 */
public class Demo {
    public static void main(String[] args) {
        try {
            Class<Cat> cls = Cat.class;
            Cat obj=(Cat)cls.newInstance();
            Method target=cls.getDeclaredMethod("desc", String.class);
        } catch (InstantiationException e) {
            System.out.println("捕获异常：" + e.getClass().getName());
            System.out.println("异常内容为：" + e.getMessage());
        } catch (NoSuchMethodException e) {
            System.out.println("捕获异常：" + e.getClass().getName());
            System.out.println("异常内容为：" + e.getMessage());
        } catch (IllegalAccessException e) {
            System.out.println("捕获异常：" + e.getClass().getName());
            System.out.println("异常内容为：" + e.getMessage());
        }
    }
}
```

上面示例使用的Cat类中并不存在名称为“desc”的成员属性，所以在使用反射时抛出了

NoSuchMethodException异常，运行结果为：

```
捕获异常： java.lang.NoSuchMethodException
异常内容为： Cat.desc(java.lang.String)
```

图15.3.5　NoSuchMethodException异常

15.3.6　ClassCastException

java.lang.ClassCastException是类型强制转换异常，通常是对数据类型进行强制转换而发生错误时引发的异常。当一个数据类型无法强制转换成另一个数据类型时，会抛出ClassCastException异常。例如字符串“01kuaixue”无法强制转换为整型数字，当程序尝试强制转换操作时，会抛出异常。

动手写15.3.6

```
/**
 * Parent
 */
public class Parent {
    private String name;
    public String getName() {
        return name;
    }
    public void setName(String name) {
        this.name = name;
    }
}
/**
 * Child
 */
public class Child extends Parent {
    private String desc;
    public String getDesc() {
        return desc;
    }
    public void setDesc(String desc) {
        this.desc = desc;
    }
}
/**
```

```
 * ClassCastException异常
 * @author 零壹快学
 */
public class Demo {
    public static void main(String[] args) {
        Parent parent = new Parent();
        Child child = (Child) parent; //抛出异常
    }
}
```

其运行结果为：

```
Exception in thread "main" java.lang.ClassCastException: Parent cannot be cast to Child
        at Demo.main(Demo.java:8)
```

图15.3.6　ClassCastException异常

15.4 自定义异常

Java本身内置的大量异常类覆盖了大部分的编程异常场景，但是有时开发者需要自定义一些规则和异常情况。自定义异常可以处理某些特殊的、超出期望的业务逻辑，例如下面不符合正常自然逻辑的程序代码。

动手写15.4.1

```
/**
 * 自定义异常
 * @author 零壹快学
 */
public class DefineException extends Exception{
    public DefineException (String ErrorMessage) {
        super(ErrorMessage);
    }
}
/**
 * 自定义异常示例
 * @author 零壹快学
 */
public class Demo {
    public static void main(String[] args) throws DefineException {
```

```
        String earth = "地球是方的";
        if(earth.equals("地球是方的")) {
            throw new DefineException("逻辑错误：" + earth);
        }
    }
}
```

上面示例中，“地球是方的”明显不符合常理，对于这类问题可以使用自定义异常进行处理，其运行结果为：

```
Exception in thread "main" DefineException: 逻辑错误：地球是方的
        at Demo.main(Demo.java:9)
```

图15.4.1　自定义异常

Java中自定义异常必须从已有的异常类继承，例如继承Exception类或RuntimeException类。

15.5 小结

本章介绍了Java中常见的异常处理机制、程序执行中Error错误与Exception异常之间的关系与区别、几种常见的异常类、如何使用try catch语句捕获异常，以及如何使用throw和throws关键字对外抛出异常，最后介绍了开发中如何自定义异常。

15.6 知识拓展

使用异常的若干建议

Java异常会强制用户去考虑程序的安全性和健壮性，但是如果错误地使用异常和抛出异常，对于程序的正常流程和运行会带来毁灭性打击。因此，编写良好的程序代码，正确处理可能出现的异常尤为重要。为方便初学者更好地学习Java编程，下面为初学者使用异常和处理异常提出若干建议。

1. 不要在finally块中处理返回值

在finally代码块中使用return关键字时一定要慎重，finally代码块中的return返回值逻辑会直接覆盖try代码块中正常的return返回值。

动手写15.6.1

```
/**
 * 不要在finally块中处理返回值
 * @author 零壹快学
```

```
*/
public class Demo {
    public static void main(String[] args) {
        System.out.println("count方法返回值为：" + count());;
    }
    public static int count() {
        try {
            return 1;
        } catch (Exception e) {
        } finally {
            return -1;
        }
    }
}
```

上面示例中，在finally代码块处理返回值会直接屏蔽try代码块中抛出的异常，其运行结果为：

count方法返回值为： -1

图15.6.1　finally代码块返回值

动手写15.6.2

```
/**
 * Person
 */
public class Person {
    public String name;
}
/**
 * 不要在finally块中处理返回值
 * @author 零壹快学
 */
public class Demo {
    public static void main(String[] args) {
        System.out.println("方法返回Person对象名称为：" + getPerson().name);
    }
    public static Person getPerson() {
        Person person = new Person();
        person.name = "王老师";
```

```
        try {
            return person;
        } catch (Exception e) {
        } finally {
            person.name = "王学生";
        }
        person.name = "刘老师";
        return person;
    }
}
```

其运行结果为：

方法返回Person对象名称为：王学生

图15.6.2　finally代码修改对象值

在finally中处理return返回值，看上去符合逻辑，但是程序执行时会产生逻辑错误。finally一般用来做异常的收尾处理，正常情况下很少使用，一旦加上了return返回值语句，就会让程序变得复杂，而且会产生一些隐蔽性较高的错误。

与return语句相似，System.exit(0)或RunTime.getRunTime().exit(0)出现在异常代码块中也会产生非常多的错误假象，增加代码的复杂性，大家有兴趣可以自行研究一下。

2. 建议封装异常

Java中的异常机制可以确保程序的健壮性，提供系统可读性，但是由于Java API中提供的异常都是非常基础的异常，并且只有资深开发人员才能看懂，对于初次接触大型程序或终端的用户来说，这些异常并不友好，与实际业务逻辑脱离。所以，建议初学者尽可能根据业务场景来封装自定义异常。

动手写15.6.3

```
/**
 * JavaBizException封装异常
 */
public class JavaBizException extends Exception{
    public JavaBizException(String ErrorMessage) {
        super(ErrorMessage);
    }
}
import java.io.FileInputStream;
```

```
import java.io.InputStream;
import java.io.FileNotFoundException;
/**
 * 开发封装自定义异常
 * @author 零壹快学
 */
public class Demo {
    public static void main(String[] args) throws JavaBizException{
        try {
            InputStream input = new FileInputStream("无效文件.json");
        } catch (FileNotFoundException e) {
            e.printStackTrace();
            throw new JavaBizException(e.getMessage());
        }
    }
}
```

其运行结果为：

```
java.io.FileNotFoundException: 无效文件.json (No such file or directory)
        at java.io.FileInputStream.open0(Native Method)
        at java.io.FileInputStream.open(FileInputStream.java:195)
        at java.io.FileInputStream.<init>(FileInputStream.java:138)
        at java.io.FileInputStream.<init>(FileInputStream.java:93)
        at Demo.main(Demo.java:11)
Exception in thread "main" JavaBizException: 无效文件.json (No such file or directory)
        at Demo.main(Demo.java:14)
```

图15.6.3 开发封装自定义异常

3. 针对不同的异常进行捕获

因为Exception类是所有运行异常的父类，所以开发者在捕获异常时可以使用Exception类来捕获所有可能出现的异常。

动手写15.6.4

```
import java.io.FileInputStream;
import java.io.InputStream;
/**
 * 使用Exception类捕获所有异常
 * @author 零壹快学
 */
public class Demo {
```

```
public static void main(String[] args) {
    try {
        InputStream input = new FileInputStream("无效文件.json");
    } catch (Exception e) {
        System.out.println("使用Exception捕获所有异常：");
        e.printStackTrace();
    }
  }
}
```

上面示例中使用Exception类来捕获所有异常，运行结果为：

```
使用Exception捕获所有异常：
java.io.FileNotFoundException: 无效文件.json (No such file or directory)
        at java.io.FileInputStream.open0(Native Method)
        at java.io.FileInputStream.open(FileInputStream.java:195)
        at java.io.FileInputStream.<init>(FileInputStream.java:138)
        at java.io.FileInputStream.<init>(FileInputStream.java:93)
        at Demo.main(Demo.java:10)
```

图15.6.4　使用Exception类捕获所有异常

虽然Exception类能捕获所有异常，但是不建议编写这种风格的代码，因为在实际业务场景中对所有异常都采用相同的处理方式并不现实。例如出现了IOException需要做一些特殊处理，而出现了SQLException需要做另一些特殊处理。并且，这种捕获方式很可能会忽略一些关键异常，导致本应该早些发现的业务逻辑错误并没有及时被发现。在实际开发中，建议开发者使用多个catch代码块对不同场景下的异常做不同的处理。

第 16 章

多线程与并发

前面章节中讲到的内容都属于顺序编程逻辑，程序都是按照每个时刻只执行一个步骤或一条语句来设定的。但是，在实际的计算机网络上，很多任务都是并行地执行或者多处理器环境执行的，这时就出现了多线程编程。线程是计算机中一种特有的执行事件的任务，Java同时也是一门多线程的语言，掌握多线程编程和并发技术，可以实现更高效和更复杂的网络系统。

16.1 Java与线程

16.1.1 线程基本概念

现代操作系统都支持多任务处理，包括基于进程的多任务处理和基于线程的多任务处理。

以Windows系统为例，计算机系统可以同时运行两个或多个程序，比如可以开着文本编辑器的同时打开Eclipse编辑Java文件，这时就是多进程处理。进程是一种可执行的程序，在基于进程的多任务处理时，程序是最小的待调度单位。

线程，就是在进程中的一个顺序执行的最小代码单元，一个进程（可以简单理解为程序，严格地讲进程并不是程序）可以并发同时执行多个线程，比如一个音乐播放器在播放音乐时，可以在屏幕上同时滚动播出歌词。这就好像是，一个程序有了自己的CPU，可以控制多个“微小程序”同时执行不同的任务。在使用线程时，CPU会轮流给每个进程分配切片时间，因为切换时间很短，使每个线程工作都像在全部占用CPU资源一样。

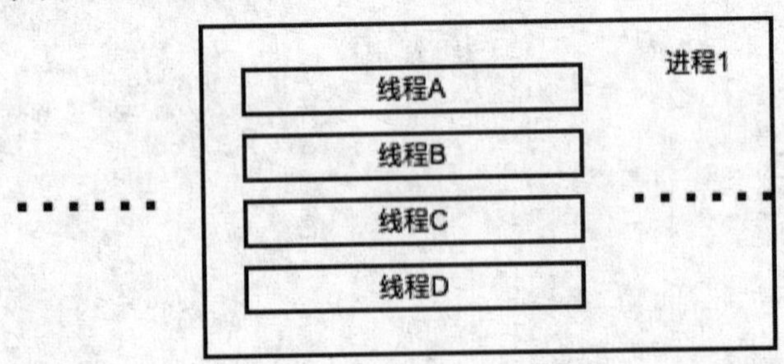

图16.1.1　多线程与进程关系

多线程处理的一个好处是，可以最大程度地利用CPU的性能，使程序的执行效率大大提升。

在传统单线程的环境中，程序按照顺序执行，必须等前一个任务执行完后才能执行下一步。尽管CPU有很多空间，但是这种单线程机制白白浪费了CPU的空间计算时间，程序的执行效率很低，而多线程则可以使程序充分利用这些空间资源。多线程的另一个好处是，开发者完全不需要关心计算机最底层的通信机制和CPU实现原理，只需关心代码和线程运行机制，将关注点放在上层业务逻辑上。

16.1.2　Java线程机制

Java程序都是在JVM上运行的，程序中的很多任务也都依赖JVM的线程调度。程序代码执行任务是由线程来完成的，每个线程在JVM中都有独立的计数器和方法调用栈。计数器是计算机中特殊的寄存器，用来记录线程当前执行程序代码的位置，同时也标识了下一条要执行的语句。方法调用栈是用来表示线程执行一系列方法调用的过程，栈中的每个元素称为栈帧，每一个栈帧对应一个方法调用，其中包含了方法调用的参数、局部变量和程序执行中的临时变量。

JVM在运行时只会同时运行一个JVM进程。在JVM进程中，程序都是以线程运行的；JVM启动时会先产生一个主线程，指定程序的起始入口（一般由main()主方法开始），主线程运行结束时，JVM进程也会终止运行。像这种只有一个线程运行的程序流程，称为单线程。在线程中同时可以创建新的线程来运行，此时在一个JVM进程中就存在多个线程同时运行，称为多线程。

16.2 线程初始化和调用

Java中很多类的设计都考虑到了多线程，创建一个线程有两种方法——继承Thread类和实现Runnable接口。本节将详细介绍这两种方法。

16.2.1　继承Thread类

Thread类位于java.lang包中，每一个Thread类的实例对象代表一个线程，其子类的实例对象也代表一个线程。

Thread类包含常用的构造方法如下：

```
Thread();
Thread(String name)
Thread(ThreadGroup group, Runnable target, String name, long stackSize);
```

其中，group表示该线程所属的线程组，target为实际执行线程的目标对象，name为线程名称，stackSize为指定线程的堆栈大小（堆栈为JVM内存空间的一块区域）。除了上述构造方法外，Thread类中还有其他构造方法，感兴趣的读者可以阅读Java API相关文档。

Thread类中的常见方法如表16.2.1所示。

表16.2.1　Thread类中的常见方法

方法	功能描述
activeCount()	获取当前线程及其子线程活动数
checkAccess()	判断当前运行线程是否有权限修改
currentThread()	获取当前正在执行的线程对象
getId()	获取线程标识符
getName()	获取线程名称
getPriority	获取线程优先级
getState()	获取线程状态
interrupt()	中断线程
interrupted()	判断线程是否中断
isAlive()	判断线程是否存活
isDaemon()	判断线程是否为守护线程
isInterrupted()	判断线程是否被中断
join()	等待线程终止
join(long millis)	等待线程终止时间为millis毫秒
run()	如果该线程使用Runnable构造，则调用Runnable对象的run()方法，否则不执行任何操作并返回
setName(String name)	设置线程名称
setPriority(int priority)	设置线程优先级
sleep(long millis)	使当前正在执行的线程休眠millis毫秒
start()	开始执行线程，JVM调用线程run()方法
yield()	暂停正在执行的线程，并执行其他线程

使用Thread类创建并执行线程的具体步骤如下：

1. 创建Thread类的子类；

2. 重写Thread类中的run()方法；

3. 创建Thread子类对象，即创建一个线程对象；

4. 调用线程对象的start()方法启动线程，之后系统会自动调用重写的run()方法中的具体实现。

创建线程对象后，JVM内存中仅会出现一个Thread类的实例对象，线程并不会自动运行，必须调用线程对象的start()方法来启动线程。实际完成线程功能的代码位于重写的run()方法中，调用

start()方法时会先分配线程所需的内存资源，再调用run()方法运行线程。

动手写16.2.1

```
/**
 * 继承Thread类
 *
 * @author 零壹快学
 */
public class ThreadDemo extends Thread {
  private Thread t;
  private String threadName;

  public ThreadDemo(String name) {
    threadName = name;
    System.out.println("创建线程，名称为： " + threadName);
  }

  public void run() {
    System.out.println("运行线程 " + threadName);
    try {
      for (int i = 4; i > 0; i--) {
        System.out.println("线程名称为: " + threadName + ", " + i);
        System.out.println("线程休息，时间为：100ms");
        Thread.sleep(100);
      }
    } catch (InterruptedException e) {
      System.out.println("线程 " + threadName + " 中断...");
    }
    System.out.println("线程 " + threadName + " 退出，终止...");
  }

  public void start() {
    System.out.println("启动线程 " + threadName);
    // 避免NPE
    if (t == null) {
```

```
            t = new Thread(this, threadName);
            t.start();
            return;
        }
        this.start();
    }
}
/**
 * 创建线程示例
 * @author 零壹快学
 */
public class Demo {
    public static void main(String[] args) {
        ThreadDemo thread1 = new ThreadDemo("线程-1");
        thread1.start();
        ThreadDemo thread2 = new ThreadDemo("线程-2");
        thread2.start();
    }
}
```

其运行结果为：

```
创建线程，名称为：  线程-1
启动线程 线程-1
创建线程，名称为：  线程-2
启动线程 线程-2
运行线程 线程-1
线程名称为：线程-1，4
线程休息，时间为：100ms
运行线程 线程-2
线程名称为：线程-2，4
线程休息，时间为：100ms
线程名称为：线程-1，3
线程休息，时间为：100ms
线程名称为：线程-2，3
线程休息，时间为：100ms
线程名称为：线程-1，2
线程休息，时间为：100ms
线程名称为：线程-2，2
线程休息，时间为：100ms
线程名称为：线程-1，1
线程休息，时间为：100ms
线程名称为：线程-2，1
线程休息，时间为：100ms
线程 线程-2 退出，终止...
线程 线程-1 退出，终止...
```

图16.2.1　Thread类创建线程

需要注意的是，如果不调用start()方法，线程永远不会启动。在start()方法被调用前，Thread对象只是一个对象，并没有真正意义上的线程。

16.2.2　实现Runnable接口

如果一个类需要继承其他类，同时又需要该类实现多线程操作（Java中不支持多重继承），此时可以通过Runnable接口来实现。

类实现Runnable接口定义格式如下：

```
public class [类名称] extends Object implements Runnable{}
```

实际上，Thread类也是实现了Runnable接口的。实现Runnable接口的类在实例化时，会创建一个Thread对象，并将Thread对象与Runnable的对象相关联。Runnable接口中只有一个方法——run()方法，声明类时需要实现run()方法。使用Runnable接口来创建和启动线程的具体步骤如下：

1．定义实现Runnable接口的类，实现run()方法；

2．创建Runnable对象并作为Thread类的target参数来创建Thread对象（实际的线程对象）；

3．调用start()方法启动线程。

动手写16.2.2

```
/**
 * 实现Runnable接口
 * @author 零壹快学
 */
public class RunnableDemo implements Runnable{
   private Thread t;
   private String threadName;
   RunnableDemo( String name) {
     threadName = name;
     System.out.println("创建线程，名称为 " +  threadName );
   }
   public void run() {
     System.out.println("运行线程 " +  threadName );
     try {
       for(int i = 4; i > 0; i--) {
         System.out.println("线程名称为: " + threadName + ", " + i);
         System.out.println("线程休息，时间为：100ms");
         Thread.sleep(100);
```

```
        }
    }catch (InterruptedException e) {
      System.out.println("线程 " + threadName + " 中断...");
    }
    System.out.println("线程 " + threadName + " 结束，终止...");
  }
  public void start () {
    System.out.println("Starting " + threadName );
    if (t == null) {
      t = new Thread (this, threadName);
      t.start ();
      return;
    }
    this.start();
  }
}
/**
 * 创建线程示例
 * @author 零壹快学
 */
public class Demo {
  public static void main(String[] args) {
     RunnableDemo thread1 = new RunnableDemo("线程-1");
     thread1.start();
     RunnableDemo thread2 = new RunnableDemo("线程-2");
     thread2.start();
  }
}
```

其运行结果为：

```
创建线程，名称为 线程-1
Starting 线程-1
创建线程，名称为 线程-2
Starting 线程-2
运行线程 线程-1
线程名称为：线程-1，4
线程休息，时间为：100ms
```

```
运行线程 线程-2
线程名称为：线程-2, 4
线程休息，时间为：100ms
线程名称为：线程-2, 3
线程休息，时间为：100ms
线程名称为：线程-1, 3
线程休息，时间为：100ms
线程名称为：线程-1, 2
线程休息，时间为：100ms
线程名称为：线程-2, 2
线程休息，时间为：100ms
线程名称为：线程-1, 1
线程休息，时间为：100ms
线程名称为：线程-2, 1
线程休息，时间为：100ms
线程 线程-1 结束，终止...
线程 线程-2 结束，终止...
```

图16.2.2　实现Runnable接口创建线程

16.2.3　实现Callable和Future接口

Callable接口是Java 5新增的接口，位于java.util.concurrent包中，其使用类似于Runnable。Callable接口中提供了call()方法，被调用时用来执行线程，并且会有返回值，返回值类型为Future接口的实现类。同时，call()方法声明了抛出异常。

Callable接口的定义如下：

```
public interface Callable<V> {
    V call() throws Exception;
}
```

Future接口是与Callable接口配合使用的，也位于java.util.concurrent包中，提供了用来检测线程是否被执行完成的方法，并在任务执行完成时获得结果。另外，Future接口支持设置线程执行的超时时间。

Future接口中的常见方法如表16.2.2所示。

表16.2.2　Future接口中的常见方法

方法	功能描述
cancel(boolean b)	尝试取消执行此任务
get()	等待计算完成，获取其结果

（续上表）

方法	功能描述
get(long timeout, TimeUnit unit)	等待最长指定时间内计算完成，获取其结果
isCancelled()	判定此任务是否在正常完成前被取消
isDone()	判断任务是否已经完成

FutureTask类同时实现了Runnable接口和Future接口，可以作为Thread类的target入参来创建线程，同时也可以使用Future接口中的call()方法来获取返回值。

使用Callable接口和Future接口创建并启动线程的步骤如下：

1．声明实现Callable接口的类，实现call()方法，并定义返回值类型；

2．创建实现Callable类的对象，使用FutureTask类包装Callable对象；

3．创建Thread对象，使用FutureTask对象作为Thread对象的target入参，并启动线程；

4．使用FutureTask对象的get()方法来获取线程结束后的返回值。

动手写16.2.3

```
import java.util.concurrent.*;
/**
 * 实现Callable接口
 * @author 零壹快学
 */
public class Demo implements Callable<Integer> {
    public static void main(String[] args)
    {
        Demo demo = new Demo();
        FutureTask<Integer> ft = new FutureTask<>(demo);
        for(int i = 0;i < 5;i++) {
            System.out.println(Thread.currentThread().getName()+" 的循环变量i的值"+i);
            if(i==2) {
                new Thread(ft,"有返回值的线程").start();
            }
        }
        try {
            System.out.println("子线程的返回值："+ft.get());
        } catch (Exception e) {
```

```
            e.printStackTrace();
        }
    }
    @Override
    public Integer call() throws Exception
    {
        int i = 0;
        for(;i < 5;i++) {
            System.out.println(Thread.currentThread().getName()+" "+i);
        }
        return i;
    }
}
```

其运行结果为：

```
main 的循环变量i的值0
main 的循环变量i的值1
main 的循环变量i的值2
main 的循环变量i的值3
main 的循环变量i的值4
有返回值的线程 0
有返回值的线程 1
有返回值的线程 2
有返回值的线程 3
有返回值的线程 4
子线程的返回值: 5
```

图16.2.3　实现Callable接口创建线程

16.3 线程生命周期

线程是有生命周期的，包括了线程从出现、执行到最终结束消亡时的各种状态。一个线程从被创建开始，其生命周期总共分为五个阶段：

1. 创建状态

线程被创建时（使用new和Thread创建线程对象），系统会分配资源并初始化该线程。这只是一个暂态，会一直保持到调用start()方法、线程进入运行或阻塞阶段之前。

2. 就绪状态

对一个创建状态的线程调用了start()方法后，线程进入就绪状态。就绪状态的线程会处于队列中等待JVM调度，直到线程获取系统资源。

3. 运行状态

处于就绪状态的线程获取系统内存资源时，会执行run()方法，此时线程处于运行状态。处于运行状态的线程可以变成阻塞状态或死亡状态。

4. 阻塞状态

如果一个线程执行了sleep()方法、suspend()方法或试图获取另一个已被其他线程占有的锁时，会暂时失去系统资源而进入阻塞状态。当设置的睡眠时间到期或获得系统资源后，线程可以重新进入就绪状态。

5. 死亡

当线程执行完毕、发生异常或错误时，线程会终止并进入死亡阶段，这个阶段的线程是不可调度的，即不可再运行。

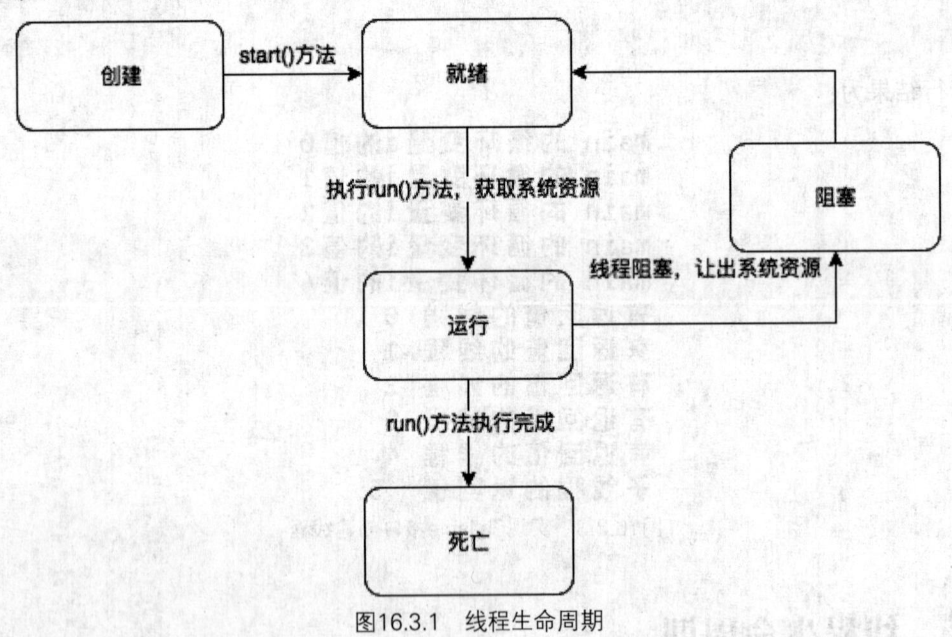

图16.3.1　线程生命周期

动手写16.3.1

```
/**
 * 查看线程状态
 * @author 零壹快学
 */
public class Demo implements Runnable {
    public synchronized void notifying() throws InterruptedException {
        notify();
    }
```

```
    public synchronized void waiting() throws InterruptedException {
        wait();
    }
    public void run() {
        try {
            System.out.println("当前线程休息100ms");
            Thread.sleep(100);
            waiting();
        } catch (Exception e) {
            e.printStackTrace();
        }
    }
    public static void main(String[] args) throws InterruptedException{
        Demo demo = new Demo();
        Thread thread = new Thread(demo);
        System.out.println("创建线程后状态为：" + thread.getState());
        thread.start();
        System.out.println("启动线程后装填为：" + thread.getState());
        Thread.sleep(50);
        System.out.println("主线程睡眠50ms后状态为：" + thread.getState());
        Thread.sleep(100);
        System.out.println("wait后状态为：" + thread.getState());
        demo.notifying();
        System.out.println("返回同步方法前状态：" + thread.getState());
        thread.join();
        System.out.println("结束线程后状态为：" + thread.getState());
    }
}
```

其运行结果为：

```
创建线程后状态为：NEW
启动线程后装填为：RUNNABLE
当前线程休息100ms
主线程睡眠50ms后状态为：TIMED_WAITING
wait后状态为：WAITING
返回同步方法前状态：BLOCKED
结束线程后状态为：TERMINATED
```

图16.3.2　查看线程状态

JVM中的每一个线程都是存在优先级的，这也决定了各个线程间被调度的顺序。Java中的线程优先级是一个整数，取值为Thread.MIN_PRIORITY~Thread.MAX_PRIORITY，即1 ~ 10。默认情况下，每个线程在初始化后都会被分配一个优先级NORM_PRIORITY，即数值5。但是，在一些特殊情况下，系统不是完全按照优先级来调度线程的。

动手写16.3.2

```
/**
 * 线程优先级
 * @author 零壹快学
 */
public class ThreadPriority implements Runnable {
    public void run() {
        for (int i = 0; i < 5; i++) {
            System.out.println(Thread.currentThread().getName() + "输出： " + i);
        }
    }
    public static void main(String[] args) {
        Thread maxPriority = new Thread(new ThreadPriority(), "高优先级线程");
        Thread minPriority = new Thread(new ThreadPriority(), "低优先级线程");
        maxPriority.setPriority(Thread.MAX_PRIORITY); //高优先级线程
        minPriority.setPriority(Thread.MIN_PRIORITY); //低优先级线程
        maxPriority.start();
        minPriority.start();
    }
}
```

其运行结果为：

```
高优先级线程输出： 0
高优先级线程输出： 1
高优先级线程输出： 2
高优先级线程输出： 3
高优先级线程输出： 4
低优先级线程输出： 0
低优先级线程输出： 1
低优先级线程输出： 2
低优先级线程输出： 3
低优先级线程输出： 4
```

图16.3.3　线程优先级设置

提示

动手写16.3.2每次的运行结果其实并不相同，实际上JVM不能完全保证高优先级线程的所有操作都在低优先级线程操作之前，但是大致趋势是高优先级线程先被执行。

16.4 Java操作线程

Java中有多种操作线程的方法，可以使线程从生命周期中的一种状态变成另一种状态，本节将对Java中线程的一些操作方法进行介绍。

16.4.1　加入线程

在多线程程序中，我们可以使用Thread类中的join()方法来加入线程。例如，如果需要在线程X执行前先插入线程Y，这时可以使用线程X的join()方法加入线程Y，线程X会等待线程Y执行完成后再继续执行。

动手写16.4.1

```
/**
 * 线程加入操作
 * @author 零壹快学
 */
public class JoinDemo {
    public static void main(String[] args) {
        try {
            ThreadA t1 = new ThreadA("t-1"); // 新建线程
            t1.start(); //启动线程
            t1.join(); // 将线程加入到主线程中，并且主线程会等待t1完成
            System.out.printf("%s线程完成\n", Thread.currentThread().getName());
        } catch (InterruptedException e) {
            e.printStackTrace();
        }
    }
    static class ThreadA extends Thread {
        public ThreadA(String name) {
            super(name);
        }
```

```
        public void run() {
            System.out.printf("%s 线程开始\n", this.getName());
            for (int i = 0; i < 1000000; i++);
            System.out.printf("%s 线程结束\n", this.getName());
        }
    }
}
```

其运行结果为：

```
t-1 线程开始
t-1 线程结束
main线程完成
```

图16.4.1　加入线程示例

16.4.2　休眠线程

我们可以使用Thread类中的sleep()方法使一个线程进入休眠，即阻塞状态。该方法需要一个指定休眠时间的入参，单位为毫秒。sleep()调用方法如下：

```
Thread.sleep(1000);
```

上述代码会让线程在1秒内不会进入就绪状态。在使用时，由于sleep()方法可能会抛出异常，需要使用try catch关键字来捕获处理异常，避免程序的意外中断。需要注意的是，sleep()方法设置的休眠时间到期后，线程并不会马上进入运行状态，而是进入就绪状态等待JVM调度。

动手写16.4.2

```
/**
 * 线程休眠操作
 *
 * @author 零壹快学
 */
public class SleepDemo {
    public static void main(String[] args) {
        try {
            ThreadA t1 = new ThreadA("t-1"); // 新建线程
            t1.start(); // 启动线程
        } catch (Exception e) {
            e.printStackTrace();
        }
```

```
}
static class ThreadA extends Thread {
    public ThreadA(String name) {
        super(name);
    }
    public void run() {
        try {
            System.out.printf("%s 线程开始\n", this.getName());
            for (int i = 0; i < 1000000; i++) {
                if (i == 10000) {
                    System.out.println("i循环到10000时线程休眠100毫秒");
                    this.sleep(100);
                }
            }
            System.out.printf("%s 线程结束\n", this.getName());
        } catch (Exception e) {
            e.printStackTrace();
        }
    }
}
}
```

其运行结果为：

```
t-1 线程开始
i循环到10000时线程休眠100毫秒
t-1 线程结束
```

图16.4.2 线程休眠示例

16.4.3 中断线程

Thread类中的stop()方法已被废弃，目前中断线程的方法是在run()方法中使用循环语句。通过条件语句进行判断，当满足某一条件时跳出循环，使线程在执行完run()代码块后自动中断。

动手写16.4.3

```
/**
 * 中断线程
 * @author 零壹快学
```

```
 */
public class StopDemo {
    public static void main(String[] args) {
        try {
            ThreadA t1 = new ThreadA("t-1"); // 新建线程
            t1.start(); // 启动线程
        } catch (Exception e) {
            e.printStackTrace();
        }
    }
    static class ThreadA extends Thread {
        public ThreadA(String name) {
            super(name);
        }
        private boolean isContinue = true;
        public void run() {
            while (isContinue) {
                try {
                    System.out.printf("%s 线程开始\n", this.getName());
                    for (int i = 0; i < 1000000; i++) {
                        if (i == 10000) {
                            isContinue = false;
                            System.out.printf("%s 中断线程\n", this.getName());
                            break;
                        }
                    }
                    System.out.printf("%s 线程结束\n", this.getName());
                } catch (Exception e) {
                    e.printStackTrace();
                }
            }
        }
    }
}
```

其运行结果为：

```
t-1 线程开始
t-1 中断线程
t-1 线程结束
```

图16.4.3　中断线程示例

16.5 线程的同步

在单线程运行程序中（大部分情况下都是单线程），并不会出现多个线程抢占系统资源的问题，但这在多线程运行程序中很常见，例如两个线程要同时占用一个内存资源来运行程序。在多线程编程中，Java提供了线程同步机制来避免资源访问的冲突。

16.5.1　线程安全

在多线程程序运行时，会发生多个线程同时访问同一个对象或同一个资源的情况，这时如果第一个线程对该对象进行修改，第二个线程和第三个线程也同时对该对象进行访问和修改，这就会导致该对象最终结果的不统一，引发线程安全的问题。

动手写16.5.1

```
/**
 * 线程安全问题
 * @author 零壹快学
 */
public class ThreadSafe implements Runnable {
   public int count = 19; // 设置当前变量数量
   public void run() {
      for (int i = 0; i < 100; i++) {
         count++;
      }
      System.out.println(Thread.currentThread().getName() + "线程当前count值为：" + count);
   }
   public static void main(String[] args) {
      ThreadSafe threadSafe = new ThreadSafe();
      for (int i = 0; i < 5; i++) {
         new Thread(threadSafe).start();
      }
   }
}
```

从上面示例中可以看到，多个线程对count值进行修改，但是每次结果都不相同，造成了线程安全问题，其运行结果为：

```
Thread-1线程当前count值为： 219
Thread-3线程当前count值为： 419
Thread-0线程当前count值为： 219
Thread-4线程当前count值为： 519
Thread-2线程当前count值为： 319
```

图16.5.1　线程安全问题导致每次结果不同

16.5.2　线程同步机制

Java中提供了线程同步机制来解决线程安全问题，使多个线程访问同一个资源时不发生冲突。Java中提供了“锁”，用来防止不同的线程在同一时间访问同一个对象或同一个代码块。

Java中的每段代码和对象都有一个控制权限，拿到了这个权限就可以执行这段代码，“锁”即是这个权限。当一个对象的锁被其他线程持有时，当前线程只能等待（线程阻塞在锁池等待队列中）；当取到锁后，线程就开始执行同步代码（被synchronized修饰的代码）；线程执行完毕后，锁会立马归还，在锁池中等待的某个线程就可以拿到锁来执行代码，这样就保证了同步代码在同一时刻只有一个线程在执行。

1. 同步代码块

Java中使用synchronized关键字来声明同步代码块，也就是所谓的“锁”，它可以有效地防止多个线程同时访问同一个代码块而造成的冲突。synchronized定义代码块格式如下：

```
synchronized(Object) {
//代码块
}
```

共享代码块通常放在synchronized定义的区域内，当线程访问这个代码块时，首先会检测这个代码块是否被其他线程“锁住”了，如果已被“锁住”，则直到其他线程使用完，锁被释放了，这个代码块才可以继续被访问。Object类会标识出这个对象是否被锁，与这个类相关联的线程可以互斥地使用该类对象的锁。下面看一个使用synchronized关键字声明同步代码块的示例。

动手写16.5.2

```
/**
 * 线程安全
 * @author 零壹快学
```

```
*/
public class ThreadSafe implements Runnable {
    private Integer key = 0;
    @Override
    public void run() {
        synchronized (key) {
            key++;
            System.out.println(Thread.currentThread().getName() + ":" + key);
            try {
                Thread.sleep(100);
            } catch (InterruptedException e) {
            }
        }
    }
    public static void main(String[] args) {
        ThreadSafe threadSafe = new ThreadSafe();
        for(int i=0; i<10; i++) {
            new Thread(threadSafe, "线程-" + i).start();
        }
    }
}
```

在上面示例中，线程在进入synchronized代码块之前会先获取key对象的锁，直到key的锁被释放才会执行下一个线程，此时会避免key自增线程安全导致的key值重复的情况发生，其运行结果为：

```
线程-0:1
线程-4:5
线程-3:4
线程-2:3
线程-5:6
线程-1:2
线程-6:7
线程-7:8
线程-8:9
线程-9:10
```

图16.5.2　synchronized同步代码块

在使用synchronized时，要尽量避免使用sleep()和yield()方法，因为被锁住的程序占用着对象锁，当程序休眠时，其他线程只能等待代码块被执行完后才能开始执行，这样会大大降低程序的运行效率；同时锁一直被占用着，系统内存资源也一直在无意义地消耗。

2. 同步方法

同步方法是指在方法前面使用synchronized关键字修饰，定义格式如下：

```
synchronized void method() {}
```

类中可以有多个同步方法，当调用了对象的其中一个同步方法时或其已被一个线程占用时，该对象的其他同步方法必须等待当前占用的同步方法执行完后才能被执行。Java中每个Class类也对应着一把锁，也可以用synchronized关键字对静态成员方法进行修饰，控制线程对类中成员方法的访问。

动手写16.5.3

```
/**
 * 线程安全
 * @author 零壹快学
 */
public class ThreadSafe implements Runnable {
    private Integer key = 0;
    public synchronized Integer getKey() {
        key++;
        return key;
    }
    @Override
    public void run() {
        System.out.println(Thread.currentThread().getName() + ":" + getKey());
        try {
            Thread.sleep(10);
        } catch (InterruptedException e) {
        }
    }
    public static void main(String[] args) {
        ThreadSafe st = new ThreadSafe();
        for (int i = 0; i < 10; i++) {
            new Thread(st, "线程-" + i).start();
        }
    }
}
```

动手写16.5.3与动手写16.5.2的运行结果相同，不再赘述。

16.5.3　线程暂停与恢复

Java中Object类提供了wait()方法和notify()方法，wait()方法用来暂停线程，notify()方法则用来恢复线程。基本上所有类都拥有这两个方法。

动手写16.5.4

```
/**
 * 线程暂停和恢复
 * @author 零壹快学
 */
public class Demo {
    public static void main(String[] args) {
        final Object object = new Object();
        Thread t1 = new Thread() {
            public void run() {
                synchronized (object) {
                    System.out.println("线程1开始...");
                    try {
                        System.out.println("线程1暂停...");
                        object.wait();
                    } catch (InterruptedException e) {
                        e.printStackTrace();
                    }
                    System.out.println("线程1结束...");
                }
            }
        };
        Thread t2 = new Thread() {
            public void run() {
                synchronized (object) {
                    System.out.println("线程2开始...");
                    System.out.println("线程1恢复...");
                    object.notify();
                    System.out.println("线程2结束...");
                }
            }
        };
```

```
        t1.start();
        t2.start();
    }
}
```

其运行结果为：

```
线程1开始...
线程1暂停...
线程2开始...
线程1恢复...
线程2结束...
线程1结束...
```

图16.5.3 线程暂停与恢复

16.6 小结

本章对Java中的多线程编程进行了介绍，讲解了什么是线程，如何通过Thread类、Runnable接口和Callable接口来创建线程，线程的生命周期，以及线程的操作方法，包括线程加入、线程休眠、线程同步、线程暂停与恢复和设置线程优先级等。本章的最后还介绍了什么是线程安全以及如何避免线程安全的问题、synchronized关键字如何使用。通过本章的学习，读者应掌握线程的基本操作，并学会如何创建和操作多线程程序。

16.7 知识拓展

死锁

一个对象可以使用synchronized方法或其他形式的加锁机制，让任务进入阻塞状态，此时会出现一种情况：一个任务在等待另一个任务，后者又在等待别的任务，不断循环下去，直到这条链路上的任务又在等待第一个任务释放锁。这时所有线程任务都无法继续执行，全都在等待任务解锁中不断地循环下去，令程序进入死循环，也就是死锁。

动手写16.7.1

```
/**
 * 死锁
 * @author 零壹快学
 */
public class ThreadTest {
    public static Object Lock1 = new Object();
```

```
    public static Object Lock2 = new Object();
    public static void main(String args[]) {
      ThreadA T1 = new ThreadA();
      ThreadB T2 = new ThreadB();
      T1.start();
      T2.start();
    }
    private static class ThreadA extends Thread {
      public void run() {
        synchronized (Lock1) {
          System.out.println("线程1：持有Lock1对象锁...");

          try { Thread.sleep(10); }
          catch (InterruptedException e) {}
          System.out.println("线程1：等待Lock2对象锁释放...");

          synchronized (Lock2) {
            System.out.println("线程1：同时持有Lock1和Lock2的锁...");
          }
        }
      }
    }
    private static class ThreadB extends Thread {
      public void run() {
        synchronized (Lock2) {
          System.out.println("线程2：持有Lock2对象锁...");

          try { Thread.sleep(10); }
          catch (InterruptedException e) {}
          System.out.println("线程2：等待Lock1对象锁释放...");

          synchronized (Lock1) {
            System.out.println("线程2：同时持有Lock1和Lock2的锁...");
          }
        }
      }
    }
  }
```

上面示例在执行时会发生死锁，程序将永远挂起，两个线程都不能继续执行，一直在等待互相释放锁，其运行结果为：

```
线程1：持有Lock1对象锁...
线程2：持有Lock2对象锁...
线程1：等待Lock2对象锁释放...
线程2：等待Lock1对象锁释放...
```

图16.7.1　两个线程发生死锁

死锁并不一定只出现在两个线程间，多个线程之间也会出现互相等待的情况从而发生死锁。出现死锁的几种条件如下所示：

1. 互斥条件。任务使用的资源中至少有一个是不能共享的。
2. 至少有一个任务必须持有一个资源且正在等待获取一个当前被别的任务持有的资源。
3. 资源不能被任务抢占，任务必须把资源释放当作普通事件。
4. 必须有循环等待。

当这些条件都满足时，就会发生死锁，因此解决死锁的方法就是破坏这四个条件中的任意一个。一般情况下，会避免出现有循环等待的情况，从而避免死锁的情况发生。动手写16.7.2中，我们尝试改变ThreadB中Lock2和Lock1锁的先后顺序，再看一下死锁情况是否还会发生。

动手写16.7.2

```
/**
 * 死锁
 * @author 零壹快学
 */
public class ThreadTest {
  public static Object Lock1 = new Object();
  public static Object Lock2 = new Object();
  public static void main(String args[]) {
    ThreadA T1 = new ThreadA();
    ThreadB T2 = new ThreadB();
    T1.start();
    T2.start();
  }
  private static class ThreadA extends Thread {
    public void run() {
      synchronized (Lock1) {
        System.out.println("线程1：持有Lock1对象锁...");
        try { Thread.sleep(10); }
```

```
            catch (InterruptedException e) {}
            System.out.println("线程1：等待Lock2对象锁释放...");
            synchronized (Lock2) {
              System.out.println("线程1：同时持有Lock1和Lock2的锁...");
            }
          }
        }
      }
      private static class ThreadB extends Thread {
        public void run() {
          synchronized (Lock1) {
            System.out.println("线程2：持有Lock2对象锁...");
            try { Thread.sleep(10); }
            catch (InterruptedException e) {}
            System.out.println("线程1：等待Lock1对象锁释放...");
            synchronized (Lock2) {
              System.out.println("线程2：同时持有Lock1和Lock2的锁...");
            }
          }
        }
      }
    }
```

上面示例的程序会执行完成，并不会发生死锁，其运行结果为：

```
线程1：持有Lock1对象锁...
线程1：等待Lock2对象锁释放...
线程1：同时持有Lock1和Lock2的锁...
线程2：持有Lock2对象锁...
线程1：等待Lock1对象锁释放...
线程2：同时持有Lock1和Lock2的锁...
```

图16.7.2　死锁解决

不幸的是，Java并没有对死锁提供语言层面的支持，只能通过仔细的设计程序来避免这种现象发生。

第 17 章

MySQL数据库

17.1 MySQL介绍

MySQL是一个关系型数据库管理系统，由瑞典MySQL AB公司开发，目前属于Oracle旗下产品。MySQL是最流行的关系型数据库管理系统之一，在Web应用方面，它是最好的RDBMS（Relational Database Management System，关系数据库管理系统）应用软件。

MySQL数据库将数据保存在不同的数据表中，显著地提高了速度和灵活性。

MySQL所采用的SQL语言是用于访问数据库的最常用标准化语言。由于其体积小、速度快、总体拥有成本低，特别是开放源码的特点，MySQL数据库成为了一般中小型网站开发的首选。

17.2 MySQL工具介绍

17.2.1 MySQL 控制台客户端

通过命令行登录MySQL的命令为：

```
mysql -u用户名 -p密码 - h ip地址 -P端口号
```

登录MySQL控制台如图17.2.1所示。

```
root@wen-GP62-2QE:/home/lyxt/mysql# mysql -uroot -p -h127.0.0.1 -P3307
Enter password:
Welcome to the MySQL monitor.  Commands end with ; or \g.
Your MySQL connection id is 2
Server version: 5.7.21 MySQL Community Server (GPL)

Copyright (c) 2000, 2013, Oracle and/or its affiliates. All rights reserved.

Oracle is a registered trademark of Oracle Corporation and/or its
affiliates. Other names may be trademarks of their respective
owners.

Type 'help;' or '\h' for help. Type '\c' to clear the current input statement.

mysql> 
```

图17.2.1　MySQL控制台登录

17.2.2　MySQL Workbench软件

MySQL Workbench是MySQL AB发布的一款可视化的数据库设计软件，为数据库管理员、程序开发者和系统规划师提供可视化设计、模型建立以及数据库管理功能。它除了包含用于创建复杂的数据建模的ER模型、正向和逆向数据库工程之外，还可以用于执行通常需要花费大量时间且难以变更及管理的文档任务。MySQL Workbench可在Windows、Linux和Mac上使用。

下载地址：https://dev.mysql.com/downloads/workbench。

17.3　数据库管理

17.3.1　创建数据库

MySQL创建库的语法如下：

```
CREATE {DATABASE | SCHEMA} [IF NOT EXISTS] db_name
```

IF NOT EXISTS的意思是如果不存在db_name库则创建该库，如果存在则当前命令会被忽略。如果MySQL已经有一个库，然后用户再次执行创建命令，MySQL会返回创建库失败的错误。而如果指定IF NOT EXISTS，MySQL只会返回一个警告，但是执行语句不会报错。

尝试创建lyxt库，执行命令如下：

动手写17.3.1

```
mysql> create database lyxt;
Query OK, 1 row affected (0.00 sec)
```

此时如果再次执行创建lyxt库的命令就会报错。

```
mysql> create database lyxt;
ERROR 1007 (HY000): Can't create database 'lyxt'; database exists
```

而如果加上if not exists选项，创建命令会正常执行，MySQL则会返回一个warning信息。

动手写17.3.2

```
mysql> create database if not exists lyxt;
Query OK, 1 row affected, 1 warning (0.00 sec)
```

从执行结果可以看到，执行成功后不会再有“数据库已存在”的错误信息。

执行命令“show warnings;”可以查看警告信息，如下所示，警告为：不能创建lyxt库，lyxt库已经存在。

动手写17.3.3

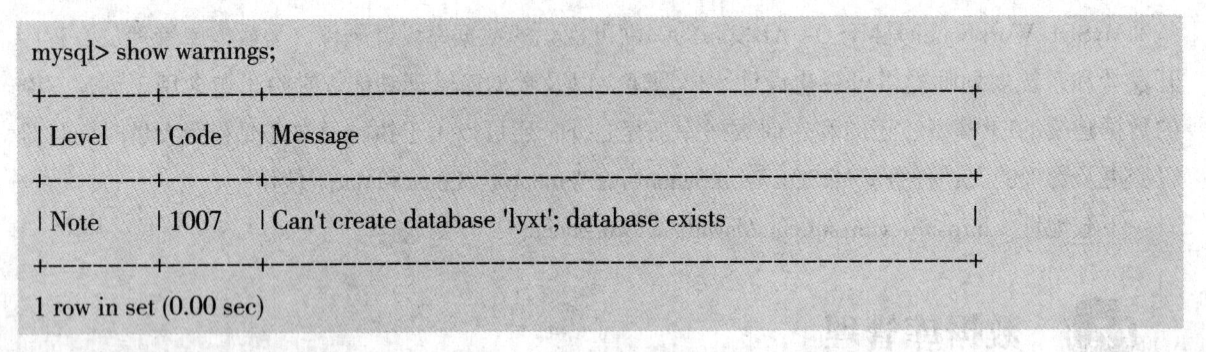

```
mysql> show warnings;
+--------+------+--------------------------------------------------+
| Level  | Code | Message                                          |
+--------+------+--------------------------------------------------+
| Note   | 1007 | Can't create database 'lyxt'; database exists    |
+--------+------+--------------------------------------------------+
1 row in set (0.00 sec)
```

创建数据库，并指定字符集为UTF-8：

动手写17.3.4

```
mysql> create database lyxt DEFAULT CHARACTER SET utf8;
Query OK, 1 row affected (0.00 sec)
```

17.3.2 选择数据库

创建数据库后，如果想在创建的数据库下进行操作，我们需要先切换到该库下，切换库的语法如下：

```
USE dbname;
```

切换到刚刚创建的库lyxt下，执行简单的查询命令“show tables;”可以查看当前库下有哪些表，因为lyxt库下还没有表，所以“show tables;”会返回空。

动手写17.3.5

```
mysql> use lyxt
Database changed
mysql> show tables;
Empty set (0.00 sec)
```

再切换到MySQL库下，查看MySQL库下有哪些表。

动手写17.3.6

```
mysql> use mysql
Database changed
mysql> show tables;
+---------------------------+
| Tables_in_mysql           |
+---------------------------+
```

```
| columns_priv                |
| db                          |
| ...                         |
| time_zone_transition_type   |
| user                        |
+-----------------------------+
31 rows in set (0.00 sec)
```

17.3.3　查看数据库

通过命令“show create database dbname”可以查看库的创建方法，包括库的字符集信息。如下所示，我们创建lyxt库时并没有指定字符集，系统会自动加上参数“DEFAULT CHARACTER SET latin1”。

动手写17.3.7

```
mysql> show create database lyxt;
+----------+------------------------------------------------------------------+
| Database | Create Database                                                  |
+----------+------------------------------------------------------------------+
| lyxt     | CREATE DATABASE `lyxt` /*!40100 DEFAULT CHARACTER SET latin1 */  |
+----------+------------------------------------------------------------------+
1 row in set (0.00 sec)
```

执行“show databases;”可以查看当前数据库中有哪些库。

动手写17.3.8

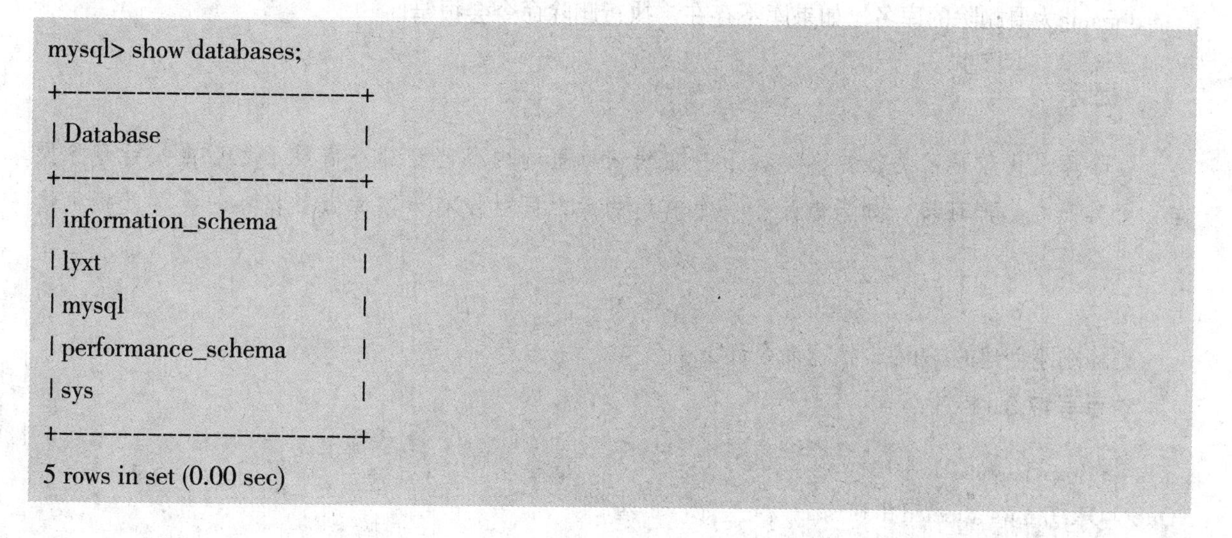

```
mysql> show databases;
+--------------------+
| Database           |
+--------------------+
| information_schema |
| lyxt               |
| mysql              |
| performance_schema |
| sys                |
+--------------------+
5 rows in set (0.00 sec)
```

17.3.4 修改数据库

如果创建库时忘记指定字符集，我们可以执行alter命令来调整库的字符集。命令如下：

动手写17.3.9

```
mysql> alter database lyxt DEFAULT CHARACTER SET utf8;
Query OK, 1 row affected (0.00 sec)
```

执行查看库命令“show create database lyxt;”可以看到库的字符集为UTF-8，不再是系统默认的LATIN1。

动手写17.3.10

```
mysql> show create database lyxt;
+----------+------------------------------------------------------------------+
| Database | Create Database                                                  |
+----------+------------------------------------------------------------------+
| lyxt     | CREATE DATABASE `lyxt` /*!40100 DEFAULT CHARACTER SET utf8 */    |
+----------+------------------------------------------------------------------+
1 row in set (0.00 sec)
```

17.3.5 删除数据库

删除库是将已经创建的库从数据库中删除，在执行该操作的同时会清除该库下的所有内容，包括表结构与数据。MySQL删除库的语法为：

```
Drop database dbname;
```

dbname为要删除的库名，如果库不存在，执行删除命令会报错。

删除库是比较危险的操作，建议用户在确认库里的内容已经都不需要了之后再执行删除操作。尤其是在生产环境，如果删除了一个有用的库，同时没有为该库做数据备份，那就损失惨重了。

删除刚刚创建的lyxt库，执行命令如下：

动手写17.3.11

```
mysql> drop database lyxt;
Query OK, 0 rows affected (0.00 sec)
```

执行查询命令，可以看到lyxt库已经不存在了。

动手写17.3.12

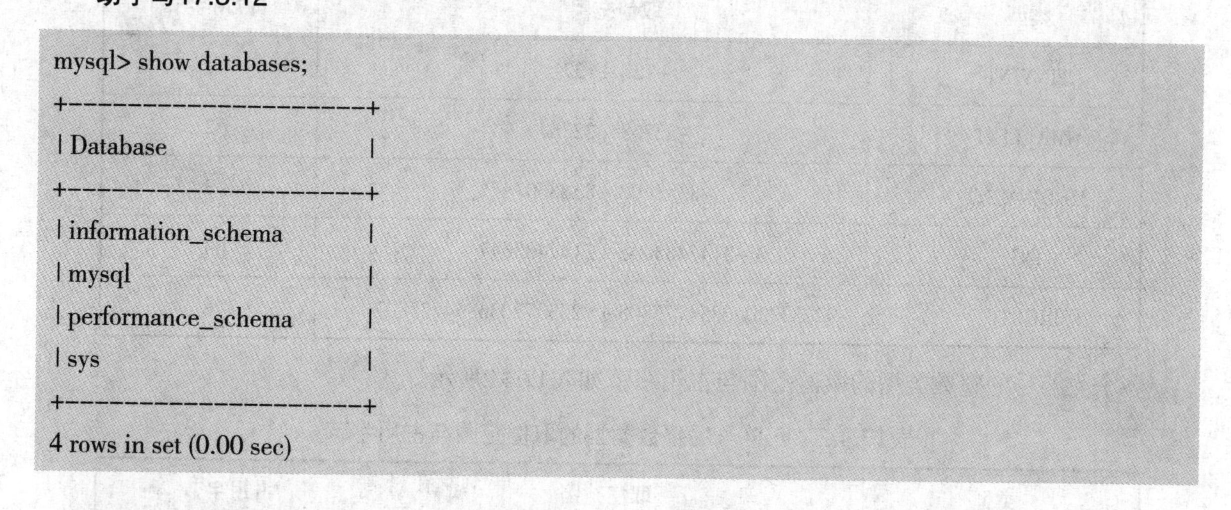

```
mysql> show databases;
+--------------------+
| Database           |
+--------------------+
| information_schema |
| mysql              |
| performance_schema |
| sys                |
+--------------------+
4 rows in set (0.00 sec)
```

17.4 字段类型

MySQL是支持多种数据类型的，包括数值、日期/时间和字符串（字符）类型。

数值类型包括整数类型和小数类型，其中：

◇ 整数类型包括TINYINT、SMALLINT、MEDIUMINT、INT、BIGINT。

◇ 浮点数类型包括FLOAT与DOUBLE。

◇ 定点数类型为DECIMAL。

日期/时间类型包括DATE、TIME、DATATIME、TIMESTAMP、YEAR。

字符串类型包括CHAR、VARCHAR、BINARY、VARBINARY、BLOB、TEXT、ENUM与SET。其中BINARY和VARBINARY是二进制字符串类型。

17.4.1　数值类型

MySQL提供了多种整数类型，从TINYINT到BIGINT，可以存储数据的范围越来越大，同时所需要的存储空间也越来越大，整数类型可以添加自增属性。整数类型分为有符号数和无符号数，可以在数据类型后添加UNSIGNED关键字来标识该类型是有符号还是无符号的。比如INT表示有符号的4字节长度的整数，INT UNSIGNED标识该类型是无符号的4字节长度整数。有符号与无符号的取值范围是不同的，比如TINYINT的取值范围是-128～127，TINYINT UNSIGNED的取值范围是0～255。因为TINYINT占用一个字节，最高位为符号位，所以最大值就是2^7-1。TINYINT UNSIGNED的8位都用来存储数据，所以最大值为2^8-1。各个有符号的整数类型的取值范围与占用字节如表17.4.1所示。

表17.4.1　有符号的整数类型的取值范围与占用字节

类型	取值范围	占用字节
TINYINT	–128 ~ 127	1
SMALLINT	–32768 ~ 32767	2
MEDIUMINT	–8388608 ~ 8388607	3
INT	–2147483648 ~ 2147483647	4
BIGINT	–9223372036854775808 ~ 9223372036854775807	8

各个无符号的整数类型的取值范围与占用字节如表17.4.2所示。

表17.4.2　无符号的整数类型的取值范围与占用字节

类型	取值范围	占用字节
TINYINT	0 ~ 255	1
SMALLINT	0 ~ 65535	2
MEDIUMINT	0 ~ 16777215	3
INT	0 ~ 4294967295	4
BIGINT	0 ~ 18446744073709551615	8

浮点数类型包括单精度浮点数[float(M,D)型]和双精度浮点数[double(M,D)型]。定点数类型就是decimal(M,D)型。

1．decimal型的取值范围与double相同，但是decimal的有效取值范围由M和D决定，而且decimal型的字节数是M+2。也就是说，定点数的存储空间是由其精度决定的。

2．MySQL中可以指定浮点数和定点数的精度。其基本形式如下：数据类型(M,D)。

其中，“数据类型”参数是浮点数或定点数的数据类型名称；M参数称为精度，是数据的总长度，小数点不占位置；D参数称为标度，是指小数点后面的长度是D。例如，float(6,2)表示数据是float型，数据长度是6，小数点后保留2位。所以，1234.56是符合要求的。

3．注意：上述指定的小数精度的方法虽然都适用于浮点数和定点数，但不是浮点数的标准用法。建议在定义浮点数时，如果不是实际情况需要，最好不要使用。如果使用了，有可能会影响数据库的迁移。

4．相反，对于定点数而言，decimal(M,D)是定点数的标准格式，一般情况下可以选择这种数据类型。

5. 如果插入值的精度高于实际定义的精度，系统会自动进行四舍五入处理，使值的精度达到要求。

17.4.2 字符串类型

字符串类型指CHAR、VARCHAR、BINARY、VARBINARY、BLOB、TEXT、ENUM和SET。

CHAR与VARCHAR类型类似，但它们之间保存和检索的方式有所区别。它们在最大长度和尾部空格是否被保留等方面也不同。在存储或检索过程中不进行大小写转换。

BINARY和VARBINARY类似于CHAR和VARCHAR，不同的是它们包含二进制字符串而不要非二进制字符串。也就是说，它们包含字节字符串而不是字符字符串。这说明它们没有字符集，并且排序和比较基于列值字节的数值。

TEXT类型有四种：TINYTEXT、TEXT、MEDIUMTEXT和LONGTEXT。它们分别对应四种BLOB类型，有相同的最大长度和存储需求。

ENUM是枚举类型。

SET是集合类型，不同于ENUM类型，它是一个排列组合。假如有abc，它可以选择a或b或c，也可选择ab、ac、bc，还可以选择abc。

17.4.3 时间类型

表示时间值的日期和时间类型为YEAR、TIME、DATE、DATETIME和TIMESTAMP。

◇ YEAR，字节数为1，取值范围为“1901～2155”。

◇ TIME，字节数为3，取值范围为“-838:59:59～838:59:59”。

◇ DATE，字节数为4，取值范围为“1000-01-01～9999-12-31”。

◇ DATETIME，字节数为8，取值范围为“1000-01-01 00:00:00～9999-12-31 23:59:59”。

◇ TIMESTAMP，字节数为4，取值范围为“19700101080001～20380119111407”。

当插入值超出有效取值范围时，系统会报错，并将零值插入到数据库中。

1. YEAR类型

给YEAR类型赋值可以有三种方法。第一种是直接插入4位字符串或者4位数字。第二种是插入2位字符串，这种情况下如果插入“'00'～'69'”，则相当于插入“2000～2069”；如果插入“'70'～'99'”，则相当于插入“1970～1999”。第二种情况下插入的如果是“'0'”，则与插入“'00'”效果相同，都是表示2000年。第三种是插入2位数字，它与第二种（插入2位字符串）的不同之处仅在于：如果插入的是一位数字0，则表示0000，而不是2000年。所以在给YEAR类型赋值时，一定要分清“0”和“'0'”，虽然两者相差一对引号，但实际结果却相差了2000年。

2. TIME类型

TIME类型表示为“时：分：秒”，尽管小时范围一般是0～23，但是为了表示某些特殊时间间隔，MySQL将TIME的小时范围扩大了，而且支持负值。对TIME类型赋值，标准格式是“HH:

MM：SS”，但不一定非要是这种格式。如果插入的是“D HH：MM：SS”格式，则类似插入了“（D*24+HH）：MM：SS”。比如插入“2 23:50:50”，相当于插入了“71:50:50”。如果插入的是“HH：MM”或“SS”格式，则结果是其他未被表示位的值被赋为零值。比如插入“30”，相当于插入了“00:00:30”；如果插入“11:25”，相当于插入了“11:25:00”。另外也可以插入“D HH”和“D HH：MM”，结果与上面的例子一致，照此类推。在MySQL中，对于“HHMMSS”格式，系统能自动转化为标准格式。

如果我们想插入当前系统的时间，则可以插入CURRENT_TIME()或者NOW()。TIME类型只占3个字节，如果只是存储时间数据，它是最合适的选择。

3. DATE类型

MySQL是以“YYYY-MM-DD”格式来显示DATE类型的值。插入数据时，数据可以保持这种格式。另外，MySQL还支持一些不严格的语法格式，分隔符“-”可以用“@”“.”等众多符号来替代。在插入数据时，也可以使用“YY-MM-DD”格式，YY转换成对应年份的规则与YEAR类型类似。如果我们想插入当前系统的时间，则可以插入CURRENT_DATE()或者NOW()。

4. DATETIME类型

标准格式为“YYYY-MM-DD HH：MM：SS”，具体赋值方法与上面各种类型的方法相似。

5. TIMESTAMP类型

TIMESTAMP的取值范围比较小，没有DATETIME的取值范围大，因此输入值时一定要保证在TIMESTAMP的范围之内。它的插入也与插入其他日期和时间数据类型类似。那么TIMESTAMP类型如何插入当前时间呢？第一，可以使用CURRENT_TIMESTAMP()；第二，输入NULL，系统自动输入当前的TIMESTAMP；第三，无任何输入，系统自动输入当前的TIMESTAMP。另外很特殊的一点是：TIMESTAMP的数值是与时区相关的。

17.5 数据表操作

在数据库中，表是存储数据的基本单位，也是数据库中最重要的操作对象和面向用户的基本接口。每张表会有若干列，每一行代表一条数据记录。在MySQL中，数据是按行存储的。

17.5.1 创建数据表

创建表的基本语法如下：

```
CREATE [TEMPORARY] TABLE [IF NOT EXISTS] tbl_name
(
列名1      数据类型   [约束条件]       [默认值],
列名2      数据类型   [约束条件]       [默认值],
```

```
...

)[表的约束条件];
```

1. 使用主键约束

主键由表的一列或者多列组合而成。主键约束要求主键列数据唯一，且不能为空值。主键可以标识表的唯一一条记录，表的主键相当于表的目录。当为表创建主键后，使用主键列作为查询条件可以大大加快表的查询速度。

主键可以由多个字段构成，语法如下：

```
PRIMARY KEY (列名1, 列名2, ... , 列名n)
```

创建用户表user_tmp3，指定id列与name列为联合主键，建表语法如下：

动手写17.5.1

```
CREATE TABLE `user_tmp3` (
 `id` int(11) ,
 `name` varchar(128) ,
 `age` int(11) ,
 PRIMARY KEY (`id`,`name`)
) ENGINE=InnoDB DEFAULT CHARSET=utf8;
```

2. 使用外键约束

创建外键约束的语法如下：

```
[ CONSTRAINT <外键名> ] FOREIGN KEY (列名1, ...)
REFERENCES <父表名> (主键列名1, ...)
```

外键名是定义的外键约束的名字，一个表中的不同约束的名字不能相同。“列名1, ...”表示要添加外键约束的列，“父表名”表示外键约束中子表依赖的父表的表名，“主键列名1, ...”表示父表中定义的主键列。

一个简单的外键约束示例如下：

动手写17.5.2

```
constraint p_c_id foreign key(c_id) references country(id)
```

创建外键约束父表和子表示例如下，其中country表为父表，people表为子表。

动手写17.5.3

```
mysql> create table country(id int primary key, name varchar(100));
```

```
Query OK, 0 rows affected (0.38 sec)

mysql> create table people(id int primary key, name varchar(100), age int, c_id int, constraint p_c_id
foreign key(c_id) references country(id)) ;
Query OK, 0 rows affected (0.47 sec)
```

3. 使用非空约束

非空约束是指列的值不能为空。对于使用了非空约束的字段，如果用户在插入数据时没有指定值，数据库会报错。

非空约束的语法规则如下：

```
列名 数据类型 not null
```

创建表user_tmp4，指定用户姓名不能为空，建表语句如下：

动手写17.5.4

```
mysql> create table user_tmp4(id int, name varchar(20) not null);
Query OK, 0 rows affected (0.37 sec)
```

4. 使用唯一约束

唯一约束是指列的值唯一，但是可以为空。对于使用了唯一约束的字段，数据库可以保证这些字段的值不会重复。唯一约束的语法如下所示，在定义完列类型后直接加UNIQUE关键字：

```
列名 数据类型 UNIQUE
```

创建用户表，指定id列唯一。示例如下：

动手写17.5.5

```
mysql> create table user_tmp5(id int unique, name varchar(100));
Query OK, 0 rows affected (0.40 sec)
```

5. 使用默认约束

默认约束的作用是为某列指定默认值。在向表中插入数据时，如果不指定该列的值，那么会使用默认值来填充该列。

默认约束的语法规则如下：

```
字段名 数据类型 DEFAULT 默认值
```

定义数据表user_tmp9，对于name列指定默认值为“new_user”：

动手写17.5.6

```
mysql> create table user_tmp9(id int, name varchar(100) default "new_user");
Query OK, 0 rows affected (0.38 sec)
```

当向user_tmp9表中插入数据时，如果不给定name列的值，那么会自动填充“new_user”作为该列的值：

动手写17.5.7

```
mysql> insert into user_tmp9 set id = 1;
Query OK, 1 row affected (0.07 sec)
mysql> select * from user_tmp9;
+------+----------+
| id   | name     |
+------+----------+
|  1   | new_user |
+------+----------+
1 row in set (0.00 sec)
```

6. 使用自增属性

为列添加自增属性语法如下：

```
列名 数据类型 AUTO_INCREMENT
```

创建用户表user_tmp10，设置id列为自增列：

动手写17.5.8

```
mysql> create table user_tmp10(id int primary key auto_increment, name varchar(100) );
Query OK, 0 rows affected (0.39 sec)
```

17.5.2　查看数据表

查看当前创建的表：

动手写17.5.9

```
mysql> show tables;
+----------------+
| Tables_in_lyxt |
+----------------+
| user           |
+----------------+
1 row in set (0.00 sec)
```

创建一张表后，可以查看这张表的表结构。语法如下：

```
show create table 表名;
```

查看user表的表结构，示例如下：

动手写17.5.10

```
mysql> show create table user\G
*************************** 1. row ***************************
       Table: user
Create Table: CREATE TABLE `user` (
  `id` int(11) DEFAULT NULL,
  `name` varchar(128) DEFAULT NULL,
  `age` int(11) DEFAULT NULL
) ENGINE=InnoDB DEFAULT CHARSET=latin1
1 row in set (0.00 sec)
```

也可以只查看表中各个列的定义，语法如下：

```
desc 表名;
```

查看user表列的定义，示例如下：

动手写17.5.11

```
mysql> desc user;
+-------+--------------+------+-----+---------+-------+
| Field | Type         | Null | Key | Default | Extra |
+-------+--------------+------+-----+---------+-------+
| id    | int(11)      | YES  |     | NULL    |       |
| name  | varchar(128) | YES  |     | NULL    |       |
| age   | int(11)      | YES  |     | NULL    |       |
+-------+--------------+------+-----+---------+-------+
3 rows in set (0.00 sec)
```

17.5.3 修改数据表

修改表是指对数据库中已经存在的表的结构进行修改。常见的修改表操作包括重命名表、修改字段的名字或类型、增加或者删除列字段、更改列的位置、调整表的引擎、删除表的外键约束等。

1. 修改表名

修改表名只会修改表的名字，对表的数据、字段的类型都没有影响。修改表名有两种语法形式，分别是使用ALTER命令和使用RENAME命令。

使用ALTER修改表名的语法如下：

```
ALTER TABLE 原表名 RENAME [TO] 新表名;
```

修改表user_tmp1为user_tmp_1，执行命令如下：

动手写17.5.12

```
mysql> alter table user_tmp1 rename user_tmp_1;
Query OK, 0 rows affected (0.25 sec)
```

使用RENAME修改表名的语法如下：

```
RENAME TABLE 原表名 TO 新表名;
```

将表table user_tmp_1修改回user_tmp1，执行命令如下：

动手写17.5.13

```
mysql> rename table user_tmp_1 to user_tmp1;
Query OK, 0 rows affected (0.24 sec)
```

2. 修改表的字段类型

修改字段类型的语法如下：

```
ALTER TABLE 表名 MODIFY 列名 数据类型;
```

执行alter命令修改字段name类型：

动手写17.5.14

```
mysql> alter table user_tmp1 modify name varchar(200);
Query OK, 0 rows affected (0.16 sec)
Records: 0  Duplicates: 0  Warnings: 0
```

3. 修改表的字段名字

修改字段名字的语法如下：

```
ALTER TABLE 表名 CHANGE 原列名 新列名 数据类型;
```

将user_tmp1的name字段修改为new_name：

动手写17.5.15

```
mysql> alter table user_tmp1 change name new_name varchar(300);
Query OK, 0 rows affected (0.77 sec)
Records: 0  Duplicates: 0  Warnings: 0
```

4. 为表添加字段

为表添加字段的语法如下：

```
ALTER TABLE 表名 ADD 新列名 数据类型 [约束条件] [FIRST | AFTER 字段名];
```

为user_tmp1表添加一个字段col1，同时添加非空约束：

动手写17.5.16

```
mysql> alter table user_tmp1 add column col1 int not null;
Query OK, 0 rows affected (0.72 sec)
Records: 0  Duplicates: 0  Warnings: 0
```

为user_tmp1表在第一列添加一个字段col2：

动手写17.5.17

```
mysql> alter table user_tmp1 add column col2 int first;
Query OK, 0 rows affected (0.61 sec)
Records: 0  Duplicates: 0  Warnings: 0
```

为user_tmp1表在第一列col2后添加一个字段col3：

动手写17.5.18

```
mysql> alter table user_tmp1 add column col3 int after col2;
Query OK, 0 rows affected (0.55 sec)
Records: 0  Duplicates: 0  Warnings: 0
```

5. 为表删除字段

删除表字段的语法如下：

```
ALTER TABLE 表名 DROP 列名;
```

将user_tmp1表的字段col3列删除，执行命令如下：

动手写17.5.19

```
mysql> alter table user_tmp1 drop column col3;
Query OK, 0 rows affected (0.61 sec)
Records: 0  Duplicates: 0  Warnings: 0
```

6. 调整表字段的位置

调整表的字段位置的语法如下：

```
ALTER TABLE 表名 MODIFY 列名 数据类型 FIRST | AFTER 字段名;
```

调整表user_tmp1，将id列调整为第一列：

动手写17.5.20

```
mysql> alter table user_tmp1 modify id int first;
Query OK, 0 rows affected (0.62 sec)
Records: 0  Duplicates: 0  Warnings: 0
```

调整表user_tmp1，将col2列调整到col1后面：

动手写17.5.21

```
mysql> alter table user_tmp1 modify col2 int after col1;
Query OK, 0 rows affected (0.70 sec)
Records: 0  Duplicates: 0  Warnings: 0
```

7. 调整表的引擎

修改表的存储引擎的语法如下：

```
ALTER TABLE 表名 ENGINE=新引擎名;
```

可以通过命令“show engines”查看当前数据库支持哪些引擎。

8. 删除表的外键约束

删除表的外键约束的语法如下：

```
ALTER TABLE 表名 DROP FOREIGN KEY 外键约束名;
```

将people表的外键删除：

动手写17.5.22

```
mysql> alter table people drop foreign key p_c_id;
Query OK, 0 rows affected (0.21 sec)
Records: 0  Duplicates: 0  Warnings: 0
```

17.5.4　删除数据表

删除表的语法如下，其中TABLE关键字可以替换为TABLES：

```
DROP TABLE [IF EXISTS] 表1, 表2, ... 表n;
```

使用DROP TABLE删除多张表，命令如下：

动手写17.5.23

```
mysql> drop table user_tmp4, user_tmp5, user_tmp6;
Query OK, 0 rows affected (0.59 sec)
```

17.6 数据库语句

17.6.1 新增数据

我们可以在MySQL表中使用INSERT INTO SQL语句来插入数据。通用的INSERT INTO SQL语法如下：

```
INSERT INTO table_name ( field1, field2,...fieldN )
                VALUES
                ( value1, value2,...valueN );
```

如果数据是字符型，必须使用单引号或者双引号，如"value"：

动手写17.6.1

```
mysql> create table user(id int primary key auto_increment, name varchar(100), age int, phone_num varchar(20));
Query OK, 0 rows affected (0.55 sec)

mysql> insert into user (name, age, phone_num) values('xiaoli', 21, 15236547896), ('qiansan', 18, 15212345678), ("zhangsan", 30, 18210721111);
Query OK, 3 rows affected (0.30 sec)
Records: 3  Duplicates: 0  Warnings: 0
```

17.6.2 查询数据

我们可以在MySQL数据库中使用SQL SELECT语句来查询数据。通用的SELECT语法如下：

```
SELECT column_name,column_name
FROM table_name
[WHERE Clause]
[LIMIT N][ OFFSET M]
```

查看user表的数据：

动手写17.6.2

```
mysql> select * from user;
+----+----------+------+-------------+
| id | name     | age  | phone_num   |
+----+----------+------+-------------+
| 1  | xiaoli   |  21  | 15236547896 |
| 2  | qiansan  |  18  | 15212345678 |
| 3  | zhangsan |  30  | 18210721111 |
+----+----------+------+-------------+
3 rows in set (0.01 sec)
```

查询年龄大于20岁的用户：

动手写17.6.3

```
mysql> select name, age from user where age>20;
+----------+------+
| name     | age  |
+----------+------+
| xiaoli   |  21  |
| zhangsan |  30  |
+----------+------+
2 rows in set (0.06 sec)
```

17.6.3　修改数据

如果需要修改或更新MySQL中的数据，我们可以使用SQL UPDATE命令来操作。

修改MySQL数据表数据的SQL语法如下：

```
UPDATE table_name SET field1=new-value1, field2=new-value2
[WHERE Clause]
```

将id为1的用户年龄更新为22岁：

动手写17.6.4

```
mysql> update user set age=22 where id=1;
Query OK, 1 row affected (0.09 sec)
Rows matched: 1  Changed: 1  Warnings: 0
```

17.6.4　删除数据

我们可以使用SQL的DELETE FROM命令来删除MySQL数据表中的记录。

删除数据的语法如下：

```
DELETE FROM table_name [WHERE Clause]
```

删除年龄在25岁以上的用户：

动手写17.6.5

```
mysql> delete from user where age >25;
Query OK, 1 row affected (0.04 sec)
```

17.6.5　replace操作

replace的作用是如果数据库中存在相同的主键数据，则相当于修改操作；如果数据库中不存在相同的主键数据，则相当于插入操作。

replace的语法如下：

```
REPLACE [INTO] tbl_name [(col_name,...)]
{VALUES | VALUE} ({expr | DEFAULT},...),(...),...
```

首先查看当前user表里的两条数据，然后执行replace语句，之后再次执行数据查询语句，我们可以看到由于id为1的用户存在，则变为修改操作，将用户1的年龄修改为21了。用户2的信息与replace语句内容一样，则不修改。用户3不存在，则相当于是插入操作：

动手写17.6.6

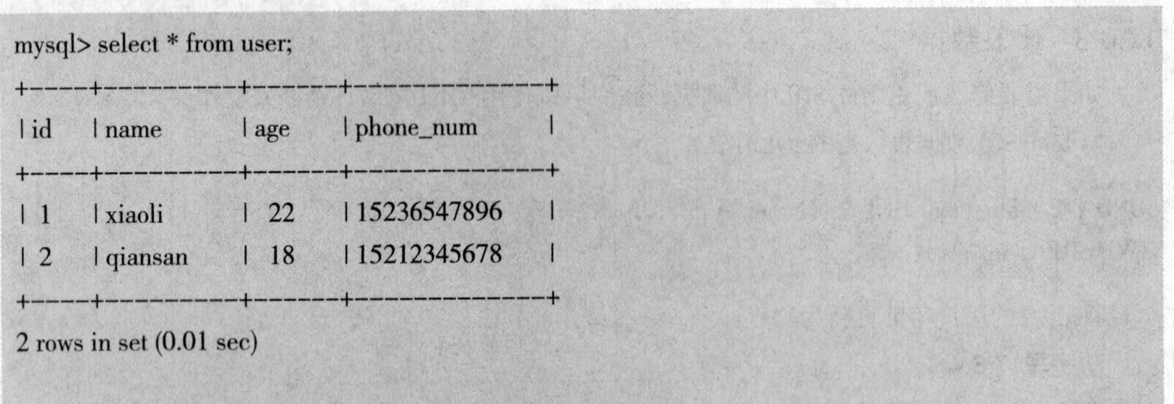

```
mysql> select * from user;
+----+----------+------+--------------+
| id | name     | age  | phone_num    |
+----+----------+------+--------------+
| 1  | xiaoli   |  22  | 15236547896  |
| 2  | qiansan  |  18  | 15212345678  |
+----+----------+------+--------------+
2 rows in set (0.01 sec)

mysql> replace into user (id, name, age, phone_num) values(1, 'xiaoli', 21, 15236547896), (2, 'qiansan', 18,
15212345678), (3, "zhangsan", 30, 18210721111);
Query OK, 4 rows affected (0.04 sec)
Records: 3  Duplicates: 1  Warnings: 0
```

```
mysql> select * from user;
+----+---------+------+--------------+
| id | name    | age  | phone_num    |
+----+---------+------+--------------+
| 1  | xiaoli  |  21  | 15236547896  |
| 2  | qiansan |  18  | 15212345678  |
| 3  | zhangsan|  30  | 18210721111  |
+----+---------+------+--------------+
3 rows in set (0.01 sec)
```

17.7 数据表字符集

字符集是一套符号和编码。校验规则（collation）是在字符集内用于比较字符的一套规则，即字符集的排序规则。MySQL可以使用对应字符集和校验规则来组织字符。

MySQL服务器可以支持多种字符集，在同一台服务器、同一个数据库，甚至同一个表的不同字段都可以指定使用不同的字符集。Oracle等其他数据库管理系统在同一个数据库中只能使用相同的字符集，相较之下MySQL明显具有更好的灵活性。

每种字符集可能会有多种校验规则，也都有一个默认的校验规则，并且每个校验规则只是针对某个字符集，和其他的字符集没有关系。

在MySQL中，字符集的概念和编码方案被看作是同义词，一个字符集是一个转换表和一个编码方案的组合。

17.7.1 查看字符集

1. 查看MySQL服务器支持的字符集

动手写17.7.1

```
mysql> show character set;
+----------+-----------------------------+---------------------+--------+
| Charset  | Description                 | Default collation   | Maxlen |
+----------+-----------------------------+---------------------+--------+
| big5     | Big5 Traditional Chinese    | big5_chinese_ci     |   2    |
| dec8     | DEC West European           | dec8_swedish_ci     |   1    |
| cp850    | DOS West European           | cp850_general_ci    |   1    |
| hp8      | HP West European            | hp8_english_ci      |   1    |
```

```
| koi8r    | KOI8-R Relcom Russian      | koi8r_general_ci    |  1  |
| latin1   | cp1252 West European       | latin1_swedish_ci   |  1  |
...
```

2. 查看字符集的校验规则

动手写17.7.2

```
mysql> show collation;
+--------------------------+----------+-----+---------+----------+---------+
| Collation                | Charset  | Id  | Default | Compiled | Sortlen |
+--------------------------+----------+-----+---------+----------+---------+
| big5_chinese_ci          | big5     |  1  | Yes     | Yes      |    1    |
| big5_bin                 | big5     | 84  |         | Yes      |    1    |
| dec8_swedish_ci          | dec8     |  3  | Yes     | Yes      |    1    |
| dec8_bin                 | dec8     | 69  |         | Yes      |    1    |
...
```

3. 查看当前数据库的字符集

动手写17.7.3

```
mysql> show variables like 'character%'\G
*************************** 1. row ***************************
Variable_name: character_set_client
     Value: utf8
*************************** 2. row ***************************
Variable_name: character_set_connection
     Value: utf8
*************************** 3. row ***************************
Variable_name: character_set_database
     Value: latin1
*************************** 4. row ***************************
Variable_name: character_set_filesystem
     Value: binary
*************************** 5. row ***************************
Variable_name: character_set_results
     Value: utf8
*************************** 6. row ***************************
Variable_name: character_set_server
```

```
     Value: latin1
*************************** 7. row ***************************
Variable_name: character_set_system
     Value: utf8
*************************** 8. row ***************************
Variable_name: character_sets_dir
     Value: /home/lyxt/mysql-5.7.21-linux-glibc2.12-x86_64/share/charsets/
8 rows in set (0.00 sec)
```

◇ character_set_client：客户端请求数据的字符集。

◇ character_set_connection：客户机/服务器连接的字符集。

◇ character_set_database：默认数据库的字符集，无论默认数据库如何改变，都是这个字符集；如果没有默认数据库，那就使用character_set_server指定的字符集，这个变量建议由系统自己管理，不要人为定义。

◇ character_set_filesystem：把os上文件名转换成此字符集，即把character_set_client转换为character_set_filesystem，默认binary是不做任何转换的。

◇ character_set_results：结果集，返回给客户端的字符集。

◇ character_set_server：数据库服务器的默认字符集。

◇ character_set_system：系统字符集，这个值总是utf8，不需要设置。这个字符集用于数据库对象（如表和列）的名字，也用于存储在目录表中的函数的名字。

4. 查看当前数据库的校验规则

动手写17.7.4

```
mysql> show variables like 'collation%'\G
*************************** 1. row ***************************
Variable_name: collation_connection
     Value: utf8_general_ci
*************************** 2. row ***************************
Variable_name: collation_database
     Value: latin1_swedish_ci
*************************** 3. row ***************************
Variable_name: collation_server
     Value: latin1_swedish_ci
3 rows in set (0.00 sec)
```

◇ collation_connection：当前连接的字符集。

◇ collation_database：当前日期的默认校验。每次用USE语句来“跳转”到另一个数据库的时候，这个变量的值就会改变。如果没有当前数据库，这个变量的值就是collation_server变量的值。

◇ collation_server：服务器的默认校验。

17.7.2 设置字符集

1. 为数据库指定字符集

创建的每个数据库都有一个默认字符集，如果没有指定，就用LATIN1。

动手写17.7.5

```
create database lyxtcharset=utf8;
```

2. 为数据库指定校验规则

动手写17.7.6

```
create database lyxt default charset utf8 collate utf8_romanian_ci;
```

3. 为表分配字符集

动手写17.7.7

```
create table table_charset(
    c1 varchar(10),
    c2 varchar(10)
)engine=innodb default charset=utf8;
```

4. 为表指定校验规则

动手写17.7.8

```
create table table_collate(
    c1 varchar(10),
    c2 varchar(10)
)engine=innodb default charset utf8 collate utf8_romanian_ci;
```

5. 为列分配字符集

动手写17.7.9

```
create table column_charset(
    c1 char(10) character set utf8 not null,
    c2 char(10) char set utf8,
    c3 varchar(10) charset utf8,
    c4 varchar(10)
) engine=innodb;
```

6. 为列分配校验规则

动手写17.7.10

```
create table column_collate(
    c1 varchar(10) charset utf8 collate utf8_romanian_ci not null,
    c2 varchar(10) charset utf8 collate utf8_spanish_ci
)engine=innodb;
```

17.7.3 处理乱码

1. 首先要明确你的客户端使用何种编码格式，这是最重要的（IE6一般用UTF-8，命令行一般是GBK，一般程序是GB2312）。

2. 确保你的数据库使用UTF-8格式，很简单，所有编码通吃。

3. 一定要保证connection字符集大于等于client字符集，不然信息就会丢失。比如：LATIN1 < GB2312 < GBK < UTF-8，若设置character_set_client = gb2312，那么至少connection的字符集要大于等于gb2312，否则就会丢失信息。

4. 以上三步都正确的话，那么所有中文都被正确地转换成UTF-8格式存储进数据库。为了适应不同的浏览器和客户端，你可以修改character_set_results来以不同的编码显示中文字体。由于UTF-8是大方向，因此编者还是倾向于在Wed应用中使用UTF-8格式显示中文。

17.8 数据库索引

17.8.1 索引介绍

MySQL索引的建立是提升MySQL运行效率非常重要的手段，可以大大提高MySQL的检索速度。

创建索引时，你需要确保该索引应用的是SQL查询语句的条件（一般作为WHERE子句的条件）。

索引分为单列索引和组合索引。单列索引，即一个索引只包含单个列；一个表可以有多个单列索引，但这不是组合索引。组合索引，即一个索引包含多个列。

实际上，索引也是一张表，该表保存了主键与索引字段，并指向实体表的记录。

以上都在说使用索引的好处，但过多地使用索引将会造成滥用。而索引也有缺点，它在大大提高了查询速度的同时，也会降低表的更新速度。例如在对表进行INSERT、UPDATE和DELETE操作的时候，因为更新表时MySQL不仅要保存数据，还要保存索引文件，所以更新速度会变慢。另外，建立索引还会占用磁盘空间的索引文件。

17.8.2 唯一索引

唯一索引与普通索引类似，不同的是唯一索引的列值必须唯一，但允许有空值。如果是组合索引，则列值的组合必须唯一。它有以下几种创建方式：

1. 直接创建索引

```
CREATE UNIQUE INDEX indexName ON mytable(username(length))
```

2. 通过修改表结构增加索引

```
ALTER table mytable ADD UNIQUE [indexName] (username(length))
```

3. 创建表的时候直接指定

动手写17.8.1

```
CREATE TABLE mytable(
    ID INT NOT NULL,
   username VARCHAR(16) NOT NULL,
   UNIQUE [indexName] (username(length))
);
```

17.8.3 普通索引

普通索引是最基本的索引，它没有任何限制。它有以下几种创建方式：

1. 直接创建索引

```
CREATE INDEX indexName ON mytable(username(length));
```

如果是CHAR、VARCHAR类型，length可以小于字段的实际长度；如果是BLOB和TEXT类型，必须指定length。

2. 修改表结构（添加索引）

动手写17.8.2

```
ALTER table tableName ADD INDEX indexName(columnName)
```

3. 创建表的时候直接指定

动手写17.8.3

```
CREATE TABLE mytable(
    ID INT NOT NULL,
   username VARCHAR(16) NOT NULL,
   INDEX [indexName] (username(length))
);
```

删除索引的语法如下：

```
DROP INDEX [indexName] ON mytable;
```

17.9 小结

本章详细介绍了MySQL数据库的基本知识与相关操作，讲解了如何通过MySQL创建、查看、修改、删除数据库，并介绍了MySQL中支持的字段数据类型，向读者展示了如何对MySQL数据库中表内的数据进行增、删、改、查。同时，本章还介绍了数据表字符集和数据库索引等知识。读者需要重点掌握MySQL的基本操作和相关知识。

17.10 知识拓展

MySQL关键字和保留字

MySQL的关键字可参见官网https://dev.mysql.com/doc/refman/5.7/en/keywords.html，表17.10.1为MySQL的关键字。

表17.10.1　MySQL关键字

ADD	ALL	ALTER
ANALYZE	AND	AS
ASC	ASENSITIVE	BEFORE
BETWEEN	BIGINT	BINARY
BLOB	BOTH	BY
CALL	CASCADE	CASE
CHANGE	CHAR	CHARACTER
CHECK	COLLATE	COLUMN
CONDITION	CONNECTION	CONSTRAINT
CONTINUE	CONVERT	CREATE
CROSS	CURRENT_DATE	CURRENT_TIME
CURRENT_TIMESTAMP	CURRENT_USER	CURSOR
DATABASE	DATABASES	DAY_HOUR
DAY_MICROSECOND	DAY_MINUTE	DAY_SECOND

（续上表）

DEC	DECIMAL	DECLARE
DEFAULT	DELAYED	DELETE
DESC	DESCRIBE	DETERMINISTIC
DISTINCT	DISTINCTROW	DIV
DOUBLE	DROP	DUAL
EACH	ELSE	ELSEIF
ENCLOSED	ESCAPED	EXISTS
EXIT	EXPLAIN	FALSE
FETCH	FLOAT	FLOAT4
FLOAT8	FOR	FORCE
FOREIGN	FROM	FULLTEXT
GOTO	GRANT	GROUP
HAVING	HIGH_PRIORITY	HOUR_MICROSECOND
HOUR_MINUTE	HOUR_SECOND	IF
IGNORE	IN	INDEX
INFILE	INNER	INOUT
INSENSITIVE	INSERT	INT
INT1	INT2	INT3
INT4	INT8	INTEGER
INTERVAL	INTO	IS
ITERATE	JOIN	KEY
KEYS	KILL	LABEL
LEADING	LEAVE	LEFT
LIKE	LIMIT	LINEAR
LINES	LOAD	LOCALTIME
LOCALTIMESTAMP	LOCK	LONG
LONGBLOB	LONGTEXT	LOOP
LOW_PRIORITY	MATCH	MEDIUMBLOB

（续上表）

MEDIUMINT	MEDIUMTEXT	MIDDLEINT
MINUTE_MICROSECOND	MINUTE_SECOND	MOD
MODIFIES	NATURAL	NOT
NO_WRITE_TO_BINLOG	NULL	NUMERIC
ON	OPTIMIZE	OPTION
OPTIONALLY	OR	ORDER
OUT	OUTER	OUTFILE
PRECISION	PRIMARY	PROCEDURE
PURGE	RAID0	RANGE
READ	READS	REAL
REFERENCES	REGEXP	RELEASE
RENAME	REPEAT	REPLACE
REQUIRE	RESTRICT	RETURN
REVOKE	RIGHT	RLIKE
SCHEMA	SCHEMAS	SECOND_MICROSECOND
SELECT	SENSITIVE	SEPARATOR
SET	SHOW	SMALLINT
SPATIAL	SPECIFIC	SQL
SQLEXCEPTION	SQLSTATE	SQLWARNING
SQL_BIG_RESULT	SQL_CALC_FOUND_ROWS	SQL_SMALL_RESULT
SSL	STARTING	STRAIGHT_JOIN
TABLE	TERMINATED	THEN
TINYBLOB	TINYINT	TINYTEXT
TO	TRAILING	TRIGGER
TRUE	UNDO	UNION
UNIQUE	UNLOCK	UNSIGNED
UPDATE	USAGE	USE
USING	UTC_DATE	UTC_TIME

（续上表）

UTC_TIMESTAMP	VALUES	VARBINARY
VARCHAR	VARCHARACTER	VARYING
WHEN	WHERE	WHILE
WITH	WRITE	X509
XOR	YEAR_MONTH	ZEROFILL

第18章 JDBC操作MySQL数据库

JDBC是Java应用程序与数据库通信的技术，可以对数据库进行访问、查询、增加、修改和删除数据记录的操作。本章将对JDBC操作MySQL数据库进行详细介绍。

18.1 JDBC介绍

JDBC英文全称为“Java DataBase Connectivity”，是一种可执行的SQL语句Java API，可以用来连接和操作数据库。由于JDBC是一种底层API，在访问数据库时，需要在代码中使用嵌入SQL语句来实现业务代码。

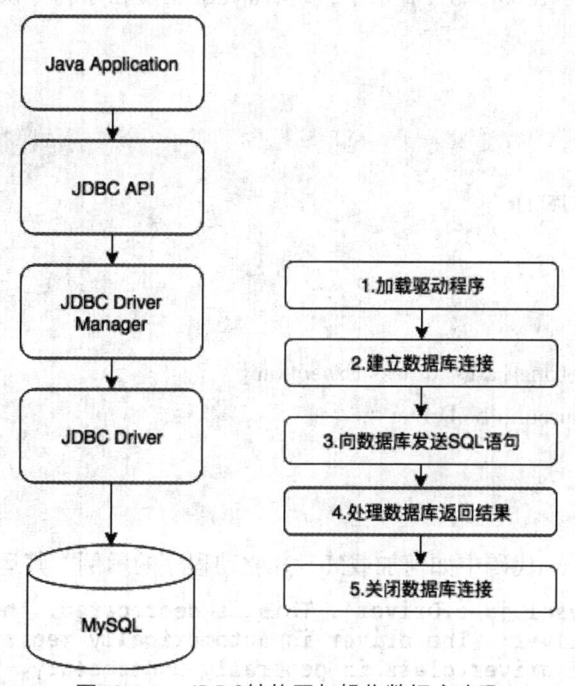

图18.1.1　JDBC结构图与操作数据库步骤

JDBC连接访问数据库前，需要提前安装数据库厂商的驱动程序。本书推荐安装MySQL Server和MySQL Workbench，前者为数据库服务器，后者为图形化管理界面，用于创建和管理数据库。以上软件可以在MySQL官网地址https://dev.mysql.com/downloads/进行下载，本书省略下载和软件安装过程。

18.2 JDBC中的常用类

Java中提供了类和接口来访问和处理数据库，这些类和接口在java.sql包中。本节将对它们进行介绍。

18.2.1 DriverManager类

DriverManager类是JDBC 2.0 API中添加的接口，用来管理驱动程序，并且与数据库建立连接。Java连接数据库时首先需要加载驱动程序，MySQL Java驱动包可以从官网上进行下载。Java中可以使用Class类的forName()方法来连接数据库并加载驱动程序。

提示

本书所使用的驱动程序为“mysql-connector-java-8.0.12.jar”，使用Eclipse开发的读者可以将jar包添加到工程依赖Library中；使用Windows命令行和使用Mac、Linux系统的读者可以将jar包放置于“/Library/Java/Extensions”目录下，这样MySQL驱动程序就可以正常使用了。

动手写18.2.1

```
/**
 * 加载MySQL数据库驱动程序
 * @author 零壹快学
 */
public class Demo {
    public static void main(String[] args) throws Exception {
        Class.forName("com.mysql.jdbc.Driver");
    }
}
```

动手写18.2.1给出了Java代码中如何加载MySQL驱动程序的示例，其运行结果为：

```
Loading class `com.mysql.jdbc.Driver'. This is deprecated. The new driver class is
`com.mysql.cj.jdbc.Driver'. The driver is automatically registered via the SPI and
manual loading of the driver class is generally unnecessary.
```

图18.2.1 加载MySQL驱动程序提示

从上面示例可以看到，com.mysql.jdbc.Driver已经在最新版MySQL驱动程序中被废弃了，需要使用com.mysql.cj.jdbc.Driver来驱动数据库。

加载完MySQL驱动程序后，JVM会自动将驱动程序对象挂载到DriverManager类中，此时可以通过DriverManager类中的方法来连接数据库。DriverManager类中的常见方法如表18.2.1所示。

表18.2.1　DriverManager类中的常见方法

方法	功能描述
deregisterDriver(Driver driver)	从DriverManager中删除指定驱动程序
getConnection(String url)	连接指定url地址数据库
getConnection(String url,String user, String password)	连接指定url地址、用户名和密码的数据库
getDriver(String url)	获取指定url的驱动程序Driver对象
getLoginTimeout()	获取登录数据库最长等待时间，单位为秒
getLogWriter()	获取指定日志记录器对象
println(String message)	打印当前JDBC日志流消息
registerDriver(Driver driver)	注册指定驱动程序
setLoginTimeout(int seconds)	设置定义连接数据库超时时间

动手写18.2.2

```
import java.sql.DriverManager;
/**
 * 连接MySQL数据库
 * @author 零壹快学
 */
public class Demo {
    public static void main(String[] args) throws Exception {
        Class.forName("com.mysql.cj.jdbc.Driver");
        DriverManager.getConnection("jdbc:mysql://127.0.0.1:3306/test", "root", "121121121");
        DriverManager.println("连接数据库成功");
    }
}
```

动手写18.2.2给出了使用DriverManager类连接数据库的示例，运行时会得到如下提示：

```
Mon Jul 30 23:59:01 CST 2018 WARN: Establishing SSL connection without server's identity verification is not r
ecommended. According to MySQL 5.5.45+, 5.6.26+ and 5.7.6+ requirements SSL connection must be established by
default if explicit option isn't set. For compliance with existing applications not using SSL the verifyServer
Certificate property is set to 'false'. You need either to explicitly disable SSL by setting useSSL=false, or
set useSSL=true and provide truststore for server certificate verification.
```

图18.2.2　MySQL数据库连接安全等级低提示

提示

动手写18.2.2运行结果中之所以会出现上述提示，是因为本书在本地创建的数据库安全等级较低，系统给出了建议：使用SSL连接来增强数据库认证安全。

18.2.2 Connection接口

Connection接口用来表示数据库连接的特定对象。Connection接口中的常见方法如表18.2.2所示。

表18.2.2 Connection接口的常见方法

方法	功能描述
abort(Executor executor)	断开连接
clearWarnings()	清除所有警告
close()	关闭连接数据库，释放系统资源
commit()	将之前所有提交或回滚操作成为持久更改，并释放Connection对象持有的数据库锁
createStatement()	创建Statement对象，用于发送SQL语句
getClientInfo()	获取驱动程序支持的客户端信息
isClosed	判断Connection对象是否已经关闭
prepareStatement(String sql)	创建一个PrepareStatement对象，用于发送SQL语句
rollback()	撤消当前事务的所有更改，并释放Connection对象持有的数据库锁

动手写18.2.3

```
import java.sql.Connection;
import java.sql.DriverManager;
/**
 * 连接MySQL数据库，获取Connection对象
 * @author 零壹快学
 */
public class Demo {
    public static void main(String[] args) throws Exception {
        Class.forName("com.mysql.cj.jdbc.Driver");
            Connection connection = DriverManager.getConnection("jdbc:mysql://127.0.0.1:3306/test", "root",
"121121121");
```

```
        System.out.println("获取客户端信息为：" + connection.getClientInfo().toString());
        System.out.println("连接数据库Connection对象为：" + connection.toString());
    }
}
```

其运行结果为：

```
获取客户端信息为：{}
连接数据库Connection对象为：com.mysql.cj.jdbc.ConnectionImpl@48503868
```

图18.2.3　获取Connection对象

18.2.3　Statement接口

Statement接口用于向已经建立好连接的数据库发送SQL操作指令，常见SQL语句可以参考上一章的内容。表18.2.3给出了Statement接口中的常见方法。

表18.2.3　Statement接口中的常见方法

方法	功能描述
addBatch(String sql)	将指定SQL语句添加到命令列表中
cancel()	终止SQL语句
close()	关闭数据库并释放JDBC资源
execute(String sql)	执行SQL语句
getConnection()	获取连接数据库生成的Statement对象

动手写18.2.4

```
import java.sql.Connection;
import java.sql.DriverManager;
import java.sql.Statement;
/**
 * @author 零壹快学
 */
public class Demo {
    public static void main(String[] args) throws Exception {
        Class.forName("com.mysql.cj.jdbc.Driver");
        Connection connection = DriverManager.getConnection("jdbc:mysql://127.0.0.1:3306/test", "root",
"121121121");
        Statement statement = connection.createStatement();
        statement.execute("select * from user");
```

```
    }
}
```

上面示例使用了Connection接口中的createStatement()方法来创建Statement对象，同时调用了Statement对象执行“select * from user”SQL查询语句。

18.2.4 PreparedStatement接口

PreparedStatement接口继承了Statement接口，主要用来执行动态的SQL语句。PreparedStatement接口中的常见方法如表18.2.4所示。

表18.2.4 PreparedStatement接口的常见方法

方法	功能描述
clearParameters()	清除当前参数值
setString(int index, String str)	将指定索引的参数设置为String值
setInt(int index, int i)	将指定索引的参数设置为整型值
executeQuery()	执行SQL查询语句，并返回ResultSet对象

动手写18.2.5

```
import java.sql.Connection;
import java.sql.DriverManager;
import java.sql.PreparedStatement;
/**
 * @author 零壹快学
 */
public class Demo {
    public static void main(String[] args) throws Exception {
        Class.forName("com.mysql.cj.jdbc.Driver");
          Connection connection = DriverManager.getConnection("jdbc:mysql://127.0.0.1:3306/test", "root",
"121121121");
        PreparedStatement statement = connection.prepareStatement("select * from user where name = ?");
        statement.setString(1, "Peter");
    }
}
```

上面示例使用“?”来表示待设置的参数，同时使用prepareStatement()方法创建了PreparedStatement对象。

18.2.5　ResultSet接口

ResultSet接口用来临时存放查询数据库时获取的结果数据。ResultSet对象会存储一个指针，指向当前读取的记录。ResultSet接口中提供了可以操作指针的位置来读取查询结果的方法。ResultSet接口中的常见方法如表18.2.5所示。

表18.2.5　ResultSet接口的常见方法

方法	功能描述
absolute(int row)	将指针移动到对象指定行数
afterLast()	将指针移动到对象末尾，即最后一行之后
beforeFirst()	将指针移动到对象第一行之前
cancelRowUpdate()	取消对当前行的更新
clearWarnings()	清除所有警告
close()	关闭并释放系统资源
deleteRow()	删除当前行
findColumn(String columnLabel)	查找列索引
first()	将指针移动到对象第一行
getArray()	获取指定列的值作为Array数值返回
getBigDecimal()	获取指定列的值作为BigDecimal数值返回
getBoolean()	获取指定列的值作为boolean数值返回
getByte()	获取指定列的值作为byte数值返回
getDate()	获取指定列的值作为日期Date数值返回
getDouble()	获取指定列的值作为double数值返回
getFloat()	获取指定列的值作为float数值返回
getInt()	获取指定列的值作为int数值返回
getLong()	获取指定列的值作为long数值返回
getObject()	获取指定列的值作为Object数值返回
getString()	获取指定列的值作为String数值返回
getRow()	获取当前行号
getStatement()	获取生成该ResultSet对象的Statement对象
getTime()	获取指定列的值作为java.sql.Time数值返回

（续上表）

方法	功能描述
last()	将指针移动到对象最后一行
next()	将指针向前移动一行
previous()	将指针向上一行移动

动手写18.2.6

```
import java.sql.Connection;
import java.sql.DriverManager;
import java.sql.ResultSet;
import java.sql.Statement;
/**
 * @author 零壹快学
 */
public class Demo {
  public static void main(String[] args) throws Exception {
    Class.forName("com.mysql.cj.jdbc.Driver");
      Connection connection = DriverManager.getConnection("jdbc:mysql://127.0.0.1:3306/test", "root",
"121121121");
    Statement statement = connection.createStatement();
    ResultSet resultSet = statement.executeQuery("select * from user");
    while(resultSet.next()) {
      System.out.println("数据库读取id："+resultSet.getString("id"));
      System.out.println("数据库读取name："+resultSet.getString("name"));
      System.out.println("数据库读取phone："+resultSet.getString("phone"));
      System.out.println("数据库读取age："+resultSet.getString("age"));
    }
  }
}
```

上面示例读取了test数据库user表中的所有记录，并将“id”“name”“phone”和“age”四列数据打印到控制台，其运行结果为:

```
数据库读取id: 1
数据库读取name: Peter
数据库读取phone: 13888888888
数据库读取age: 22
```

图18.2.4　ResultSet接口示例

18.3 JDBC操作MySQL

18.2一节中介绍了JDBC常用的类和接口，以及它们各自的方法，还介绍了如何使用MySQL驱动和DriverManager类连接数据库。本节将介绍如何使用这些方法对数据库中的表单进行查询、新增、修改、删除等操作。

18.3.1 JDBC创建数据表

本书使用的数据库为本地创建数据库服务，地址为“127.0.0.1:3306”，数据库名称为“test”，用户名为“root”，密码为“121121121”，读者可以参考第17章对MySQL数据库的讲解手动搭建数据库。

数据库搭建完成后，可以正常连接数据库并对数据库进行操作。下面将利用DBConnection对象来创建数据库连接，然后在test数据库中创建数据表user来存储用户信息。在user表中同时创建四个字段，分别为自增主键id、名字name、手机号phone和年龄age，具体示例如下：

动手写18.3.1

```
import java.sql.Connection;
import java.sql.DriverManager;
import java.sql.ResultSet;
import java.sql.Statement;
/**
 * @author 零壹快学
 */
public class Demo {
   public static void main(String[] args) throws Exception {
      Class.forName("com.mysql.cj.jdbc.Driver");
      Connection connection = DriverManager.getConnection("jdbc:mysql://127.0.0.1:3306/test", "root",
"121121121");
      Statement statement = connection.createStatement();
      String sql = "CREATE TABLE `user` (`id` int(11) NOT NULL AUTO_INCREMENT,`name`
varchar(45) DEFAULT NULL,`phone` varchar(45) DEFAULT NULL,`age` int(8) DEFAULT
NULL,PRIMARY KEY (`id`)) ENGINE=InnoDB AUTO_INCREMENT=3 DEFAULT CHARSET=utf8";
      System.out.println("要创建user表sql语句为：");
      System.out.println(sql);
      statement.executeUpdate(sql);
      statement.close();
      connection.close();
```

```
        System.out.println("数据表user创建成功！");
    }
}
```

其运行结果为：

```
要创建user表sql语句为：
CREATE TABLE `user` (`id` int(11) NOT NULL AUTO_INCREMENT,`name` varchar(45) DEFAULT NULL,`phone` varchar(45)
DEFAULT NULL,`age` int(8) DEFAULT NULL,PRIMARY KEY (`id`)) ENGINE=InnoDB AUTO_INCREMENT=3 DEFAULT CHARSET=utf8
数据表user创建成功！
```

图18.3.1　创建数据库

在MySQL Workbench中的test数据库中可以查看已经创建完成的user表，如图18.3.2所示。

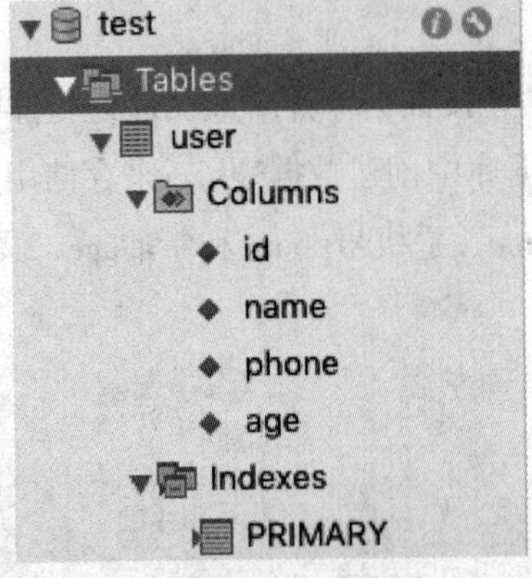

图18.3.2　user数据表

如果数据库中已经存在user表，系统会抛出SQLSyntaxErrorException异常，并提示库中已存在数据表。再次运行动手写18.3.1时可以看到报错信息如图18.3.3所示：

```
要创建user表sql语句为：
CREATE TABLE `user` (`id` int(11) NOT NULL AUTO_INCREMENT,`name` varchar(45) DEFAULT NULL,`phone` varchar(45)
DEFAULT NULL,`age` int(8) DEFAULT NULL,PRIMARY KEY (`id`)) ENGINE=InnoDB AUTO_INCREMENT=3 DEFAULT CHARSET=utf8
Exception in thread "main" java.sql.SQLSyntaxErrorException: Table 'user' already exists
	at com.mysql.cj.jdbc.exceptions.SQLError.createSQLException(SQLError.java:120)
	at com.mysql.cj.jdbc.exceptions.SQLError.createSQLException(SQLError.java:97)
	at com.mysql.cj.jdbc.exceptions.SQLExceptionsMapping.translateException(SQLExceptionsMapping.java:122)
	at com.mysql.cj.jdbc.StatementImpl.executeUpdateInternal(StatementImpl.java:1354)
	at com.mysql.cj.jdbc.StatementImpl.executeLargeUpdate(StatementImpl.java:2127)
	at com.mysql.cj.jdbc.StatementImpl.executeUpdate(StatementImpl.java:1264)
	at Demo.main(Demo.java:16)
```

图18.3.3　创建表已经存在时报出异常

18.3.2　JDBC向数据表添加数据

数据表创建完成后，里面没有数据记录，需要通过insert语句向数据库中添加数据。

动手写18.3.2

```
import java.sql.Connection;
import java.sql.DriverManager;
import java.sql.PreparedStatement;
```

```
/**
 * @author 零壹快学
 */
public class Demo {
    public static void main(String[] args) throws Exception {
        Class.forName("com.mysql.cj.jdbc.Driver");
        Connection connection = DriverManager.getConnection("jdbc:mysql://127.0.0.1:3306/test", "root",
"121121121");
        String sql = "insert into user (`name`, `phone`, `age`) values (?,?,?)";
        PreparedStatement statement = connection.prepareStatement(sql);
        statement.setString(1, "Peter");
        statement.setString(2, "13888888888");
        statement.setInt(3, 22);
        System.out.println("要插入user表数据为：");
        System.out.println(statement.toString());
        statement.executeUpdate();
        statement.setString(1, "Alex");
        statement.setString(2, "15000000000");
        statement.setInt(3, 30);
        statement.executeUpdate();
        System.out.println("数据表user插入数据成功！");
        statement.close();
        connection.close();
    }
}
```

上面示例向user表添加了两条记录，其运行结果为：

```
要插入user表数据为：
com.mysql.cj.jdbc.ClientPreparedStatement: insert into user (`name`, `phone`, `age`) values ('Peter','13888888888',22)
数据表user插入数据成功！
```

图18.3.4　添加数据程序运行结果

重新运行动手写18.2.6，使用select语句查看数据库中的信息，可以看到已经添加了两条记录：

```
数据库读取id: 4
数据库读取name: Peter
数据库读取phone: 13888888888
数据库读取age: 22
数据库读取id: 5
数据库读取name: Alex
数据库读取phone: 15000000000
数据库读取age: 30
```

图18.3.5　运行动手写18.2.6查询数据库记录

从动手写18.3.2中我们还可以看到，user表中创建了一个自增主键id，虽然示例中没有插入id数据，但是数据库会自动生成一个id，并且可以通过代码将生成的主键返回。

动手写18.3.3

```
import java.sql.Connection;
import java.sql.DriverManager;
import java.sql.PreparedStatement;
import java.sql.ResultSet;
import java.sql.Statement;
/**
 * @author 零壹快学
 */
public class Demo {
   public static void main(String[] args) throws Exception {
      Class.forName("com.mysql.cj.jdbc.Driver");
         Connection connection = DriverManager.getConnection("jdbc:mysql://127.0.0.1:3306/test", "root",
"121121121");
      String sql = "insert into user (`name`, `phone`, `age`) values (?,?,?)";
         PreparedStatement statement = connection.prepareStatement(sql, Statement.RETURN_
GENERATED_KEYS);
      statement.setString(1, "Brenda");
      statement.setString(2, "13000000000");
      statement.setInt(3, 18);
      System.out.println("要插入user表数据为：");
      System.out.println(statement.toString());
      statement.executeUpdate();
      System.out.println("数据插入成功！");
      ResultSet generatedIds = statement.getGeneratedKeys();
      while (generatedIds.next()) {
         System.out.println("系统自动生成ID为：" + generatedIds.getLong(1));
      }
      statement.close();
      connection.close();
   }
}
```

其运行结果为：

```
要插入user表数据为：
com.mysql.cj.jdbc.ClientPreparedStatement: insert into user (`name`, `phone`, `age`) values ('Brenda','13000000000',18)
数据插入成功！
系统自动生成ID为：6
```

图18.3.6 JDBC获取插入数据主键

18.3.3 JDBC修改数据

在使用数据库的过程中，我们经常会对数据进行操作和修改，此时我们可以使用update语句批量修改数据，同时可以统计有多少数据被修改。

动手写18.3.4

```
import java.sql.Connection;
import java.sql.DriverManager;
import java.sql.PreparedStatement;
import java.sql.ResultSet;
import java.sql.Statement;
/**
 * @author 零壹快学
 */
public class Demo {
    public static void main(String[] args) throws Exception {
        Class.forName("com.mysql.cj.jdbc.Driver");
         Connection connection = DriverManager.getConnection("jdbc:mysql://127.0.0.1:3306/test", "root",
"121121121");
        Statement queryStatement = connection.createStatement();
        ResultSet resultSet = queryStatement.executeQuery("select * from user");
        while (resultSet.next()) {
            System.out.println("id:" + resultSet.getString("id") + "| name:" + resultSet.getString("name") + "|
age:"
                    + resultSet.getString("age"));
        }
        String sql = "update user set age = age - 1"; // 使数据库中记录所有记录的age值减1
        PreparedStatement statement = connection.prepareStatement(sql);
        int count = statement.executeUpdate();
        System.out.println("数据变更成功，共修改记录数量为：" + count);
        System.out.println("变更完数据为：");
        resultSet = queryStatement.executeQuery("select * from user");
        while (resultSet.next()) {
```

```
            System.out.println("id:" + resultSet.getString("id") + "| name:" + resultSet.getString("name") + "|
age:"
                    + resultSet.getString("age"));
        }
        statement.close();
        connection.close();
    }
}
```

其运行结果为：

```
id:4| name:Peter| age:22
id:5| name:Alex| age:30
id:6| name:Brenda| age:18
数据变更成功，共修改记录数量为：3
变更完数据为：
id:4| name:Peter| age:21
id:5| name:Alex| age:29
id:6| name:Brenda| age:17
```

图18.3.7 批量修改数据

JDBC同时也支持对单一数据进行修改，此时需要使用update where带条件的变更SQL语句。它一般会根据已知的主键id对特定数据进行变更。

动手写18.3.5

```
import java.sql.Connection;
import java.sql.DriverManager;
import java.sql.PreparedStatement;
import java.sql.ResultSet;
import java.sql.Statement;
/**
 * @author 零壹快学
 */
public class Demo {
    public static void main(String[] args) throws Exception {
        Class.forName("com.mysql.cj.jdbc.Driver");
         Connection connection = DriverManager.getConnection("jdbc:mysql://127.0.0.1:3306/test", "root",
"121121121");
        Statement queryStatement = connection.createStatement();
        ResultSet resultSet = queryStatement.executeQuery("select * from user where id = 5");
        while (resultSet.next()) {
```

```
        System.out.println("id:" + resultSet.getString("id") + "| name:" + resultSet.getString("name") + "|
age:"
            + resultSet.getString("age"));
    }
    String sql = "update user set age = 1, name = '修改名称' where id = 5"; //变更指定ID=5数据
    PreparedStatement statement = connection.prepareStatement(sql);
    int count = statement.executeUpdate();
    System.out.println("数据变更成功，共修改记录数量为：" + count);
    System.out.println("变更完数据为：");
    resultSet = queryStatement.executeQuery("select * from user where id = 5");
    while (resultSet.next()) {
        System.out.println("id:" + resultSet.getString("id") + "| name:" + resultSet.getString("name") + "|
age:"
            + resultSet.getString("age"));
    }
    statement.close();
    connection.close();
  }
}
```

其运行结果为：

```
id:5| name:Alex| age:29
数据变更成功，共修改记录数量为：1
变更完数据为：
id:5| name:修改名称| age:1
```

图18.3.8　单一修改数据

18.3.4　JDBC删除数据

当我们不需要数据表中的某些数据记录时，我们可以使用delete语句来删除记录，既可以使用Statement接口来静态删除记录，也可以使用PreparedStatement接口以动态附参数的形式来删除数据。

动手写18.3.6

```
import java.sql.Connection;
import java.sql.DriverManager;
import java.sql.PreparedStatement;
import java.sql.ResultSet;
import java.sql.Statement;
/**
```

```
 * @author 零壹快学
 */
public class Demo {
    public static void main(String[] args) throws Exception {
        Class.forName("com.mysql.cj.jdbc.Driver");
        Connection connection = DriverManager.getConnection("jdbc:mysql://127.0.0.1:3306/test", "root",
"121121121");
        Statement queryStatement = connection.createStatement();
        ResultSet resultSet = queryStatement.executeQuery("select * from user");
        System.out.println("查询数据表user中全部数据：");
        while (resultSet.next()) {
            System.out.println("id:" + resultSet.getString("id") + "| name:" + resultSet.getString("name") + "| age:"
                    + resultSet.getString("age"));
        }
        String sql = "delete from user where name = ?"; //删除指定名字为Peter的数据
        PreparedStatement statement = connection.prepareStatement(sql);
        statement.setString(1, "Peter");
        int count = statement.executeUpdate();
        System.out.println("数据变更成功，共删除记录数量为：" + count);
        System.out.println("变更完数据表中全部为：");
        resultSet = queryStatement.executeQuery("select * from user");
        while (resultSet.next()) {
            System.out.println("id:" + resultSet.getString("id") + "| name:" + resultSet.getString("name") + "| age:"
                    + resultSet.getString("age"));
        }
        statement.close();
        connection.close();
    }
}
```

其运行结果为：

```
查询数据表user中全部数据：
id:4| name:Peter| age:21
id:5| name:修改名称| age:1
id:6| name:Brenda| age:17
数据变更成功，共删除记录数量为：1
变更完数据表中全部为：
id:5| name:修改名称| age:1
id:6| name:Brenda| age:17
```

图18.3.9 删除数据表user中的记录

当我们不需要某一个数据表时，我们也可以直接删除数据表。

动手写18.3.7

```
import java.sql.Connection;
import java.sql.DriverManager;
import java.sql.PreparedStatement;
import java.sql.ResultSet;
import java.sql.Statement;
/**
 * @author 零壹快学
 */
public class Demo {
  public static void main(String[] args) throws Exception {
    Class.forName("com.mysql.cj.jdbc.Driver");
      Connection connection = DriverManager.getConnection("jdbc:mysql://127.0.0.1:3306/test", "root",
"121121121");
    Statement queryStatement = connection.createStatement();
    ResultSet resultSet = queryStatement.executeQuery("select * from user");
    System.out.println("查询数据表user中全部数据：");
    while (resultSet.next()) {
      System.out.println("id:" + resultSet.getString("id") + "| name:" + resultSet.getString("name") + "| age:"
          + resultSet.getString("age"));
    }
    String sql = "drop table user"; //删除user表
    PreparedStatement statement = connection.prepareStatement(sql);
    int count = statement.executeUpdate();
    System.out.println("数据变更成功，共删除数量为：" + count);
    System.out.println("变更完数据表中全部为：");
    resultSet = queryStatement.executeQuery("select * from user"); //此处会报错，无法找到数据库
    while (resultSet.next()) {
        System.out.println("id:" + resultSet.getString("id") + "| name:" + resultSet.getString("name") + "|
age:"
          + resultSet.getString("age"));
    }
    statement.close();
    connection.close();
  }
}
```

上面示例执行后，在MySQL Workbench中将找不到数据表user，其运行结果为：

```
查询数据表user中全部数据：
id:5| name:修改名称| age:1
id:6| name:Brenda| age:17
数据变更成功，共删除数量为：0
变更完数据表中全部为：
Exception in thread "main" java.sql.SQLSyntaxErrorException: Table 'test.user' doesn't exist
	at com.mysql.cj.jdbc.exceptions.SQLError.createSQLException(SQLError.java:120)
	at com.mysql.cj.jdbc.exceptions.SQLError.createSQLException(SQLError.java:97)
	at com.mysql.cj.jdbc.exceptions.SQLExceptionsMapping.translateException(SQLExceptionsMapping.java:122)
	at com.mysql.cj.jdbc.StatementImpl.executeQuery(StatementImpl.java:1218)
	at Demo.main(Demo.java:25)
```

图18.3.10　删除数据表user

在实际工作中，开发者并不会直接执行delete语句将数据记录或数据表删除，而是采取“软删除”的方式。采取这种方式时，在表字段中一般会添加IsDeleted值，当数值为0时表示数据有效，当数值为1时表示数据无效，并通过在查询语句中添加where IsDeleted = 0来筛选有效数据。这种方式能避免数据在被误删后无法找回的问题，提供了数据找回机制。

18.3.5　JDBC查询数据

在数据库的使用过程中，我们需要大量地查询数据，而查询后获取的数据会存放在ResultSet对象中。18.2.5小节中已经详细介绍了ResultSet类和如何使用JDBC查询数据，本小节不再赘述。

在目前互联网快速发展的阶段，Java开发已经很少直接使用JDBC连接数据库了，通常都是使用中间件框架MyBatis或Spring框架中的JPA来访问数据库。通过中间件的封装，一方面是利用已有的API或xml方式提供现有功能封装，不用重新开发重复的SQL语句，提高工作效率；另一方面是增强了对数据库访问操作的安全性，降低了数据库被恶意入侵的风险。

18.4 小结

在Java编程开发中，数据库的操作非常重要，是开发者必须重点掌握的技能。本章首先对JDBC和JDBC连接数据库的步骤进行了简单介绍，然后详细介绍了JDBC中常用的DriverManager类和Connection接口，对读者进行了连接数据库和相关接口使用的实例教学，最后介绍了JDBC中常用的创建、修改、删除、查询等功能，读者对此需要重点掌握。

18.5 知识拓展

18.5.1 JDBC批量处理

JDBC支持批量处理数据，可以使用相关SQL语句对数据表中的记录进行批量插入或变更操作。一次性批量操作，本质上是对数据库一次性发送多条SQL语句，可以大大降低与数据库通信的时间开销，提高数据处理效率。

JDBC中的Statement接口和PreparedStatement接口都支持批量操作。我们可以使用addBatch()方法先将多条SQL语句添加到对象中，再调用executeBatch()方法来批量执行所有SQL语句。

动手写18.5.1

```
import java.sql.Connection;
import java.sql.DriverManager;
import java.sql.PreparedStatement;
import java.sql.ResultSet;
import java.sql.Statement;
/**
 * @author 零壹快学
 */
public class Demo {
  public static void main(String[] args) throws Exception {
     Class.forName("com.mysql.cj.jdbc.Driver");
       Connection connection = DriverManager.getConnection("jdbc:mysql://127.0.0.1:3306/test", "root",
"121121121");
     connection.setAutoCommit(false);
     String sql = "insert into user (`name`, `phone`, `age`) values ";
     Statement statement = connection.createStatement();
     statement.addBatch(sql + "('Mary','021-00000000',20)");
     System.out.println("要插入user表数据为：");
     System.out.println(sql + "('Mary','021-00000000',20)");
     statement.addBatch(sql + "('Bob','010-00000000',21)");
     System.out.println("要插入user表数据为：");
     System.out.println(sql + "('Bob','010-00000000',21)");
     statement.executeBatch();
     connection.commit();
     System.out.println("数据插入成功！");
     ResultSet generatedIds = statement.getGeneratedKeys();
     while (generatedIds.next()) {
       System.out.println("系统自动生成ID为：" + generatedIds.getLong(1));
```

```
        }
        statement.close();
        connection.close();
    }
}
```

其运行结果为：

```
要插入user表数据为：
insert into user (`name`, `phone`, `age`) values ('Mary','021-00000000',20)
要插入user表数据为：
insert into user (`name`, `phone`, `age`) values ('Bob','010-00000000',21)
数据插入成功！
系统自动生成ID为： 12
系统自动生成ID为： 13
```

图18.5.1　Statement接口批量操作结果

动手写18.5.2

```
import java.sql.Connection;
import java.sql.DriverManager;
import java.sql.PreparedStatement;
import java.sql.ResultSet;
import java.sql.Statement;
/**
 * @author 零壹快学
 */
public class Demo {
    public static void main(String[] args) throws Exception {
        Class.forName("com.mysql.cj.jdbc.Driver");
        Connection connection = DriverManager.getConnection("jdbc:mysql://127.0.0.1:3306/test", "root", 
"121121121");
        String sql = "insert into user (`name`, `phone`, `age`) values (?,?,?)";
        PreparedStatement statement = connection.prepareStatement(sql, Statement.RETURN_
GENERATED_KEYS);
        connection.setAutoCommit(false); // 取消自动提交
        statement.setString(1, "Brenda");
        statement.setString(2, "13000000000");
        statement.setInt(3, 18);
        statement.addBatch();
        System.out.println("要插入user表数据为：");
        System.out.println(statement.toString());
```

```
        statement.setString(1, "Peter");
        statement.setString(2, "13000000000");
        statement.setInt(3, 23);
        statement.addBatch();
        System.out.println("要插入user表数据为：");
        System.out.println(statement.toString());
        statement.executeBatch();
        connection.commit();
        System.out.println("数据插入成功！");
        ResultSet generatedIds = statement.getGeneratedKeys();
        while (generatedIds.next()) {
            System.out.println("系统自动生成ID为：" + generatedIds.getLong(1));
        }
        statement.close();
        connection.close();
    }
}
```

其运行结果为：

```
要插入user表数据为：
com.mysql.cj.jdbc.ClientPreparedStatement: insert into user (`name`, `phone`, `age`) values ('Brenda','13000000000',18)
要插入user表数据为：
com.mysql.cj.jdbc.ClientPreparedStatement: insert into user (`name`, `phone`, `age`) values ('Peter','13000000000',23)
数据插入成功！
系统自动生成ID为： 6
系统自动生成ID为： 7
```

图18.5.2　PreparedStatement接口批量操作结果

18.5.2　JDBC事务回滚

JDBC中提供了事务操作，可以保证业务流程的完整性。如果任何SQL语句的执行发生失败，可以利用try catch捕获异常，并利用Connection接口中的rollback()方法来对事务进行回滚。

动手写18.5.3

```
import java.sql.Connection;
import java.sql.DriverManager;
import java.sql.PreparedStatement;
import java.sql.ResultSet;
import java.sql.Statement;
/**
 * @author 零壹快学
 */
```

```
public class Demo {
    public static void main(String[] args) throws Exception {
        Connection connection = null;
        ResultSet resultSet = null;
        Statement statement = null;
        try {
            Class.forName("com.mysql.cj.jdbc.Driver");
                connection = DriverManager.getConnection("jdbc:mysql://127.0.0.1:3306/test", "root",
"121121121");
            connection.setAutoCommit(false);
            statement = connection.createStatement();
            System.out.println("数据表user目前记录为：");
            resultSet = statement.executeQuery("select * from user");
            connection.commit();
            while (resultSet.next()) {
                System.out.println("id:" + resultSet.getString("id") + "| name:" + resultSet.getString("name")
                    + "| age:" + resultSet.getString("age"));
            }
            String sql = "insert into user (`name`, `phone`, `age`) values ";
            statement.addBatch(sql + "('Peter','021-00000000',29)");
            System.out.println("要插入user表数据为：");
            System.out.println(sql + "('Peter','021-00000000',29)");
              statement.addBatch(sql + "'Bob','010-00000000',21)"); // Bob前面少了(, 这里发生异常触发事
务回滚
            System.out.println("要插入user表数据为：");
            System.out.println(sql + "('Bob','010-00000000',21)");
            statement.executeBatch();
            connection.commit();
            System.out.println("数据插入成功！");
            ResultSet generatedIds = statement.getGeneratedKeys();
            while (generatedIds.next()) {
                System.out.println("系统自动生成ID为：" + generatedIds.getLong(1));
            }
        } catch (Exception e) {
            System.out.println("发生异常进行回滚：" + e.getMessage());
            connection.rollback();
```

```
        }
        resultSet = statement.executeQuery("select * from user");
        connection.commit();
        while (resultSet.next()) {
            System.out.println("id:" + resultSet.getString("id") + "| name:" + resultSet.getString("name") + "|
age:"
                    + resultSet.getString("age"));
        }
        statement.close();
        connection.close();
    }
}
```

上面示例中，第二条insert语句中的“'Bob'”前面少了“(”符号，SQL语句因语法错误引发异常，此时代码会执行catch捕获异常中的代码块；从示例中可以看到第一条正常的SQL语句实际上并没有被执行，而是被事务回滚了，其运行结果为：

```
数据表user目前记录为：
id:5| name:Mary| age:20
要插入user表数据为：
insert into user (`name`, `phone`, `age`) values ('Peter','021-00000000',29)
要插入user表数据为：
insert into user (`name`, `phone`, `age`) values ('Bob','010-00000000',21)
发生异常进行回滚： You have an error in your SQL syntax; check the manual that corresponds to y
our MySQL server version for the right syntax to use near ''Bob','010-00000000',21)' at line 1
id:5| name:Mary| age:20
```

图18.5.3 JDBC事务回滚

第19章 Java中的加密技术

19.1 加密技术概述

现代互联网中，信息安全与数据保密尤其重要。加密技术就是为了解决信息安全的问题，将重要的数据信息通过一定技术手段转换成乱码数据（加密数据）进行传输，再通过一定的技术手段对乱码数据进行还原（解密数据）。加密技术主要用于加密/解密和签名/验签，目前在互联网、区块链、电子商务等领域被广泛使用。本节将对加密技术进行介绍，尤其是加密算法过程涉及了很复杂的数学运算，后续章节将会重点介绍一些常见的加密算法的实际应用。

19.1.1 加密技术介绍

现代密码学出现之前，历史上就已经存在过很多的加密技术。如公元前7世纪的斯巴达加密棒、16世纪数学家卡尔达诺发明的栅格密码、猪圈密码和恩格玛加密机等，这些传统加密技术都是直接作用在传统字母、数字上的，所以人们很快就找到了有效的破解方法。在第二次世界大战时，计算机科学领域发展出更复杂的密码，不再受限于书写的文字，而是可以加密任何二进制形式的数据，然而计算机的发展也使破解工作变得更加容易。1977年美国国家标准局公布的DES（Data Encryption Standard）加密标准，代表了现代密码学的诞生。从那时开始，密码学的各类加密算法应运而生，出现了RSA、SHA、MD5、AES、ECC等各种加密强度不断提高的加密技术。

加密算法和密钥是加密技术中最重要的两个元素。加密算法，是用于加密和解密的数学函数（通常是两个关联的函数，一个用于加密，一个用于解密）。密钥是加密和解密算法中的一种输入参数，也只有特定的通信方才会知道。一个加密系统的安全性在于密钥的保密性，而不是加密算法的保密性。

在数据传输中会存在三种角色——发送方、接收方和窃听方，窃听方是不被期望能获得传输数据的真实内容的。发送方首先对数据进行加密，接收方收到后再进行解密，这样即使其他人窃听了数据也无法解密。另外，窃听方如果想伪造发送数据，也需要提前对数据进行加密和签名。

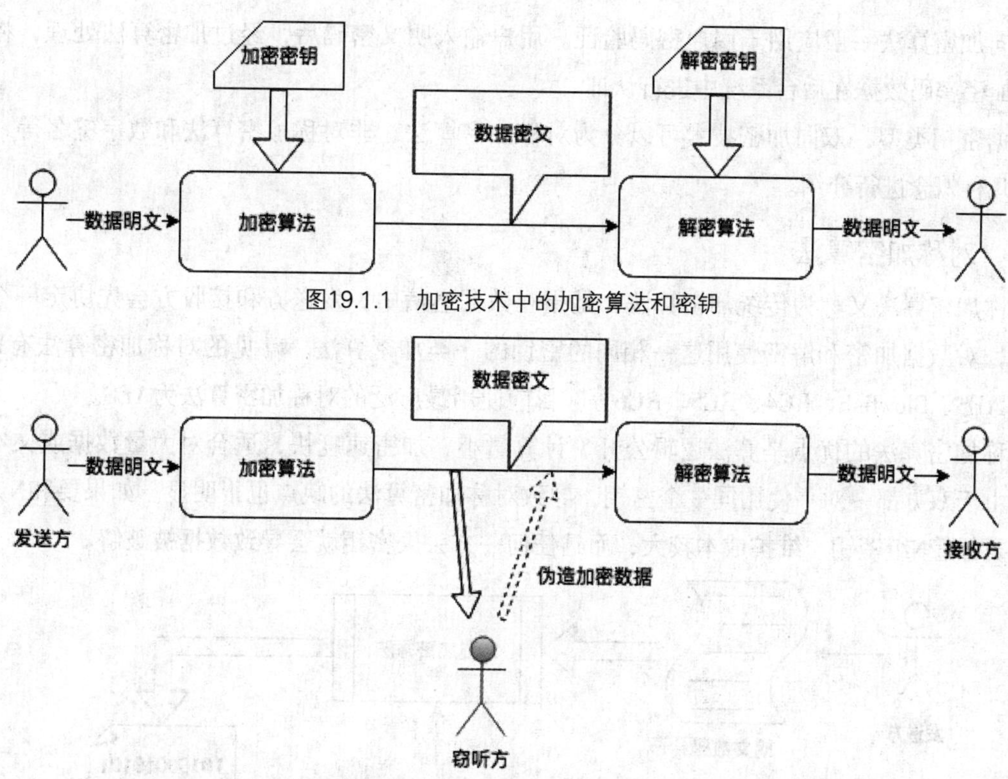

图19.1.1　加密技术中的加密算法和密钥

图19.1.2　数据传输过程中的发送方、接收方和窃听方

为了进行加密以及通信，人们发明了很多公开的算法，如对称算法与非对称算法（加密和解密使用不同的密钥进行）等。对于选择加密算法的一个常识是使用公开的算法，一方面是因为这些算法经过实践检验，另一方面是因为这样做对破译难度、破译条件和破译时间都有预估。理论上，对任何加密技术都可以通过一定的手段进行破解，不同的是破解难度和破解所需要的时间。

加密技术可以分为单向加密和双向加密。单向加密算法，是指在加密过程中不使用密钥，将数据加密处理成加密数据，使其无法被解密。因为无法通过加密数据反向得到原来的内容，所以单向加密算法又称为不可逆加密算法。单向加密算法一般使用哈希算法（Hash值）来生成密文，因此也称为哈希加密算法。

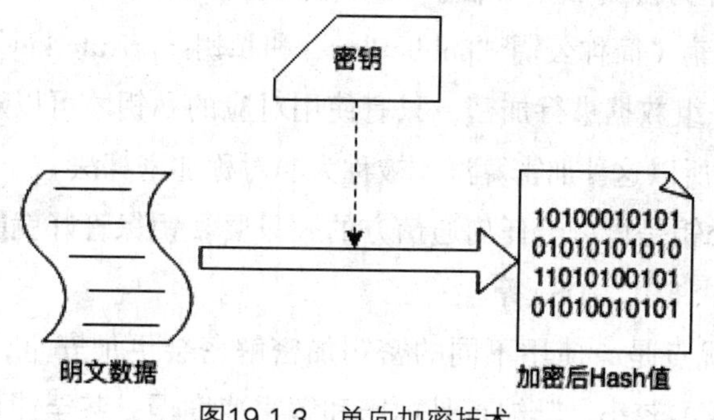

图19.1.3　单向加密技术

单向加密算法一般应用于用户密码验证。用户输入明文密码后，经过加密算法处理，将得到的相同加密密码数据在后台系统中进行认证。

根据密钥类型，双向加密技术可以分为对称加密算法、非对称加密算法和数字签名等，下面将对这几种概念进行介绍。

19.1.2 对称加密算法

对称加密算法又称为传统加密算法，是指在数据通信中，发送方和接收方会先协定一个相同的密钥，对数据加密和解密使用这一相同的密钥的一类加密算法。常见的对称加密算法有DES、3DES、AES、Blowfish、RC4、RC5、RC6等，目前使用最广泛的对称加密算法为AES。

对称加密算法的优点是算法逻辑公开、计算量小、加密速度快，适合对大量数据或文本进行加密。由于双方都一对一使用同一个密钥，导致对称加密算法的缺点也很明显。如果要和N方进行通信，要保管N组密钥，维护成本较大，而且任何一方丢失密钥就会导致数据被破解。

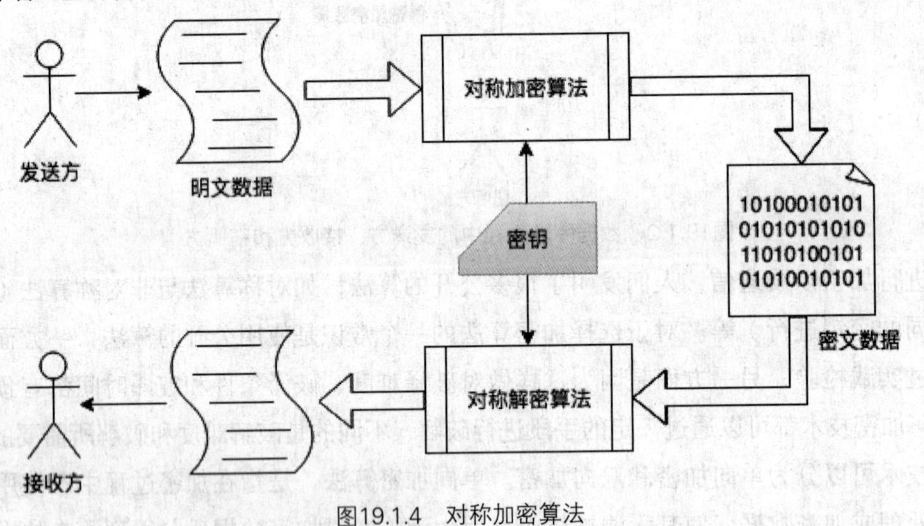

图19.1.4 对称加密算法

19.1.3 非对称加密算法

非对称加密算法也称为公钥加密算法。与对称加密算法不同，非对称加密算法需要两个密钥——公共密钥和私有密钥（简称公钥“public key”和私钥“private key”）。公钥与私钥是成对出现的，如果用公钥对一组数据进行加密，只有使用对应的私钥才可以对其解密。正因为加密和解密使用了不同的密钥，所以这种加密算法才被称为非对称加密算法。

非对称加密算法的公钥是可以给任何通信方的，只要私钥保管好就能保证加密的安全。常见的非对称加密算法有RSA、ECC、DSA等。

非对称加密算法的优点是，使用不同的密钥加密解密会更加安全，而且不同的通信方只需要保管一个公钥，维护成本较小。其缺点是加密和解密速度慢，甚至能比对称加密算法的速度慢1000倍以上，所以只适用于少量数据的加密。

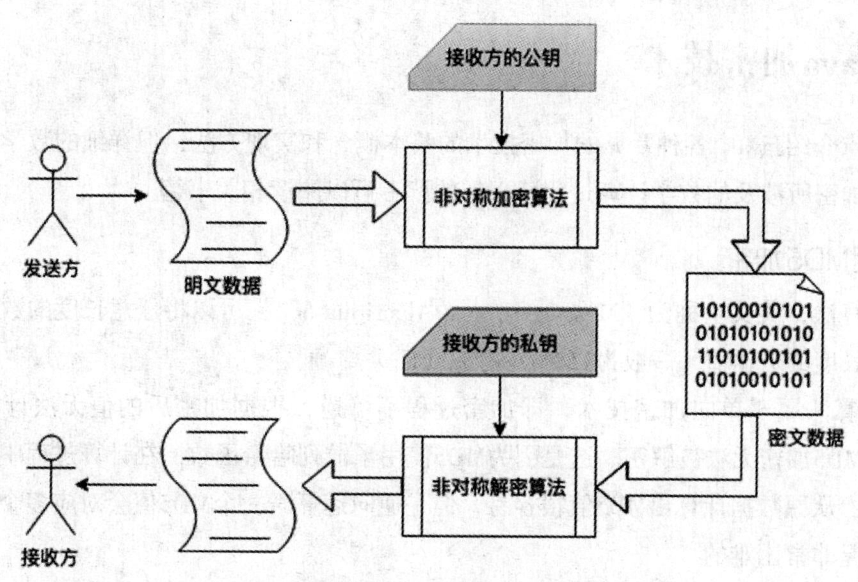

图19.1.5　非对称加密算法

19.1.4　数字签名

本质上，数字签名也是一种非对称加密算法。它是通过提供可以鉴别的数字信息来验证用户或网站身份的一种加密数据。数字签名通常由两部分组成，分别为签名信息和信息验证。由发送方持有的能够代表自己身份的私钥来生成签名信息，然后由接收方持有与私钥对应的公钥来验证发送方是否为合法的信息发送者。

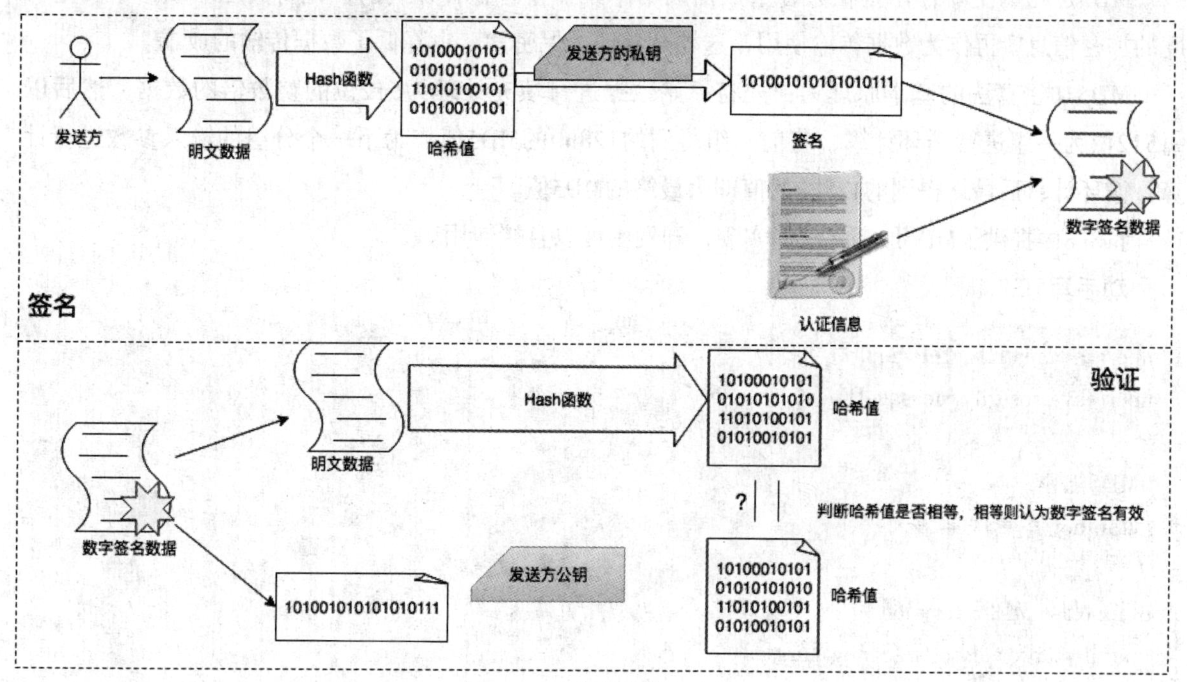

图19.1.6　数字签名与验证

19.2 Java加密技术

本节将重点介绍Java中各种常见的加密技术的基本概念和实现方法，但详细的数学推导过程并没有列出。对加密所涉及的数学计算过程感兴趣的读者可以阅读相关书籍。

19.2.1 使用MD5加密

MD5加密算法，英文全称为“Message-Digest Algorithm 5”，可以将任意长度的数据加密并压缩成另一固定长度的数据值（一般为128bit的数据）。

MD5加密算法属于单向加密技术，即加密过程不可逆，根据加密后的值无法计算出原始数据，也就是说MD5加密无法被解密。这是因为MD5使用了散列哈希函数，在计算过程中，部分数据信息是丢失的，从原数据计算出MD5值很容易，但是逆向运算时一个MD5值会对应多个原数据，所以伪造数据也是非常困难的。

提示

一般情况下，不同的原始数据通过MD5加密后会得到不同的MD5值，但是在极小概率下会存在两份不同的数据经过加密后得到相同的MD5值，这被称为Hash碰撞。在实际应用中，这个概率极小，可以忽略不计。

MD5加密的主要作用是在大容量数据被用作数字签名签署私钥前，先将其压缩成一个固定长度的加密信息，再作为数据传输使用，这样既保证了保密性，也降低了数据传输的成本。

MD5加密算法的基本原理为：先将原始数据进行填充处理为512位的整数倍的数据，然后以每512位为一组进行循环计算，将前一组得到的128bit的MD5值作为下一个分组的输入参数进行计算，循环计算后最终得到的128bit的值即为最终的MD5值。

Java 8中提供了MD5加密算法的实现，开发中可以直接使用。

动手写19.2.1

```
import java.math.BigInteger;
import java.security.MessageDigest;
/**
 * MD5加密
 * @author 零壹快学
 */
public class MD5Encrytion {
    public static void main(String[] args) {
```

```
        String str = "零基础Java从入门到精通";
        try {
            MessageDigest md = MessageDigest.getInstance("MD5"); //创建MD5加密摘要
            md.update(str.getBytes());
            System.out.println(str +"MD5加密后内容为：");
            System.out.println(new BigInteger(1, md.digest()).toString(16));
        } catch (Exception e) {
            e.printStackTrace();
        }
    }
}
```

上面示例中，使用MD5对数据“零基础Java从入门到精通”进行加密后得到MD5值如下所示：

```
零基础Java从入门到精通MD5加密后内容为：
4a90d6171ad6656a5f185404778b174f
```

图19.2.1　使用MD5进行数据加密

由于MD5不可逆向解密的特性，它被广泛应用于密码验证和数据完整性的验证。在使用时，一般会将新注册用户的密码通过MD5加密后存储到数据库中；当用户登录时，通过验证MD5来检查用户输入密码的正确性。

动手写19.2.2

```
/**
 * User枚举类，用来存储用户密码
 */
public enum UserEnum {
    USER_A("userA", "781e5e245d69b566979b86e28d23f2c7"),
    USER_B("userB", "e388c1c5df4933fa01f6da9f92595589");
    private String name;
    private String password;
    private UserEnum(String name, String password){
        this.name = name;
        this.password = password;
    }
    public String getName() {
        return name;
    }
    public static String getPassword(String name) {
```

```
        for (UserEnum user : UserEnum.values()) {
            if (user.getName().equals(name)) {
                return user.password;
            }
        }
        return null;
    }
}
import java.math.BigInteger;
import java.security.MessageDigest;

/**
 * MD5加密
 * @author 零壹快学
 */
public class MD5Encrytion {
    public static void main(String[] args) {
        String userAPassword = "0123456789";
        String userBPassword = "95643210";
         System.out.println("用户A登录是否成功：" + md5Encryp(userAPassword).equals(getPasswordFro
mDB("userA")));
        System.out.println("用户B登录是否成功：" + md5Encryp(userBPassword).equals(getPasswordFrom
DB("userB")));
    }
    // 将字符串加密MD5值
    public static String md5Encryp(String str) {
        try {
            MessageDigest md = MessageDigest.getInstance("MD5"); // 创建MD5加密摘要
            md.update(str.getBytes());
            return new BigInteger(1, md.digest()).toString(16);
        } catch (Exception e) {
            e.printStackTrace();
        }
        return null;
    }
    // 模拟从数据库获取用户存储的密码
```

```
    public static String getPasswordFromDB(String name) {
        return UserEnum.getPassword(name);
    }
}
```

其运行结果为：

```
用户A登录是否成功：true
用户B登录是否成功：false
```

图19.2.2　模拟用户登录验证密码

虽然MD5具有这些优点，但是MD5加密算法不是绝对安全的。比如用户登录设置密码的场景，如果密码设置得过于简单，破解者可以通过穷举法（即通过大量的数据逐一不断尝试）对MD5加密进行暴力破解。而且目前市面上已经有很多商业化的MD5字典库，其中收集了大量的原始数据，一般不复杂的密码都可以直接在其中找到原文和加密后的MD5值，使破解更加容易。

开发者不仅需要考虑MD5值的存储安全性，也需要考虑如何使加密过程更加安全。比如最简单的操作是，对MD5数据再次进行MD5加密或使用其他方法加密，这样即使泄露了也会加大破解难度和破解时间。

动手写19.2.3

```
import java.math.BigInteger;
import java.security.MessageDigest;
/**
 * MD5加密
 * @author 零壹快学
 */
public class MD5Encrytion {
    public static void main(String[] args) {
        String str = "零基础Java从入门到精通";
        System.out.println("MD5一次加密值为：" + md5Encryp(str));
        System.out.println("MD5二次加密值为：" + md5Encryp(md5Encryp(str)));
    }
    //将字符串加密MD5值
    public static String md5Encryp(String str) {
        try {
            MessageDigest md = MessageDigest.getInstance("MD5"); // 创建MD5加密摘要
            md.update(str.getBytes());
            return new BigInteger(1, md.digest()).toString(16);
```

```
        } catch (Exception e) {
            e.printStackTrace();
        }
        return null;
    }
}
```

对MD5数据进行再次加密后运行结果为：

```
MD5一次加密值为： 4a90d6171ad6656a5f185404778b174f
MD5二次加密值为： bb20e15dfb5ca18b7a69eb4df3eb3862
```

图19.2.3　二次MD5加密

下面给出用Java实现MD5算法的详细示例，感兴趣的读者可以参考研究MD5加密算法的实现方法。

动手写19.2.4

```
import java.security.MessageDigest;
import java.security.NoSuchAlgorithmException;
/**
 * MD5加密
 * @author 零壹快学
 */
public class MD5Util {
    /**
     * MD5加密算法
     *
     * @param str 输入字符串
     * @return 返回MD5加密后哈希值
     * @throws NoSuchAlgorithmException 抛出异常
     */
    public static String md5Encryp(String str) {
        if (str == null || str.length() == 0) {
            throw new IllegalArgumentException("String to encript cannot be null or zero length");
        }
        StringBuffer hexString = new StringBuffer();
        try {
            MessageDigest md = MessageDigest.getInstance("MD5");
            md.update(str.getBytes());
```

```
            byte[] hash = md.digest();
            for (int i = 0; i < hash.length; i++) {
                if ((0xff & hash[i]) < 0x10) {
                    hexString.append("0" + Integer.toHexString((0xFF & hash[i])));
                } else {
                    hexString.append(Integer.toHexString(0xFF & hash[i]));
                }
            }
        } catch (NoSuchAlgorithmException e) {
            e.printStackTrace();
        }
        return hexString.toString();
    }
}
```

19.2.2　使用SHA加密

SHA加密算法，英文全称为“Secure Hash Algorithm”。与MD5类似，SHA也是使用散列哈希函数进行数据加密的，SHA-1产生一个名为报文摘要的160位的输出。报文摘要可以被输入到一个可生成或验证报文签名的签名算法。对报文摘要进行签名，而不是对报文进行签名，这样可以提高进程效率，因为报文摘要的大小通常要比报文小很多。数字签名的验证者必须像数字签名的创建者一样，使用相同的散列算法。

动手写19.2.5

```
import java.security.*;
import java.math.BigInteger;
/**
 * SHA-1加密
 * @author 零壹快学
 */
public class ShaDemo {
    public static void main(String[] args) {
        String str = "零基础Java从入门到精通";
        try {
            MessageDigest md = MessageDigest.getInstance("SHA-1"); // 创建MD5加密摘要
            md.update(str.getBytes());
            System.out.println(str + "SHA-1加密后内容为：");
```

```
            System.out.println(new BigInteger(1, md.digest()).toString(256));
        } catch (Exception e) {
            e.printStackTrace();
        }
    }
}
```

其运行结果为：

零基础Java从入门到精通SHA-1加密后内容为：
9419319470091702082928339469797599738767274217111

图19.2.4　SHA-1加密

19.2.3　使用DES加密

DES加密算法，英文全称为“Data Encryption Standard”，是一种典型的对称加密算法，可以对数据进行加密和解密。DES的密钥长度为8字节（即全长为64位，实际参与运算为56位，分8组，每组最后一位为奇偶校验位，用于校验错误）。

DES加密算法的基本原理是：以64位的明文作为一个单位进行加密，这64位单位被称为分组，每个分组内将密钥和明文数据按照一定的规则进行置换和数据位移，从而得到密文。DES加密过程是可逆的，可以通过加密后的密文和密钥逆向运算得到数据原来的明文。

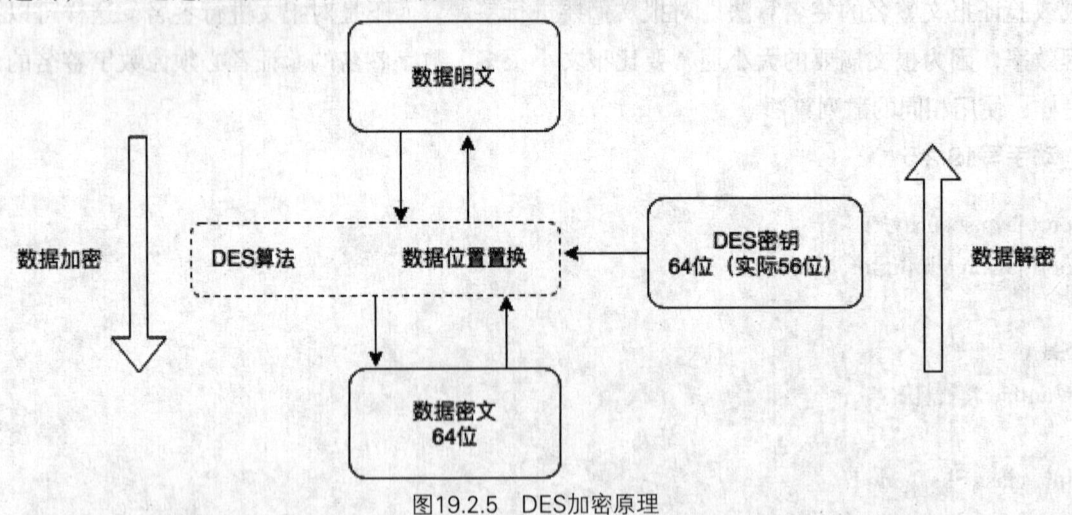

图19.2.5　DES加密原理

DES加密算法有三个重要的入参，分别为key、data和mode。key为加密解密时所用的密钥，data为数据原文，mode为工作模式（分加密和解密两种模式）。

Java基础包中提供了加密算法的类和方法，开发时可以直接使用。另外，在很多开源市场中，

有很多成熟的开源工具类包可以使用，如Spring的security包等。在实际工作中，使用成熟的开源工具包可以大大提高工作效率，但是要注意有些开源工具包存在漏洞，使用时须谨慎。

下面利用Java中已有的java.security.*和java.crypto.*包来实现DES算法。

动手写19.2.6

```
import java.security.*;
import javax.crypto.*;
import javax.crypto.spec.DESKeySpec;
import java.math.BigInteger;
/**
 * DES加密算法
 * @author 零壹快学
 */
public class DESEncrypt {
  public static void main(String[] args) {
    String data = "零基础Java从入门到精通";// 待加密数据
    String key = "12345678";// 初始化密钥，必须为8的倍数长度
    // 加密
    byte[] encryptData = encryptOrDecrypt(key, data.getBytes(), Cipher.ENCRYPT_MODE);
    System.out.println("按位打印加密后的密文为：");
    for (byte i : encryptData) {
      System.out.print(i + " ");
    }
    System.out.println(data + " 加密后的数据为：" + new BigInteger(1, encryptData).toString(512));
    // 解密
    byte[] decryptData = encryptOrDecrypt(key, encryptData, Cipher.DECRYPT_MODE);
    System.out.println(new String(encryptData) + " 解密后的数据为：" + new String(decryptData));
  }
  /**
   * DES加密/解密算法
   *
   * @param key  用于生成DES密钥的密码，会取key的前8位来生成密钥
   * @param data 数据原文/密文——待加密的数据/待解密的数据
   * @param mode 加密or解密
   * @return 返回加密/解密后的数据
   */
```

```
    private static byte[] encryptOrDecrypt(String key, byte[] data, int mode) {
        try {
            // 系统随机生成一个可信任的随机源
            SecureRandom secureRandom = new SecureRandom();
            // 创建一个DESKeySpec对象来持有密钥
            DESKeySpec desKeySpec = new DESKeySpec(key.getBytes());
            // 创建密钥工厂
            SecretKeyFactory secretKeyFactory = SecretKeyFactory.getInstance("DES");
            // DES加密/解密中实际使用的密钥
            SecretKey secretKey = secretKeyFactory.generateSecret(desKeySpec);
            // 创建一个用于DES加密/解密的Cipher对象
            Cipher cipher = Cipher.getInstance("DES");
            // 使用key、data和mode三个参数来初始化cipher
            cipher.init(mode, secretKey, secureRandom);
            return cipher.doFinal(data);
        } catch (Exception e) {
            System.out.println("DES算法发生异常，异常内容为：" + e.getMessage());
            return "系统异常".getBytes();
        }
    }
}
```

上面示例中，encryptOrDecrypt()方法有三个入参，其中mode用来标识此方法是用于加密或解密。示例中对“零基础Java从入门到精通”的原始数据进行加密，然后又通过同一个方法对加密后的密文进行解密得到原文。注意：因为编码原因（本书默认为UTF-8编码），加密后的数据在控制台中打印出来为乱码，运行结果为：

```
按位打印加密后的密文为：
-115 28 -54 43 9 22 -44 100 -115 21 -101 -68 34 -127 1 31 70 76 -87 -104 -50 -78 -9 -89 -13 -27 -55 25 14 40 13 -22
零基础Java从入门到精通 加密后的数据为： 63826978681051316105346829274257714458050833829880018846604739494164684082666
�解密后的数据为：零基础Java从入门到精通
```

图19.2.6　使用DES算法加密和解密示例

DES的一大特点就是计算过程简单，加密速度很快，在20世纪70年代时被广泛使用。但是因为DES实际使用了56位的密钥，以目前飞速发展的计算能力在24小时内就能被破解，所以目前DES加密算法并不安全，只在很少的场景中使用，在一些需要严格加密的场景中不建议使用。

19.2.4　使用AES加密

由于DES密钥较简单，容易被破解，因此在其基础上发展出了AES加密算法，英文全称为“Advanced Encryption Standard”，是一种利用区块分组加密的算法。与DES算法类似，AES加密算法将数据原文分成相同长度的小组，每次加密一组数据，直到加密完整个数据。AES标准规定分组长度只能是128位，即每个分组为16个字节。AES加密算法使用的密钥长度可以为128位、192位或256位。常见的AES密钥为128位。密钥长度越长，破解难度越大，但同时也意味着加密和解密速度变慢。

AES加密算法中的加密过程涉及四个计算步骤，分别为替换字节、行移位、列混排和轮密钥加密，整个加密过程中会不断迭代重复上述四个步骤。而解密过程即上述加密步骤的逆向运算。AES算法的内部实现较为复杂，下面给出算法过程简图。

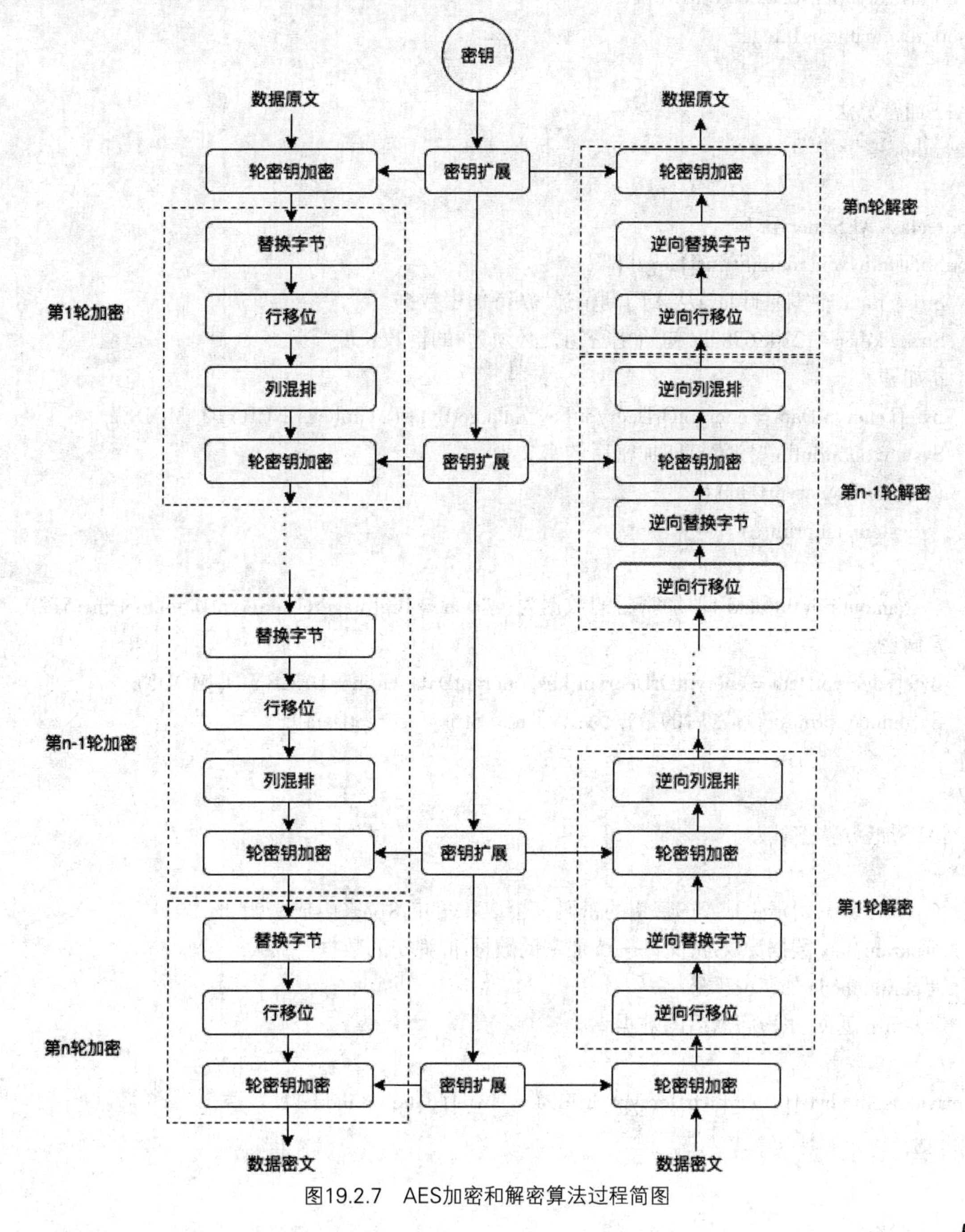

图19.2.7　AES加密和解密算法过程简图

AES加密和解密步骤中有多次轮换使用密钥进行多重加密，是由初始密钥经过每次迭代扩展算法计算得出的。

动手写19.2.7

```
import java.security.*;
import javax.crypto.*;
import javax.crypto.spec.SecretKeySpec;
import java.math.BigInteger;
/**
 * AES加密算法
 * @author 零壹快学
 */
public class AESEncrypt {
   public static void main(String[] args) {
      String data = "零基础Java从入门到精通";// 待加密数据
      String key = "12345678";// 初始化密钥，必须为8的倍数长度
      // 加密
      byte[] encryptData = encryptOrDecrypt(key, data.getBytes(), Cipher.ENCRYPT_MODE);
      System.out.println("按位打印加密后的密文为：");
      for (byte i : encryptData) {
         System.out.print(i + " ");
      }
      System.out.println(data + " 加密后的数据为： " + new BigInteger(1, encryptData).toString(512));
      // 解密
      byte[] decryptData = encryptOrDecrypt(key, encryptData, Cipher.DECRYPT_MODE);
      System.out.println("解密后的数据为： " + new String(decryptData));
   }
   /**
    * AES加密/解密算法
    *
    * @param key  用于生成AES密钥的密码，会取key的前8位来生成密钥
    * @param data 数据原文/密文——待加密的数据/待解密的数据
    * @param mode 加密or解密
    * @return 返回加密/解密后的数据
    */
   private static byte[] encryptOrDecrypt(String key, byte[] data, int mode) {
      try {
```

```
            KeyGenerator keyGenerator = KeyGenerator.getInstance("AES");
            SecureRandom random = SecureRandom.getInstance("SHA1PRNG");
            random.setSeed(key.getBytes());
            keyGenerator.init(128, random);
            SecretKey originalKey = keyGenerator.generateKey(); //产生原始对称密钥
            byte[] rawByte = originalKey.getEncoded();
            SecretKey secretKey = new SecretKeySpec(rawByte, "AES");//生成AES密钥
            Cipher cipher = Cipher.getInstance("AES");
            //将加密并编码后的内容解码成字节数组
            cipher.init(mode, secretKey);
            //解密密文
            return cipher.doFinal(data);
        } catch (Exception e) {
            System.out.println("AES算法发生异常，异常内容为：" + e.getMessage());
            return "系统异常".getBytes();
        }
    }
}
```

其运行结果为：

```
按位打印加密后的密文为：
-112 -62 115 -37 -18 109 -123 42 13 -89 122 -73 -21 -111 -67 -15 59 27 -99 -128 -113 63 35 -16 72 -37 -33 44 38 75 68 112
零基础Java从入门到精通 加密后的数据为： 65476618156724946909560081851358685269079610891964651249657901888101717591152
解密后的数据为：零基础Java从入门到精通
```

图19.2.8　AES加密

因为AES加密算法的安全性高于DES，因此它成为开发中主要使用的对称加密算法。目前AES加密算法的破解时间较长，可以认为是安全的。它广泛应用于银行金融、交易支付、数据存储等领域。但是，由于计算机性能和运算速度不断地加强，多年后AES算法也可能会面临像DES算法一样容易被破解的命运。

此外，AES加密算法有多种模式，如CBC模式、ECB模式等，感兴趣的读者可以阅读相关资料进行深度学习。

19.2.5　使用RSA加密

RSA加密算法，是一种非对称加密算法，其名称由三个发明者的名字（分别是Ron Rivest、Adi Shamir、Leonard Adleman）的简写构成。它是根据“大质数乘积难以因式分解”的数学原理设计的。使用之前首先生成一对密钥，分别是公钥和私钥，它们遵循“一个密钥加密的内容可以被另一个密钥解密”的原则。在使用时将其中一个密钥私自持有作为私钥，另一个密钥公开提供给他人作为公钥使用。

RSA加密算法中，被公钥加密的数据只能被对应的私钥解密，同样，被私钥加密的数据也只能被公钥解密。公钥和私钥只是根据两种密钥使用场景和是否对外公开来区分的，本质上密钥内容的区别并不大。

提示

RSA算法并不是第一个非对称加密算法，却是目前影响最大和使用场景最普遍的一种非对称加密算法。历史上第一个非对称加密算法为DH算法，但是由于计算过程复杂，加密效率差，目前在实际工作中已很少使用。

动手写19.2.8

```
import javax.crypto.Cipher;
import java.security.*;
import java.security.interfaces.RSAPrivateKey;
import java.security.interfaces.RSAPublicKey;
import java.security.spec.PKCS8EncodedKeySpec;
import java.security.spec.X509EncodedKeySpec;
import java.util.HashMap;
import java.util.Map;
import java.math.*;
/**
 * RSA加密算法
 * @author 零壹快学
 */
public class RSAEncrypt {
    //非对称密钥算法
    public static final String KEY_ALGORITHM = "RSA";
    /**
     * 密钥长度, 必须是64的倍数，在512到65536位之间
     */
    private static final int KEY_SIZE = 512;
    //公钥
    private static final String PUBLIC_KEY = "RSAPublicKey";
    //私钥
    private static final String PRIVATE_KEY = "RSAPrivateKey";
    /**
```

```
 * 初始化密钥对
 *
 * @return Map 甲方密钥的Map
 */
public static Map<String, Object> initKey() throws Exception {
    //实例化密钥生成器
    KeyPairGenerator keyPairGenerator = KeyPairGenerator.getInstance(KEY_ALGORITHM);
    //初始化密钥生成器
    keyPairGenerator.initialize(KEY_SIZE);
    //生成密钥对
    KeyPair keyPair = keyPairGenerator.generateKeyPair();
    //甲方公钥
    RSAPublicKey publicKey = (RSAPublicKey) keyPair.getPublic();
    //甲方私钥
    RSAPrivateKey privateKey = (RSAPrivateKey) keyPair.getPrivate();
    //将密钥存储在map中
    Map<String, Object> keyMap = new HashMap<String, Object>();
    keyMap.put(PUBLIC_KEY, publicKey);
    keyMap.put(PRIVATE_KEY, privateKey);
    return keyMap;
}
/**
 * 私钥加密
 *
 * @param data 待加密数据
 * @param key 密钥
 * @return byte[] 加密数据
 */
public static byte[] encryptByPrivateKey(byte[] data, byte[] key) throws Exception {
    //取得私钥
    PKCS8EncodedKeySpec pkcs8KeySpec = new PKCS8EncodedKeySpec(key);
    KeyFactory keyFactory = KeyFactory.getInstance(KEY_ALGORITHM);
    //生成私钥
    PrivateKey privateKey = keyFactory.generatePrivate(pkcs8KeySpec);
    //数据加密
    Cipher cipher = Cipher.getInstance(keyFactory.getAlgorithm());
```

```
        cipher.init(Cipher.ENCRYPT_MODE, privateKey);
        return cipher.doFinal(data);
    }
    /**
     * 公钥加密
     *
     * @param data 待加密数据
     * @param key 密钥
     * @return byte[] 加密数据
     */
    public static byte[] encryptByPublicKey(byte[] data, byte[] key) throws Exception {
        //实例化密钥工厂
        KeyFactory keyFactory = KeyFactory.getInstance(KEY_ALGORITHM);
        //初始化公钥
        //密钥材料转换
        X509EncodedKeySpec x509KeySpec = new X509EncodedKeySpec(key);
        //产生公钥
        PublicKey pubKey = keyFactory.generatePublic(x509KeySpec);
        //数据加密
        Cipher cipher = Cipher.getInstance(keyFactory.getAlgorithm());
        cipher.init(Cipher.ENCRYPT_MODE, pubKey);
        return cipher.doFinal(data);
    }
    /**
     * 私钥解密
     *
     * @param data 待解密数据
     * @param key  密钥
     * @return byte[] 解密数据
     */
    public static byte[] decryptByPrivateKey(byte[] data, byte[] key) throws Exception {
        //取得私钥
        PKCS8EncodedKeySpec pkcs8KeySpec = new PKCS8EncodedKeySpec(key);
        KeyFactory keyFactory = KeyFactory.getInstance(KEY_ALGORITHM);
        //生成私钥
        PrivateKey privateKey = keyFactory.generatePrivate(pkcs8KeySpec);
```

```
        //数据解密
        Cipher cipher = Cipher.getInstance(keyFactory.getAlgorithm());
        cipher.init(Cipher.DECRYPT_MODE, privateKey);
        return cipher.doFinal(data);
    }
    /**
     * 公钥解密
     *
     * @param data 待解密数据
     * @param key  密钥
     * @return byte[] 解密数据
     */
    public static byte[] decryptByPublicKey(byte[] data, byte[] key) throws Exception {
        //实例化密钥工厂
        KeyFactory keyFactory = KeyFactory.getInstance(KEY_ALGORITHM);
        //初始化公钥
        //密钥材料转换
        X509EncodedKeySpec x509KeySpec = new X509EncodedKeySpec(key);
        //产生公钥
        PublicKey pubKey = keyFactory.generatePublic(x509KeySpec);
        //数据解密
        Cipher cipher = Cipher.getInstance(keyFactory.getAlgorithm());
        cipher.init(Cipher.DECRYPT_MODE, pubKey);
        return cipher.doFinal(data);
    }
    /**
     * 取得私钥
     *
     * @param keyMap 密钥map
     * @return byte[] 私钥
     */
    public static byte[] getPrivateKey(Map<String, Object> keyMap) {
        Key key = (Key) keyMap.get(PRIVATE_KEY);
        return key.getEncoded();
    }
    /**
```

```
     * 取得公钥
     *
     * @param keyMap 密钥map
     * @return byte[] 公钥
     */
    public static byte[] getPublicKey(Map<String, Object> keyMap) throws Exception {
        Key key = (Key) keyMap.get(PUBLIC_KEY);
        return key.getEncoded();
    }
    public static void main(String[] args) throws Exception {
        //初始化密钥，生成密钥对
        Map<String, Object> keyMap = RSAEncrypt.initKey();
        byte[] publicKey = RSAEncrypt.getPublicKey(keyMap);
        byte[] privateKey = RSAEncrypt.getPrivateKey(keyMap);
        System.out.println("生成公钥：\n" + new BigInteger(1, publicKey).toString());
        System.out.println("生成私钥：\n" + new BigInteger(1, privateKey).toString());
        String str = "零基础Java从入门到精通";
        System.out.println("原文:" + str);
        byte[] encodData1 = RSAEncrypt.encryptByPrivateKey(str.getBytes(), privateKey); // 加密
        System.out.println("加密后的数据： " + new BigInteger(1, encodData1).toString());
        byte[] decodeData1 = RSAEncrypt.decryptByPublicKey(encodData1, publicKey); // 解密
        System.out.println("解密后的数据： " + new String(decodeData1) + "\n\n");
        System.out.println("===========反向进行操作==============\n\n");
        System.out.println("原文:" + str);
          byte[] encodData2 = RSAEncrypt.encryptByPublicKey(str.getBytes(), publicKey); //使用公钥进行
加密
        System.out.println("加密后的数据： " + new BigInteger(1, encodData2).toString());
          byte[] decodeData2 = RSAEncrypt.decryptByPrivateKey(encodData2, privateKey); //使用私钥进行
解密
        System.out.println("解密后的数据： " + new String(decodeData2));
    }
}
```

其运行结果为：

```
生成公钥：
44751133276959227317025685589953571590250680266102842835666648993204549508084399144280274585986076967676821877874
31178965231504399479781139207975913132955761610904784021915843865252835981490398213275773330983283511897880592385
生成私钥：
13193497510381761293788346135367768219866795008526384877294943291709677615566767123475825449082339061327228698472
29271317816517267984399561009819288747682998054737113733252901263978169086615162244630185103735905132078040955431
```

```
73143559993765743805109429520517349235806570424277428680457253535525708436742833941585957378483741388197305122305
34570438705376073902174995905759031349901218181116885069728385573293899933460145558845599442451566544162199282633
00687293515046854991251115655114321743403172984649983496347765834061410529368898812762463305032326714530222387454
46817195076648287466508027644697899998306468716219538316796677977449387806023510046913261012081453388091679168145
42854559530359081978576302042725128161414515375894254428977696789045100757916493923038918640866345556178523534140
0249339496306516284585772685138939665171
原文:零基础Java从入门到精通
加密后的数据: 231375365576214825854829857194154723543382561022162974578706110503960115045058713848398698123163709
9323872802488475186132839682090409128258144118889705800
解密后的数据: 零基础Java从入门到精通


===========反向进行操作==============


原文:零基础Java从入门到精通
加密后的数据: 63127079439460527007805209908706535122973299158525722319283559309388304753895583319780422193880495
1567948759128913893684936938651853545804627669530718803
解密后的数据: 零基础Java从入门到精通
```

图19.2.9 RSA加密

19.3 加密技术使用场景

19.3.1 密码存储

当今互联网各大网站和APP都存在让用户登录输入密码的情况。通常在用户登录注册时，用户会先输入密码，后台再对用户密码进行加密，并将加密密文存储在数据库中；在用户登录时，将输入的密码进行加密然后与数据库中存放的密码密文进行对比，以此来验证用户输入密码是否正确。

我们来考虑一种场景：如果两个或多个人的密码相同，那么通过相同的密码加密得到的密文就会是相同的结果，如果被破解了一个密码，那么可以认为多个人的密码都被同时破解了，此时是很危险的。针对这种情况，加密技术中可以使用加盐的方式来防范上述问题。

加盐，是指在用户自定义密码中加入其他成分（如系统当前时间戳或随意生成的哈希值），用来增强密码的复杂度，把密码原文和加入的“盐”结合后再进行加密，这样可以大概率地避免加密后密文重复的问题。

加盐加密在实际使用时，“盐”也是要存储在数据库中，用来反复校验用户登录时输入的密码正确与否。感兴趣的读者可以查阅加盐加密技术的相关文档。

19.3.2 base64加密

base64加密编码是为了使二进制数据可以通过非8-bit的数据传输层进行数据传入，例如电子邮件信息。Base64-encoded数据比原始数据要少占用33%左右的存储空间。早期JDK中会使用sun.misc包内的BASE64Encoder和BASE64Decoder来加密和解密base64数据，但是效率并不高。Apache中提供了org.apache.commons.codec.binary包里的Base64类，可以支持快速生成base64密文，但是要引入外部依赖包。Java 8中的java.util包引入了Base64类，大大方便了开发。下面给出两个示例，分别用来加密文本字符串和二进制文件。

动手写19.3.1

```
import java.util.Base64;
/**
 * base64加密
 * @author 零壹快学
 */
public class Demo {
    public static void main(String[] args) {
        try {
            final Base64.Decoder decoder = Base64.getDecoder();
            final Base64.Encoder encoder = Base64.getEncoder();
            final String text = "零基础Java从入门到精通";
            final byte[] textByte = text.getBytes("UTF-8");
            final String encodedText = encoder.encodeToString(textByte);
            System.out.println("base64开始加密： " + text);
            System.out.println(encodedText);
            System.out.println("base64开始解密： ");
            System.out.println(new String(decoder.decode(encodedText), "UTF-8"));
        } catch (Exception e) {
            e.printStackTrace();
        }
    }
}
```

其运行结果为：

```
base64开始加密： 零基础Java从入门到精通
6Zu25Z+656GASmF2YeS7juWFpemXqOWIsOeyvumAmg==
base64开始解密：
零基础Java从入门到精通
```

图19.3.1　base64加密文本

动手写19.3.2

```
import java.io.FileInputStream;
import java.util.Base64;
/**
 * base64加密
 * @author 零壹快学
 */
```

```
public class Demo {
    public static void main(String[] args) {
        try {
            final Base64.Decoder decoder = Base64.getDecoder();
            final Base64.Encoder encoder = Base64.getEncoder();
            FileInputStream input = new FileInputStream("data.txt");
            byte[] buffer = new byte[1024];
            String str = "";
            while (true) {
                int len = input.read(buffer);
                if (len == -1) {
                    break;
                }
                str = new String(buffer, 0, len);
                System.out.println(str);
            }
            final byte[] textByte = str.getBytes("UTF-8");
            final String encodedText = encoder.encodeToString(textByte);
            System.out.println("base64开始加密：");
            System.out.println(encodedText);
            System.out.println("base64开始解密：");
            System.out.println(new String(decoder.decode(encodedText), "UTF-8"));
        } catch (Exception e) {
            e.printStackTrace();
        }
    }
}
```

其运行结果为：

```
零基础Java从入门到精通
base64开始加密：
6Zu25Z+656GASmF2YeS7juWFpemXqOWIsOeyvumAmg==
base64开始解密：
零基础Java从入门到精通
```

图19.3.2 base64加密二进制文件

19.4 小结

本章介绍了编程领域中常见的信息加密技术，包括单向加密算法、对称加密算法、非对称加密算法和数字签名的基本概念和思想，MD5、DES、AES、RSA和base64等经典算法如何加密和解密，以及常见的加密场景。

19.5 知识拓展

本章的知识拓展会介绍不同时期的密码存储方式，通过历史来了解密码加密技术的升级和演进。

19.5.1 密码学之父

密码这一概念并不新鲜，密码的普及已非常广泛，例如我们登录微博、微信、邮箱账户时都需要输入密码。事实上，密码已经存在了几个世纪。在罗马时期就有记载，罗马军队通过使用密码（暗号）作为区分朋友和敌人的方式。

从本质上讲，密码是一种保护信息的简单方法。费尔南多·科巴托（Fernando Corbató）是现代计算机密码的教父，在20世纪60年代中期领导了CTSS项目，将密码这一想法引入计算机科学。他在麻省理工学院（MIT）工作期间，开发了一个巨大的兼容分时系统（CTSS），所有研究人员都可以访问。但是，他们共享一个共同的主机以及一个磁盘文件，为了确保每个人的文件具有私密性，因此开发了密码的概念，以便用户只能访问他们自己的特定文件。

19.5.2 万维网的发展

随着万维网在20世纪90年代的爆炸式增长，越来越多的人开始定期使用互联网，在此过程中创建了大量敏感数据和信息。网站为每个用户分配账户，用户通过用户名和密码登录账户，才拥有权限访问和操作自己的这些资源。

网站将用户的密码存储在数据库中，用户登录时通过数据库进行检索和校验。数据库中存储的是用户的真实密码——计算机中通常叫作明文密码。明文密码这个设计思路一直被各大网站所采用，例如2011年的CSDN、多玩、世纪佳缘、天涯等网站。

明文密码存储方式是高效的，却是不安全的。数据库一旦被黑客窃取，用户的真实密码也就随之暴露。

19.5.3 Hash在密码学中的应用

密码学家罗伯特·莫里斯（Robert Morris Sr.）在20世纪70年代为贝尔实验室工作，设计了“哈希”（Hash），即将一串字符转换为代表原始短语的数字代码的过程。这种转换过程是一种压缩映射，即散列值的空间通常远小于输入的空间，不同的输入可能会散列成相同的输出，所以不可能从散列值来确定唯一的输入值。Hashing在早期的类Unix操作系统中被采用，这种操作系统目前在移动设备和工作站中被广泛使用。例如，Apple的macOS使用Unix，而PlayStation 4则使用类似Unix的操作系统Orbis OS。

由于Hash散列不具有可逆性，使Hash在密码数据库中有很高的应用价值。对用户密码进行Hash散列再存入数据库中成了网站密码存储的主流方式。

19.5.4 加盐算法

Hash散列解决了明文密码泄露的安全问题，黑客这时盯上了Hash碰撞问题。

假设一个网站使用MD5方式进行密码散列，A用户在网站中注册了自己的账号，他提交的注册信息中的密码为“admin”，那么实际存到数据库中的密码为“21232F297A57A5A743894A0E4A801FC3”。B用户注册时，使用了和A用户相同的密码，B将自己的用户名和密码提交给后台的服务器，服务器会存储一样的密码“21232F297A57A5A743894A0E4A801FC3”。这就产生了新的安全问题——对于相同的明文密码，Hash后的值也会相同。

黑客之前窃取了大量的明文密码，将这些密码全部进行Hash散列，得到一组新的密码表，这在网络安全中被称作彩虹表。彩虹表中存储了Hash加密后的值，以及对应的原始明文密码。如果一个网站的数据库使用了Hash加密，当数据库泄露时，黑客只需要通过彩虹表和目标数据库进行对比，就可以反向查找到用户真实的密码。

为了解决彩虹表的问题，人们引入了加盐算法。现代密码数据库使用“salting”来进一步加密密码，即在密码中插入随机数据，然后再对结果字符串进行哈希处理。对此感兴趣的读者可以搜索相关文档进行阅读了解。

第20章 Spring实战

Spring是Java中最流行的开源框架，它是为了解决企业应用开发的复杂性而创建的。Spring从最开始的一个library到现在的一个系列，涵盖了Spring framework、Spring Data以及快速框架Spring Boot等。Spring Boot是Spring推出的一个全新子框架，嵌入了Tomcat容器、Maven构建管理工具和Spring的一些基础配置等，大大简化了Spring应用的搭建过程。本章将对Spring的基本概念和Spring Boot的使用进行介绍。

20.1 Spring概述

20.1.1 Spring介绍

Spring是为了解决企业应用开发的复杂性而创建的一个轻量级的Java开发框架。所谓的复杂性指的是代码之间的高耦合导致业务的复杂度增高。Spring的根本目的就是为了降低代码之间的耦合度。Spring框架有如下的特点：

◇ 控制反转（IoC，Inversion of Control）——控制反转使对象自身不再需要去维护业务代码之间的逻辑关系，而是利用Spring容器以依赖注入的方式主动地注入。通过使用IoC，一个对象依赖的其他对象会通过被动的方式传递进来，而不是这个对象自己创建或查询依赖的对象。

◇ 面向切面编程（AOP，Aspect Orient Programming）——将非业务性代码直接写在业务逻辑中。它有两个缺点：一是业务逻辑不纯净，二是非业务性代码在很多情况下是重复使用的，完全可以剥离出来做到复用。面向切面是一种编程思想，可以把日志、安全、事务管理等服务理解成一个切面，AOP将这些非业务性代码从业务中剥离出去，然后通过切面的方式动态地织入到主业务中去。对象只需要实现业务逻辑，而并不需要负责非业务性的逻辑。

◇ 非侵入式——Spring应用中的对象不依赖于Spring的特定类，即在业务代码中不会出现Spring框架的API，所以业务代码可以容易地被移植到其他应用中。

◇ 容器——Spring可以管理对象的生命周期、对象与对象之间的依赖关系等。从这个意义上讲，Spring是一种容器，可以通过配置文件来定义对象，以及设置对象和对象之间的依赖关系。

20.1.2 Spring模块

Spring是模块化的框架，允许开发者选择适用于特定项目的模块，而不必把所有的模块都引入进来。Spring由二十多个模块组成，它们可以分为核心容器（Core Container）、数据访问/集成（Data Access/Integration）、Web、面向切面编程（AOP、Aspects）、消息（Messaging）、设备管理（Instrumentation）和测试（Test）。

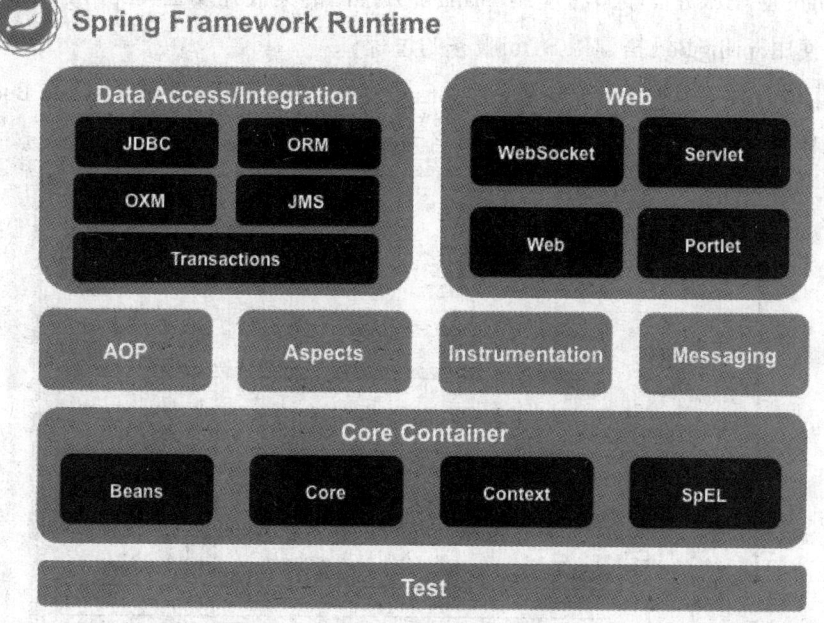

图20.1.1 Spring官网模块示例图

核心容器：核心容器提供Spring框架的基本功能，其主要组件是BeanFactory，使用工厂模式进行实现。使用BeanFactory可以将应用程序中的配置和依赖与实际的应用程序代码分开。

Spring上下文：Spring上下文是一个配置文件，向Spring框架提供上下文服务，例如JNDI、EJB、电子邮件、国际化、校验和调度功能等。

Spring AOP：Spring的AOP模块将面向切面的编程方式集成到了Spring框架中。

Spring ORM：Spring框架中融合了若干个ORM框架，包括JDO、Hibernate和MyBatis等，所有这些ORM框架都遵循了Spring的通用事务等。

Spring Web：Spring Web模块提供了基本的Web服务功能，例如使用Servlet监听器初始化IoC容器、分段上传文件等。

Spring MVC：Spring MVC框架是一个构建Web应用程序的MVC实现，即使用了MVC架构模式的思想，将Web层的职责进行解耦。Spring MVC中还容纳了多种视图引擎，包括JSP、Velocity等。

下面将使用Spring Boot来搭建实战项目，方便读者加深对Spring框架的认识。

20.2 使用Spring Boot搭建RESTful服务

随着近年来移动互联网的发展，各种客户端层出不穷，如Web、iOS、Android，因此需要一种机制使各种客户端都能和服务端进行通信，RESTful风格的服务也因此开始流行起来。Spring Boot是由Spring社区推出的全新框架，该项目的目的是简化Spring应用的搭建过程并帮助开发者更容易地开发基于Spring的应用服务。本节将使用Spring官方推出的集成开发工具Spring Tool Suite（STS），一步步地讲解使用Spring Boot搭建RESTful服务的过程。

打开STS集成开发工具，点击File-New-Spring Start Project后，会弹出Spring Boot项目的创建引导，如图20.2.1所示，设定工程名为demo，包名为com.demo.spring，点击“Next”。

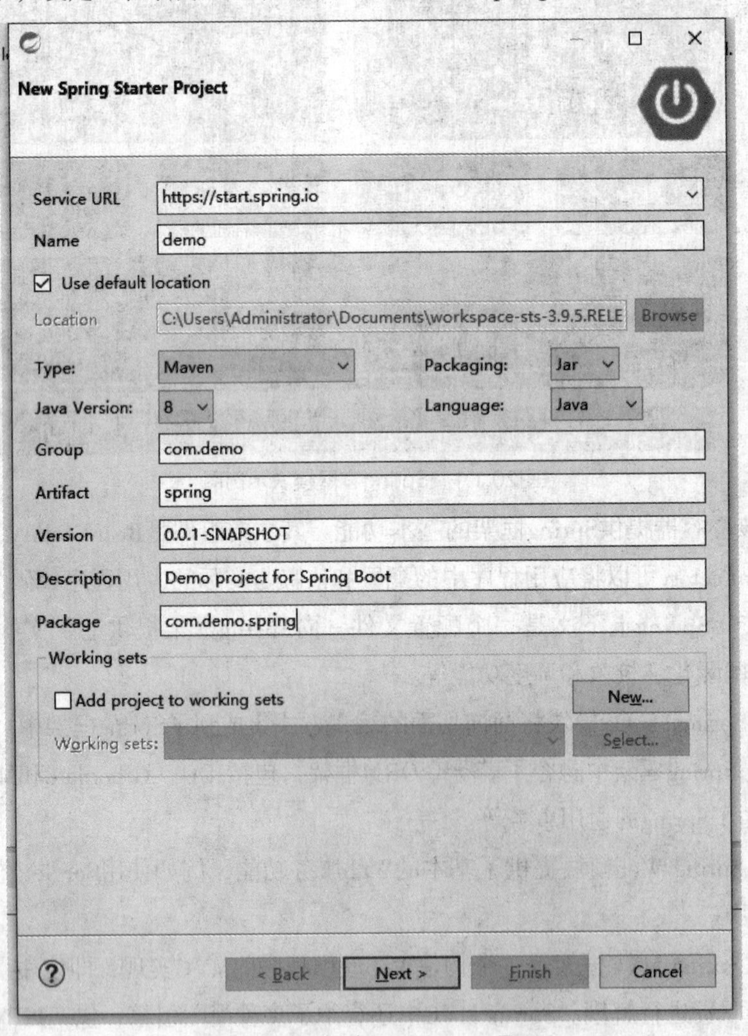

图20.2.1　新建Spring Boot项目

上节提到Spring是一个模块化的框架，在当前界面即可选择项目需要的Spring模块。本节创建的是RESTful风格的Web服务，故选中Web模块，点击“Finish”。

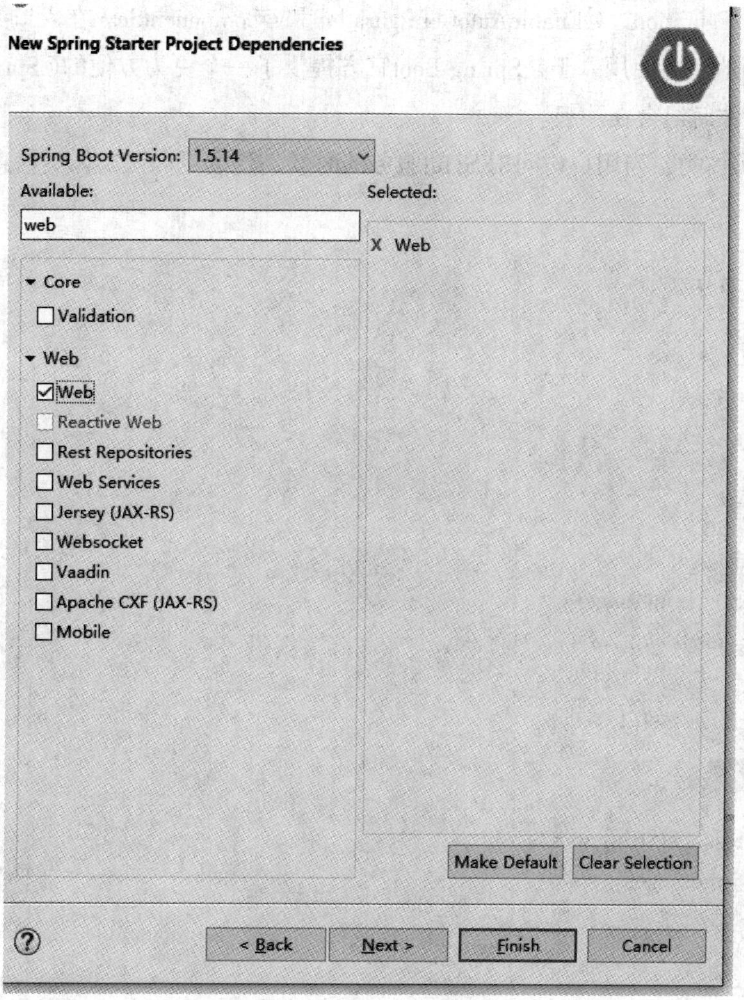

图20.2.2 Spring Web模块选择

创建项目后，STS集成开发工具会在com.demo.spring包下创建一个名为DemoApplication.java的入口类，代码如下所示：

```
package com.demo.spring;
import org.springframework.boot.SpringApplication;
import org.springframework.boot.autoconfigure.SpringBootApplication;
@SpringBootApplication
public class DemoApplication {
    public static void main(String[] args) {
        SpringApplication.run(DemoApplication.class, args);
    }
}
```

其中，@SpringBootApplication是Spring Boot的核心注解，它是一个组合注解。很多Spring Boot开

发者总是使用@Configuration、@EnableAutoConfiguration和@ComponentScan在入口类上注解，由于这些注解被如此频繁地一起使用，于是Spring Boot官方提供了一个更为方便的@SpringBootApplication注解，将上述几种注解组合在一起。

编写Greeting实体类，当用户访问RESTful服务的时候，将会返回该实体类信息：

动手写20.2.1

```
package com.demo.spring.bean;

/**
 * @author 零壹快学
 */

public class Greeting {
    private String message;
    public Greeting(String message) {
        this.message = message;
    }
    public String getMessage() {
        return message;
    }
    public void setMessage(String message) {
        this.message = message;
    }
}
```

编写控制层IndexController类，@RestController表示当前类为处理器，@RequestMapping表示方法为处理器方法，该方法会对value属性所指定的URL进行处理与响应：

动手写20.2.2

```
package com.demo.spring.controller;

import com.demo.spring.bean.Greeting;
import org.springframework.web.bind.annotation.RequestMapping;
import org.springframework.web.bind.annotation.RequestParam;
import org.springframework.web.bind.annotation.RestController;

/**
 * @author 零壹快学
 */
```

```
@RestController
public class IndexController {
    private static final String PREFIX = "Hello %s !";
    @RequestMapping(value = "/greeting")
    public Greeting greeting(@RequestParam(value = "name", defaultValue = "World") String name) {
        return new Greeting(String.format(PREFIX, name));
    }
}
```

当前项目的目录结构如图20.2.3所示，在项目目录上点击右键，选中“Run As”下的“Spring Boot APP”来运行项目。当控制台打印“Tomcat started on port(s): 8080 (http)”时，表示程序运行成功，默认情况下服务会在8080端口运行。

打开浏览器访问http://localhost:8080/greeting?name=World，请求会传入指定的处理器方法，并携带参数name的值World，最终在浏览器中可看到返回的Greeting实体类，返回结果如图20.2.4所示：

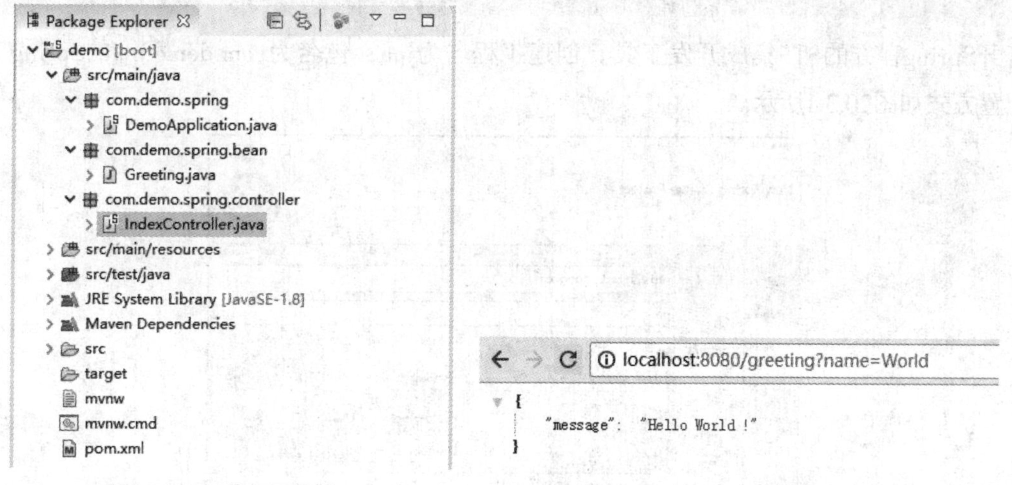

图20.2.3　项目目录图　　　　20.2.4　网络请求返回值

20.3 使用Spring Data JPA访问数据库

使用Spring Data JPA之前，首先来了解什么是JPA。JPA（全称为Java Persistence API）是Sun官方提出的Java持久化规范。它为Java开发者提供了一种对象/关联映射工具，用于管理Java应用中的关系数据。它的出现是为了整合现有的ORM技术并简化现有的持久层开发工作。

Spring Data JPA是Spring基于ORM框架、JPA规范之上封装的一套JPA应用框架，开发者可以通过极简的代码来实现对数据的访问和操作，基本上所有GRUD（增加create、读取查询retrieve、更新update和删除delete的首字母简写）都可以依赖它来实现。本节将讲述如何通过Spring Data JPA来访问数据库。

首先在本地运行MySQL数据库，创建一个名为test的数据库，然后创建名字为user的数据表，字段包括非空的、自增的主键id，用户名name和年龄age。user表创建成功后，插入两条用户记录用作演示：

动手写20.3.1

```
CREATE DATABASE test;

CREATE TABLE users (
    id SMALLINT UNSIGNED PRIMARY KEY NOT NULL AUTO_INCREMENT,
    name VARCHAR(20) NOT NULL,
    age TINYINT UNSIGNED NOT NULL
);

INSERT users VALUES(null, 'Jack', 12);
INSERT users VALUES(null, 'Mike', 34);
```

打开Spring官方的STS集成开发工具，创建工程名为jpa，包名为com.demo.jpa的Spring Boot项目，配置方式如图20.3.1所示。

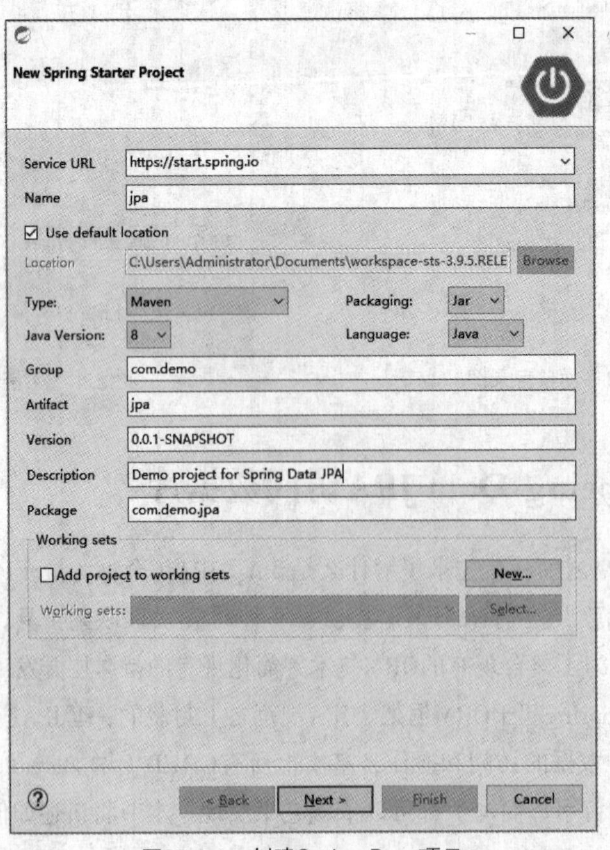

图20.3.1　创建Spring Boot项目

点击“Next”进入下一界面，在当前界面勾选项目需要的Spring模块，包括Web、JPA以及MySQL，其中MySQL指的是MySQL的JDBC驱动，配置方式如图20.3.2所示。

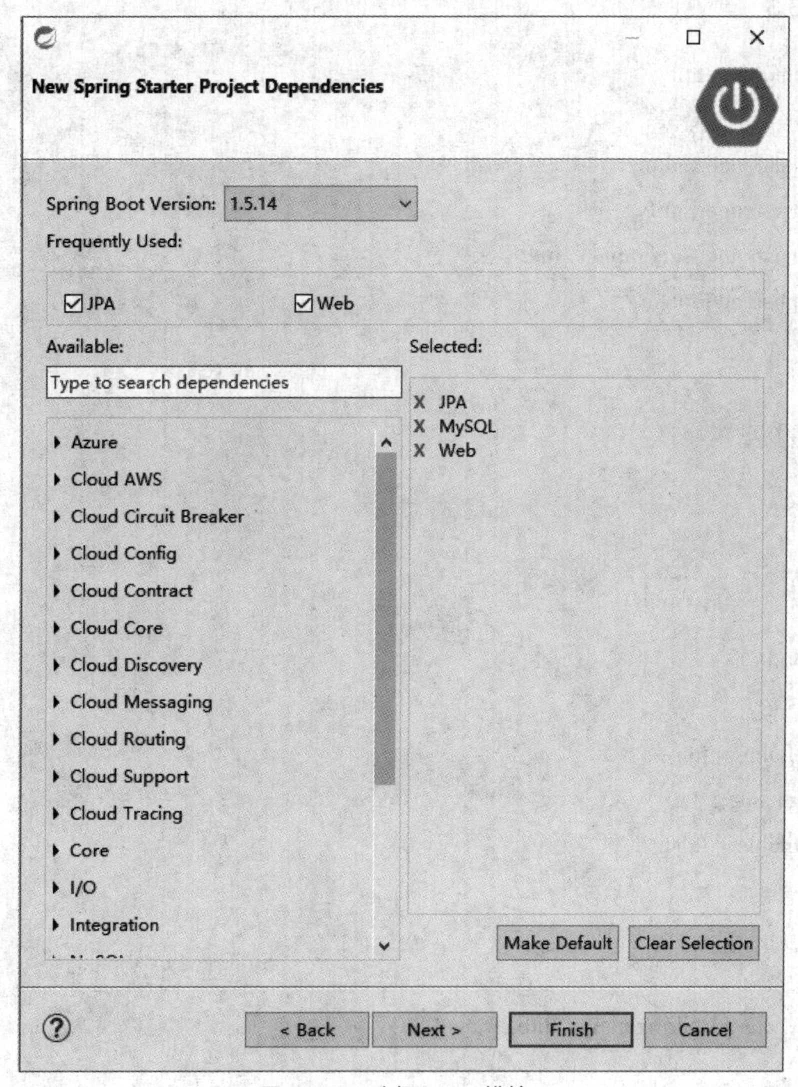

图20.3.2　选择Spring模块

搭建完成的Spring Boot项目在\src\main\resources\目录下会有一个名为application.properties的配置文件，本项目需要配置数据库的账号、密码、要连接的数据库以及数据库驱动，配置方式如下：

动手写20.3.2

```
spring.datasource.url = jdbc:mysql://localhost:3306/test
spring.datasource.username = root
spring.datasource.password = qweasd
spring.datasource.driverClassName = com.mysql.jdbc.Driver
```

编写Users实体类，该实体类对应MySQL数据库中的user表，其中@Entity注解表明这是一个实体Bean，@Id注解指定表的主键，@Column注解定义了成员属性映射到关系表中的哪一列：

动手写20.3.3

```
package com.demo.jpa.entity;

import javax.persistence.Column;
import javax.persistence.Entity;
import javax.persistence.GeneratedValue;
import javax.persistence.Id;

/**
 * @author 零壹快学
 */
@Entity
public class Users {
    @Id
    @GeneratedValue
    private Long id;
    @Column(nullable = false)
    private String name;
    @Column(nullable = false)
    private Integer age;
    public Users() {
    }
    public Users(Long id, String name, Integer age) {
        this.id = id;
        this.name = name;
        this.age = age;
    }
    public Long getId() {
        return id;
    }
    public void setId(Long id) {
        this.id = id;
```

```
    }
    public String getName() {
        return name;
    }
    public void setName(String name) {
        this.name = name;
    }
    public Integer getAge() {
        return age;
    }
    public void setAge(Integer age) {
        this.age = age;
    }
}
```

Repository（资源库）是一个访问领域对象的类似集合的接口，在领域与数据映射层之间进行协调。Spring Data JPA提供了几个Repository，其中JpaRepository实现一组JPA规范相关的方法。编写UsersRepository类并继承JpaRepository接口，使UsersRepository类具备通用的数据访问控制层的能力，代码如下所示：

动手写20.3.4

```
package com.demo.jpa.repository;


import com.demo.jpa.entity.Users;
import org.springframework.data.jpa.repository.JpaRepository;


/**
 * @author 零壹快学
 */
public interface UsersRepository extends JpaRepository<Users, Long> {
    Users findByName(String name);
}
```

编写控制层IndexController类，在allPerson()中调用UsersRepository的findAll()方法来查询users表中的所有记录，在findPerson()方法中调用UsersRepository类的findByName()来查询users表中指定名字的一条记录：

动手写20.3.5

```
package com.demo.jpa.controller;

import com.demo.jpa.entity.Users;
import com.demo.jpa.repository.UsersRepository;
import org.springframework.beans.factory.annotation.Autowired;
import org.springframework.web.bind.annotation.*;

import java.util.List;

/**
 * @author 零壹快学
 */
@RestController
@RequestMapping(value = "/person")
public class IndexController {

    @Autowired
    private UsersRepository usersRepository;

    @GetMapping("/all")
    public List<Users> allPerson() {
        return usersRepository.findAll();
    }
    @GetMapping("/find")
    public Users findPerson(
            @RequestParam(value = "name") String name) {
        return usersRepository.findByName(name);
    }
}
```

打开浏览器访问http://localhost:8080/person/all，请求会传给IndexController处理器的allPerson()方法，返回users表中的所有记录，返回结果如下：

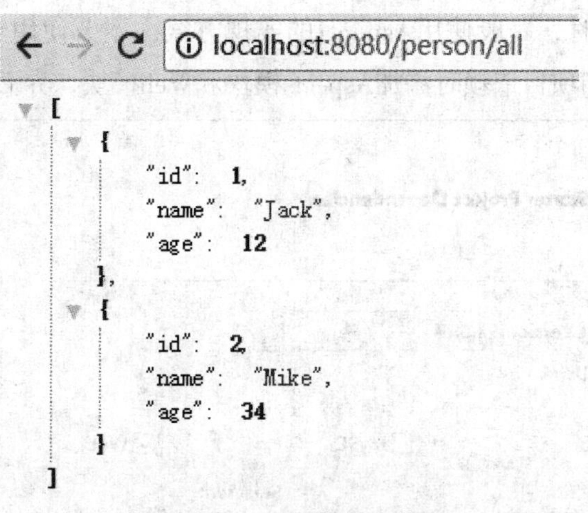

图20.3.3　请求数据库数据

在浏览器中访问http://localhost:8080/person/find?name=Jack，请求传给IndexController处理器的findPerson()方法，返回users表中name字段为Jack的记录，返回结果如下：

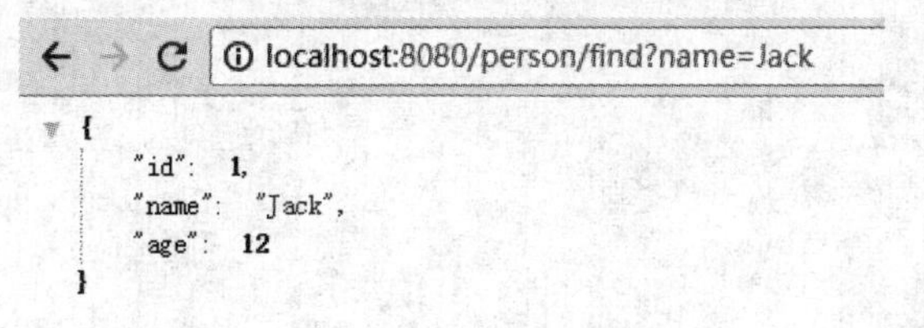

图20.3.4　查找数据库中指定数据

20.4 小结

本章介绍了Java中最流行的开源框架Spring，着重讲解了Spring中最重要的两个概念——控制反转（IoC）和面向切面编程（AOP），同时介绍了Spring框架的模块组成，接着介绍了Spring社区推出的快速开发框架Spring Boot。通过本章的学习，读者应学会如何通过Spring官方提供的集成开发工具STS来创建一个RESTful风格的Web服务，以及如何使用Spring Data JPA来访问MySQL数据库。

20.5 知识拓展

使用AOP处理Web请求日志

本章一开始讲解过AOP（面向切面编程）的基本思想——Spring AOP可以将非业务性代码（比如日志、事务）从业务中剥离出去，再通过切面的方式植入到主业务中，这样就降低了代码之间的耦合度。本节以Web请求日志为例，讲解如何在Spring Boot项目中使用AOP处理Web请求日志。

很多框架都实现了AOP这种编程思想，AspectJ的实现方式简捷、方便，并且支持注解式开发。在Spring中使用AOP时，一般使用AspectJ的实现方式。本节使用集成开发工具STS创建一个Spring Boot的项目，在添加项目依赖时添加Aspects模块和Web模块，界面如图20.5.1所示。

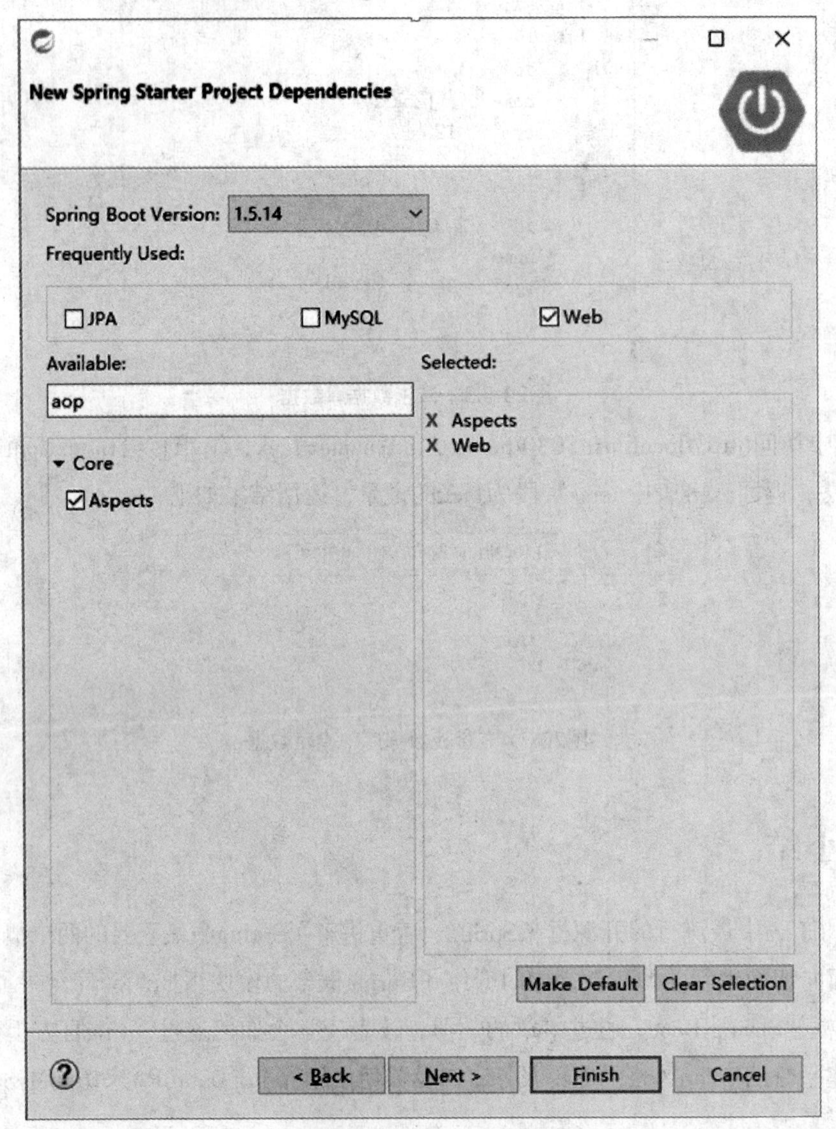

图20.5.1　选择Spring模块

使用基于AspectJ的AOP需要了解以下概念：

切入点（Pointcut）指的是切面具体织入的方法，AspectJ专门定义了的切入点表达式用于指定切入点，例如execution(public * *(..))指定切入点为任意公共方法，execution(* com.demo.aop.controller..*.*(..))指定切入点为定义在controller包或者子包里的任意类的任意方法。

通知（Advice）是切面的一种实现，利用通知可以完成简单织入功能。AspectJ中常用的通知有五种类型：

1. @Before前置通知，在目标方法执行之前执行；

2. @AfterReturning后置通知，在目标方法执行之后执行；

3. @Around环绕通知，在目标方法执行之前和之后执行；

4. @AfterThrowing异常通知，在目标方法抛出异常后执行；

5. @After最终通知，无论目标方法是否抛出异常，该增强均会被执行。

当项目中有很多通知增强方法使用相同的切入点表达式时，代码维护就较为麻烦，因此AspectJ提供了@Pointcut注解，用于定义execution切入点表达式。其使用方法是将@Pointcut注解在一个方法之上，以后所有的executeion的value属性值均可使用该方法名作为切入点。

以下示例通过定义WebLogAspect切面类，在前置通知中打印请求信息，在后置通知中打印请求的响应信息。WebLogAspect类的代码如下所示：

动手写20.5.1

```
package com.demo.aop.aspect;

import org.apache.log4j.Logger;
import org.aspectj.lang.JoinPoint;
import org.aspectj.lang.annotation.AfterReturning;
import org.aspectj.lang.annotation.Aspect;
import org.aspectj.lang.annotation.Before;
import org.aspectj.lang.annotation.Pointcut;
import org.springframework.stereotype.Component;
import org.springframework.web.context.request.RequestContextHolder;
import org.springframework.web.context.request.ServletRequestAttributes;

import javax.servlet.http.HttpServletRequest;
import java.util.Arrays;

/**
 * @author 零壹快学
 */
@Aspect
@Component
public class WebLogAspect {

    private static final Logger LOGGER = Logger.getLogger(WebLogAspect.class);
```

```
    // 使用@Pointcut 注解定义execution切入点表达式，定义在com.demo.aop.controller包或者子包里的任意类的任意方法
    @Pointcut("execution(public * com.demo.aop.controller..*.*(..))")
    public void logPointCut(){}

    // 前置通知，在目标方法执行之前执行
    @Before("logPointCut()")
    public void doBefore(JoinPoint joinPoint) {

        ServletRequestAttributes attributes = (ServletRequestAttributes) RequestContextHolder.getRequestAttributes();
        HttpServletRequest req = attributes.getRequest();

        // 打印请求信息
        LOGGER.info("url: " + req.getRequestURL().toString());
        LOGGER.info("http method: " + req.getMethod());
        LOGGER.info("invoke method: " + joinPoint.getSignature().getDeclaringTypeName() + "." + joinPoint.getSignature().getName());
        LOGGER.info("request params: " + Arrays.toString(joinPoint.getArgs()));
    }

    // 后置通知，在目标方法执行之后执行
    @AfterReturning(returning = "res", pointcut = "logPointCut()")
    public void doAfterReturning(Object res) {
        // 打印响应信息
        LOGGER.info("http response: " + res);
    }
}
```

编写控制层GreetController类，当客户端调用/greeting请求时，按照传入的name参数返回“Hello xxx”信息：

动手写20.5.2

```
package com.demo.aop.controller;

import org.springframework.web.bind.annotation.*;
```

```
/**
 * @author 零壹快学
 */
@RestController
public class GreetController {
    private static final String PREFIX = "Hello %s!";

    @GetMapping("/greeting")
    public String greet(@RequestParam(value = "name", defaultValue = "World") String name) {
        return String.format(PREFIX, name);
    }
}
```

运行Spring Boot项目并访问http://localhost:8080/greeting?name=Java，在执行greet()目标方法的前后，通过AspectJ调用相应的前置通知和后置通知方法，最终获得下面的日志输出：

```
url: http://localhost:8080/greeting
http method: GET
invoke method: com.demo.aop.controller.GreetController.greet
request params: [Java]
http response: Hello Java!
```

图20.5.2　AspectJ日志输出结果